普通高等院校土建类应用型人才培养系列教材

混凝土结构设计

（第2版）

主　编　朱平华　夏　群

参　编　贾佳佳

主　审　金伟良

U0288409

北京理工大学出版社

BEIJING INSTITUTE OF TECHNOLOGY PRESS

内 容 提 要

本书根据《混凝土结构设计规范（2015年版）》（GB 50010—2010）、《建筑结构荷载规范》（GB 50009—2012）及《混凝土结构耐久性设计规范》（GB/T 50476—2008）等编写的，重点介绍了工程实践中常见混凝土结构的基本设计方法，并附有详细的设计实例供读者参考，有利于初学者掌握基本概念和设计方法。全书主要内容包括绪论、钢筋混凝土楼盖、单层厂房结构、多层和高层框架结构等。为了使学生能更好地理解和掌握课程内容，每章开头设有学习目标，结尾附有本章小结、思考与练习。

本书可作为高等院校土建类本科专业的教材或教学参考书，也可作为土木工程技术与管理人员的参考书。

图书在版编目（CIP）数据

混凝土结构设计／朱平华，夏群主编.--2版.—北京：北京理工大学出版社，2017.2（2024.2重印）

ISBN 978-7-5682-3699-7

Ⅰ.①混… Ⅱ.①朱… ②夏… Ⅲ.①混凝土结构—结构设计—高等职业教育—教材 Ⅳ.①TU370.4

中国版本图书馆CIP数据核字（2017）第030566号

责任编辑：陆世立	文案编辑：瞿义勇
责任校对：周瑞红	责任印制：边心超

出版发行／北京理工大学出版社有限责任公司

社　　址／北京市丰台区四合庄路6号

邮　　编／100070

电　　话／（010）68914026（教材售后服务热线）

　　　　　（010）68944437（课件资源服务热线）

网　　址／http://www.bitpress.com.cn

版印次／2024年2月第2版第3次印刷

印　　刷／北京紫瑞利印刷有限公司

开　　本／787 mm×1092 mm　1/16

印　　张／20.5

字　　数／534千字

定　　价／53.00元

第2版前言

本书第1版自出版以来受到高校学生及土木工程技术与管理人员的广泛欢迎，根据使用反馈信息及建议，我们修正了第1版的错漏；在第2章增加了双向板按塑性理论法计算、无梁楼盖等内容，并增加了一些例题，以便于大家进一步理解和掌握；在第3章增加了吊车梁的设计、预埋件的设计等内容；在第4章增加了框架结构设计大例题。本书共4章，主要内容包括：绪论、钢筋混凝土楼盖、单层厂房结构、多层和高层框架结构等。

本书由常州大学朱平华教授、夏群副教授共同进行修订，浙江大学金伟良教授审阅了全部书稿并提出了很多宝贵的建议和具体的修改意见，常州大学硕士生贾佳佳对计算题进行了复核并提供了部分插图，在此一并致谢。

限于作者水平及时间仓促，书中不妥之处在所难免，敬请读者不吝赐教，提出宝贵意见。

编　者

第1版前言

本书是根据最新版本《混凝土结构设计规范》（GB 50010—2010）、《建筑结构荷载规范》（GB 50009—2012）及《混凝土结构耐久性设计规范》（GB/T 50476—2008）编写的，其内容及教学要求符合《土木工程专业指导性规范》的要求，可作为高等院校土建类本科专业的教材或教学参考书，也可作为土木工程技术与管理人员的参考书。

本书共4章，内容包括绪论、钢筋混凝土楼盖、单层厂房结构、多层和高层框架结构。本书在系统、完整地介绍基本概念和理论的同时，每章的一、二、三级标题均采用中英文对照方式，并给出了学习目标、本章小结、思考与练习，便于学生自学和检验学习效果。

本书由常州大学朱平华教授（编写第1章、第2章）、夏群副教授（编写第3章、第4章）共同编写。朱平华负责大纲的制定与统稿。浙江大学金伟良教授审阅了全部书稿并提出了很多宝贵的建议和具体的修改意见，常州大学硕士田斌、高燕蓉对计算题进行了复核并提供了部分插图，在此一并致谢。

由于编者水平有限及编写时间仓促，书中不妥之处在所难免，敬请读者不吝赐教，以便再版时修订。

编　者

目 录

第1章 绪论
Introduction

学习要点：本书涉及混凝土梁板结构、单层工业厂房、多层与高层框架结构三类常见混凝土结构体系。通过本课程的学习，了解各类结构特性，熟悉结构平面与立面布置方法，掌握结构在水平与竖向荷载下的内力计算及内力组合方法，掌握结构配筋计算与构造要求。

1.1 结构的定义
Definition of Structures

结构可以从广义、狭义两方面定义，前者指土木工程的建筑物、构筑物及其相关组成部分的实体，后者指各种工程实体的承重骨架。混凝土结构是指以混凝土为主要建筑材料制成的结构。

结构在其使用年限内，既要承受各种永久荷载和可变荷载，有些结构可能还要承受偶然荷载，又要承受温度、收缩、徐变、地基不均匀沉降等作用。而在地震区，结构还可能承受地震的作用。在上述各种因素的作用下，结构应具有足够的承载能力，不发生整体或局部的破坏或失稳；具有足够的刚度，不产生过大的挠度或侧移。对于混凝土结构而言，还应具有足够的抗裂性，满足对其提出的裂缝控制要求。除此以外，结构还要具有足够的耐久性，在其使用年限内，钢材不出现严重锈蚀，混凝土等材料不发生严重劈裂、腐蚀、风化、剥落等现象。

1824年，英国人阿斯匹丁(J. Aspdin)发明了水泥。1850年，法国人蓝波特(L. Lambot)制成了铁丝网水泥砂浆船。1861年，法国人莫妮埃(J. Monier)取得了制造钢筋混凝土板、管道和拱桥的专利。它们标志着现代混凝土结构的问世。与木结构、砌体结构及钢结构相比，混凝土结构的历史虽然很短，但是由于它具有承载能力高的特点，所以不仅可以用于一般建筑结构，而且可以用于高层、大跨的土木工程结构。除此以外，它还具有节省钢材、可模性好、耐久、耐火等一系列其他结构难以相比的优点。因此，它的发展速度很快，而且已经成为当今世界各国的主导结构。

1.2 结构的分类

Classification of Structures

结构有很多种分类方法。按承重结构类型可分成如下三类。

(1)水平承重结构：如房屋中的楼盖结构和屋盖结构。

(2)竖向承重结构：如房屋中的框架、排架、刚架、剪力墙、筒体等结构。

(3)底部承重结构：如房屋中的地基和基础。

这三类承重结构的荷载传递关系如图 1-1 所示，即水平承重结构将作用在楼盖、屋盖上的荷载传递给竖向承重结构，竖向承重结构将自身承受的荷载以及水平承重结构传来的荷载传递给基础和地基。

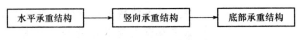

图 1-1　结构的荷载传递框图

将结构作以上分类，不但可以清楚地了解结构中荷载的传递关系，而且可以更为深入地对各类结构进行研究。但是，应该了解，水平承重结构、竖向承重结构和底部承重结构是一个整体，它们相互作用、相互影响。水平承重结构将荷载传递给竖向承重结构，水平承重结构有可能是竖向承重结构的组成部分，如楼盖结构中的主梁可能是框架结构中的横梁；竖向承重结构将荷载传递给底部承重结构，底部承重结构的变形也可能引起上部结构的内力和变形发生变化。

1.3 结构的选型与布置原则

Selection of Structural Types and Arrangement Principals of Structures

1.3.1 结构的选型原则
Selection Principals of Structural Types

三类承重结构都有许多结构形式。水平承重结构有梁板体系和无梁体系，屋盖结构还有有檩的屋架或屋面大梁体系和无檩的屋架或屋面大梁体系。竖向承重结构有框架、排架、刚架、剪力墙、框架-剪力墙、筒体等多种体系。底部承重结构有独立基础、条形基础、筏板基础、箱形基础等许多基础形式，地基有天然地基和人工地基之分。

进行结构设计时，首先要选择各类结构的形式。结构选型是否合理，不仅关系到能否满足使用要求和结构受力是否可靠，而且关系到是否经济和是否方便施工等问题。结构选型的基本原则如下：

(1)满足使用要求。

(2)受力性能好。

（3）施工简便。

（4）经济合理。

1.3.2 结构布置原则
Arrangement Principals of Structures

结构形式选定以后，要进行结构布置，即确定梁、柱、墙的设置等问题。结构布置得是否合理，不但影响到使用，而且影响到受力、施工、造价等。结构布置的基本原则如下：

（1）在满足使用要求的前提下，沿结构的平面和竖向应尽可能地简单、规则、均匀、对称，避免发生突变。

（2）荷载传递路线明确，结构设计简图简单并易于确定。

（3）结构的整体性好，受力可靠。

（4）施工简便。

（5）经济合理。

此外，在平面尺寸较大的建筑中，要考虑是否设置温度伸缩缝的问题。若需设置，温度伸缩缝的最大间距要满足附录 9 中的要求。在地基不均匀，或者不同部位的高度、荷载相差较大的房屋中，要考虑沉降缝的设置问题。在地震区，当房屋相距很近，或者房屋中设有温度伸缩缝或沉降缝时，为了防止地震时房屋与房屋或同一房屋中不同结构单元之间相互碰撞造成房屋毁坏，应考虑设置防震缝问题。温度伸缩缝、沉降缝和防震缝统称为变形缝。当房屋中需要同时设置伸缩缝、沉降缝和防震缝时，应尽可能地将三者设置在同一位置处。

1.4 混凝土结构的分析方法
Analysis Methods of Concrete Structures

混凝土结构是由钢筋和混凝土组成的结构。钢筋在屈服前，应力与应变之间基本保持线性关系。钢筋屈服后，在应力不增加的情况下，应变可以继续增大，然后发生强化。混凝土只有在应力很小的情况下，应力与应变之间才接近线性关系。在应力增大时，应力与应变呈非线性关系。由于混凝土材料的非线性原因，使得混凝土结构的受力性能和结构分析十分复杂。我国《混凝土结构设计规范》（GB 50010—2010）（以下简称《规范》）对混凝土结构分析的基本原则和分析方法做出了明确规定。

1.4.1 基本原则
Basic Principles

混凝土结构分析应遵守以下基本原则。

（1）结构按承载能力极限状态计算和按正常使用极限状态验算时，应按国家现行有关标准规定的作用（荷载）对结构的整体进行作用（荷载）效应分析；必要时，尚应对结构中受力状况特殊的部分进行更详细的结构分析。

（2）当结构在施工和使用期间不同阶段有多种受力状况时，应分别进行结构分析，并确定其最不利的作用效应组合。

当结构可能遭遇火灾、爆炸、撞击等偶然作用时，尚应按国家现行有关标准的要求进行相应的结构分析。

(3)结构分析所需要的各种几何尺寸，以及所采用的计算图形、边界条件、作用的取值与组合、材料性能的计算指标、初始应力和变形状况等，应符合结构的实际工作状况，并应具有相应的构造保证措施。

结构分析中所采用的各种简化和近似假定，应有理论或实验的依据，或者经工程实践验证。计算结果的准确程度应符合工程设计的要求。

(4)结构分析应符合下列要求：

①应满足力学平衡条件。

②应在不同程度上符合变形协调条件，包括节点和边界的约束条件。

③应采用合理的材料或构件单元的本构关系。

(5)结构分析时，宜根据结构类型、构件布置、材料性能和受力特点等选择下列方法：

①线弹性分析方法。

②考虑塑性内力重分布的分析方法。

③塑性极限分析方法。

④非线性分析方法。

⑤试验分析方法。

(6)结构分析所采用的电算程序应经考核和验证，其技术条件应符合《规范》和有关标准的要求。

对电算结果，应经判断和校核；在确认其合理有效后，方可用于工程设计。

1.4.2 分析方法
Analysis Methods

1. 线弹性分析方法

(1)线弹性分析方法可用于混凝土结构的承载能力极限状态及正常使用极限状态的作用效应分析。

(2)杆系结构宜按空间体系进行结构整体分析，并宜考虑杆件的弯曲、轴向、剪切和扭转变形对结构内力的影响。

当符合下列条件时，可做相应简化：

①体型规则的空间杆系结构，可沿柱列或墙轴线分解为不同方向的平面结构分别进行分析，但宜考虑平面结构的空间协同工作。

②杆件的轴向、剪切和扭转变形对结构内力的影响不大时，可不计。

③结构或杆件的变形对其内力的二阶效应影响不大时，可不计。

(3)杆系结构的计算图形宜按照下列方法确定：

①杆件的轴线宜选取截面几何中心的连线。

②现浇结构和装配整体式结构的梁柱节点、柱与基础连接处等可作为刚接；梁、板与其支承构件非整体浇筑时，可作为铰接。

③杆件的计算跨度或计算高度宜按其两端支承长度的中心距或净距确定，并根据支承节点的连接刚度或支承反力的位置加以修正。

④杆件连接部分的刚度远大于杆件中间截面的刚度时，可作为刚性区域插入计算图形。

(4)杆系结构中杆件的截面刚度应按下列方法确定：

①混凝土的弹性模量应按附表 1-3 采用。

②截面惯性矩可按匀质的混凝土全截面计算。

③T 形截面杆件的截面惯性矩宜考虑翼缘的有效宽度进行计算，也可由截面矩形部分面积的惯性矩作修正后确定。

④端部加腋的杆件，应考虑其刚度变化对结构分析的影响。

⑤不同受力状态杆件的截面刚度，宜考虑混凝土开裂、徐变等因素的影响予以折减。

(5)杆系结构宜采用解析法、有限元法或差分法等分析方法。对体形规则的结构，可根据其受力特点和作用的种类采用有效的简化分析方法。

(6)对与支承构件整体浇筑的梁端，可取支座或节点边缘截面的内力值进行设计。

(7)各种双向板按承载能力极限状态计算和按正常使用极限状态验算时，均可采用线弹性方法进行作用效应分析。

(8)非杆系的二维或三维结构可采用弹性理论分析、有限元分析或试验方法确定其弹性应力分布，根据主拉应力图形的面积确定所需要的配筋量和布置，并按多轴应力状态验算混凝土的强度。混凝土的多轴强度和破坏准则可按《规范》的规定计算。

结构按承载能力极限状态计算时，其荷载和材料性能指标可取为设计值；按正常使用极限状态验算时，其荷载和材料性能指标可取为标准值。

2. 考虑塑性内力重分布的分析方法

房屋建筑中的钢筋混凝土连续梁和连续单向板，宜采用考虑塑性内力重分布的分析方法，其内力值可由弯矩调幅法确定。

框架、框架-剪力墙结构及双向板等，经过弹性分析求得内力后，也可对支座或节点弯矩进行调幅，并确定相应的跨中弯矩。

按考虑塑性内力重分布的分析方法设计的结构和构件，尚应满足正常使用极限状态的要求或采取有效的构造措施。

对于直接承受动力荷载的构件，以及要求不出现裂缝或处于侵蚀环境等情况下的结构，不应采用考虑塑性内力重分布的分析方法。

3. 塑性极限分析方法

承受均布荷载的周边支承的双向矩形板，可采用塑性铰线法或条带法等塑性极限分析方法进行承载能力极限状态设计，同时应满足正常使用极限状态的要求。

承受均布荷载的板柱体系，根据结构布置和荷载的特点，可采用弯矩系数法或等代框架法计算承载能力极限状态的内力设计值。

4. 非线性分析方法

特别重要的或受力状况特殊的大型杆系结构和二维、三维结构，必要时尚应对结构的整体或其部分进行受力全过程的非线性分析。

结构的非线性分析宜遵循下列原则：

(1)结构形状、尺寸和边界条件，以及所用材料的强度等级和主要配筋量等应预先设定。

(2)材料的性能指标宜取平均值。

(3)材料的、截面的、构件的或各种计算单元的非线性本构关系宜通过试验测定；也可采用经过验证的数学模型，其参数值应经过标定或有可靠的依据。混凝土的单轴应力—应变关系、多轴强度和破坏准则也可按《规范》采用。

(4)宜计入结构的几何非线性对作用效应的不利影响。

(5)承载能力极限状态计算时应取作用效应的基本组合，并应根据结构构件的受力特点和破坏形态作相应的修正；正常使用极限状态验算时可取作用效用的标准组合和准永久组合。

5. 试验分析方法

对形体复杂或受力状况特殊的结构或其部分，可采用试验方法对结构的正常使用极限状态和承重能力极限状态进行分析或复核。

当结构所处环境的温度和湿度发生变化，以及混凝土的收缩和徐变等因素在结构中产生的作用效应可能危及结构的安全或正常使用时，应进行专门的结构试验分析。

1.5 本书的主要内容及学习重点

Main Contents of the Book and Important Points of Study

1.5.1 本书的主要内容
Main Contents of the Book

本书包含以下主要内容：

(1)对于水平承重结构，本书介绍了混凝土梁板结构，重点介绍了整体式单向板梁板结构、整体式双向板梁板结构、整体式无梁楼盖以及整体式楼梯和雨篷的设计计算方法。

(2)对于竖向承重结构，本书结合单层厂房结构，介绍了排架结构设计。重点介绍了单层厂房的结构类型和结构体系、结构组成和荷载传递、结构布置、构件选型与截面尺寸确定、排架结构内力分析、柱的设计、吊车梁设计要点、预埋件设计等内容，并且给出了一个单层厂房排架结构的设计实例。

(3)对于竖向承重结构，本书介绍了广泛应用的多层与高层框架结构设计，重点介绍了结构布置方法、截面尺寸估计、计算简图的确定、荷载计算、内力计算、内力组合、侧移验算和框架结构配筋计算及构造要求等内容，并且给出了一个框架结构的设计实例。

考虑到地基和基础有专门的课程和教材介绍，本书只在第3章中对最简单和最常见的柱下独立基础设计方法作了介绍。考虑到结构抗震设计课程一般都安排在本课程之后，因此本书对涉及抗震的内容也仅作了简单的介绍。

1.5.2 学习重点
Important Points of Study

本课程的学习重点如下：

(1)了解各类结构的特性，能够正确选用。

(2)熟悉结构的平面和立面布置方法，确保结构的荷载传递路线明确、受力可靠、经济合理、整体性好。

(3)掌握结构计算简图的确定方法及各构件截面尺寸的估算方法。

(4)熟悉各种荷载的计算方法。

(5)熟练掌握结构在各种荷载下的内力计算及内力组合方法。

(6)掌握结构的配筋计算，熟悉结构的构造要求。

本课程的先修课是"混凝土结构设计原理"。本课程是主修建筑工程课群组的土木工程专业学生的主干专业课。为了使学生能较好地掌握楼盖结构、排架结构和框架结构三类结构的设计方法，宜有相应的课程设计、毕业设计或作业与之配合。

本章小结

Summary

(1)混凝土结构在各种荷载和温度、收缩、徐变、地基不均匀沉降等作用下，应具有足够的承载能力，不发生整体或局部的破坏或失稳；具有足够的刚度，不产生过大的挠度或侧移；具有足够的抗裂性，满足对其提出的裂缝控制要求。

(2)混凝土结构按承重结构可分为水平承重结构、竖向承重结构和底部承重结构三类。

(3)结构选型的基本原则是：满足使用要求；受力性能好；施工简便和经济合理。

(4)结构布置除满足基本原则外，还应合理设置变形缝。

(5)混凝土结构分析应进行承载能力极限状态计算与正常使用极限状态验算，确定最不利的作用效应组合，同时应具有相应的构造保证措施。

思考题与习题

Questions and Exercises

1.1 混凝土结构在其使用年限内应满足哪些功能要求？

1.2 混凝土结构有哪三大承重结构？其关系如何？

1.3 混凝土结构选型与布置原则有哪些？

1.4 混凝土结构分析应遵守哪些原则？

1.5 混凝土结构在各种荷载和_____、_____、_____、地基不均匀沉降等作用下，应具有足够的_____，不发生整体或局部的破坏或失稳；具有足够的_____，不产生过大的挠度或侧移；具有足够的_____，满足对其提出的裂缝控制要求。

1.6 混凝土结构按承重结构可分为_____、_____和_____。

1.7 结构选型的基本原则是：_____、_____、_____和经济合理。

第2章 钢筋混凝土楼盖
Reinforced Concrete Floor

学习目标

学习要点：本章主要介绍钢筋混凝土楼盖的设计。主要内容有：钢筋混凝土楼盖的类型，结构布置和构件选型，荷载类型及传力路线，荷载计算、内力分析，塑性铰和塑性方法，梁式、板式楼梯的设计等。要求熟悉钢筋混凝土楼盖的结构组成、结构布置和构件选型；掌握钢筋混凝土楼盖的荷载计算和内力分析方法；掌握现浇混凝土单向板板肋形楼盖和双向板肋形楼盖的设计方法；了解无梁楼盖的受力特点、内力分析和截面设计；熟悉现浇的钢筋混凝土梁式、板式楼梯与雨篷的设计方法。

2.1 概 述

Introduction

钢筋混凝土楼盖作为建筑结构的重要组成部分，是由梁、板、柱（或无梁）组成的梁板结构体系，工业与民用建筑中的屋盖、楼盖、阳台、雨篷、楼梯等构件广泛采用楼盖结构形式。工程结构中梁板结构体系的结构构件极为常见，如板式基础、水池的顶板和底板、挡土墙、桥梁的桥面结构等。了解楼盖结构的选型，正确布置梁格，掌握结构的计算和构造，具有重要的工程意义。

2.1.1 单向板与双向板
One-way Slab and Two-way Slab

现浇钢筋混凝土肋形楼盖由板、次梁、主梁组成（图2-1），按板的受力特点可分为现浇单向板肋形楼盖和现浇双向板肋形楼盖。楼盖板为单向板的楼盖称为单向板肋形楼盖，相应地，楼盖板为双向板的楼盖称为双向板肋形楼盖。

现浇肋形楼盖中板的四边支承在次梁、主梁或砖墙上，当板的长边 l_2 与短边 l_1 之比较大时

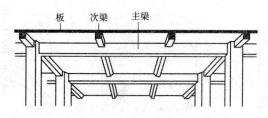

图 2-1　现浇钢筋混凝土肋形楼盖

(图 2-2)，荷载主要沿短边方向传递，而沿长边方向传递的荷载很少，可以忽略不计。板中的受力钢筋将沿短边方向布置，在垂直于短边方向只布置构造钢筋，这种板称为单向板，也叫作梁式板。当板的长边 l_2 与短边 l_1 之比不大时(图 2-3)，板上荷载沿长短边两个方向传递差别不大，板在两个方向的弯曲均不可忽略。板中的受力钢筋应沿长短边两个方向布置，这种板称为双向板。实际工程中通常将 $l_2/l_1 \geqslant 3$ 的板按单向板计算；将 $l_2/l_1 \leqslant 2$ 的板按双向板计算。而当 $2 < l_2/l_1 < 3$ 时，宜按双向板计算；若按单向板计算时，应沿长边方向布置足够数量的构造钢筋。

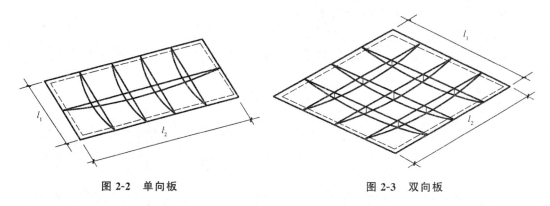

图 2-2　单向板　　　　　　　　　　　**图 2-3　双向板**

应当注意的是，单边嵌固的悬臂板和两对边支承的板，不论其长短边尺寸的关系如何，都只在一个方向受弯，故属于单向板。对于三边支承板或相邻两边支承的板，则将沿两个方向受弯，属于双向板。

单向板肋形楼盖构造简单，施工方便，是整体式楼盖结构中最常见的形式。因板、次梁和主梁为整体现浇，所以将板视为多跨超静定连续板，而将梁视为多跨超静定梁。其荷载的传递路线是：板→次梁→主梁→柱或墙。可见，板的支座为次梁，次梁的支座为主梁，主梁的支座为柱或墙。

双向板比单向板受力好，板的刚度好，板跨可达 5 m 以上，当跨度相同时双向板较单向板薄。在双向板肋形楼盖中，荷载的传递路线是：板→支承梁→柱或墙，板的支座是支承梁，支承梁的支座是柱或墙。双向板的受力特点如下：①双向板受荷后第一批裂缝出现在板底中部，然后逐渐沿 45° 向板四角扩展，当钢筋应力达到屈服点后，裂缝显著增大。板即将破坏时，板面四角产生环状裂缝，这种裂缝的出现促使板底裂缝进一步开展，最后板破坏(图 2-4)；②双向板在荷载的作用下，四角有翘曲的趋势，所以，板传给支承梁的压力，沿板的周边分布是不均匀的，在板的中部较大，两端较小；③尽管双向板的破坏裂缝并不平行于板边，但由于平行于板边的配筋其板底开裂荷载较大，而板破坏时的极限荷载又与对角线方向配筋相差不大，因此为了施工方便，双向板常采用平行于四边的配筋方式；④细而密的配筋较粗而疏的有利，采用强度等级高的混凝土较强度等级低的混凝土有利。

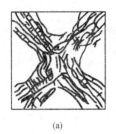 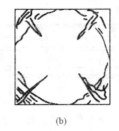 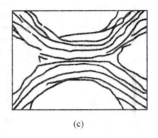

(a) (b) (c)

图 2-4 双向板的裂缝示意图

(a)正方形板板底裂缝；(b)正方形板板面裂缝；(c)矩形板板底裂缝

2.1.2 楼盖的类型

Floor Types

1. 钢筋混凝土楼盖按结构形式分类

(1)肋梁楼盖。

肋梁楼盖由相交的梁和板组成，如图 2-5(a)所示，它是楼盖中最常见的结构形式。这种结构的特点是构造简单，结构布置灵活，用钢量较低；其缺点是模板工程比较复杂。图 2-5(b)所示为一梁板式筏板基础，实际可视为一倒置的肋梁楼盖。

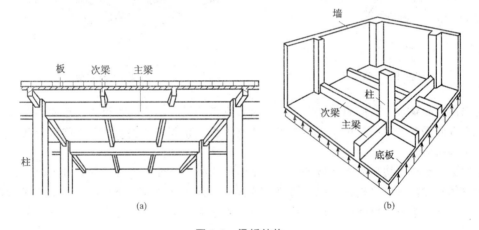

图 2-5 梁板结构

(a)肋梁楼盖；(b)倒置的肋梁楼盖—梁板式筏板基础

(2)井式楼盖。

井式楼盖的特点是两个方向的柱网及梁的截面尺寸均相同，而且正交，如图 2-6 所示。由于是两个方向共同受力，因而梁的截面高度较肋梁楼盖小，故适宜用于跨度较大且柱网呈方形布置的结构。

(3)密肋楼盖。

密肋楼盖由密布的小梁(肋)和板组成，如图 2-7 所示。密肋楼盖由于梁肋的间距小，板厚也很小，梁高也较肋梁楼盖小，故结构的自重较轻。

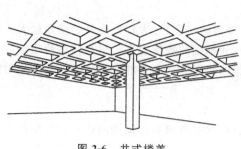

图 2-6　井式楼盖

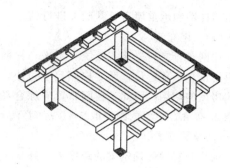

图 2-7　密肋楼盖

（4）无梁楼盖。

无梁楼盖又称板柱楼盖。这种楼盖不设梁，而将板直接支撑在带有柱帽（或无柱帽）的柱上，如图 2-8 所示。无梁楼盖顶棚平整，通常用于书库、仓库、商场等工程中，也用于水池的顶板、底板和平板式筏板基础等处。

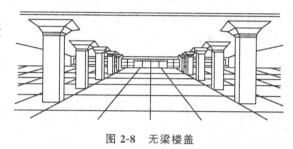

图 2-8　无梁楼盖

2. 钢筋混凝土楼盖按施工方法分类

（1）现浇整体式楼盖。

现浇整体式楼盖混凝土为现场浇筑，其优点是刚度大，整体性好，抗震抗冲击性能好，防水性好，结构布置灵活。其缺点是模板用量大，现场作业量大，工期较长，施工受季节影响比较大。多层工业建筑的楼盖、楼面承受有某些特殊设备荷载或有较复杂孔洞时常采用现浇整体式楼盖。随着商品混凝土、泵送混凝土以及工具式模板的广泛使用，整体式楼盖在多高层建筑中的应用也日益增多。

（2）装配式楼盖。

装配式楼盖是将预制的梁板构件在现场装配而成，具有施工速度快、省工省材等优点，符合建筑工业化的要求。但这种结构的缺点是结构的刚度和整体性不如现浇整体式楼盖，对抗震不利，因而不宜用于高层建筑，在有些抗震设防要求较高的地区已被限制使用。

（3）装配整体式楼盖。

装配整体式楼盖由预制板（梁）上现浇一叠合层而成为一个整体，最常见的做法是在板面做 40 mm 厚的配筋现浇层。其特点介于整体式和装配式结构之间，可适用于荷载较大的多层工业厂房、高层民用建筑及有抗震设防要求的建筑。

2.2　单向板肋梁楼盖

Ribbed Floor System with One-way Slabs

2.2.1　结构平面布置

Plane Arrangement of Structures

平面楼盖结构布置的主要任务是要合理地确定柱网和梁格，它通常是在建筑设计初步方案提出的柱网和承重墙布置基础上进行的。

(1)柱网布置。

柱网布置应与梁格布置统一考虑。柱网尺寸(即梁的跨度)过大,将使梁的截面过大而增加材料用量和工程造价;反之柱网尺寸过小,会使柱和基础的数量增多,也会使造价增加,并将影响房屋的使用。因此,柱网布置应综合考虑房屋的使用要求和梁的合理跨度。通常次梁的跨度取 4~6 m,主梁的跨度取 5~8 m 为宜。

(2)梁格布置。

梁格布置除需确定梁的跨度外,还应考虑主、次梁的方向和次梁的间距,并与柱网布置相协调。

主梁可沿房屋横向布置,它与柱构成横向刚度较强的框架体系,但因次梁平行侧窗,而使顶棚上形成次梁的阴影;主梁也可沿房屋纵向布置,它便于通风等管道的通过,并且因次梁垂直侧窗而使顶棚明亮,但横向刚度较差。次梁间距(即板的跨度)增大,可使次梁数量减少,但会增大板厚而增加整个楼盖的混凝土用量。在确定次梁间距时,应使板厚较小为宜,常用的次梁间距为 1.7~2.7 m。

在主梁跨度内以布置 2 根及 2 根以上次梁为宜,可使其弯矩变化较为平缓,有利于主梁的受力;当楼板上开有较大洞口,必要时应沿洞口周围布置小梁;主梁和次梁应布置在承重的窗间墙上,避免搁置在门窗洞口上,否则过梁应另行设计。

在满足房屋使用要求的基础上,柱网与梁格的布置应力求简单、规整,以使结构受力合理、节约材料、降低造价。同时板厚和梁的截面尺寸也应尽可能统一,以便于设计、施工及满足美观要求。

单向板肋梁楼盖结构平面布置方案主要有以下三种:

(1)主梁沿横向布置,次梁沿纵向布置[图 2-9(a)]。该方案的优点是主梁和柱可形成横向框架,横向抗侧移刚度大,各榀横向框架由纵向次梁相连,房屋整体性好。

(2)主梁沿纵向布置,次梁沿横向布置[2-9(b)]。这种布置适用于横向柱距比纵向柱距大得多的情况。其优点是减小了主梁的截面高度,可增加室内净高。

(3)只布置次梁,不设置主梁[2-9(c)]。此方案适用于有中间走道的砌体墙承重混合结构房屋。

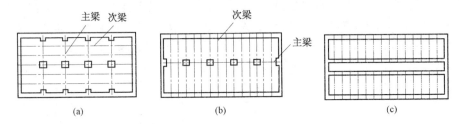

图 2-9　单向板肋梁楼盖结构布置

(a)主梁沿横向布置;(b)主梁沿纵向布置;(c)不设主梁

2.2.2　计算简图

Computational Figures

单向板肋形楼盖的板、次梁、主梁和柱均整体整浇在一起,形成一个复杂体系,但由于板的刚度很小,次梁的刚度又比主梁的刚度小很多,因此可以认为板简单支承在次梁上,次梁简单支承在主梁上,整个楼盖体系分解为板、次梁和主梁几类构件单独进行计算。作用在板面上的荷载传递路线为:荷载→板→次梁→主梁→柱或墙,板和主次梁可视为多跨连续板(梁),其计算简图应表示出梁(板)的跨数、计算跨度、支座的特点以及荷载的形式、位置及大小等。

(1)支座特点。

在肋梁楼盖中,当板或梁支承在砖墙(或砖柱)上时,由于其嵌固作用较小,可假定为铰支座,其嵌固的影响可在构造设计中加以考虑。

当板支承在次梁、次梁支承在主梁时,则次梁对板、主梁对次梁都将有一定的嵌固作用,为简化计算通常亦假定为铰支座,由此引起的误差将在内力计算时加以调整。

当主梁支承在混凝土柱上时,其计算简图应根据梁、柱抗弯刚度比而定;如果梁的抗弯刚度比柱的抗弯刚度大很多时(通常认为主梁与柱的线刚度比大于3~4),可将主梁视为铰支于柱上的连续梁进行计算,否则应按框架梁设计。

(2)计算跨数。

连续梁任何一个截面的内力值与其跨数、各跨跨度、刚度以及荷载等因素有关,但对某一跨来说,相隔两跨以上的上述因素对该跨内力的影响很小。因此,为了简化计算,对于跨数多于五跨的等跨度(或跨度相差不超过10%)、等刚度、等荷载的连续梁(板),可近似地按五跨计算。从图2-10中可知,实际结构1、2、3跨的内力按五跨连续梁(板)计算简图采用,其余中间各跨(第4跨)内力按五跨连续梁(板)的第3跨采用。这种简化,在工程上已具有足够的精度,因而广为应用。

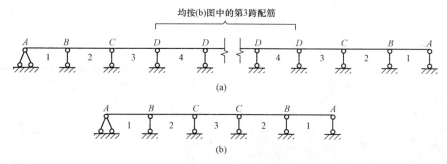

图 2-10 连续梁(板)计算简图

(3)计算跨度。

梁、板的计算跨度是指在内力计算时所应采用的跨间长度,其值与支座反力分布有关,即与构件本身刚度和支承条件有关。在设计中,梁、板的计算跨度 l_0 一般按表2-1的规定采用。

表 2-1 梁和板的计算跨度 l_0

计算方法	支座情形	计算跨度 l_0	
		板	梁
弹性理论	两端简支	$l_0=l_n+a$,且 $\leqslant l_n+h$	$l_0=l_n+a$,且 $\leqslant 1.05l_n$
	一端嵌入墙内,另一端与梁整体连接	$l_0=l_n+\dfrac{a}{2}+\dfrac{b}{2}$,且 $\leqslant l_n+\dfrac{h}{2}+\dfrac{b}{2}$	$l_0=l_n+\dfrac{a}{2}+\dfrac{b}{2}$,且 $\leqslant 1.025l_n+\dfrac{b}{2}$
	两端均与梁整体连接	$l_0=l_c$,且 $\leqslant 1.1l_n$	$l_0=l_c$,且 $\leqslant 1.05l_n$
塑性理论	两端简支	$l_0=l_n+a$,且 $\leqslant l_n+h$	$l_0=l_n+a$,且 $\leqslant 1.05l_n$
	一端嵌入墙内,另一端与梁整体连接	$l_0=l_n+\dfrac{a}{2}$,且 $\leqslant l_n+\dfrac{h}{2}$	$l_0=l_n+\dfrac{a}{2}$,且 $\leqslant 1.025l_n$
	两端均与梁整体连接	$l_0=l_n$	$l_0=l_n$
注:l_n—支座间净距;l_c—支座中心间的距离;h—板的厚度;a—边支座宽度;b—中间支座宽度;l_0—计算跨度。			

(4)荷载取值。

楼盖上的荷载有恒荷载和活荷载两种。恒荷载一般为均布荷载，它主要包括结构自重、各构造层自重、永久设备自重等。活荷载的分布通常是不规则的，一般均折合成等效均布荷载计算，主要包括楼面活荷载（如使用人群、家具及一般设备的重力）、屋面活荷载和雪荷载等。

楼盖恒荷载的标准值按结构实际构造情况通过计算确定，楼盖的活荷载标准值按《建筑结构荷载规范》(GB 50009—2012)确定。在设计民用房屋楼盖时，应考虑楼面活荷载的折减问题，因为当梁的负荷面积较大时，全部满载的可能性较小，故应对活荷载标准值按规范进行折减，其折减系数依据房屋类别和楼面梁的负荷范围大小，取 0.55~1.0 不等。

当楼面板承受均布荷载时，通常取宽度为 1 m 的板带进行计算，如图 2-11(a)所示。在确定板传递给次梁的荷载和次梁传递给主梁的荷载时，一般均忽略结构的连续性而按简单支承进行计算。所以，对次梁取相邻板跨中线所分割出来的面积作为它的受荷面积；次梁所承受荷载为次梁自重及其受荷面积上板传来的荷载；对于主梁，则承受主梁自重以及由次梁传来的几种荷载，但由于主梁自重与次梁传来的荷载相比较小，故为了简化计算，一般可将主梁的均布自重荷载折算为若干集中荷载一并计算。板、次梁、主梁的计算简图如图 2-11(b)、(c)、(d)所示。

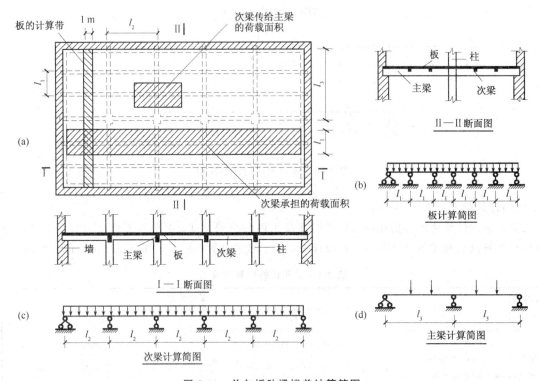

图 2-11　单向板肋梁楼盖计算简图

如上所述，在计算梁(板)内力时，假设梁板的支座为铰接，这对于等跨连续板(或梁)，当活荷载沿各跨均为满布时是可行的，因为此时板(或梁)在中间支座发生转角很小，按简支计算与实际情况相差甚微。但是，当活荷载 q 隔跨布置时情况则不同。现以图 2-12(a)所示支承在次梁上的连续板为例予以说明。当按铰支座计算时，板绕支座的转角 θ 值较大。而实际上，由于板与次梁整体现浇在一起，当板受荷载弯曲在支座发生转动时，将带动次梁（支座）一同转动。同时，次梁因具有一定的抗扭刚度且两端又受主梁的约束，将阻止板的自由转动，最终只能产生两者变形协调的约束转角θ'，如图 2-12(b) 所示。其值小于上述自由转角θ，转角减小使板的跨中弯矩有所降低，而支座负弯矩则相应地有所增加，但不会超过两相邻跨布满活荷载时的支座负弯矩。类似的情况也会发生在次梁与主梁及主梁与柱之间，这种由于支承构件的抗扭刚度，使被支承构件跨中弯矩有所减小的有利影响，在设计中一般通过采用增大恒荷载和减小活荷载的办法来考虑，即将恒荷载和活荷载分别调整为g'和q'，如图 2-12(c) 所示。

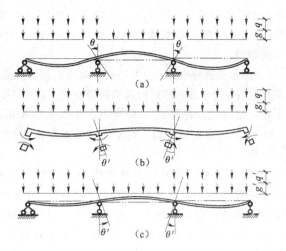

图 2-12　连续梁(板)的折算荷载

对于板：

$$g' = g + \frac{q}{2}, \quad q' = \frac{q}{2} \tag{2-1}$$

对于次梁：

$$g' = g + \frac{q}{4}, \quad q' = \frac{3}{4}q \tag{2-2}$$

式中　g'、q'——调整后的折算恒荷载、活荷载设计值；

　　　g、q——实际的恒荷载、活荷载设计值。

对于主梁，因转动影响很小，一般不予考虑。

当板（或梁）搁置在砌体或钢结构上时，荷载不作调整。

2.2.3　连续梁、板按弹性理论的内力计算
Internal Force Calculation of Continuous Beams and Slabs Based on Elastic Analysis

钢筋混凝土连续梁、板的内力按弹性理论方法计算，是假定梁板为理想弹性体系，因而其内力计算可按结构力学中的方法进行。

钢筋混凝土连续梁、板所受恒荷载是保持不变的，而活荷载在各跨的分布则是变化的。由于结构设计必须使构件在各种可能的荷载布置下都能安全可靠使用，所以在计算内力时，应研究活荷载如何布置将使梁、板内各截面可能产生的内力绝对值最大，即要考虑荷载的最不利布置和结构的内力包络图。

1. 活荷载的最不利布置

对于单跨梁，显然是当全部恒载和活荷载同时作用时将产生最大的内力。但对于多跨连续梁某一指定截面，往往并不是所有荷载同时布满梁上各跨时引起的内力为最大。图 2-13 给出了一五跨连续梁当活荷载单跨布置时的弯矩图和剪力图。从图中可以看出其内力图的变化规律：当活荷载作用在某跨时，该跨跨中为正弯矩，邻跨跨中则为负弯矩，然后正负弯矩相间。研究各弯矩图变化规律和不同组合后的结果，可以确定截面活荷载最不利布置的原则为：

(1)求某跨跨中的最大正弯矩时，应在该跨布置活荷载，然后向两侧隔跨布置。按图 2-14(a)

所示布置活荷载，将使 1、3、5 跨跨中产生最大正弯矩；
按图 2-14(b)所示布置活荷载，将使 2、4 跨跨中产生最
大正弯矩。

（2）求某跨跨中最大负弯矩时，该跨不布置活荷载，而
在其左右邻跨布置，然后向两侧隔跨布置。按图 2-14(a)所
示布置活荷载，将使 2、4 跨跨中产生最大负弯矩；按图
2-14(b)所示布置活荷载，将使 1、3、5 跨跨中产生最大负弯
矩。

（3）求某支座截面最大负弯矩时，应在该支座相邻
两跨布置活荷载，然后向两侧隔跨布置。按图 2-14(c)
所示布置活荷载，将使 B 支座截面产生最大负弯矩；按
图 2-14(d)所示布置活荷载，将使 C 支座截面产生最大
负弯矩。

（4）求某支座截面最大剪力时，其活荷载布置与求该
截面最大负弯矩时的布置相同，如图 2-14(c)和图 2-14(d)
所示。

梁上的恒荷载应按实际情况布置。

活荷载布置确定后即可按结构力学的方法进行连续
梁、板的内力计算。

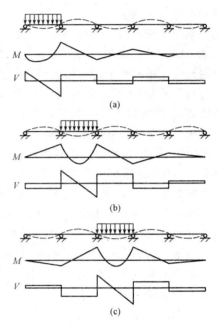

**图 2-13　五跨连续梁在不同
跨间荷载作用下的内力图**

①恒＋活 1＋活 3＋活 5（产生 M_{1max}、M_{3max}、M_{5max}、M_{4min}、M_{2min}）
②恒＋活 2＋活 4（产生 M_{2max}、M_{4max}、M_{1min}、M_{3min}、M_{5min}）
③恒＋活 1＋活 2＋活 4（产生 M_{Bmax}、$V_{B左max}$、$V_{B右max}$）
④恒＋活 2＋活 3＋活 5（产生 M_{Cmax}、$V_{C左max}$、$V_{C右max}$）

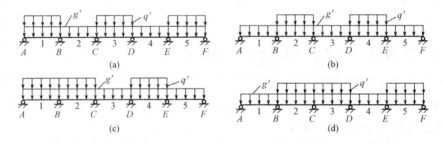

图 2-14　五跨连续梁最不利荷载组合

2. 内力计算

明确活荷载的不利布置后，即可按结构力学中所述的方法求出弯矩和剪力。为了减轻计算
工作量，已将等跨连续梁、板在各种不同布置荷载作用下的内力系数，制成计算表格，详见附
录 6。设计时可直接从表中查得内力系数后，按下式计算各截面的弯矩和剪力值，作为截面设计
的依据。

在均布荷载作用下：

$$M = 表中系数 \times ql^2 \tag{2-3}$$

$$V = 表中系数 \times ql \tag{2-4}$$

在集中荷载作用下：

$$M=表中系数×Pl \tag{2-5}$$
$$V=表中系数×P \tag{2-6}$$

式中　q——均布荷载设计值(kN/m)；

　　　P——集中荷载设计值(kN)。

若连续板、梁的各跨跨度不相等但相差不超过10%时，仍可近似地按等跨内力系数表进行计算。但当求支座负弯矩时，计算跨度应取相邻两跨的平均值(或取其中较大值)；而求跨中弯矩时，则取相应跨的计算跨度。若各跨板厚、梁截面尺寸不同，但其截面二次矩之比不大于1.5时，可不考虑构件刚度的变化对内力的影响，仍可用上述内力系数表计算内力。

3. 内力包络图

根据各种最不利荷载组合，按一般结构力学方法或利用前述表格进行计算，即可求出各种荷载组合作用下的内力图(弯矩图和剪力图)，把它们叠画在同一坐标图上，其外包线所形成的图形即为内力包络图，它表示连续梁、板在各种荷载最不利布置下各截面可能产生的最大内力值。图 2-15 所示为五跨连续梁的弯矩包络图和剪力包络图，它是确定连续梁纵筋、弯起钢筋、箍筋的布置和绘制配筋图的依据。

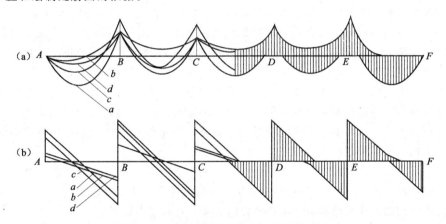

图 2-15　五跨连续梁均布荷载内力包络图

(a)弯矩包络图；(b)剪力包络图

4. 支座截面内力的计算

在按弹性理论计算连续梁的内力时，其计算跨度取支座中心线间的距离，即按计算简图求得的支座截面内力为支座中心线的最大内力。若梁与支座非整体连结或支承宽度很小时，计算简图与实际情况基本相符。然而对于整体连结的支座，中心处梁的截面高度将会由于支承梁(柱)的存在而明显增大。实践证明，该截面内力虽为最大，但并非最危险截面，破坏都出现在支承梁(柱)的边缘处(图 2-16)。因此，可取支座边缘截面作为计算控制截面，其弯矩和剪力的计算值，可近似地按下式求得

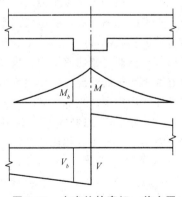

图 2-16　支座处的弯矩、剪力图

$$M_b=M-V_0\frac{b}{2} \tag{2-7}$$

$$V_b = V - (g+q)\frac{b}{2} \tag{2-8}$$

式中　M、V——支座中心线处截面的弯矩和剪力；

　　　V_0——按简支梁计算的支座剪力；

　　　g、q——均布恒荷载和活荷载；

　　　b——支座宽度。

2.2.4　连续梁、板按塑性理论的内力计算
Internal Force Calculation of Continuous Beams and Slabs Based on Elastic Analysis

如前所述，钢筋混凝土梁正截面受弯经历了三个阶段：弹性阶段、带裂缝工作阶段和破坏阶段。在弹性阶段，应力沿截面高度的分布近似为直线，而到了带裂缝工作阶段和破坏阶段，材料表现出明显的塑性性能。截面在按受弯承载力计算时，已考虑了这一因素，但是当按弹性理论计算连续梁板时，却忽视了钢筋混凝土材料的构件在工作中存在着这种非弹性性质，假定结构的刚度不随荷载的大小而改变，而实际上结构中某截面发生塑性变形后，其内力和变形与不变刚度的弹性体系分析的结果是不一致的，因为在结构中产生了内力重分布现象。

钢筋混凝土结构的内力重分布现象在裂缝出现前即已产生，但不明显；在裂缝出现后内力重分布程度不断扩大，而受拉钢筋屈服后的塑性变形则使内力重分布现象进一步加剧。在进行钢筋混凝土连续梁、板设计时，如果按照上述弹性理论的活荷载最不利布置所求得内力包络图来选择截面及配筋，认为构件任一截面上的内力达到极限承载力时，整个构件即达到承载力极限状态，这对静定结构是基本符合的。但对于具有一定塑性性能的超静定结构来说，构件的任一截面达到极限承载力时并不会导致整个结构的破坏，因此按弹性理论方法计算求得的内力不能正确反映结构的实际破坏内力。

为解决上述问题，充分考虑钢筋混凝土构件的塑性性能，挖掘结构潜在的承载力，达到节省材料和改善配筋的目的，提出了按塑性内力重分布的计算方法。理论及实验表明，钢筋混凝土连续梁内塑性铰的形成是结构破坏阶段塑性内力重分布的主要原因。

1. 塑性铰的概念

如图 2-17 所示钢筋混凝土简支梁，在集中荷载 P 作用下，跨中截面内力从加荷至破坏经历了三个阶段。当进入第Ⅲ阶段时，受拉钢筋开始屈服[图 2-17(f)中的 B 点]并产生塑性流动，混凝土垂直裂缝迅速发展，受压区高度不断缩小，截面绕中和轴转动，最后其受压区混凝土边缘压应变达到 ε_{cu} 而被压碎(C 点)，致使构件破坏。从该图中截面的弯矩与曲率关系曲线[图 2-17(f)]可以看出，自钢筋开始屈服至构件破坏(BC 段)，其 $M-\varphi$ 曲线变化平缓，说明在截面所承受的弯矩仅有微小增长的情况下，而曲率激增，亦即截面相对转角急剧增大[图 2-17(e)]，也就是说构件在塑性变形集中产生的区域[图 2-17(a)中 ab 段，相应于图 2-17(b)中 $M>M_y$ 的部分]，犹如形成了一个能够转动的"铰"，一般称之为塑性铰，如图 2-17(d)所示。

与力学中的理想铰相比，塑性铰具有下列特点：

(1)理想铰不能承受弯矩，而塑性铰则能承受基本不变的弯矩。

(2)理想铰集中于一点，而塑性铰则有一定的长度区段。

(3)理想铰可以沿任意方向转动，而塑性铰只能沿弯矩作用的方向，绕不断上升的中和轴发生单向转动。

塑性铰是构件塑性变形发展的结果。塑性铰出现后，使静定结构简支梁形成三铰在一条直线上的破坏机构，标志着构件进入破坏状态，如图 2-17(d)所示。

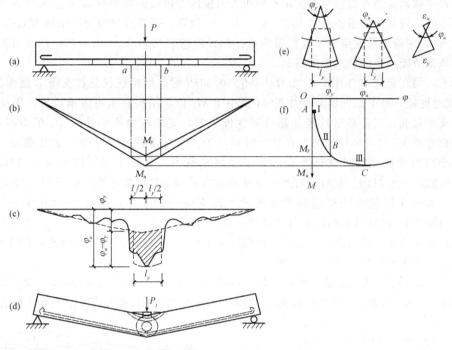

图 2-17　塑性铰的形成

2. 超静定结构的塑性内力重分布

显然，对于静定结构，任一截面出现塑性铰后，即可使其形成几何可变体系而丧失承载力。但对于超静定结构，由于存在多余约束，构件某截面出现塑性铰，并不能使其立即成为几何可变体系，构件仍能继续承受增加的荷载，直到其他截面也出现塑性铰，使结构成为几何可变体系，才丧失承载力。其破坏过程是：首先在一个截面出现塑性铰，随着荷载的增加，塑性铰陆续出现（每出现一个塑性铰，相当于超静定结构减少一次约束），直到最后一个塑性铰出现，整个结构形成几何可变体系，结构达到极限承载力。在形成破坏结构的过程中，结构的内力分布和塑性铰出现前的弹性分布规律完全不同。在塑性铰出现后的加载过程中，结构的内力经历了一个重新分布的过程，这个过程称为塑性内力重分布。

现以如图 2-18 所示的各跨内作用有两个集中荷载 P 的两跨连续梁为例，将这一过程说明如下。

连续梁在承载过程中实际的内力状态为：在加载初期混凝土开裂前，整个处于第 Ⅰ 阶段，接近弹性体工作；随着荷载的增加，梁进入第 Ⅱ 阶段工作，在弯矩最大的中间支座处受拉区混凝土出现裂缝，刚度降低，使其弯矩增加减慢，而跨中弯矩增长加快；当继续加载至跨中混凝土出现裂缝时，跨中截面刚度降低，弯矩增长减慢，而支座弯矩增长较快。以上这一变化过程是由于混凝土裂缝引起各截面刚度相对的变化导致梁的内力重分布，但在钢筋尚未屈服前，其刚度变化不显著，因而内力重分布幅度很小。随着荷载的增加，截面 B 受拉钢筋屈服，进入第 Ⅲ 阶段工作，形成塑性铰，发生塑性转动并产生明显的内力重分布。

当按弹性理论计算，集中荷载为 P 时，中间支座 B 截面的负弯矩 $M_B = -0.33Pl$，跨中最大正弯矩 $M_1 = 0.22Pl$，如图 2-18（b）所示。

在设计时，若梁按图 2-18（b）所示的弯矩值进行配筋，其中间支座截面的受拉钢筋配筋量为 A_s，则跨中截面受拉钢筋配筋量相应地应为 $2A_s/3$，设计结果可满足其承载力的要求。但在实际设计时，跨中截面应当考虑活荷载的最不利布置而按内力包络图跨中截面 M_{1max} 来计算所需的受拉钢筋面积的，则其配筋量势必要大于 $2A_s/3$ 值。经计算，若其所配的受拉钢筋为如图 2-18(a) 所示的 A_s 值，则跨中及支座两个截面所能承担的极限弯矩均为 $M_u=0.33Pl$，P 即为按弹性理论计算时该梁所能承受的最大集中荷载。

实际上，梁在荷载 P 作用下，当 $M_B=M_u=0.33Pl$ 时，结构仅仅是在支座 B 截面发生"屈服"，形成塑性铰，跨中截面实际产生的 M 值小于 M_u 值，结构并未丧失承载力，仍能继续承载。但在支座截面，当荷载继续增加超过弹性极限时，支座截面所承受的 M_{Bu} 值将不再增加，而跨中截面弯矩 M_1 值可继续增加，直至达到 $M_1=M_u=0.33Pl$ 的极限值时，跨中截面亦形成塑性铰，整个结构变成几何可变体系而达到了极限承载力。其相应弯矩的增量为 ΔM，$\Delta M=0.33Pl-0.22Pl=0.11Pl$。此时，对产生 ΔM 的相应荷载 ΔP 可按下列方法求得：将支座 B 视作一个铰，即整个结构由两跨连续梁变成两个简支梁一样工作，因 $\Delta M=(P/3)\cdot(l/3)=0.11Pl$，由图 2-18(c) 可求出相应的荷载增量为 $\Delta P=P/3$。

因此，该两跨连续梁所能承受的极限荷载应为 $P+P/3=4P/3$，按弹性理论计算的承载力 P 有所提高。梁的最后弯矩如图 2-18(d) 所示。

若按图 2-18(e) 所示方案配筋，则梁的最后弯矩图如图 2-18(f) 所示。由此可见，支座和跨中弯矩的幅值可以人为地予以调整，这种控制截面的弯矩可以互相调整的计算方法称为"弯矩调幅法"。

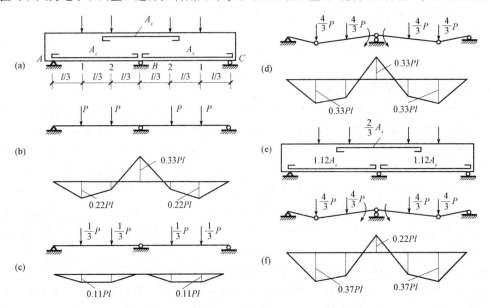

图 2-18　两跨连续梁在荷载 P 作用下的弯矩图

由上述可见，塑性内力重分布需考虑以下因素：

(1)塑性铰应具有足够的转动能力。为使内力得以完全重分布，应保证结构加载后各截面中能先后出现足够数目的塑性铰，最后形成破坏机构。若最初形成的塑性铰转动能力不足，在其塑性铰尚未全部形成之前，已因某些截面受压区混凝土过早被压坏而导致构件破坏，就不能达到完全内力重分布的目的。

(2)结构构件应具有足够的斜截面承载能力。国内外的试验研究表明，支座出现塑性铰后，连续梁的受剪承载力比不出现塑性铰的梁低。加载过程中，连续梁首先在支座和跨内出现垂直裂缝，随后在中间支座两侧出现斜裂缝。一些破坏前支座已形成塑性铰的梁，在中间支座两侧的剪跨段，纵筋和混凝土的粘结有明显破坏，有的甚至还出现沿纵筋的劈裂裂缝。构件的剪跨比越小，这种现象越明显。因此，为了保证连续梁内力重分布能充分发展，结构构件必须要有足够的受剪承载能力。

（3）满足正常使用条件。如果最初出现的塑性铰转动幅度过大，塑性铰附近截面的裂缝就可能开展过宽，结构的挠度过大，不能满足正常使用的要求。因此，在考虑塑性内力重分布时，应对塑性铰的允许转动量予以控制，即控制内力重分布的幅度。一般要求在正常使用阶段不应出现塑性铰。

3. 塑性内力重分布的计算方法

钢筋混凝土连续梁、板考虑塑性内力重分布的计算时，目前工程中应用较多的是弯矩调幅法，即在弹性理论的弯矩包络图基础上，对构件中选定的某些支座截面较大的弯矩值，按内力重分布的原理加以调整，然后按调整后的内力进行配筋计算。对于均布荷载作用下等跨连续梁、板考虑塑性内力重分布的弯矩和剪力可按下式计算：

板和次梁的跨中及支座弯矩：

$$M = \alpha(g+q)l_0^2 \tag{2-9}$$

次梁支座的剪力：

$$V = \beta(g+q)l_n \tag{2-10}$$

式中　g、q——作用在梁、板上的均布恒荷载、活荷载设计值；

　　　l_0——计算跨度；

　　　l_n——净跨度；

　　　α——考虑塑性内力重分布的弯矩计算系数，按表 2-2 选用；

　　　β——考虑塑性内力重分布的剪力计算系数，按表 2-3 选用。

表 2-2　连续梁和连续单向板考虑塑性内力重分布的弯矩计算系数 α

支承情况		截面位置					
		端支座	边跨跨中	离端第二支座	离端第二跨跨中	中间支座	中间跨跨中
		A	Ⅰ	B	Ⅱ	C	Ⅲ
梁、板搁支在墙上		0	$\dfrac{1}{11}$	二跨连续：$-\dfrac{1}{10}$ 三跨及以上连续：$-\dfrac{1}{11}$	$\dfrac{1}{16}$	$-\dfrac{1}{14}$	$\dfrac{1}{16}$
板	与梁整浇连接	$-\dfrac{1}{16}$	$\dfrac{1}{14}$				
梁		$-\dfrac{1}{24}$					
梁与柱整浇连接		$-\dfrac{1}{16}$	$\dfrac{1}{14}$				

表 2-3　连续梁和连续单向板考虑塑性内力重分布的剪力计算系数 β

支承情况	截面位置				
	端支座内侧 A_{in}	离端第二支座		中间支座	
		外侧 B_{ex}	内侧 B_{in}	外侧 C_{ex}	内侧 C_{in}
搁支在墙上	0.45	0.60	0.55	0.55	0.55
与梁或柱整体连接	0.50	0.55			

4. 考虑塑性内力重分布计算的一般原则

根据理论分析及试验结果，连续梁板按塑性内力重分布计算应遵循以下原则：

(1)通过控制支座和跨中截面的配筋率可以控制连续梁中塑性铰出现的顺序和位置，控制调幅的大小和方向。为了保证塑性铰具有足够的转动能力，避免受压区混凝土"过早"被压坏，以实现完全的内力重分布，必须控制受力钢筋用量，即应满足 $\xi \leqslant 0.35$ 的限制条件要求，同时钢筋宜采用塑性较好的 HPB300 级、HRB400 级钢筋，混凝土强度等级宜为 C20~C45。

(2)弯矩调幅不宜过大，应控制在弹性理论计算弯矩的 20% 以内。

(3)为了尽可能地节省钢材，应使调整后的跨中截面弯矩尽量接近原包络图的弯矩值，以及使调幅后仍能满足平衡条件，则梁板的跨中截面弯矩值应取按弹性理论方法计算的弯矩包络图所示的弯矩值和按下式计算值中的较大者，如图 2-19 所示。

$$M = M_0 - \frac{1}{2}(M^l + M^r) \tag{2-11}$$

式中　M_0——按简支梁计算的跨中弯矩设计值；

　　　M^l、M^r——连续梁板的左、右支座截面调幅后的弯矩设计值。

(4)调幅后，支座及跨中控制截面的弯矩值均不宜小于 $M_0/3$。

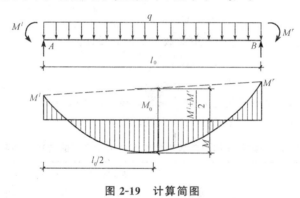

图 2-19　计算简图

5. 按塑性内力重分布方法计算的适用范围

按内力塑性重分布理论计算超静定结构虽然可以节约钢材，但在使用阶段钢筋应力较高，构件裂缝和挠度均较大。通常对于在使用阶段不允许开裂的结构、处于重要部位而又要求可靠性较高的结构(如肋梁楼盖中的主梁)、受动力和疲劳荷载作用的结构及处于有腐蚀环境中的结构不能采用塑性理论计算方法，而应按弹性理论方法进行设计。

2.2.5　单向板肋梁楼盖的截面设计与构造

Section Designand Detailing Requirements of Ribbed Floor System with One-way Slabs

1. 板的计算和构造要求

(1)板的计算要点。

板的内力可按塑性理论方法计算；在求得单向板的内力后，可根据正截面抗弯承载力计算，确定各跨跨中及各支座截面的配筋；板在一般情况下均能满足斜截面受剪承载力要求，设计时可不进行受剪承载力计算；连续板跨中由于正弯矩作用引起截面下部开裂，支座由于负弯矩作用引起截面上部开裂，这就使板的实际轴线成拱形(图 2-20)。如果板的四周存在有足够刚度的梁，即板的支座不能自由移动时，则作用于板上的一部分荷载将通过拱的作用直接传给边梁，而使板的最终弯矩降低。考虑到这一有利作用，可对周边与梁整体连接的单向板中间跨跨中截面及中间支座截面的计算弯矩折减 20%。

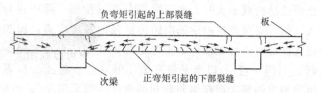

图 2-20 钢筋混凝土连续板的拱作用

但对于边跨的跨中截面及第二支座截面，由于边梁侧向刚度不大（或无边梁），难以提供足够的水平推力，因此其计算弯矩不予降低。

（2）板的构造要求。

单向板的构造要求主要为板的尺寸和配筋两方面。

板的跨度一般在梁格布置时已确定。板的厚度直接关系到混凝土的用量和配筋，故在取用时除应满足建筑功能的要求外，主要还应考虑板的跨度及其所受的荷载。从刚度要求出发，根据设计经验，单向板的最小厚度不应小于跨度的 1/40（连续板）、1/30（简支板）及 1/10（悬臂板）。同时，单向板的最小厚度还应不小于表 2-4 规定的数值。板的配筋率一般为 0.3%～0.8%。

表 2-4 现浇钢筋混凝土板的最小厚度

板的类别		最小厚度/mm
单向板	屋面板	60
	民用建筑楼板	60
	工业建筑楼板	70
	行车道下的楼板	80
双向板		80
密肋楼盖	面板	50
	肋高	250
悬臂板（根部）	悬臂长度不大于 500 mm	60
	悬臂长度 1 200 mm	100
无梁楼板		150
现浇空心楼盖		200

现浇钢筋混凝土单向板的钢筋分受力钢筋和构造钢筋两种。布设时应分别满足以下的要求。

①单向板中的受力钢筋应沿板的短跨方向在截面受拉一侧布置，其截面面积由计算确定。板中受力钢筋一般采用 HRB335 级或 HPB300 级钢筋，在一般厚度的板中，钢筋的常用直径为 $\phi 6$、$\phi 8$、$\phi 10$、$\phi 12$ 等。对于支座负弯矩钢筋，为便于施工，其直径一般不小于 $\phi 8$。对于绑扎钢筋，当板厚 $h \leqslant 150$ mm 时，间距不宜大于 200 mm；当板厚 $h > 150$ mm 时，不宜大于 $1.5h$，且不宜大于 250 mm。简支板或连续板下部纵向受力钢筋伸入支座的锚固长度不应小于 $5d$（d 为下部纵向受力钢筋直径）。当连续板内温度、收缩应力较大时，伸入支座的锚固长度宜适当增加。

连续板受力钢筋的配筋方式有弯起式和分离式两种。前者是将跨中正弯矩钢筋在支座附近弯起一部分以承受支座负弯矩，如图 2-21(a)所示。这种配筋方式锚固好，并可节省钢筋，但施工复杂；后者是将跨中正弯矩钢筋和支座负弯矩钢筋分别设置，如图 2-21(b)所示。这种方式配筋施工方便，但钢筋用量较大且锚固较差，故不宜用于承受动荷载的板中。当板厚 $h \leqslant 120$ mm，且所受动荷载不大时，亦可采用分离式配筋。跨中正弯矩钢筋，采用分离式配筋时，宜全部伸入支座，支座负弯矩钢筋向跨内的延伸长度应满足覆盖负弯矩图和钢筋锚固的要求；当采用弯起式配筋时，可先按跨中正弯矩确定其钢筋直径和间距，然后在支座附近将跨中钢筋按需要弯起1/2(隔一弯一)以承受负弯矩，但最多不超过2/3(隔一弯二)。如弯起钢筋的截面面积不够，可另加直钢筋。弯起钢筋弯起的角度一般采用30°，当板厚$h > 120$ mm 时，宜采用45°。

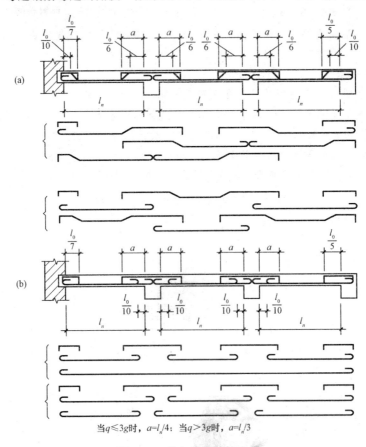

当$q \leqslant 3g$时，$a = l_n/4$；当$q > 3g$时，$a = l_n/3$

图 2-21　单向板的配筋方式

(a)弯起式配筋；(b)分离式配筋

②在单向板中除按计算配置受力钢筋外，通常还按要求设置以下四种构造钢筋。

分布钢筋：垂直于板的受力钢筋方向，并在受力钢筋内侧按构造要求配置。其作用除固定受力钢筋位置外，主要承受混凝土收缩和温度变化所产生的应力，控制温度裂缝的开展；同时还可将局部板面荷载更均匀地传给受力钢筋，并承受在计算中未计及但实际存在的长跨方向的弯矩。分布钢筋的截面面积应不小于受力钢筋的15%，且不宜小于板面截面面积的0.15%。分布钢筋间距不宜大于250 mm(集中荷载较大时，间距不宜大于200 mm)，直径不宜小于6 mm；在受力钢筋的弯折处亦应设置分布钢筋。

当$q \leqslant 3g$时，$a = l_n/4$；当$q > 3g$时，$a = l_n/3$。其中q为均布活荷载设计值；g为均布恒荷载设计值；l_n为板的计算跨度。

与主梁垂直的上部构造钢筋：单向板上荷载将主要沿短边方向传到次梁，此时板的受力钢筋与主梁平行，由于板将产生一定大于与主梁方向垂直的负弯矩，为承受这一弯矩和防止产生过宽的裂缝，应配置与主梁垂直的上部构造钢筋，如图 2-22 所示。其数量不宜少于板中受力钢筋的 $1/3$，且不少于每米 $5\phi8$，伸出主梁边缘的长度不宜小于 $l_0/4$。

嵌固在墙内或钢筋混凝土梁整体连接的板端上部构造钢筋：嵌固在承重砖墙内的单向板，计算时按简支考虑，但实际上由于墙的约束有部分嵌固作用，而将产生局部负弯矩，因此对嵌固在承重砖墙内的现浇板，在板的上部应设置与板垂直的不少于每米 $5\phi8$ 的构造钢筋，其伸出墙边的长度不宜小于

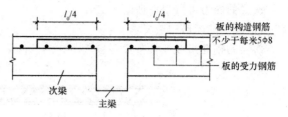

图 2-22　与主梁垂直的上部构造钢筋

$l_0/7$（l_0 为板短跨计算跨度）；当现浇板的周边与混凝土梁或混凝土墙整体连接时，亦应在板边上部设置与其垂直的构造钢筋，其数量不宜小于相应方向跨中纵筋截面面积的 $1/3$；其伸出梁边或墙边的长度不宜小于 $l_0/5$；在双向板中不宜小于 $l_0/4$。

板的构造钢筋：对两边均嵌固在墙内的板角部分，当受到墙体约束时，亦将产生负弯矩，在板顶引起圆弧形裂缝，因此应在板的上部双向配置构造钢筋，以承受负弯矩和防止裂缝的扩展，其数量不宜小于该方向跨中受力钢筋的 $1/3$，其由墙边伸出到板内的长度不宜小于 $l_0/4$，如图 2-23 所示。

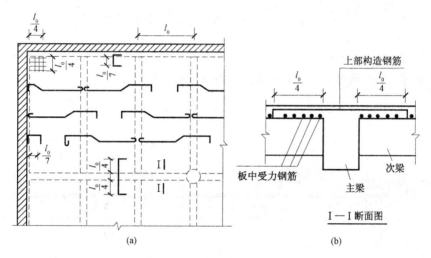

图 2-23　板的构造钢筋

在温度、收缩应力较大的现浇板区域内，钢筋间距宜取为 $150\sim200$ mm，并应在板的未配筋表面布置温度收缩钢筋。板的上、下表面沿纵、横两个方向的配筋率均不宜小于 0.1%。温度收缩钢筋可利用原有钢筋贯通布置，也可另行设置构造钢筋网，并与原有钢筋按受拉钢筋的要求搭接，或在周边构件中锚固。

2. 次梁的计算和构造要求

（1）次梁的计算要点。

连续次梁在进行正截面承载力计算时，由于板与次梁整体连接，板可作为梁的翼缘参加工作。在跨中正弯矩作用区段，板处在次梁的受压区，次梁应按 T 形截面计算，其翼缘计算宽度 b_f' 可按有关规定确定。在支座附近（或跨中）的负弯矩作用区段，由于板处在次梁的受拉区，此时次梁应按矩形截面计算。

次梁的跨度一般为 4～6 m，梁高为跨度的 1/18～1/12，梁宽为梁高的 1/3～1/2。纵向配筋的配筋率为 0.6%～1.5%。

次梁的内力可按塑性理论方法计算。

(2)次梁的配筋构造要求。

次梁的钢筋组成及其布置可参考图 2-24。次梁伸入墙内的长度一般应不小于 240 mm。

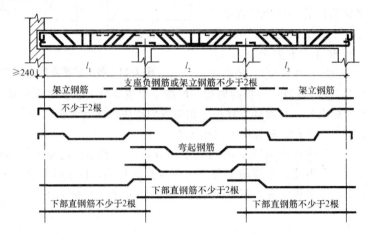

图 2-24　次梁的钢筋组成及其布置

当次梁相邻跨度相差不超过 20%，且均布活荷载与恒荷载设计值之比 $q/g \leqslant 3$ 时，其纵向受力钢筋的弯起和切断可按图 2-25 进行，否则应按弯矩包络图确定。

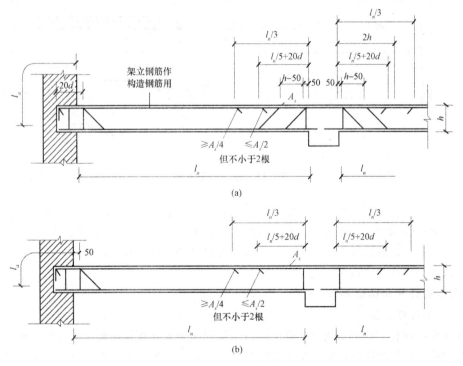

图 2-25　次梁配筋的构造要求

3. 主梁的计算和构造要求

(1)主梁的计算要点。

主梁的正截面抗弯承载力计算与次梁相同，通常跨中按 T 形截面计算，支座按矩形截面计算。当跨中出现负弯矩时，跨中亦应按矩形截面计算。

主梁的跨度一般在 5～8 m 为宜，常取梁高为跨度的 1/15～1/10，梁宽为梁高的 1/3～1/2。主梁除承受自重和直接作用在主梁上的荷载外，主要是承受次梁传来的集中荷载。为计算方便，可将主梁的自重等效简化成若干集中荷载，并作用于次梁位置处。

由于在主梁支座处，次梁与主梁负弯矩钢筋相互交叉重叠，而主梁负筋位于次梁和板的负筋之下（图 2-26），故截面有效高度在支座处有所减小。具体取值为（对一类环境）：当受力钢筋单排布置时，$h_0 = h-(50～60)$；当钢筋双排布置时，$h_0 = h-(70～80)$。

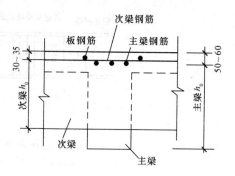

图 2-26　主梁支座处截面的有效高度

主梁的内力通常按弹性理论方法计算，不考虑塑性内力重分布。

(2)主梁的构造要求。

主梁钢筋的组成及其布置可参考图 2-27，主梁伸入墙内的长度一般应不小于 370 mm。

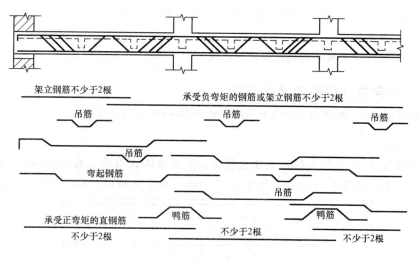

图 2-27　主梁钢筋的组成及其布置

对于主梁及其他不等跨次梁，其纵向受力钢筋的弯起与切断，应在弯矩包络图上作材料图，来确定纵向钢筋的切断和弯起位置，并应满足有关构造要求。

在次梁与主梁相交处，次梁顶部在负弯矩作用下将产生裂缝，如图 2-28(a)所示。因此，次梁传来的集中荷载将通过其受压区的剪切面传至主梁截面高度的中、下部，使其下部混凝土可能产生斜裂缝而引起局部破坏。为此，需设置附加的横向钢筋（吊筋或箍筋），以使次梁传来的集中力传至主梁上部的承压区。附加横向钢筋宜采用箍筋，并应布置在长度为 s 的范围内，此处 $s=2h_1+3b$，如图 2-28(b)所示；当采用吊筋时，其弯起段应伸至梁上边缘，且末端水平段长度在受拉区不应小于 $20d$，受压区不应小于 $10d$（d 为吊筋的直径）。

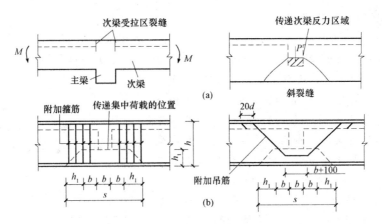

图 2-28 附加横向钢筋的布置

(a)次梁和主梁相交处的裂缝状态；(b)承受集中荷载处附加横向钢筋的布置

附加横向钢筋所需总截面面积应符合下列规定：

$$A_{sv} \geqslant \frac{P}{f_{yv}\sin\alpha} \tag{2-12}$$

式中　A_{sv}——附加横向钢筋总截面面积；当采用附加吊筋时，A_{sv} 应为左、右弯起段截面面积之和；

　　　　P——作用在梁下部或梁截面高度范围内的集中荷载设计值；

　　　　α——附加横向钢筋与梁轴线的夹角；

　　　　f_{yv}——吊筋或附加箍筋的抗拉强度设计值。

2.2.6 单向板肋梁楼盖设计例题

A Design Example of Ribbed Floor System with One-way Slabs

(1) 设计资料。

某设计基准期为 50 年的多层工业建筑楼盖，采用整体式钢筋混凝土结构，柱截面拟定为 300 mm×300 mm，柱高为 4.5 mm，墙厚为 370 mm，楼盖梁格布置如图 2-29 所示。

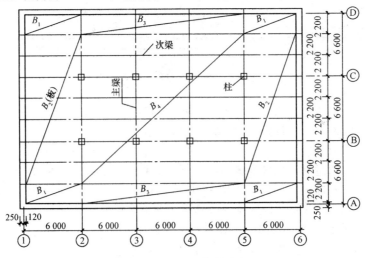

图 2-29 楼盖梁格布置图

①楼面构造层做法：20 mm 厚水泥砂浆面层，80 mm 厚钢筋混凝土现浇板，20 mm 厚混合砂浆顶棚抹灰。

②楼面活荷载：标准值为 6 kN/mm²。

③恒载分项系数为 1.2；活荷载分项系数为 1.3（因楼面活荷载标准值大于 4 kN/mm²）。

④材料选用：a. 混凝土采用 C30（$f_c=14.3$ N/mm²，$f_t=1.43$ N/mm²）；b. 钢筋混凝土梁中受力纵筋采用 HRB400 级（$f_y=360$ N/mm²），其余采用 HPB300 级（$f_y=270$ N/mm²）。

（2）板的计算。

板按考虑塑性内力重分布方法计算。

板厚 $h \geqslant \dfrac{1}{30} = \dfrac{2\,200}{30} = 73$(mm)，对工业建筑楼盖，要求 $h \geqslant 70$ mm，故取其厚 $h=80$ mm。

次梁截面高度应满足 $h = \left(\dfrac{1}{18} \sim \dfrac{1}{12}\right) l = \left(\dfrac{1}{18} \sim \dfrac{1}{12}\right) \times 6\,000 = 333 \sim 500$(mm)，考虑到楼面活荷载比较大，故取次梁截面高度 $h=450$ mm。梁宽 $b = \left(\dfrac{1}{3} \sim \dfrac{1}{2}\right) h = 150 \sim 225$(mm)，取 $b=200$ mm。

板的尺寸及支承情况如图 2-30(a)所示。

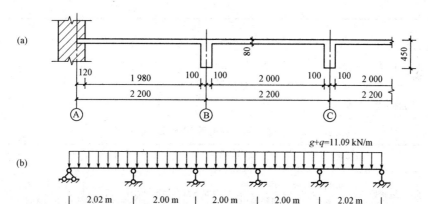

图 2-30　板的构造和计算简图

(a)板的构造；(b)板的计算简图

①荷载计算。

20 mm 厚水泥砂浆面层 $0.02 \times 20 = 0.4$(kN/m²)

80 mm 厚钢筋混凝土现浇板 $0.08 \times 25 = 2.0$(kN/m²)

20 mm 厚混合砂浆顶棚抹灰 $0.02 \times 17 = 0.34$(kN/m²)

恒荷载标准值 $g=2.74$ kN/m²

恒荷载设计值 $g = 1.2 \times 2.74 = 3.29$(kN/m²)

活荷载设计值 $q = 1.3 \times 6.0 = 7.8$(kN/m²)

合计 $g+q = 11.09$(kN/m²)

②计算简图与板的计算跨度。

边跨 $l_n = 2.2 - 0.12 - \dfrac{0.2}{2} = 1.98$(m)

$l_0 = l_n + \dfrac{\alpha}{2} = 1.98 + \dfrac{0.12}{2} = 2.04$(m)

因 $l_n+\dfrac{h}{2}=1.98+\dfrac{0.08}{2}=2.02(\mathrm{m})<2.04\ \mathrm{m}$，故取 $l_0=2.02\ \mathrm{m}$。

中间跨 $l_0=l_n=2.2-0.2=2.0(\mathrm{m})$

跨度差 $\dfrac{2.02-2.0}{2.0}=1\%<10\%$，可按等跨连续板计算内力。取 1 m 宽板带作为计算单元，计算简图如图 2-30(b) 所示。

③弯矩设计值计算。

连续板各截面弯矩计算结果见表 2-5。

表 2-5　连续板各截面弯矩计算

截面	边跨跨中	离端第二支座	离端第二跨跨中	中间支座
弯矩计算系数 α	$\dfrac{1}{11}$	$-\dfrac{1}{11}$	$\dfrac{1}{16}$	$-\dfrac{1}{14}$
$M=\alpha(g+q)l_0^2/(\mathrm{kN\cdot m})$	$\dfrac{1}{11}\times11.09\times2.02^2$ $=4.11$	$-\dfrac{1}{11}\times11.09\times2.02^2$ $=-4.11$	$\dfrac{1}{16}\times11.09\times2.02^2$ $=2.83$	$-\dfrac{1}{14}\times11.09\times2.02^2$ $=-3.23$

④承载力计算。

$b=1\,000\ \mathrm{mm}$，$h=80\ \mathrm{mm}$，$h_0=80-20=60(\mathrm{mm})$。钢筋采用 HPB300 级 $(f_y=270\ \mathrm{N/mm^2})$，混凝土采用 C25 $(f_c=11.9\ \mathrm{N/mm^2})$，$\alpha_1=1.0$。各截面配筋见表 2-6。

板的配筋如图 2-31 所示。

表 2-6　板的配筋计算

板带部位	边区板带（①~②、⑤~⑥轴线间）				中间区板带（②~⑤轴线间）			
板带部位截面	边跨跨中	离端第二支座	离端第二跨跨中中间跨跨中	中间支座	边跨跨中	离端第二支座	离端第二跨跨中中间跨跨中	中间支座
$M/(\mathrm{kN\cdot m})$	4.11	-4.11	2.83	-3.23	4.11	-4.11	$2.83\times0.8=2.26$	-3.23×0.8 $=-2.58$
$\alpha_s=\dfrac{M}{\alpha_1 f_c b h_0^2}$	0.096	0.096	0.066	0.075	0.096	0.096	0.053	0.060
γ_s	0.949	0.949	0.966	0.961	0.949	0.949	0.973	0.969
$A_s=\dfrac{M}{f_y\gamma_s h_0}/\mathrm{mm^2}$	267	267	180	207	267	267	143	164
选配钢筋	Φ8@190	Φ8@190	Φ8@190	Φ8@190	Φ8@190	Φ8@190	Φ8@190	Φ8@190
实配钢筋面积/mm²	265	265	265	265	265	265	265	265
注：中间区板带（②~⑤轴线间），其各内区格板的四周与梁整体连接，故中间跨跨中和中间支座考虑板的内拱作用，其计算弯矩折减 20%。								

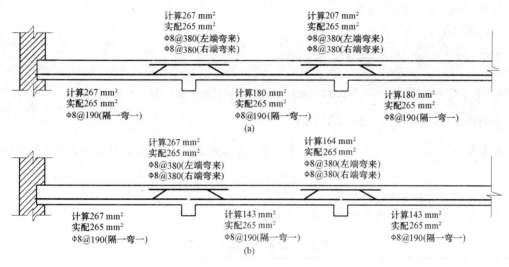

图 2-31　板的配筋

(a)边区板带；(b)中间区板带

(3)次梁计算。

次梁按考虑塑性内力重分布方法计算。

主梁截面高度 $h=\left(\dfrac{1}{15}\sim\dfrac{1}{10}\right)l=\left(\dfrac{1}{15}\sim\dfrac{1}{10}\right)\times6\ 600=(440\sim660)\,\text{mm}$，取主梁截面高度 $h=$ 650 mm。梁宽 $b=\left(\dfrac{1}{3}\sim\dfrac{1}{2}\right)h=(217\sim325)\,\text{mm}$，取 $b=250\,\text{mm}$。次梁的尺寸及支承情况如图 2-32(a)所示。

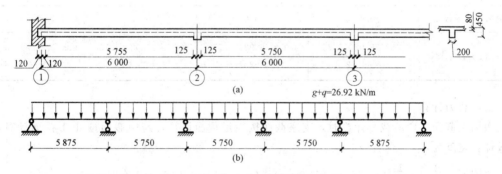

图 2-32　次梁的构造和计算简图

(a)构造；(b)计算简图

①荷载计算。

恒荷载设计值：

板传来恒荷载 $3.29\times2.2=7.24(\text{kN/m})$

次梁自重 $1.2\times25\times0.2\times(0.45-0.08)=2.22(\text{kN/m})$

梁侧抹灰 $1.2\times17\times0.02\times(0.45-0.08)\times2=0.30(\text{kN/m})$

合计 $g=9.76\ \text{kN/m}$

活荷载设计值，由板传来 $q=7.8\times2.2=17.16(\text{kN/m})$

总计 $g+q=26.92(\text{kN/m})$

②计算简图。

边跨 $l_n=6.0-0.12-\dfrac{0.25}{2}=5.755(\text{m})$

$l_0=l_n+\dfrac{a}{2}=5.755+\dfrac{0.24}{2}=5.875(\text{m})<1.025l_n=5.899\ \text{m}$，取 $l_0=5.875\ \text{m}$。

中间跨 $l_0=l_n=6.0-0.25=5.75(\text{m})$

跨度差 $\dfrac{5.875-5.75}{5.75}=2.2\%<10\%$，可按等跨连续梁进行内力计算，其计算简图如图 2-32(b) 所示。

③弯矩设计值和剪力设计值。

次梁各截面弯矩、剪力设计值见表 2-7 和表 2-8。

表 2-7　次梁各截面弯矩计算

截面	边跨跨中	离端第二支座	离端第二跨跨中中间跨跨中	中间支座
弯矩计算系数 α	$\dfrac{1}{11}$	$-\dfrac{1}{11}$	$\dfrac{1}{16}$	$-\dfrac{1}{14}$
$M=\alpha(g+q)l_0^2/(\text{kN}\cdot\text{m})$	$\dfrac{1}{11}\times26.92\times5.875^2=84.47$	$-\dfrac{1}{11}\times26.92\times5.875^2=-84.47$	$\dfrac{1}{16}\times26.92\times5.750^2=55.63$	$-\dfrac{1}{14}\times26.92\times5.750^2=-63.57$

表 2-8　次梁各截面剪力计算

截面	端支座右侧	离端第二支座左侧	离端第二支座右侧	中间支座左侧、右侧
剪力计算系数 β	0.45	0.6	0.55	0.55
$V=\beta(g+q)l_n/\text{kN}$	$0.45\times26.92\times5.755=69.72$	$0.6\times26.92\times5.755=92.95$	$0.55\times26.92\times5.750=85.13$	$0.55\times26.92\times5.750=85.13$

④承载力计算。

次梁正截面受弯承载力计算时，支座截面按矩形截面计算，跨中截面按 T 形截面计算，其翼缘计算宽度为：

边跨 $b_f'=\dfrac{1}{3}l_0=\dfrac{1}{3}\times5\,875=1\,958(\text{mm})<b+s_0=200+2\,000=2\,200(\text{mm})$

$$b+12h_f'=200+12\times80=1\,160(\text{mm})$$

离端第二跨、中间跨 $b_f'=\dfrac{1}{3}l_0=\dfrac{1}{3}\times5\,750=1\,917(\text{mm})$

梁高 $h=450\ \text{mm}$，翼缘厚度 $h_f'=80\ \text{mm}$。除离端第二支座纵向钢筋按两排布置 $[h_0=450-65=385(\text{mm})]$ 外，其余截面均按一排纵筋考虑，$h_0=450-40=410(\text{mm})$。

纵向钢筋采用 HRB400 级（$f_y=360\ \text{N/mm}^2$），箍筋采用 HPB300 级（$f_y=270\ \text{N/mm}^2$），混凝土采用 C30（$f_c=14.3\ \text{N/mm}^2$，$f_t=1.43\ \text{N/mm}^2$），$\alpha_1=1.0$。经判断各跨中截面均属于第一类 T 形截面。

次梁正截面及斜截面承载力计算分别见表 2-9 和表 2-10。

表 2-9　次梁正截面承载力计算

截面	边跨跨中	离端第二支座	离端第二跨跨中 中间跨跨中	中间支座
$M/(\mathrm{kN \cdot m})$	84.47	-84.47	55.63	63.57
$\alpha_s=\dfrac{M}{\alpha_1 f_c b h_0^2}$	$\dfrac{84.47\times10^6}{1.0\times14.3\times1\,160\times410^2}$ $=0.030$	$\dfrac{84.47\times10^6}{1.0\times14.3\times200\times385^2}$ $=0.199$	$\dfrac{55.63\times10^6}{1.0\times14.3\times1\,160\times410^2}$ $=0.020$	$\dfrac{63.58\times10^6}{1.0\times14.3\times200\times410^2}$ $=0.132$
ξ	0.030	0.224	0.020	0.142
γ_s	0.985	0.888	0.990	0.929
$A_s=\dfrac{M}{f_y\gamma_s h_0}/\mathrm{mm^2}$	$\dfrac{84.47\times10^6}{360\times0.985\times410}=581$	$\dfrac{84.47\times10^6}{360\times0.888\times385}$ $=686$	$\dfrac{55.63\times10^6}{360\times0.990\times410}$ $=381$	$\dfrac{63.58\times10^6}{360\times0.929\times410}$ $=464$
选配钢筋	3ϕ16	2ϕ14＋2ϕ16	2ϕ16	3ϕ14
实配钢筋 面积/$\mathrm{mm^2}$	603	710	402	461

表 2-10　次梁斜截面承载力计算

截面	端支座右侧	离端第二支座左侧	离端第二支座右侧	中间支座左侧、右侧
V/kN	69.72	92.96	85.13	85.13
$0.25\beta_c f_c b h_0/\mathrm{kN}$	$293.2>V$	$275.3>V$	$275.3>V$	$293.2>V$
$0.7 f_t b h_0/\mathrm{kN}$	$82.1>V$	$77.1<V$	$77.1<V$	$82.1<V$
选用箍筋	双肢 ϕ8	双肢 ϕ8	双肢 ϕ8	双肢 ϕ8
$A_{sv}=nA_{sv1}/\mathrm{mm^2}$	101	101	101	101
$s=\dfrac{f_{yv}A_{sv}h_0}{V-0.7f_t b h_0}/\mathrm{mm}$	按构造配箍	$\dfrac{270\times101\times385}{85\,130-77\,100}=1\,307$	$\dfrac{270\times101\times385}{85\,140-77\,100}=1\,306$	$\dfrac{270\times101\times410}{85\,130-82\,100}=3\,690$
实配箍筋间距/mm	200	200	200	200

次梁的配筋如图 2-33 所示。

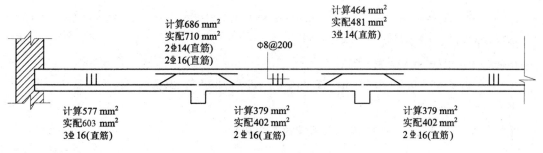

图 2-33　次梁的配筋示意图

（4）主梁计算。

主梁按弹性理论方法计算。

①截面尺寸及支座简化。

由于 $\left(\dfrac{EI}{l}\right)_{梁}\Big/\left(\dfrac{EI}{l}\right)_{柱}=\left(\dfrac{E\times250\times650^3}{12\times6\,600}\right)\Big/\left(\dfrac{E\times300\times300^3}{12\times4\,500}\right)=5.78>4$，故可将主梁视为铰支于柱上的连续梁进行计算；两端支承于砖墙上亦可视为铰支。主梁的尺寸及计算简图如图 2-34 所示。

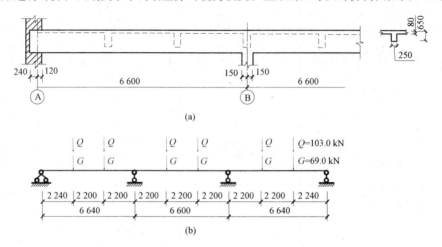

(a)

(b)

图 2-34　主梁的尺寸和计算简图

(a)构造；(b)计算简图

②荷载。

恒荷载设计值：

次梁传来恒荷载 $9.76\times6.0=58.56(\mathrm{kN})$

主梁自重(折算为集中荷载)$1.2\times25\times0.25\times(0.65-0.08)\times2.2=9.4(\mathrm{kN})$

梁侧抹灰(折算为集中荷载)$1.2\times17\times0.02\times(0.65-0.08)\times2\times2.2=1.02(\mathrm{kN})$

合计 $G=69.0\ \mathrm{kN}$

活荷载设计值由次梁传来 $Q=17.16\times6.0=103.0(\mathrm{kN})$

总计 $G+Q=172.0\ \mathrm{kN}$

③主梁计算跨度的确定。

边跨 $l_n=6.6-0.12-\dfrac{0.3}{2}=6.33(\mathrm{m})$

$l_0=l_n+\dfrac{a}{2}+\dfrac{b}{2}=6.33+\dfrac{0.36}{2}+\dfrac{0.3}{2}=6.66(\mathrm{m})>1.025l_n+\dfrac{b}{2}=1.025\times6.33+\dfrac{0.3}{2}=6.64(\mathrm{m})$

取 $l_0=6.64\ \mathrm{m}$。

中间跨 $l_n=6.60-0.3=6.30(\mathrm{m})$

$l_0=l_n+b=6.30+0.3=6.60(\mathrm{m})<1.05l_n=1.05\times6.30=6.62(\mathrm{m})$

取 $l_0=6.60\ \mathrm{m}$。

平均跨度 $\dfrac{6.64+6.60}{2}=6.62(\mathrm{m})$(计算支座弯矩用)

跨度差 $\dfrac{6.64-6.60}{6.60}=0.61\%<10\%$，可按等跨连续梁计算内力，则主梁的计算简图如图 2-34(b)所示。

④弯矩设计值。

主梁在不同荷载作用下的内力计算可采用等跨连续梁的内力系数表进行，其弯矩和剪力设计值的具体计算见表 2-11 和表 2-12。

表 2-11　主梁各截面弯矩计算

序号	荷载简图及弯矩图	边跨跨中 $\dfrac{K}{M_1}$	中间支座 $\dfrac{K}{M_B(M_C)}$	中间跨跨中 $\dfrac{K}{M_2}$
①		$\dfrac{0.244}{111.79}$	$\dfrac{-0.267}{-121.96}$	$\dfrac{0.067}{30.51}$
②		$\dfrac{0.289}{197.65}$	$\dfrac{-0.133}{90.69}$	$\dfrac{M_B}{-90.69}$
③		$\approx\dfrac{1}{3}M_B=-30.23$	$\dfrac{-0.133}{90.69}$	$\dfrac{0.200}{135.96}$
④		$\dfrac{0.229}{156.62}$	$\dfrac{-0.311(-0.089)}{-212.06(-60.69)}$	$\dfrac{0.170}{115.57}$
最不利内力组合	①+②	309.44	−212.65	−60.18
	①+③	81.56	−212.65	166.47
	①+④	268.1	−334.0(−182.65)	146.08

表 2-12　主梁各截面剪力计算

序号	荷载简图及弯矩图	端支座 $\dfrac{K}{V_A}$	中间支座 $\dfrac{K}{V_B^l(V_C^l)}$	$\dfrac{K}{V_B^{rl}(V_C^{rl})}$
0		$\dfrac{0.733}{50.58}$	$\dfrac{-1.267(-1.000)}{-87.42(-69.0)}$	$\dfrac{1.000(1.267)}{69.0(87.42)}$
③		$\dfrac{0.866}{89.2}$	$\dfrac{-1.134}{116.8}$	0
④		$\dfrac{0.689}{70.97}$	$\dfrac{-1.311(-0.778)}{-135.03(-80.13)}$	$\dfrac{1.222(0.089)}{125.87(9.17)}$
最不利内力组合	①+②	139.78	−204.22	69.0
	①+④	121.55	−222.45(−149.13)	194.87(96.59)

注：式中 K 为剪力系数。

　　将以上最不利组合下的弯矩图和剪力图分别叠画在同一坐标图上，即可得到主梁的弯矩包络图及剪力包络图(图 2-35)。

　　⑤承载力计算。

　　主梁正截面受弯承载力计算时，支座截面按矩形截面计算[因支座弯矩较大，取 $h_0=650-80=570\text{(mm)}$，跨中截面按 T 形截面计算]，$h'_f=80$ mm，$h_0=650-40=610\text{(mm)}$，其翼缘计算宽度为 $b'_f=\dfrac{1}{3}l_0=\dfrac{1}{3}\times 6\,600=2\,200\text{(mm)}<b+s_0=6\,000$ mm，故取 $b'_f=2\,200$ mm。

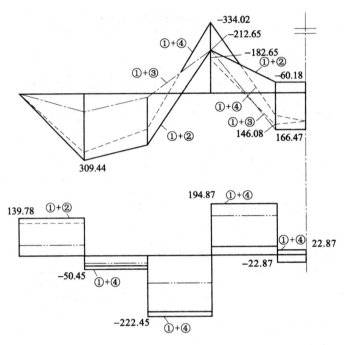

图 2-35 主梁的弯矩包络图及剪力包络图

纵向钢筋采用 HRB400 级（$f_y = 360$ N/mm²），箍筋采用 HPB300 级（$f_y = 270$ N/mm²），混凝土采用 C30（$f_c = 14.3$ N/mm²，$f_t = 1.43$ N/mm²），$\alpha_1 = 1.0$。经判别各跨中截面均属于第一类 T 形截面。主梁的正截面及斜截面承载力计算分别见表 2-13 和表 2-14。

$$b_f' = \frac{1}{3}l_0 = \frac{1}{3} \times 6\,600 = 2\,200\,(\text{mm}) < b + s_0 = 6\,000\,\text{mm}$$

表 2-13　主梁的正截面承载力计算

截面	边跨跨中	中间支座	中间跨跨中	
$M/(\text{kN} \cdot \text{m})$	309.44	-344.02	166.47	-60.18
$V_0 \dfrac{b}{2}/(\text{kN} \cdot \text{m})$		$(69+103) \times \dfrac{0.3}{2} = 25.8$		
$M - V_0 \dfrac{b}{2}$ /(kN·m)		318.22		
$a_s = \dfrac{M}{a_1 f_c b h_0^2}$	$\dfrac{309.44 \times 10^6}{1.0 \times 14.3 \times 2\,200 \times 610^2}$ $= 0.026$	$\dfrac{318.22 \times 10^6}{1.0 \times 14.3 \times 250 \times 570^2}$ $= 0.274$	$\dfrac{166.47 \times 10^6}{1.0 \times 14.3 \times 2\,200 \times 610^2}$ $= 0.014$	$\dfrac{60.18 \times 10^6}{1.0 \times 14.3 \times 250 \times 590^2}$ $= 0.048$
ξ	0.026	0.328	0.014	0.049
γ_s	0.987	0.836	0.993	0.975
$A_s = \dfrac{M}{f_y \gamma_s h_0}/\text{mm}^2$	$\dfrac{309.44 \times 10^6}{360 \times 0.987 \times 610}$ $= 1\,428$	$\dfrac{318.22 \times 10^6}{360 \times 0.836 \times 570}$ $= 1\,855$	$\dfrac{166.47 \times 10^6}{360 \times 0.993 \times 610}$ $= 763$	$\dfrac{60.18 \times 10^6}{360 \times 0.975 \times 590}$ $= 291$
选配钢筋	2⊈25＋2⊈22	2⊈22＋4⊈18＋2⊈25	2⊈16＋2⊈18	2⊈22
实配钢筋/mm²	1 742	2 759	911	760

表 2-14 主梁的斜截面承载力计算

截面	支座 A	支座 B^l(左)	支座 B^r(右)
V/kN	139.78	222.45	194.87
$0.25\beta_c f_c bh_0/\text{kN}$	545.19＞V	509.44＞V	509.44＞V
$0.7f_t bh_0/\text{kN}$	152.65＞V	142.64＞V	142.64＞V
选用箍筋	双肢 Φ8	双肢 Φ8	双肢 Φ8
$A_{sv}=nA_{sv1}/\text{mm}^2$	101	101	101
$s=\dfrac{f_{yv}A_{sv}h_0}{V-0.7f_t bh_0}/\text{mm}$		195	298
实配箍筋间距/mm	250	250	250
$V_{cs}=0.7f_t bh_0+f_{yv}$ $\dfrac{A_{sv}}{s}h_0/\text{kN}$		$142.64+270\times\dfrac{101}{250}\times$ $570\times10^{-3}=204.82$	$142.64+270\times\dfrac{101}{250}\times$ $570\times10^{-3}=204.82$
$A_{sb}=\dfrac{V-V_{cs}}{0.8f_y\sin a}/\text{mm}^2$		$\dfrac{222\,450-204\,820}{0.8\times360\times\sin45°}=86$	$\dfrac{194\,870-204\,820}{0.8\times360\times\sin45°}<0$
选配弯起钢筋		2Φ25	2Φ18
实配弯起钢筋面积/mm²		982	509

注：弯起钢筋的弯起角度为45°。

⑥主梁吊筋计算。

由次梁传至主梁的全部集中荷载

$$G+Q=58.56+103.0=161.56(\text{kN})$$

吊筋采用 HRB400 级钢筋，弯起角度为45°，则

$$A_s=\frac{G+Q}{2f_y\sin a}=\frac{161.56\times10^3}{2\times360\times\sin45°}=317.3(\text{mm}^2)$$

选配 2Φ16(4 027 mm²)，主梁的配筋如图 2-36 所示。

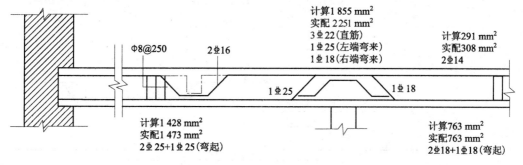

图 2-36 主梁的配筋

(5)梁板结构施工图。

板、次梁配筋图和主梁配筋及材料图如图 2-37、图 2-38、图 2-39 所示。

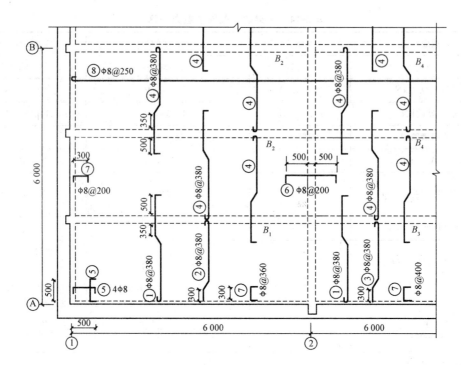

图 2-37 板配筋图

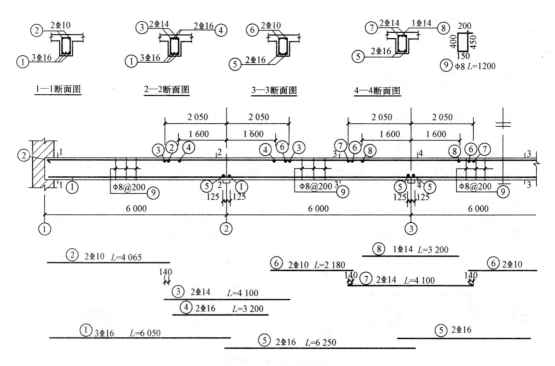

图 2-38 次梁配筋图

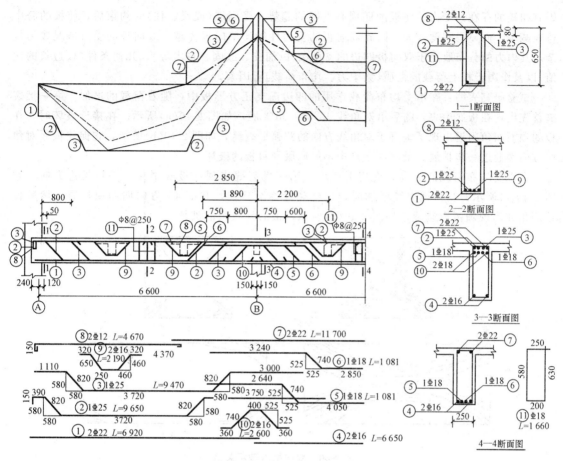

图 2-39　主梁配筋图

2.3 双向板肋梁楼盖

Ribbed Floor System with Two-way Slabs

在肋梁楼盖中，如果梁格布置使各区格板的长边与短边之比 $l_2/l_1 \leqslant 2$，应按双向板设计；当 $2 < l_2/l_1 < 3$ 时，宜按双向板设计。

双向板肋梁楼盖受力性能较好，可以跨越较大跨度，梁格的布置可使顶棚整齐美观，常用于民用及公共建筑房屋跨度较大的房屋以及门厅等处。当梁格尺寸及使用荷载较大时，双向板肋梁楼盖比单向板肋梁楼盖经济，所以也常用于工业建筑楼盖中。

2.3.1 双向板的受力特点

Loading Characteristics of Two-way Slabs

双向板的受力特征不同于单向板，它在两个方向的横截面上都作用有弯矩和剪力，另外还有扭矩；而单向板则只是一个方向上作用有弯矩和剪力，另一方向基本不传递荷载。双向板中因有扭矩的存在，受力后使板的四周有上翘的趋势，受到墙（或梁、柱）的约束后，使板的跨中弯矩减少，而显得刚度较大，因此双向板的受力性能比单向板优越。双向板的受力情况较为复杂，其内力的分布取决于双向板四边的支承条件（简支、嵌固、自由等）、几何条件（板边长的比值）以及作用于板上荷载的性质（集中力、均布荷载等）等因素。

试验研究表明：在承受均布荷载作用的四边简支正方形板中，随着荷载的增加，第一批裂缝首先出现在板底中央，随后沿对角线 45°向四角扩展，如图 2-40（a）所示。在接近破坏时，在板的顶面四角附近出现了垂直于对角线方向的圆弧形裂缝，如图 2-40（b）所示，它促使板底对角线方向裂缝进一步扩展，最终由于跨中钢筋屈服导致板的破坏。

在承受均布荷载的四边简支矩形板中，第一批裂缝出现在板底中央且平行长边方向，如图 2-40（c）所示；当荷载继续增加时，这些裂缝逐渐延伸，并沿 45°方向向四周扩展，然后板顶四角亦出现圆弧形裂缝，如图 2-40（d）所示，最后导致板的破坏。

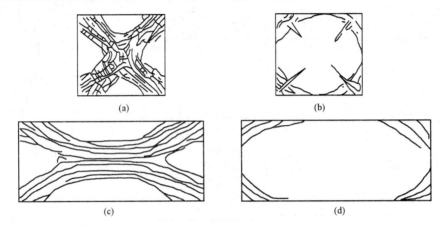

图 2-40　双向板的破坏裂缝

2.3.2　双向板按弹性理论的内力计算

Internal Force Calculation of Two－way Slabs Based on Elastic Analysis

与单向板的内力分析一样，双向板在荷载作用下的内力分析亦有弹性理论和塑性理论两种方法。

（1）单跨双向板的计算。

双向板按弹性理论方法计算属于弹性理论小挠度薄板的弯曲问题，由于这种方法需考虑边界条件，内力分析比较复杂，为了便于工程设计计算，可采用简化的计算方法，通常是直接应用根据弹性理论编制的计算用表（见附录 8）进行内力计算。在该附录中，按边界条件选列了 6 种计算简图，如图 2-41 所示。对于图 2-41 的 6 种计算简图，附录 8 分别给出了在均布荷载作用下的跨内弯矩和支座弯矩系数，故板的计算可按下式进行：

$$M＝表中弯矩系数×(g＋q)l^2 \qquad (2\text{-}13)$$

式中　M——跨内或支座弯矩设计值；

　　　g、q——均布恒荷载和活荷载设计值；

　　　l——取用 l_x 和 l_y 中较小者。

需要说明的是，附录 8 中的系数是根据材料的泊松比 $\mu=0$ 制定的。对于跨内弯矩尚需考虑横向变形的影响，当 $\mu\neq0$ 时，则应按下式进行折算：

$$M_x^{(\mu)}＝M_x＋\mu M_y \qquad (2\text{-}14)$$

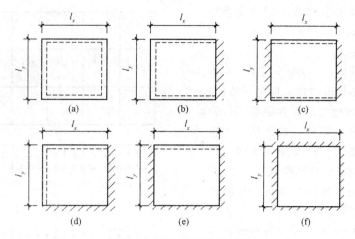

图 2-41　双向板的计算简图

(a)四边简支；(b)一边固定、三边简支；(c)两对边固定、两对边简支；
(d)两邻边固定、两邻边简支；(e)三边固定、一边简支；(f)四边固定

$$M_y^{(\mu)} = M_y + \mu M_x \tag{2-15}$$

式中　　$M_x^{(\mu)}$、$M_y^{(\mu)}$——l_x 和 l_y 方向考虑 μ 影响的跨内弯矩设计值；

M_x、M_y——l_x 和 l_y 方向 $\mu=0$ 时的跨内弯矩设计值；

μ——泊松比，对钢筋混凝土可取 $\mu=0.2$。

(2)多跨连续板的计算。

多跨连续板内力的精确计算更为复杂，在设计中一般采用实用的简化计算方法，即通过对双向板上活荷载的最不利布置以及支承情况等的合理简化，将多跨连续板转化为单跨双向板进行计算。该方法假定其支承梁抗弯刚度很大，梁的竖向变形可忽略不计且不受扭。同时规定，当在同一方向的相邻最大与最小跨度之差小于 20% 时可按下述方法计算。

①跨中最大正弯矩。

在计算多跨连续双向板某跨跨中的最大弯矩时，与多跨连续单向板类似，也需要考虑活荷载的最不利布置。其活荷载的布置方式如图 2-42(a)所示，亦即当求某区格板跨中最大弯矩时，应在该区格布置活荷载，然后在其左右前后分别隔跨布置活荷载（棋盘式布置）。此时在活荷载作用的区格内，将产生跨中最大弯矩。

在图 2-42(b)所示的荷载作用下，任一区格板的边界条件为既非完全固定又非理想简支的情况。为了能利用单跨双向板的内力计算系数表来计算连续双向板，可以采用下列近似方法：把棋盘式布置的荷载分解为各跨满布的对称荷载和各跨向上向下相间作用的反对称荷载，如图 2-42(c)、(d)所示。此时

对称荷载：
$$g' = g + \frac{q}{2} \tag{2-16}$$

反对称荷载：
$$q' = \pm \frac{q}{2} \tag{2-17}$$

在对称荷载 $g' = g + q/2$ 作用下，所有中间支座两侧荷载相同，则支座的转动变形很小，若忽略远跨荷载的影响，可以近似地认为支座截面处转角为零，这样就可将所有中间支座均视为固定支座，从而所有中间区格板均可视为四边固定双向板；对于其他的边、角区格板，可根据其外边界条件按实际情况确定，可分为三边固定、一边简支和两边固定、两边简支以及四边固

定等。这样，根据各区格板的四边支承情况，即可分别求出在对称荷载 $g' = g + q/2$ 作用下的跨中弯矩。

在反对称荷载 $q' = \pm q/2$ 作用下，在中间支座处相邻区格板的转角方向是一致的，大小基本相同，即相互没有约束影响。若忽略梁的扭转作用，则可近似地认为支座截面弯矩为零，即可将所有中间支座均视为简支支座。因而在反对称荷载 $q' = \pm q/2$ 作用下，各区格板的跨中弯矩可按单跨四边简支双向板来计算。

最后将各区格板在上述两种荷载作用下的跨中弯矩相叠加，即得到各区格板的跨中最大弯矩。

②支座最大负弯矩。

考虑到隔跨活荷载对计算跨弯矩的影响很小，可近似认为恒荷载和活荷载皆满布在连续双向板所有区格时支座产生最大负弯

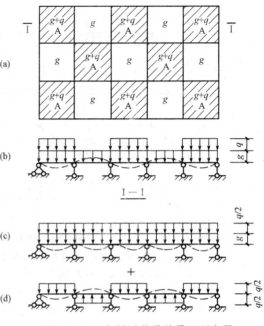

图 2-42　双向板活荷载的最不利布置

矩。此时，可按前述在对称荷载作用下的原则，即各中间支座均视为固定，各周边支座根据其外边边界条件按实际情况确定，利用附录 8 求得各区格板中各固定边的支座弯矩。对某些中间支座，若由相邻两个区格板求得的同一支座弯矩不相等，则可近似地取其平均值作为该支座最大负弯矩。

2.3.3　双向板按塑性铰线法的内力计算

Internal Force Calculation of Two-way Slabs Based on Yield-line Theory

1. 破坏特征

当楼面承受较大均布荷载后，四边支承的双向板首先在板底出现平行于长边方向的跨中的

裂缝，随着荷载的增加，裂缝逐渐延伸，与板边大致呈 45°向四角发展，当短跨跨度截面受力钢筋屈服后，裂缝宽度明显增大，形成塑性铰，这些截面所承受的弯矩不再增加。荷载继续增加，板内产生内力重分布，其他裂缝处截面的钢筋达到屈服，板底主裂缝线明显地将整块板划分为四个板块，如图 2-43 所示。对于四周与梁浇筑的双向板，由于在四周约束的存在而产生负弯矩，在板顶出现沿支承边的裂缝，随着

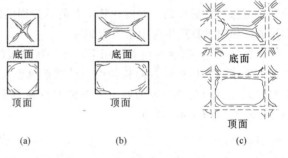

图 2-43　双向板破坏时裂缝分布

荷载的增加，沿支承边的板截面也陆续出现塑性铰。

将板上连续出现的塑性铰连在一起而形成的连线称为塑性铰线，也称为屈服线。正弯矩引起正塑性铰线，负弯矩引起负塑性铰线。塑性铰线的基本性能与塑性铰相同。板内塑性铰线的分布与板的形状、边界条件、荷载形式以及板内配筋等因素有关。

当板内出现足够多的塑性铰线后，板成为几何可变体系而破坏，此时板所能承受的荷载为板的极限荷载。

对结构的极限承载能力进行分析时，需要满足三个条件，即极限条件、机动条件和平衡条件。当三个条件都能够满足时，结构分析得到的解就是结构的真实极限荷载。但对于复杂的结构，一般很难同时满足三个条件，通常采用近似的求解方法，使其至少满足两个条件。满足机动条件和平衡条件的解称为上限解，上限解求得的荷载值大于真实解，使用的方法通常为机动方法和极限平衡方法；满足极限条件和平衡条件的解称为下限解，下限解求得的荷载值小于真实解，使用的方法通常为板条法。

2. 按塑性理论计算双向板

按塑性理论计算双向板承载力的方法较多，目前应用范围较广的为极限平衡法，又称塑性铰线法，下面介绍该法求解问题。

(1)基本假定。

①在均布荷载下矩形双向板破坏时，角部塑性铰线与板角成45°。

②沿塑性铰线截面上钢筋达到屈服点，受压区混凝土达到极限应变。

③沿$+M$塑性铰线截面上的剪力和扭矩为零。

(2)双向板计算基本公式。

图 2-44 表示从连续双向板中的中间区格取出的任一块双向板，现建立双向板计算基本公式。

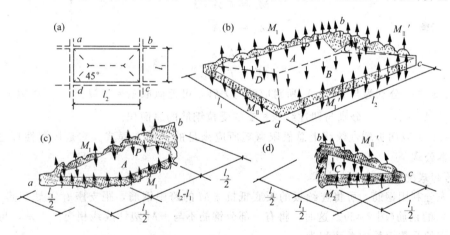

图 2-44　四边固定双向板极限平衡法的计算模式

该板在均布荷载 $p=g+q$ 作用下破坏时，塑性铰线将板分成 A、B、C、D 四块[图 2-44(b)]。设沿 $+M$ 塑性铰线截面平行于板的短边方向的总极限弯矩为 M_1；平行板的长边方向的总极限弯矩为 M_2。沿支座塑性铰线截面上总极限弯矩分别为 $M_{\rm I}$、$M_{\rm I}'$、$M_{\rm II}$、$M_{\rm II}'$[图 2-44(b)]。

下面分别取板块 A、B、C、D 为隔离体，并研究其平衡。

板块 A[图 2-44(c)]：根据 $\sum M_{ab}=0$，得：

$$M_1+M_{\rm I}=p\,\frac{l_1}{2}(l_2+l_1)\times\frac{l_1}{4}+2\left[p\left(\frac{1}{2}\right)\left(\frac{l_1}{2}\right)\left(\frac{l_1}{2}\right)\left(\frac{l_1}{6}\right)\right]=\frac{pl_1^2}{24}(3\,l_2-2\,l_1) \qquad (2\text{-}18)$$

板块 B：根据 $\sum M_{cd}=0$，得：

$$M_1+M_{\rm I}'=\frac{pl_1^2}{24}(3l_2-2l_1) \qquad (2\text{-}19)$$

板块 C[图 2-44(d)]：根据 $\sum M_{bc}=0$，得：

$$M_2 + M'_{\mathrm{II}} = p\,\frac{1}{2}\left(\frac{l_1}{2}\right)l_1 \times \frac{l_1}{6} = \frac{pl_1^3}{24} \tag{2-20}$$

板块 D：根据 $\sum M_{ad} = 0$，同样可得：

$$M_2 + M_{\mathrm{II}} = \frac{pl_1^3}{24} \tag{2-21}$$

将式(2-18)～式(2-21)相加，得：

$$2M_1 + 2M_2 + M_{\mathrm{I}} + M'_{\mathrm{I}} + M_{\mathrm{II}} + M'_{\mathrm{II}} = \frac{pl_1^2}{12}(3l_2 - l_1) \tag{2-22}$$

式中　l_1——沿板短边方向的计算跨度；

　　　l_2——沿板长边方向的计算跨度；

　　　M_1——沿$+M$塑性绞线截面平行于板的短边方向的总极限弯矩；

　　　M_2——沿$+M$塑性绞线截面平行于板的长边方向的总极限弯矩；

　　　M_{I}、M'_{I}——分别沿板长边 ab 和 cd 支座截面总极限弯矩；

　　　M_{II}、M'_{II}——分别沿板短边 ad 和 bc 支座截面总极限弯矩。

式(2-22)中的各个弯矩可按下式表示：

$$M_1 = f_y\,\overline{A_{s1}}\,z_1 \tag{2-22a}$$

$$M_2 = f_y\,\overline{A_{s2}}\,z_2 \tag{2-22b}$$

$$M_{\mathrm{I}} = f_y\,\overline{A_{s\mathrm{I}}}\,z_1 \tag{2-22c}$$

$$M'_{\mathrm{I}} = f_y\,\overline{A'_{s\mathrm{I}}}\,z_1 \tag{2-22d}$$

$$M_{\mathrm{II}} = f_y\,\overline{A_{s\mathrm{II}}}\,z_1 \tag{2-22e}$$

$$M'_{\mathrm{II}} = f_y\,\overline{A'_{s\mathrm{II}}}\,z_1 \tag{2-22f}$$

式中　z_1、z_2——分别为与 A_{s1}、A_{s2} 所对应的内力臂，可近似取 $z_1 = 0.9h_{01}$，$z_2 = 0.9h_{02}$；

　　　$\overline{A_{s1}}$、$\overline{A_{s2}}\cdots\overline{A'_s}$——分别与塑性绞线相交的受拉钢筋的总面积。

式(2-22)为双向板塑性绞线上总极限弯矩所应满足的平衡方程式。它是按塑性理论计算双向板的基本公式。

(3)弯起式配筋双向板的计算。

为了充分利用钢筋，可将连续板的板底抵抗$+M$的跨中钢筋，距支座 $l_1/4$ 处弯起 $1/2$，作为抵抗$-M$的钢筋(图 2-45)。这时，将有一部分钢筋不与$+M$塑性绞线相交。于是，与$+M$塑性绞线相交的受拉钢筋的总面积为：

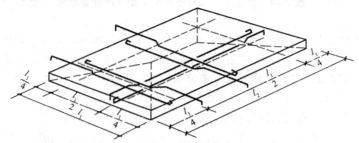

图 2-45　双向板的弯起钢筋

$$\overline{A_{s1}} = A_{s1}\left(l_2 - \frac{l_1}{2}\right) + \frac{A_{s1}}{2}\left(2 \times \frac{l_1}{4}\right) = A_{s1}\left(l_2 - \frac{l_1}{4}\right) \tag{2-23}$$

$$\overline{A_{s2}} = A_{s2}\left(l_1 - \frac{l_1}{4}\right) = A_{s2}\,\frac{3}{4}l_1 \tag{2-24}$$

式中 A_{s1}、A_{s2}——分别为沿板的长边和短边每米长的跨中钢筋面积。

支座钢筋的总截面面积为：

$$\overline{A_{s\mathrm{I}}} = A_{s\mathrm{I}} l_2 \tag{2-25a}$$

$$\overline{A'_{s\mathrm{I}}} = A'_{s\mathrm{I}} l_2 \tag{2-25b}$$

$$\overline{A_{s\mathrm{II}}} = A_{s\mathrm{II}} l_1 \tag{2-25c}$$

$$\overline{A'_{s\mathrm{II}}} = A'_{s\mathrm{II}} l_1 \tag{2-25d}$$

式中 $A_{s\mathrm{I}}$、$A'_{s\mathrm{I}}$、$A_{s\mathrm{II}}$、$A'_{s\mathrm{II}}$——分别为沿板的长边和短边支座每米长的钢筋面积。

计算双向板时，已知板上荷载 p 设计值（kN/m²）和计算跨度 l_1 和 l_2，需要求出配筋面积。在四边嵌固的情况下，有 4 个未知数，即 A_{s1}、A_{s2}、$A_{s\mathrm{I}}$、$A_{s\mathrm{II}}$，而只有式(2-22)一个方程，显然不可能求解。为此，一般令：

$$\beta = \frac{A_{s\mathrm{I}}}{A_{s1}} = \frac{A'_{s\mathrm{I}}}{A_{s1}} = \frac{A_{s\mathrm{II}}}{A_{s2}} = \frac{A'_{s\mathrm{II}}}{A_{s2}} = 1.5 \sim 2.5 \tag{2-26}$$

$$\alpha = \frac{A_{s2}}{A_{s1}} = \frac{1}{n^2} \tag{2-27}$$

$$n = \frac{l_2}{l_1} \tag{2-28}$$

式中 β——支座每延米钢筋面积与相应跨中钢筋面积之比。

将上列公式代入式(2-22a)～式(2-22f)，注意到 $z_1 = 0.9 h_{01}$ 和 $z_2 = 0.9 h_{02}$，并近似取 $h_{02} = 0.9 h_{01}$，同时用 h_0 代替 h_{01}，经整理后得：

$$M_1 = A_{s1} f_y \times 0.9 h_0 \left(n - \frac{1}{4}\right) l_1 \tag{2-29a}$$

$$M_2 = A_{s1} f_y \times 0.9^2 h_0 \times \frac{3}{4} \alpha l_1 \tag{2-29b}$$

$$M_{\mathrm{I}} = M'_{\mathrm{I}} = A_{s1} f_y \times 0.9 h_0 n \beta l_1 \tag{2-29c}$$

$$M_{\mathrm{II}} = M'_{\mathrm{II}} = A_{s1} f_y \times 0.9 h_0 \alpha \beta l_1 \tag{2-29d}$$

将式(2-29a)～式(2-29d)代入式(2-22)，经整理后，得：

$$A_{s1} = \frac{p l_1^2 (3n-1)}{21.6 f_y h_0 \left[(n-0.25) + 0.675\alpha + n\beta + \alpha\beta\right]} \tag{2-30}$$

令

$$k_1 = \frac{21.6 f_y \left[(n-0.25) + 0.675\alpha + n\beta + \alpha\beta\right]}{3n-1} \tag{2-31}$$

于是

$$A_{s1} = \frac{p l_1^2}{k_1 h_0} \tag{2-32}$$

求出 A_{s1} 后，便可求得：

$$A_{s2} = \alpha A_{s1} \tag{2-33}$$

$$A_{s\mathrm{I}} = A'_{s\mathrm{I}} = \beta A_{s1} \tag{2-34}$$

$$A_{s\mathrm{II}} = A'_{s\mathrm{II}} = \beta A_{s2} \tag{2-35}$$

上面给出了双向板嵌固情形的计算公式。对于板边为其他支承情形的板，也可用类似的方法求得相应公式。

当双向板的支座钢筋 $A_{s\mathrm{I}}$、$A'_{s\mathrm{I}}$、$A_{s\mathrm{II}}$、$A'_{s\mathrm{II}}$ 已知时，则

$$M_{\mathrm{I}} = A_{s\mathrm{I}} f_y \times 0.9 h_0 n l_1 \tag{2-36}$$

$$M'_{\mathrm{I}} = A'_{s\mathrm{I}} f_y \times 0.9 h_0 n l_1 \tag{2-37}$$

$$M_{\mathrm{II}} = A_{s\mathrm{II}} f_y \times 0.9 h_0 l_1 \tag{2-38}$$

$$M'_{\text{II}} = A'_{s\text{II}} f_y \times 0.9 h_0 l_1 \tag{2-39}$$

将式(2-36)~式(2-39)和式(2-29a)、式(2-29b)代入式(2-22)，则得：

$$A_{s\text{I}} f_y \times 0.9 h_0 l_1 [2(n-0.25) + 2 \times 0.675\alpha] + f_y \times 0.9 h_0 l_1$$

$$(nA_{s\text{I}} + nA'_{s\text{I}} + A_{s\text{II}} + A'_{s\text{II}}) = \frac{pl_1^2}{12}(3n-1)l_1 \tag{2-40}$$

由此
$$A_{s\text{I}} = \frac{pl_1^2(3n-1)}{21.6 f_y h_0 [(n-0.25)+0.675\alpha]} - \frac{1}{2n-0.5+1.35\alpha}(nA_{s\text{I}} + nA'_{s\text{I}} + A_{s\text{II}} + A'_{s\text{II}}) \tag{2-41}$$

令
$$k_x = \frac{21.6 f_y [(n-0.25)+0.675\alpha]}{3n-1} \tag{2-42}$$

$$k_x^F = 2n-0.5+1.35\alpha \tag{2-43}$$

于是
$$A_{s\text{I}} = \frac{\gamma p l_1^2}{k_x h_0} - \frac{1}{k_x^F}(nA_{s\text{I}} + nA'_{s\text{I}} + A_{s\text{II}} + A'_{s\text{II}}) \tag{2-44}$$

$$A_{s2} = \alpha A_{s1} \tag{2-45}$$

不难证明，系数 k_x 表达式可用系数 k_x^F 表示。这样，公式形式会简洁一些，于是

$$k_x = \frac{10.8 f_y k_x^F}{3n-1} \times 10^{-6} \tag{2-46}$$

不同配筋形式和不同支座条件的 $k_x^F (x=1, 2, \cdots, 9)$ 表达式见表2-15。

式(2-44)是计算双向板的通式。当某边的钢筋已知或简支时，该边应以实际钢筋面积或零代入式中，查表时对于钢筋已知边应按简支边考虑。

应当指出，式中 p 的单位为 kN/m^2，l_1 的单位为 m，h_0 的单位为 mm，A_s 的单位为 mm^2/m。

式(2-44)第一项分子增加一个系数 γ，它是考虑当双向板四边与梁整浇时内力折减系数。一般按下列规定采用(图2-46)：

①中间区格的跨中截面及中间支座上取 $\gamma=0.8$。

②边区格的跨中截面及楼板边缘算起的第二支座截面：

当 $1.5 \leqslant l_b/l \leqslant 2$ 时，取 $\gamma=0.9$；

当 $l_b/l < 1.5$ 时，取 $\gamma=0.8$。

式中　l_b——沿板边缘的跨度；

　　　　l——垂直板边缘的跨度。

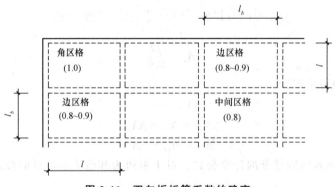

图2-46　双向板折算系数的确定

(4)分离式配筋双向板的计算。

为了施工方便，双向板多采用分离式配筋[图2-47(c)、(d)]，并将跨中钢筋全部伸入支座。其计算公式推导方法与弯起式钢筋基本相同。分离式配筋不同支座的 $k_x^F (x=1, 2, 3, \cdots, 9)$ 表

达式见表 2-15。其余计算公式与弯起式配筋的相同。

(5)按表格计算双向板的配筋。

为了计算方便起见，表 2-16 和表 2-17 分别给出了弯起式配筋和分离式配筋不同支座条件和 $\beta=2$ 时的 k_x 和 k_x^F 系数值，可供计算应用。其中，$k_x(x=1,2,3,\cdots,9)$ 系数值是根据钢筋级别为 HPB300($f_y=270$ N/mm²)时计算的；若采用其他级别的钢筋，则 k_x 值应乘以比值 $f_y/270$（f_y 为其他钢筋抗拉强度设计值）。

其余计算公式与前相同。

表 2-15 k_x^F 系数计算公式表

支承条件		弯起式配筋	分离式配筋
1		$k_x^F=2(n-0.25+0.675\alpha)+2n\beta+2\alpha\beta$	$k_x^F=2n+1.8\alpha+2n\beta+2\alpha\beta$
2		$k_x^F=2(n-0.25+0.675\alpha)+n\beta+2\alpha\beta$	$k_x^F=2n+1.8\alpha+n\beta+2\alpha\beta$
3		$k_x^F=2(n-0.25+0.675\alpha)+2n\beta+\alpha\beta$	$k_x^F=2n+1.8\alpha+2n\beta+\alpha\beta$
4		$k_x^F=2(n-0.25+0.675\alpha)+n\beta+\alpha\beta$	$k_x^F=2n+1.8\alpha+n\beta+\alpha\beta$
5		$k_x^F=2(n-0.25+0.675\alpha)+2n\beta$	$k_x^F=2n+1.8\alpha+2n\beta$
6		$k_x^F=2(n-0.25+0.675\alpha)+2\alpha\beta$	$k_x^F=2n+1.8\alpha+2\alpha\beta$
7		$k_x^F=2(n-0.25+0.675\alpha)+n\beta$	$k_x^F=2n+1.8\alpha+n\beta$
8		$k_x^F=2(n-0.25+0.675\alpha)+\alpha\beta$	$k_x^F=2n+1.8\alpha+\alpha\beta$
9		$k_x^F=2(n-0.25+0.675\alpha)$	$k_x^F=2n+1.8\alpha$

表 2-16　在均布荷载作用下双向板按塑

$n=l_2/l_1$	α	$k_1\times10^{-3}$	k_1^F	$k_2\times10^{-3}$	k_2^F	$k_3\times10^{-3}$	k_3^F	$k_4\times10^{-3}$	k_4^F
1.00	1.000	15.82	—	12.90	8.85	12.90	8.85	9.99	6.85
1.02	0.961	15.23	—	12.35	8.72	12.51	8.84	9.63	6.80
1.04	0.925	14.70	—	11.84	8.61	12.16	8.84	9.29	6.76
1.06	0.889	14.21	—	11.37	8.50	11.83	8.84	8.99	6.72
1.08	0.857	13.76	—	10.94	8.41	11.52	8.85	8.71	6.69
1.10	0.826	13.34	—	10.55	8.32	11.24	8.87	8.46	6.67
1.12	0.797	12.96	—	10.19	8.24	10.99	8.89	8.22	6.65
1.14	0.769	12.60	—	9.85	8.18	10.75	8.92	8.00	6.64
1.16	0.743	12.27	—	9.54	8.12	10.52	8.95	7.80	6.63
1.18	0.718	11.97	—	9.26	8.06	10.32	8.99	7.61	6.63
1.20	0.694	11.68	—	8.99	8.02	10.12	9.03	7.43	6.63
1.22	0.672	11.42	—	8.74	7.97	9.94	9.07	7.26	6.63
1.24	0.650	11.17	—	8.51	7.94	9.78	9.11	7.12	6.64
1.26	0.630	10.94	—	8.30	7.91	9.62	9.17	6.98	6.65
1.28	0.610	10.73	—	8.10	7.89	9.47	9.23	6.84	6.66
1.30	0.592	10.52	—	7.91	7.87	9.33	9.28	6.72	6.68
1.32	0.574	10.33	—	7.73	7.85	9.20	9.34	6.60	6.70
1.34	0.557	10.15	—	7.57	7.84	9.08	9.41	6.49	6.73
1.36	0.541	9.99	—	7.42	7.83	8.97	9.47	6.39	6.75
1.38	0.525	9.83	—	7.14	7.83	8.86	9.54	6.30	6.78
1.40	0.510	9.69	—	7.13	7.83	8.76	9.61	6.21	6.81
1.42	0.496	9.55	—	7.01	7.83	8.66	9.68	6.12	6.84
1.44	0.482	9.42	—	6.89	7.84	8.57	9.76	6.03	6.88
1.46	0.469	9.29	—	6.77	7.85	8.48	9.83	5.96	6.91
1.48	0.457	9.17	—	6.66	7.86	8.40	9.91	5.82	6.95
1.50	0.444	9.06	—	6.56	7.88	8.32	9.99	5.82	6.99
1.52	0.433	8.96	—	6.47	7.90	8.25	10.07	5.76	7.03
1.54	0.422	8.86	—	6.38	7.92	8.18	10.15	5.70	7.07
1.56	0.411	8.76	—	6.29	7.94	8.11	10.24	5.64	7.12
1.58	0.401	8.67	—	6.21	7.96	8.05	10.32	5.58	7.12
1.60	0.391	8.59	—	6.13	7.99	7.99	10.41	5.53	7.21
1.62	0.381	8.51	—	6.06	8.02	7.93	10.50	5.48	7.26
1.64	0.372	8.43	—	5.99	8.05	7.87	10.59	5.43	7.31
1.66	0.363	8.35	—	5.92	8.08	7.82	10.68	5.39	7.36
1.68	0.354	8.28	—	5.86	8.12	7.77	10.77	5.35	7.41
1.70	0.346	8.22	—	5.80	8.15	7.72	10.86	5.31	7.46
1.72	0.338	8.15	—	5.74	8.19	7.68	10.95	5.27	7.51
1.74	0.330	8.09	—	5.69	8.23	7.63	11.05	5.23	7.57
1.76	0.323	8.03	—	5.63	8.27	7.60	11.14	5.19	7.62
1.78	0.316	7.97	—	5.58	8.31	7.55	11.24	5.16	7.68
1.80	0.309	7.92	—	5.53	8.35	7.51	11.33	5.13	7.73
1.82	0.302	7.87	—	5.49	8.40	7.47	11.43	5.09	7.79
1.84	0.295	7.82	—	5.45	8.44	7.44	11.53	5.06	7.85
1.86	0.289	7.77	—	5.40	8.49	7.40	11.63	5.04	7.90
1.88	0.283	7.73	—	5.36	8.53	7.37	11.73	5.01	7.97
1.90	0.277	7.68	—	5.32	8.58	7.34	11.83	4.98	8.03
1.92	0.271	7.64	—	5.29	8.63	7.31	11.93	4.96	8.09
1.94	0.266	7.60	—	5.25	8.68	7.28	12.03	4.93	8.15
1.96	0.260	7.56	—	5.22	8.73	7.25	12.13	4.91	8.21
1.98	0.255	7.52	—	5.19	8.78	7.22	12.23	4.88	8.27
2.00	0.250	7.48	—	5.15	8.84	7.20	12.24	4.86	8.34

性理论计算弯起式配筋计算表

$k_5 \times 10^{-3}$	k_2^F	$k_6 \times 10^{-3}$	k_2^F	$k_7 \times 10^{-3}$	k_2^F	$k_8 \times 10^{-3}$	k_2^F	$k_9 \times 10^{-3}$	k_2^F	$n = l_2/l_1$
9.99	6.85	9.99	6.85	7.07	4.85	7.07	4.85	4.16	2.83	1.00
9.79	6.92	9.46	6.48	6.90	4.88	6.74	4.76	4.02	2.82	1.02
9.61	6.99	8.98	6.53	6.75	4.91	6.43	4.68	3.89	2.82	1.04
9.45	7.06	8.54	6.38	6.61	4.94	6.16	4.60	3.77	2.82	1.06
9.29	7.14	8.13	6.25	6.48	4.98	5.90	4.53	3.67	2.82	1.08
9.15	7.22	7.76	6.12	6.36	5.02	5.67	4.47	3.57	2.82	1.10
9.02	7.30	7.42	6.00	6.25	5.06	5.45	4.41	3.48	2.82	1.12
8.89	7.38	7.11	5.90	6.14	5.10	5.25	4.36	3.40	2.82	1.14
8.78	7.46	6.82	5.80	6.05	5.14	5.07	4.31	3.32	2.82	1.16
8.67	7.55	6.55	5.70	5.96	5.19	5.90	4.27	3.25	2.83	1.18
8.57	7.64	6.30	5.62	5.88	5.24	4.74	4.23	3.18	2.84	1.20
8.47	7.73	6.07	5.53	5.80	5.29	4.59	4.19	3.12	2.85	1.22
8.38	7.82	5.85	5.46	5.72	5.34	4.46	4.16	3.06	2.86	1.24
8.30	7.91	5.65	5.39	5.65	5.39	4.33	4.13	3.01	2.87	1.26
8.22	8.00	5.47	5.33	5.59	5.44	4.21	4.10	2.96	2.88	1.28
8.14	8.10	5.29	5.27	5.53	5.50	4.10	4.08	2.91	2.90	1.30
8.87	8.19	5.13	5.21	5.47	5.56	4.00	4.06	2.87	2.91	1.32
8.01	8.29	4.98	5.16	5.42	5.61	3.91	4.04	2.83	2.93	1.34
7.94	8.39	4.84	5.11	5.37	5.67	3.82	4.03	2.79	2.95	1.36
7.88	8.49	4.71	5.07	5.32	5.73	3.73	4.02	2.76	2.96	1.38
7.83	8.59	4.58	5.03	5.28	5.79	3.65	4.01	2.72	2.99	1.40
7.77	8.69	4.47	4.99	5.23	5.85	3.58	4.00	2.69	3.01	1.42
7.72	8.79	4.36	4.96	5.19	5.91	3.51	3.99	2.66	3.03	1.44
7.67	8.89	4.25	4.93	5.15	5.97	3.44	3.99	2.63	3.05	1.46
7.63	9.00	4.16	4.90	5.12	6.03	3.38	4.00	2.61	3.08	1.48
7.58	9.10	4.06	4.88	5.08	6.10	3.32	4.00	2.58	3.10	1.50
7.54	9.20	3.98	4.86	5.05	6.16	3.27	4.00	2.56	3.12	1.52
7.50	9.31	3.90	4.84	5.02	6.23	3.22	4.00	2.54	3.15	1.54
7.46	9.41	3.82	4.82	4.99	6.29	3.17	4.00	2.52	3.17	1.56
7.42	9.52	3.74	4.80	4.96	6.36	3.12	4.00	2.50	3.20	1.58
7.39	9.63	3.68	4.79	4.93	6.42	3.08	4.00	2.48	3.23	1.60
7.35	9.73	3.61	4.78	4.91	6.49	3.03	4.01	2.46	3.25	1.62
7.32	9.84	3.55	4.77	4.88	6.56	2.99	4.03	2.44	3.28	1.64
7.29	9.95	3.49	4.76	4.86	6.63	2.96	4.04	2.43	3.31	1.66
7.26	10.06	3.43	4.75	4.83	6.70	2.92	4.05	2.41	3.33	1.68
7.23	10.17	3.38	4.75	4.81	6.77	2.89	4.06	2.39	3.36	1.70
7.20	10.28	3.33	4.75	4.79	6.84	2.86	4.07	2.38	3.40	1.72
7.18	10.39	3.28	4.75	4.77	6.91	2.82	4.08	2.37	3.43	1.74
7.15	10.50	3.23	4.75	4.75	6.98	2.79	4.10	2.35	3.46	1.76
7.13	10.61	3.19	4.75	4.73	7.05	2.77	4.12	2.34	3.49	1.78
7.10	10.72	3.15	4.75	4.72	7.12	2.74	4.13	2.33	3.52	1.80
7.08	10.83	3.11	4.75	4.70	7.19	2.71	4.15	2.32	3.55	1.82
7.06	10.94	3.07	4.76	4.68	7.26	2.69	4.17	2.31	3.58	1.84
7.04	11.05	3.04	4.76	4.67	7.33	2.67	4.19	2.30	3.61	1.86
7.01	11.16	3.00	4.77	4.65	7.40	2.64	4.20	2.29	3.64	1.88
6.99	11.27	2.97	4.78	4.64	7.47	2.62	4.23	2.28	3.67	1.90
6.98	11.39	2.94	4.79	4.62	7.54	2.60	4.25	2.27	3.71	1.92
6.96	11.50	2.91	4.80	4.61	7.62	2.58	4.27	2.26	3.74	1.94
6.94	11.61	2.88	4.81	4.60	7.69	2.56	4.29	2.25	3.77	1.96
6.92	11.72	2.85	4.82	4.58	7.76	2.55	4.31	2.25	3.80	1.98
6.90	11.84	2.82	4.83	4.57	7.83	2.53	4.34	2.24	3.84	2.00

注：表中 k_i 是由 HPB300（$f_y = 270$ N/mm²）级钢筋算出。若采用其他级别钢筋，则 k_i 应乘以比值 $f_y/270$（为其他钢筋抗拉强度设计值）。

表 2-17　在均布荷载作用下双向板按塑

$n=l_2/l_1$	α	$k_1 \times 10^{-3}$	k_1^F	$k_2 \times 10^{-3}$	k_2^F	$k_3 \times 10^{-3}$	k_3^F	$k_4 \times 10^{-3}$	k_4^F
1.00	1.000	17.20	—	14.29	9.80	14.29	9.80	11.37	7.80
1.02	0.961	16.55	—	13.67	9.65	13.83	9.77	10.95	7.73
1.04	0.925	15.96	—	13.10	9.52	13.42	9.75	10.55	7.67
1.06	0.889	15.41	—	12.58	9.40	13.03	9.74	10.19	7.62
1.08	0.857	14.91	—	12.10	9.29	12.68	9.74	9.86	7.58
1.10	0.826	14.44	—	11.66	9.19	12.35	9.74	9.56	7.54
1.12	0.797	14.02	—	11.25	9.10	12.05	9.75	9.28	7.51
1.14	0.769	13.62	—	10.87	9.02	11.77	9.76	9.02	7.48
1.16	0.743	13.25	—	10.52	8.95	11.50	9.78	8.78	7.46
1.18	0.718	12.91	—	10.20	8.89	11.26	9.81	8.55	7.45
1.20	0.694	12.59	—	9.90	8.83	11.03	9.84	8.34	7.44
1.22	0.672	12.30	—	9.62	8.78	10.82	9.87	8.15	7.43
1.24	0.650	12.02	—	9.36	8.73	10.63	9.91	7.97	7.43
1.26	0.630	11.76	—	9.11	8.69	10.44	9.95	7.79	7.43
1.28	0.610	11.52	—	8.89	8.66	10.27	10.00	7.64	7.44
1.30	0.592	11.29	—	8.68	8.63	10.10	10.05	7.49	7.46
1.32	0.574	11.08	—	8.48	8.61	9.95	10.10	7.35	7.46
1.34	0.557	10.88	—	8.29	8.59	9.81	10.16	7.22	7.48
1.36	0.541	10.69	—	8.12	8.58	9.67	10.21	7.10	7.49
1.38	0.525	10.52	—	7.95	8.57	9.54	10.28	6.98	7.52
1.40	0.510	10.35	—	7.80	8.56	9.42	10.34	6.87	7.54
1.42	0.496	10.19	—	7.65	8.56	9.31	10.41	6.77	7.56
1.44	0.482	10.05	—	7.52	8.56	9.20	10.47	6.67	7.59
1.46	0.469	9.91	—	7.39	8.56	9.10	10.54	6.58	7.62
1.48	0.457	9.77	—	7.26	8.57	9.00	10.61	6.49	7.65
1.50	0.444	9.65	—	7.15	8.58	8.91	10.69	6.41	7.69
1.52	0.433	9.53	—	7.04	8.59	8.82	10.76	6.33	7.73
1.54	0.422	9.41	—	6.93	8.61	8.73	10.84	6.25	7.76
1.56	0.411	9.31	—	6.83	8.62	8.65	10.92	6.18	7.80
1.58	0.401	9.20	—	6.74	8.64	8.58	11.00	6.11	7.84
1.60	0.391	9.11	—	6.65	8.67	8.51	11.08	6.05	7.88
1.62	0.381	9.01	—	6.56	8.69	8.44	11.17	5.99	7.93
1.64	0.372	8.93	—	6.48	8.72	8.37	11.25	5.93	7.97
1.66	0.363	8.84	—	6.41	8.74	8.31	11.34	5.88	8.02
1.68	0.354	8.76	—	6.33	8.77	8.25	11.43	5.82	8.07
1.70	0.346	8.68	—	6.26	8.81	8.19	11.51	5.77	8.11
1.72	0.338	8.61	—	6.20	8.84	8.13	11.60	5.72	8.16
1.74	0.330	8.54	—	6.13	8.88	8.08	11.70	5.68	8.22
1.76	0.323	8.47	—	6.07	8.91	8.03	11.79	5.63	8.27
1.78	0.316	8.41	—	6.01	8.95	7.98	11.88	5.59	8.32
1.80	0.309	8.34	—	5.96	8.99	7.93	11.97	5.55	8.37
1.82	0.302	8.28	—	5.90	9.03	7.89	12.07	5.51	8.43
1.84	0.295	8.23	—	5.85	9.07	7.85	12.16	5.47	8.48
1.86	0.289	8.17	—	5.80	9.12	7.80	12.26	5.44	8.54
1.88	0.283	8.12	—	5.76	9.16	7.76	12.36	5.40	8.60
1.90	0.277	8.07	—	5.72	9.21	7.73	12.45	5.37	8.65
1.92	0.271	8.02	—	5.67	9.25	7.69	12.55	5.34	8.71
1.94	0.266	7.97	—	5.63	9.30	7.65	12.65	5.31	8.77
1.96	0.260	7.93	—	5.59	9.35	7.62	12.75	5.38	8.83
1.98	0.255	7.89	—	5.55	9.40	7.58	12.85	5.25	8.89
2.00	0.250	7.84	—	5.51	9.45	7.55	12.95	5.22	8.95

性理论计算分离式配筋计算表

$k_5 \times 10^{-3}$	k_5^F	$k_6 \times 10^{-3}$	k_6^F	$k_7 \times 10^{-3}$	k_7^F	$k_8 \times 10^{-3}$	k_8^F	$k_9 \times 10^{-3}$	k_9^F	$n = l_2/l_1$
11.37	7.80	11.37	7.80	8.47	5.80	8.46	5.80	5.54	3.80	1.00
11.11	7.85	10.78	7.61	8.22	5.81	8.06	5.69	5.34	3.77	1.02
10.87	7.90	10.24	7.44	8.01	5.82	7.69	5.59	5.15	3.74	1.04
10.65	7.96	9.74	7.28	7.81	5.84	7.36	5.50	4.98	3.72	1.06
10.44	8.02	9.28	7.13	7.63	5.86	7.05	5.42	4.82	3.70	1.08
10.25	8.09	8.87	6.99	7.46	5.89	6.77	5.34	4.68	3.69	1.10
10.08	8.15	8.48	6.86	7.31	5.91	6.51	5.27	4.54	3.67	1.12
9.91	8.23	8.12	6.74	7.16	5.95	6.27	5.20	4.42	3.67	1.14
9.76	8.30	7.80	6.63	7.03	5.98	6.05	5.14	4.30	3.66	1.16
9.61	8.37	7.49	6.53	6.90	6.01	5.84	5.09	4.19	3.65	1.18
9.48	8.45	7.21	6.43	6.79	6.05	5.65	5.04	4.09	3.65	1.20
9.35	8.53	6.95	6.34	6.68	6.09	5.47	4.99	4.00	3.65	1.22
9.23	8.61	6.70	6.25	6.57	6.13	5.31	4.95	3.91	3.65	1.24
9.12	8.69	6.48	6.17	6.48	6.17	5.15	4.91	3.83	3.65	1.26
9.01	8.78	6.26	6.10	6.39	6.22	5.01	4.88	3.76	3.66	1.28
8.91	8.87	6.07	6.03	6.30	6.27	4.88	4.85	3.69	3.67	1.30
8.82	8.95	5.88	5.97	6.22	6.31	4.75	4.82	3.62	3.67	1.32
8.73	9.04	5.71	5.91	6.14	6.36	4.63	4.80	3.56	3.68	1.34
8.65	9.13	5.54	5.86	6.07	6.41	4.52	4.77	3.50	3.69	1.36
8.57	9.23	5.39	5.81	6.00	6.47	4.42	4.76	3.44	3.71	1.38
8.49	9.32	5.25	5.76	5.94	6.52	4.32	4.74	3.39	3.72	1.40
8.42	9.41	5.11	5.72	5.88	6.57	4.23	4.72	3.34	3.73	1.42
8.35	9.51	4.99	5.68	5.82	6.63	4.14	4.71	3.29	3.75	1.44
8.29	9.60	4.87	5.64	5.77	6.68	4.06	4.70	3.25	3.76	1.46
8.22	9.70	4.75	5.61	5.71	6.74	3.98	4.69	3.21	3.78	1.48
8.16	9.80	4.65	5.58	5.67	6.80	3.91	4.69	3.17	3.80	1.50
8.11	9.90	4.55	5.55	5.62	6.86	3.84	4.68	3.13	3.82	1.52
8.05	10.00	4.45	5.53	5.57	6.92	3.77	4.68	3.09	3.84	1.54
8.00	10.10	4.36	5.53	5.53	6.98	3.71	4.68	3.06	3.86	1.56
7.95	10.20	4.28	5.48	5.49	7.04	3.65	4.68	3.03	3.88	1.58
7.91	10.30	4.19	5.47	5.45	7.10	3.59	4.68	3.00	3.90	1.60
7.86	10.40	4.11	5.45	5.41	7.17	3.54	4.69	2.97	3.93	1.62
7.82	10.51	4.04	5.44	5.38	7.23	3.49	4.69	2.94	3.95	1.64
7.78	10.61	3.97	5.43	5.34	7.29	3.44	4.70	2.91	3.97	1.66
7.74	10.72	3.91	5.42	5.31	7.36	3.40	4.71	2.89	4.00	1.68
7.70	10.82	3.85	5.41	5.28	7.42	3.35	4.72	2.86	4.02	1.70
7.66	10.93	3.79	5.40	5.25	7.49	3.31	4.73	2.84	4.05	1.72
7.62	11.03	3.73	5.39	5.22	7.56	3.27	4.74	2.82	4.07	1.74
7.59	11.14	3.67	5.39	5.19	7.62	3.23	4.75	2.79	4.10	1.76
7.56	11.24	3.62	5.39	5.17	7.69	3.20	4.76	2.77	4.13	1.78
7.53	11.36	3.57	5.39	5.14	7.76	3.16	4.77	2.75	4.16	1.80
7.49	11.46	3.52	5.39	5.12	7.82	3.13	4.78	2.74	4.18	1.82
7.47	11.57	3.48	5.39	5.09	7.89	3.10	4.80	2.72	4.21	1.84
7.44	11.68	3.44	5.40	5.07	7.96	3.07	4.82	2.70	4.24	1.86
7.41	11.79	3.39	5.40	5.05	8.03	3.04	4.84	2.68	4.27	1.88
7.38	11.90	3.35	5.41	5.02	8.10	3.01	4.85	2.67	4.30	1.90
7.36	12.00	3.32	5.41	5.00	8.17	2.98	4.87	2.65	4.32	1.92
7.33	12.12	3.28	5.42	4.98	8.24	2.96	4.89	2.64	4.36	1.94
7.31	12.23	3.24	5.43	4.96	8.31	2.93	4.91	2.62	4.39	1.96
7.28	12.34	3.21	5.44	4.95	8.38	2.91	4.93	2.61	4.42	1.98
7.26	12.45	3.18	5.45	4.93	8.45	2.89	4.95	2.60	4.45	2.00

注：表中 k_i 是由 HPB300（$f_y = 270 \text{ N/mm}^2$）级钢筋算出。若采用其他级别钢筋，则 k_i 应乘以比值 $f_y/270$（为其他钢筋抗拉强度设计值）。

2.3.4 双向板截面设计与构造

Section Design and Detailing Requirements of Two－way Slabs

（1）截面设计。

①双向板的厚度。

双向板的厚度一般应不小于 80 mm，也不宜大于 160 mm，且应满足《规范》的规定。双向板一般可不做变形和裂缝验算，因此，要求双向板应具有足够的刚度。对于简支情况的板，其板厚 $h \geqslant l_0/40$；对于连续板，$h \geqslant l_0/50$（l_0 为板短跨方向上的计算跨度）。

②双向板的截面有效高度。

由于双向板跨中弯矩，短板方向比长跨方向大，因此短板方向的受力钢筋应放在长跨方向受力钢筋的外侧，以充分利用板的有效高度。如对一类环境，短板方向，板的截面有效高度 $h_0 = h - 20$(mm)；长跨方向，$h_0 = h - 30$(mm)。

在截面配筋计算时，可取截面内力臂系数 $\gamma_s = (0.90 \sim 0.95)$。

（2）构造要求。

双向板宜采用 HRB400、HRB500、HRBF400、HRBF500 级钢筋，也可采用 HPB300、HRB335、HRBF335、RRB400 级钢筋，其配筋方式类似于单向板，也有弯起式配筋和分离式配筋两种，如图 2-47 所示。为方便施工，实际工程中多采用分离式配筋。

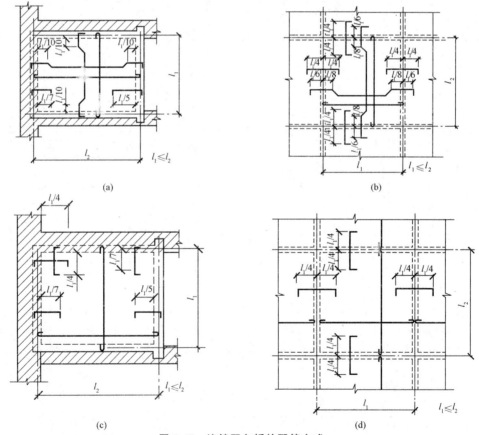

图 2-47　连续双向板的配筋方式

(a)单块板弯起式配筋；(b)连续板弯起式配筋；(c)单块板分离式配筋；(d)连续板分离式配筋

按弹性理论计算时，板底钢筋数量是根据跨中最大弯矩求得的，而跨中弯矩沿板宽向两边逐渐减小，故配筋亦可逐渐减少。考虑到施工方便，可按图 2-48 所示将板在两个方向各划分成三个板带，边缘板带的宽度为较小跨度的 1/4，其余为中间板带。在中间板带内按跨中最大弯矩配筋，而两边板带配筋为其相应中间板带的一半；连续板的支座负弯矩钢筋，是按各支座的最大负弯矩分别求得，故应沿全支座均匀布置而不在边缘板带内减少。但在任何情况下，每米宽度内的钢筋不得少于 3 根。

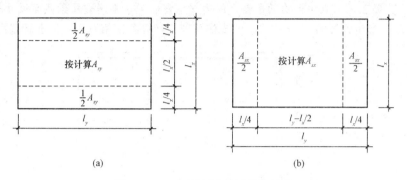

图 2-48　双向板配筋时板带的划分

2.3.5　双向板支承梁

Supporting Beams of Two－way Slabs

作用在双向板上的荷载是由两个方向传到四边的支承梁上的。通常采用如图 2-49(a)所示的近似方法(45°线法)，将板上的荷载就近传递到四周梁上。这样，长边的梁上由板传的荷载呈梯形分布；短边的梁上的荷载则呈三角形分布。先将梯形和三角形荷载折算成等效均布荷载 q'，如图 2-49(b)所示，利用前述的方法求出最不利情况下的各支座弯矩，再根据所得的支座弯矩和梁上的实际荷载，利用静力平衡关系，分别求出跨中弯矩和支座剪力。

梁的截面设计和构造要求等均与支承单向板的梁相同。

三角形荷载：$q'=\dfrac{5}{8}q$；

梯形荷载：$q'=(1-2\alpha^2+\alpha^3)q\left(\text{其中 }\alpha=\dfrac{a}{l_0}\right)$。

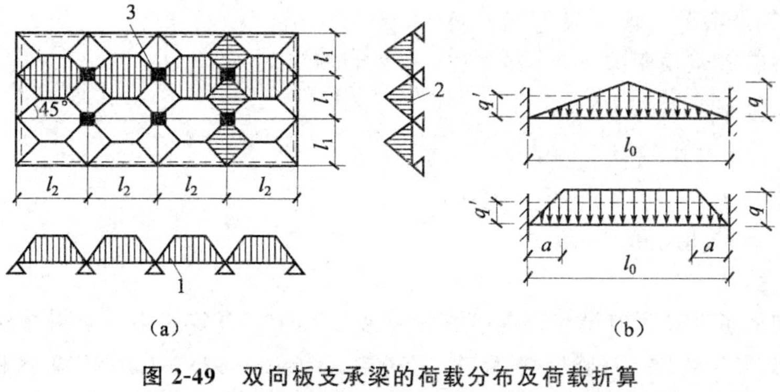

图 2-49　双向板支承梁的荷载分布及荷载折算

(a)双向板传给支承的荷载；(b)荷载的折算

1—次梁；2—主梁；3—柱

2.3.6 双向板肋梁楼盖设计例题

A Design Example of Two-way Slabs

1. 弹性理论法

（1）设计资料。

某工业厂房楼盖采用双向板肋梁楼盖，周边支承在墙中，中间支承梁截面尺寸为 200 mm×500 mm，楼盖梁格布置如图 2-50 所示。试按弹性理论计算各区格弯矩，并进行截面配筋计算。

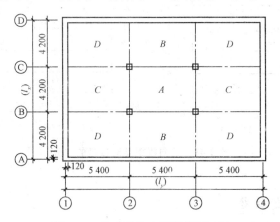

图 2-50 楼盖梁格布置图（弹性法）

①楼面构造做法：20 mm 厚水泥砂浆面层，100 mm 厚现浇钢筋混凝土板，15 mm 厚混合砂浆顶棚抹灰。

②楼面活荷载：标准值 $q_k = 5$ kN/m²。

③恒载分项系数为 1.2；活载分项系数为 1.3（因楼面活荷载标准值大于 4 kN/m²）。

④材料选用。

混凝土：采用 C30（$f_c = 14.3$ N/mm²）。

钢筋：板的配筋采用 HPB300 级（$f_y = 270$ N/mm²）。

（2）荷载计算。

20 mm 厚水泥砂浆面层 $0.02 \times 20 = 0.4$（kN/m²）

100 mm 厚钢筋混凝土现浇板 $0.10 \times 25 = 2.5$（kN/m²）

15 mm 厚混合砂浆顶棚抹灰 $0.015 \times 17 = 0.26$（kN/m²）

恒荷载标准值 $g_k = 3.16$ kN/m²

恒荷载设计值 $g = 1.2 \times 3.16 = 3.8$（kN/m²）

活荷载设计值 $q = 1.3 \times 5.0 = 6.5$（kN/m²）

总计 $g + q = 10.3$ kN/m²

（3）计算跨度。

根据板的支承条件和几何尺寸，将楼盖分为 A、B、C、D 等区格，如图 2-50 所示。板的计算跨度为：内跨，$l_0 = l_c$（l_c 为轴线间的距离）；边跨，$l_0 = l_c - 120 + 100/2$。各区格的计算跨度见表 2-18。

（4）按弹性理论计算弯矩。

$$q' = \frac{q}{2} = \frac{6.5}{2} = 3.25(\text{kN/m}^2)$$

在求各区格板跨内最大正弯矩时，按 g' 满布及活荷载棋盘式布置计算，取荷载

$$g' = g + \frac{q}{2} = 3.8 + \frac{6.5}{2} = 7.05(\text{kN/m}^2)$$

$$q' = \frac{q}{2} = \frac{6.5}{2} = 3.25(\text{kN/m}^2)$$

在求各中间支座最大负弯矩时，按恒载及活荷载均满布计算，取荷载

$$g + q = 10.3(\text{kN/m}^2)$$

各区格板的弯矩计算结果列于表 2-18。

表 2-18　各区格板的弯矩计算

区格			A	B
l_x/l_y			$4.2/5.4 = 0.78$	$4.13/5.4 = 0.76$
跨内		计算简图	g' + q'	g' + q'
	$\mu=0$	$M_x/(\text{kN·m})$	$(0.028\,1 \times 7.05 + 0.058\,5 \times 3.25)$ $\times 4.2^2 = 6.85$	$(0.033\,7 \times 7.05 + 0.059\,6 \times 3.25)$ $\times 4.13^2 = 7.36$
		$M_y/(\text{kN·m})$	$(0.013\,8 \times 7.05 + 0.032\,7 \times 3.25)$ $\times 4.2^2 = 3.59$	$(0.021\,8 \times 7.05 + 0.032\,4 \times 3.25)$ $\times 4.13^2 = 4.42$
	$\mu=0.2$	$M_x^v/(\text{kN·m})$	$6.85 + 0.2 \times 3.59 = 7.57$	$7.36 + 0.2 \times 4.42 = 8.24$
		$M_y^v/(\text{kN·m})$	$3.59 + 0.2 \times 6.85 = 4.96$	$4.42 + 0.2 \times 7.36 = 5.89$
支座		计算简图	$g+q$	$g+q$
		$M_x'/(\text{kN·m})$	$0.067\,9 \times 10.3 \times 4.2^2 = 12.34$	$0.081\,1 \times 10.3 \times 4.13^2 = 14.25$
		$M_y'/(\text{kN·m})$	$0.056\,1 \times 10.3 \times 4.2^2 = 10.19$	$0.072\,0 \times 10.3 \times 4.13^2 = 12.65$
区格			C	D
跨内		计算简图	g' + q'	g' + q'
	$\mu=0$	$M_x/(\text{kN·m})$	$(0.031\,8 \times 7.05 + 0.057\,3 \times 3.25)$ $\times 4.2^2 = 7.24$	$(0.037\,5 \times 7.05 + 0.058\,5 \times 3.25)$ $\times 4.13^2 = 7.75$
		$M_y/(\text{kN·m})$	$(0.014\,5 \times 7.05 + 0.033\,1 \times 3.25)$ $\times 4.2^2 = 3.70$	$(0.021\,3 \times 7.05 + 0.032\,7 \times 3.25)$ $\times 4.13^2 = 4.37$
	$\mu=0.2$	$M_x^v/(\text{kN·m})$	$7.24 + 0.2 \times 3.70 = 7.98$	$7.75 + 0.2 \times 4.37 = 8.62$
		$M_y^v/(\text{kN·m})$	$3.70 + 0.2 \times 7.24 = 5.15$	$4.37 + 0.2 \times 7.75 = 5.92$
支座		计算简图	$g+q$	$g+q$
		$M_x'/(\text{kN·m})$	$0.072\,8 \times 10.3 \times 4.2^2 = 13.23$	$0.090\,5 \times 10.3 \times 4.13^2 = 15.90$
		$M_y'/(\text{kN·m})$	$0.057\,0 \times 10.3 \times 4.2^2 = 10.36$	$0.075\,3 \times 10.3 \times 4.13^2 = 13.23$

由该表可见，板间支座弯矩是不平衡的，实际应用时可近似取相邻两区格板支座弯矩的平均值，即

$$A-B \text{ 支座 } M_x = \frac{1}{2} \times (-12.34 - 14.25) = -13.30 (\text{kN} \cdot \text{m})$$

$$A-C \text{ 支座 } M_x = \frac{1}{2} \times (-10.19 - 10.36) = -10.28 (\text{kN} \cdot \text{m})$$

$$B-D \text{ 支座 } M_x = \frac{1}{2} \times (-12.65 - 13.23) = -12.94 (\text{kN} \cdot \text{m})$$

$$C-D \text{ 支座 } M_x = \frac{1}{2} \times (-13.23 - 15.90) = -14.57 (\text{kN} \cdot \text{m})$$

（5）配筋计算。

各区格板跨中及支座截面弯矩既已求得（考虑 A 区格板四周与梁整体连接，乘以折减系数 0.8），即可近似按 $A_s = \frac{M}{0.95 f_y h_0}$ 进行截面配筋计算。取截面有效高度

$$h_{0x} = h - 20 = 100 - 20 = 80 (\text{mm}) \quad h_{0y} = h - 30 = 100 - 30 = 70 (\text{mm})$$

截面配筋计算结果及实际配筋列于表 2-19。

表 2-19　双向板配筋计算

截面			$M/(\text{kN} \cdot \text{m})$	h_0/mm	A_s/mm^2	选配钢筋	实配钢筋面积/mm^2
跨中	A 区格	l_x 方向	$7.57 \times 0.8 = 6.06$	80	267	Φ6/8@150	262
		l_y 方向	$4.96 \times 0.8 = 3.97$	70	221	Φ6@125	226
	B 区格	l_x 方向	8.24	80	402	Φ8@125	402
		l_y 方向	5.89	70	328	Φ6/8@120	327
	C 区格	l_x 方向	7.98	80	389	Φ8@125	402
		l_y 方向	5.15	70	287	Φ6@100	283
	D 区格	l_x 方向	8.62	80	420	Φ8@120	419
		l_y 方向	5.92	70	330	Φ8@150	335
支座	$A-B$		13.30	80	648	Φ10@120	654
	$A-C$		10.28	80	501	Φ8@100	503
	$B-D$		12.94	80	631	Φ8@80	629
	$C-D$		14.57	80	710	Φ10@110	714

（6）配筋图（略）。

2. 塑性理论法

（1）设计资料。

现浇钢筋混凝土双向板楼盖，承受均布荷载设计值 $p = 9.06 \text{ kN/m}^2$，板厚 $h = 120 \text{ mm}$，混凝土强度等级为 C20，采用 HPB300 级钢筋，钢筋抗拉强度设计值 $f_y = 270 \text{ N/mm}^2$。楼盖结构平面图参见图 2-51。双向板采用分离式配筋，取 $\beta = 2$。环境类别为一类。试按塑性理论计算双向板的配筋。

（2）计算 B_1 区格板。

板的有效高度 $h_0 = h - 20 = 120 - 20 = 100 (\text{mm})$。

B_1 区格板为四边嵌固的双向板，计算跨度：

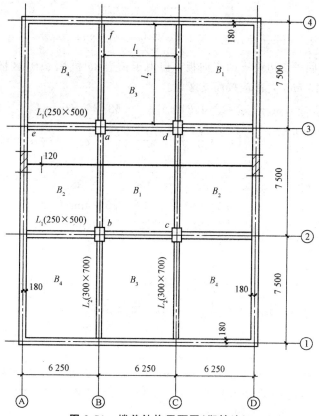

图 2-51 楼盖结构平面图(塑性法)

$$l_1 = 6.25 - 0.30 = 5.95(\text{m})$$

$$l_2 = 7.5 - 0.25 = 7.25(\text{m})$$

$$n = \frac{l_2}{l_1} = \frac{7.25}{5.95} = 1.22 \quad \alpha = \frac{1}{n^2} = \frac{1}{1.22^2} = 0.672 \quad \beta = 2 \quad \gamma = 0.8$$

由表 2-15 分离式配筋查得:

$$k_1^F = 2n + 1.8\alpha + 2n\beta + 2\alpha\beta$$

$$= 2 \times 1.22 + 1.8 \times 0.672 + 2 \times 1.22 \times 2 + 2 \times 0.672 \times 2$$

$$= 11.22$$

$$k_1 = \frac{10.8 f_y k_x^F}{3n-1} \times 10^{-4} = \frac{10.8 \times 270 \times 11.22}{3 \times 1.22 - 1} \times 10^{-4} = 12.30 \times 10^{-3}$$

由表 2-17 查得,同样 $k_1 = 12.30 \times 10^{-3}$,说明计算无误。

$$A_{s1} = \frac{\gamma p l_1^2}{k_x h_0} = \frac{0.8 \times 9.06 \times 5.95^2}{12.30 \times 10^3 \times 100} = 209(\text{mm}^2)$$

$$A_{s2} = \alpha A_{s1} = 0.672 \times 209 = 140(\text{mm})$$

$$A_{s\text{I}} = A'_{s\text{I}} = \beta A_{s1} = 2 \times 209 = 418(\text{mm}^2)$$

$$A_{s\text{II}} = A'_{s\text{II}} = \beta A_{s2} = 2 \times 140 = 280(\text{mm}^2)$$

(3)计算 B_2 区格板。

计算跨度:

$$l_1 = 6.25 - \frac{0.3}{2} - 0.18 + \frac{0.12}{2} = 5.98(\text{m})$$

$$l_2 = 7.5 - 0.25 = 7.25 (\text{m})$$

$$n = \frac{l_2}{l_1} = \frac{7.25}{5.98} = 1.21 \quad \alpha = \frac{1}{n^2} = \frac{1}{1.21^2} = 0.683 \quad \beta = 2 \quad \gamma = 1.0$$

本区格为三边嵌固一长边简支的双向板，但由于长边 ab 和 B_1、B_2 区格板的共同支座，它的配筋已知：$A_{s1} = 418 \text{ mm}^2$，故应按简支考虑。

$$k_6^F = 2n + 1.8\alpha + 2\alpha\beta = 2 \times 1.21 + 1.8 \times 0.683 + 2 \times 0.683 \times 2 = 6.38$$

$$k_6 = \frac{10.8 f_y k_x^F}{3n - 1} \times 10^{-4} = \frac{10.8 \times 270 \times 6.38}{3 \times 1.21 - 1} \times 10^{-4} = 7.07 \times 10^{-3}$$

$$A_{s1} = \frac{\gamma p l_1^2}{k_x h_0} - \frac{n A_{s\text{I}}}{k_6^F} = \frac{1.0 \times 9.06 \times 5.98^2}{7.07 \times 10^{-3} \times 100} - \frac{1.21 \times 418}{6.38} = 379 (\text{mm}^2)$$

$$A_{s2} = \alpha A_{s1} = 0.683 \times 379 = 259 (\text{mm}^2)$$

$$A_{s\text{II}} = A'_{s\text{II}} = \beta A_{s2} = 2 \times 259 = 518 (\text{mm}^2)$$

(4)计算 B_3 区格板。

计算跨度：

$$l_1 = 6.25 - 0.3 = 5.95 (\text{m})$$

$$l_2 = 7.5 - \frac{0.3}{2} - 0.18 + \frac{0.12}{2} = 7.23 (\text{m})$$

$$n = \frac{l_2}{l_1} = \frac{7.23}{5.95} = 1.22 \quad \alpha = \frac{1}{n^2} = \frac{1}{1.22^2} = 0.672 \quad \beta = 2 \quad \gamma = 1.0$$

本区格为三边嵌固一短边简支的双向板，但由于短边 ad 和 B_1、B_2 区格板的共同支座，它的配筋已知：$A_s = 280 \text{ mm}^2$，故应按简支考虑。于是本区格应按两短边简支，两长边嵌固的双向板计算，由表 2-15 分离式配筋查得：

$$k_5^F = 2n + 1.8\alpha + 2n\beta = 2 \times 1.22 + 1.8 \times 0.682 + 2 \times 1.22 \times 2 = 8.55$$

$$k_5 = \frac{10.8 f_y k_x^F}{3n - 1} \times 10^{-4} = \frac{10.8 \times 270 \times 8.55}{3 \times 1.22 - 1} \times 10^{-4} = 9.37 \times 10^{-3}$$

$$A_{s1} = \frac{\gamma p l_1^2}{k_x h_0} - \frac{A_{s\text{II}}}{k_s^F} = \frac{1.0 \times 9.06 \times 5.95^2}{9.7 \times 10^3 \times 100} - \frac{280}{8.55} = 310 (\text{mm}^2)$$

$$A_{s2} = \alpha A_{s1} = 0.672 \times 310 = 208 (\text{mm}^2)$$

$$A_{s\text{I}} = A'_{s\text{I}} = \beta A_{s1} = 2 \times 310 = 620 (\text{mm}^2)$$

(5)计算 B_4 区格板。

计算跨度：

$$l_1 = 6.25 - \frac{0.3}{2} - 0.18 + \frac{0.12}{2} = 5.98 (\text{m})$$

$$l_2 = 7.5 - \frac{0.3}{2} - 0.18 + \frac{0.12}{2} = 7.23 (\text{m})$$

$$n = \frac{l_2}{l_1} = \frac{7.23}{5.98} = 1.21 \quad \alpha = \frac{1}{n^2} = \frac{1}{1.21^2} = 0.683 \quad \beta = 2 \quad \gamma = 1.0$$

本区格为角区格，是一邻边嵌固，另一邻边简支的双向板，但由于短边支座 ea 和长边支座 af 分别为和 B_1 与 B_2 和 B_3 与 B_4 区格板的共同支座，它们的配筋已知，分别为：$A_s = 518 \text{ mm}^2$ 和 $A_{s1} = 620 \text{ mm}^2$，故应按简支考虑。于是本区格应按四边简支的双向板计算，由表 2-15 分离式配筋查得：

$$k_5^F = 2n + 1.8\alpha = 2 \times 1.21 + 1.8 \times 0.683 = 3.65$$

$$k_9 = \frac{10.8 f_y k_x^F}{3n - 1} \times 10^{-4} = \frac{10.8 \times 270 \times 3.65}{3 \times 1.21 - 1} \times 10^{-4} = 4.05 \times 10^{-3}$$

$$A_{s1} = \frac{\gamma p l_1^2}{k_x h_0} - \frac{nA_{sI} + A_{sII}}{k_6^F} = \frac{1.0 \times 9.06 \times 5.98^2}{4.05 \times 10^{-3} \times 100} - \frac{1.21 \times 620 + 518}{3.65} = 453 (\text{mm}^2)$$

$$A_{s2} = \alpha A_{s1} = 0.683 \times 453 = 309 (\text{mm}^2)$$

板的配筋计算结果见表 2-20，板的配筋图如图 2-52 所示。

表 2-20　板的配筋计算结果

截面			钢筋计算面积/mm²	选配钢筋	实配钢筋面积/mm²
跨中	B_1 区格	l_1 方向	209	Φ8@200	251
		l_2 方向	140	Φ8@200	251
	B_2 区格	l_1 方向	379	Φ8@130	387
		l_2 方向	259	Φ8@180	279
	B_3 区格	l_1 方向	310	Φ8@160	314
		l_2 方向	208	Φ8@200	251
	B_4 区格	l_1 方向	453	Φ8@110	457
		l_2 方向	309	Φ8@160	314
支座	$B_1 - B_2$		418	Φ10@180	436
	$B_1 - B_3$		280	Φ8@160	314
	$B_2 - B_4$		518	Φ10@150	523
	$B_3 - B_4$		620	Φ10@120	654

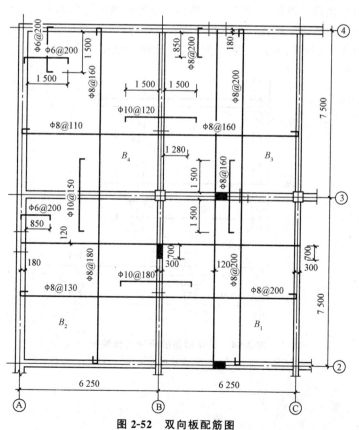

图 2-52　双向板配筋图

2.4 无梁楼盖

Floor System without Beams

2.4.1 概述

Introduction

无梁楼盖由板、柱等构件组成，又称板柱结构（图 2-53），是框架结构体系的一种。楼面荷载直接由板传给柱及柱下基础，传力途径短捷。

无梁楼盖的主要优点是结构高度小、天棚平整、构造简单，可节省模板，方便施工。一般当楼面可变荷载标准值在 $5.0\ kN/mm^2$ 以上、跨度在 6 m 以内时，无梁楼盖较肋梁楼盖经济。故无梁楼盖常用于多层厂房、商场、地下车库等建筑。

无梁楼盖的柱网通常布置成正方形或矩形，以正方形最为经济。楼盖的四周可支承在墙上

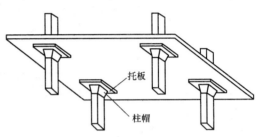

图 2-53 设置柱帽、托板的无梁楼盖

或边梁上，或悬臂伸出边柱以外，如图 2-54 所示。悬臂板挑出适当的距离，可减小边跨的跨中弯矩值，使之与边支座负弯矩相近，可取得一定经济效益。

无梁楼盖按施工方法不同可分为现浇整体式、预制装配式或装配整体式。

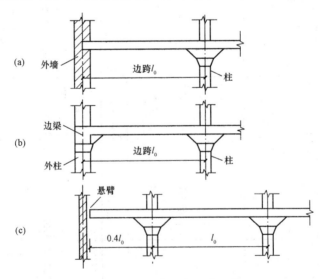

图 2-54 无梁楼盖的周边支承情况

（a）周边支承在墙上；（b）周边支承在边梁上；（c）周边板为悬挑式

2.4.2 内力分析
Internal Forces Analysis

1. 破坏特征

对均布荷载作用下的有柱帽无梁楼盖试验研究表明，随着荷载的增加，柱帽顶面边缘上出现第一批裂缝；继续加载，于板顶沿柱列轴线也出现裂缝；随着荷载的进一步增加，在板顶裂缝不断发展的同时，在跨内板底出现相互垂直且平行于柱列轴线的裂缝，并不断发展；当结构即将达到承载力极限状态时，在柱帽顶面上和柱列轴线的板顶以及跨中板底的裂缝中出现一些较大的主裂缝，如图 2-55 所示。

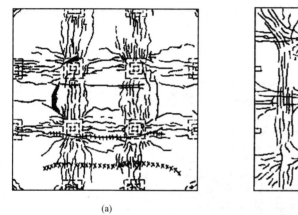
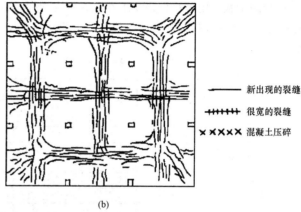

新出现的裂缝
很宽的裂缝
混凝土压碎

(a)   (b)

图 2-55　有柱帽无梁楼盖在均布荷载作用下的裂缝分布
(a)板顶；(b)板底

在上述混凝土裂缝处，受拉钢筋达到屈服，受压区混凝土达到抗压强度，混凝土裂缝处塑性铰线的"相继"出现，使楼盖结构产生塑性内力重新分布，并将楼盖结构分割成若干板块，使结构变成几何可变体系，结构达到承载能力极限状态。结构塑性铰线的分布如图 2-56 所示。

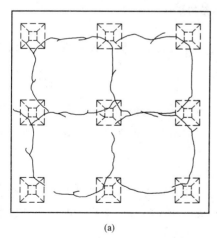
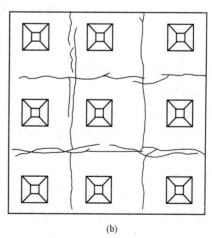

(a)   (b)

图 2-56　有柱帽无梁楼盖在均布荷载作用下的塑性铰线分布
(a)板顶；(b)板底

2. 受力特点

无梁楼盖在竖向荷载作用下，相当于受点支承的平板，根据其静力工作特点及破坏特征，可将楼板在纵横两个方向划分为两种假想的板带，一种是柱上板带，《钢筋混凝土升板结构技术规范》(GBJ 130—1990)取其宽度为柱中心线两侧各 1/4 跨度范围；另一种是跨中板带，取其宽度为柱距中间 1/2 跨度范围。如图 2-57 所示。

无梁楼盖中柱上板带和跨中板带的弯曲变形和弯矩分布大致如图 2-58 所示。板在柱顶处变形为峰形凸曲面，在区格中部处变形为碗形凹曲面。因此，板在跨内截面上均为正弯矩，且在柱上板带内的弯矩 M_2 较大，在跨中板带内的弯矩 M_4 较小；而在柱中心线截面上为负弯矩，由于柱的存在，柱上板带的刚度比跨中板带的刚度大得多，故在柱上板带内的负弯矩 M_1（绝对值）比跨中板带内的负弯矩 M_3（绝对值）大得多。因此，柱上板带可以视作是支承在柱上的"连续板"，而跨中板带则可视作是支承在与它垂直的柱上板带的"连续板"（当柱的线刚度相对较小时，板柱之间可视为铰接；否则应将板与柱之间视为框架）。

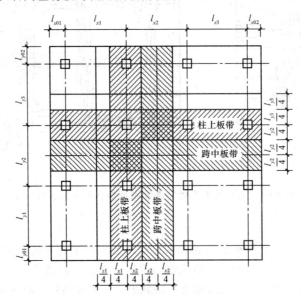

图 2-57　无梁楼盖板带的划分

考虑到钢筋混凝土板具有内力塑性重分布的特点，可以假定在同一板带宽度内，内力的数值是均匀的，钢筋也可均匀地布置。

3. 内力分析

梁楼盖的内力分析方法，也分为按弹性理论和按塑性理论两种。按弹性理论计算有弹性薄板法、经验系数法和等代框架法等。本节仅介绍工程中常用的按弹性理论计算的弯矩系数法和等代框架法。

(1)弯矩系数法。

弯矩系数法是在弹性薄板理论的分析基础上，给出柱上板带和跨中板带在跨中截面、支座截面上的弯矩计算系数；计算时，先算出总弯矩，再乘以相应的弯矩系数，即可得到各截面的弯矩。

采用弯矩系数法时必须符合下列条件：

①无梁楼盖中每个方向至少应有三个连续跨。

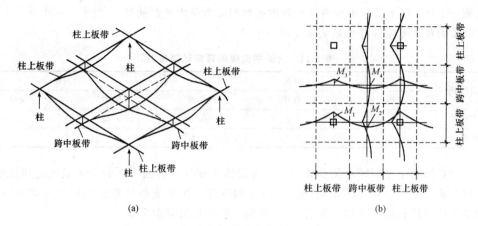

(a)   (b)

图 2-58 无梁楼盖板带的弯曲变形及弯矩分布

②无梁楼盖中同一方向上的最大跨度与最小跨度之比应不大于1.2，且两端跨的跨度不大于相邻跨的跨度。

③无梁楼盖中任意区格内的长跨与短跨的跨度之比不大于1.5。

④无梁楼盖中可变荷载和永久荷载设计值的比值 $q/g \leqslant 3$。

⑤为了保证无梁楼盖本身不承受水平荷载产生的弯矩作用，在无梁楼盖的结构体系中应具有抗侧力支撑或剪力墙。

对单跨的柱支承平板，按弹性薄板理论可分析得，x 向的跨中弯矩 M_x 沿 y 向宽度内的分布是不均匀的，如果将板任何一点单位宽度的跨中弯矩(kN·m/m)表示为：

$$M_x = \alpha_x q l_{0x}^2 \tag{2-47}$$

式中，α_x 为弯矩系数。图2-59中标明了在均布荷载 q 作用下每 $l_{0y}/8$ 处的弯矩系数 α_x 值。在实际工程中，假设柱上板带的弯矩由柱上板带配筋负担，跨中板带的弯矩由跨中板带配筋负担，设计时取同一板带内的平均弯矩值进行计算。

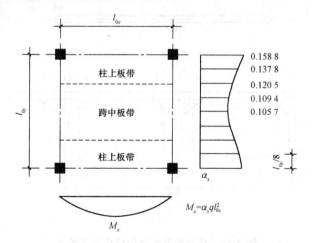

图 2-59 单跨平板跨中弯矩 M_x 的分布

对连续多跨无梁楼盖，若柱帽的计算宽度为 c，在其范围内，板的支座压应力呈三角形分布，则纵横两个方向的计算跨度分别为 $l_{0x} - 2c/3$ 和 $l_{0y} - 2c/3$；柱上及跨中板带结构支座控制截

面为柱帽 $c/3$ 处，柱上及跨中板带结构跨内控制截面为跨内某截面处。如图 2-60 所示。

无梁楼盖板的弯矩计算系数见表 2-21。

表 2-21　无梁楼盖板的弯矩计算系数

截面位置	端跨			内跨	
	边支座	跨中	内支座	跨中	支座
柱上板带	-0.48	0.22	-0.50	0.18	-0.50
跨中板带	-0.05	0.18	-0.17	0.15	-0.17

在弯矩系数法中还假设永久荷载与可变荷载满布在整个板面上，对于无梁楼盖计算单元板带的中间各跨，其跨中和支座弯矩（绝对值）之和应等于按简支板计算的跨中最大弯矩。因此，计算时首先应求出板的总弯矩，其沿 x、y 方向的总弯矩值分别为：

$$M_{0x}=\frac{1}{8}(g+q)l_{0y}\left(l_{0x}-\frac{2}{3}c\right)^2 \tag{2-48}$$

$$M_{0y}=\frac{1}{8}(g+q)l_{0x}\left(l_{0y}-\frac{2}{3}c\right)^2 \tag{2-49}$$

式中　g、q——板面永久荷载和可变荷载设计值；

l_{0x}、l_{0y}——区格板沿纵横两个方向的柱网轴线尺寸；

c——柱帽计算宽度。

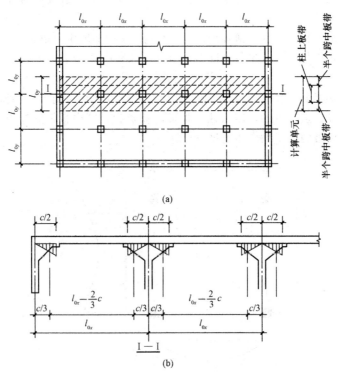

图 2-60　按弯矩系数法的结构计算单元

在截面承载力设计时，还应考虑结构的空间内拱作用等有利影响，将计算弯矩乘以 0.8 的折减系数。

当楼盖可变荷载在荷载中所占比例很小时，无梁楼盖的支柱可按轴心受压构件计算，由楼

盖传给支柱的轴心压力为

$$N=(g+q)l_{0x}l_{0y} \tag{2-50}$$

当楼盖可变荷载在荷载中所占比例较大时，尚需考虑由于可变荷载的不均匀分布所引起的附加弯矩，无梁楼盖支柱应按偏心受压构件进行承载力设计。

（2）等代框架法。

当无梁板结构不符合弯矩系数法的应用条件时，可采用等代框架法计算结构的内力，但区格的长短跨之比不应大于 2。

等代框架法是将整个无梁板结构分别沿纵横柱列方向划分为具有"等代柱"和"等代梁"的纵向和横向框架。等代框架梁实际上是将无梁楼盖板视为梁，其宽度为：当竖向荷载作用时，取等于板跨中心线间的距离；当水平荷载作用时，取等于板跨中心线距离的一半。等代梁的高度取为板的厚度。等代框架梁的跨度，在两个方向分别取为 $l_{0x}-2c/3$ 和 $l_{0y}-2c/3$。等代柱的截面即原柱的截面。等代柱的计算高度为：对底层，取为基础顶面至楼板底面的高度减去柱帽的高度；对于其他各楼层，取为层高减去柱帽的高度。

当等代框架受竖向荷载作用时，可按分层法简化计算，即所计算的上、下层楼板均视作上层柱与下层柱的固定远端。分层法的详细计算步骤将在第 4 章中讨论。

等代框架在风荷载、地震作用等水平荷载作用下，可采用反弯点法或 D 值法求解结构内力和变形（详见第 4 章）；用平衡条件求出等代梁支座、跨内控制截面的最大正、负弯矩（绝对值），并将弯矩按表 2-22 分配给柱上板带和跨中板带的控制截面。

按等代框架计算时，应考虑可变荷载的最不利布置。但当可变荷载值不超过永久荷载值的75%时，可变荷载可按各跨满布考虑。将通过内力分析算得的等代框架梁的弯矩值，按表 2-22 中所列的分配系数分配给柱上板带和跨中板带。

表 2-22　等代框架计算的弯矩分配系数

项目	端跨			内跨	
	边支座	跨中	内支座	跨中	支座
柱上板带	0.90	0.55	0.75	0.55	0.75
跨中板带	0.10	0.45	0.25	0.45	0.25

按照弹性薄板解得的弯矩横向分布状况并不完全符合实际，在钢筋混凝土平板中内力的塑性重分布现象也是存在的。鉴于柱上板带负弯矩分配较多可能造成配筋过密、不便于施工，允许在保持总弯矩值不变的情况下，将柱上板带负弯矩的 10%分配给跨中板带负弯矩。

对设置柱帽的无梁楼盖，考虑到楼盖中存在的穿顶作用（拱作用），可参照前述对肋梁楼盖中与梁整体连接的板的规定，对计算所得的弯矩值予以折减。

对于等代框架柱，应求出柱上、下控制截面在最不利荷载组合的最危险内力，按偏心受压构件进行承载力设计。

2.4.3　截面设计
Section Design

1. 板
（1）板厚。

无梁楼盖的板厚 h 按以下情况选取时通常不需进行挠度的验算：

有柱帽时 $h \geqslant l_0/35$，柱帽宽度为 $(0.2 \sim 0.3)l$，l 为相应方向的柱距；无柱帽时 $h \geqslant l_0/30$；l_0 为区格板的长边计算跨长。同时，无梁楼盖板厚均应大于或等于 150 mm。当采用无柱帽时，柱上板带可适当加厚，加厚部分的宽度可取相应板跨的 0.3 倍左右。

(2)板的配筋。

无梁楼盖中板的配筋可以划分为以下三个区域，如图 2-61(a)所示。

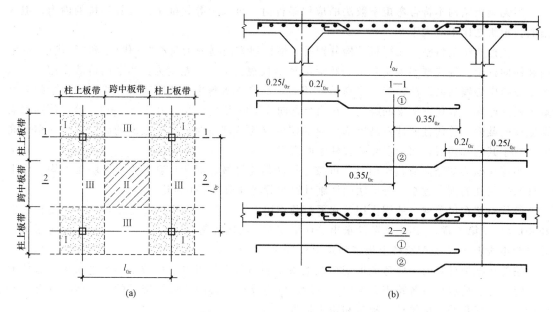

图 2-61　无梁楼盖中板的配筋

Ⅰ区：每个柱的柱上部分，两个方向均为柱上板带，受荷后均产生负弯矩，故两个方向的受力钢筋都应布置在板顶，并把长跨方向的钢筋放在上面。

Ⅱ区：每个区格的中部，两个方向均为跨中板带受荷载后均产生正弯矩，故两个方向的受力钢筋都应布置在板底，并把长跨方向的钢筋放在下面。

Ⅲ区：一个方向为柱上板带，另一个方向为跨中板带，受荷载后在柱上板带方向产生正弯矩，受力钢筋应布置在板底；而在跨中板带方向产生负弯矩，受力钢筋应布置在板顶。

根据柱上和跨中板带截面弯矩算得的钢筋，沿纵横两个方向可均匀布置在各自板带，如图 2-61(b)所示。钢筋的直径和间距，与一般双向板的要求相同，但对于承受负弯矩的钢筋宜采用直径大于 12 mm 的钢筋，以保证施工时具有一定的刚度。

无梁楼盖板的配筋一般采用双向配筋，施工简便也比较经济。配筋形式也有弯起式和分离式两种，通常采用分离式配筋，这样既可减少钢筋类型，又便于施工。

2. 边梁

无梁楼盖周边应设置边梁，其截面高度应大于板厚的 2.5 倍，与板形成倒 L 形截面。边梁除承受荷载产生的弯矩和剪力之外，还承受由垂直于边梁方向各板带传来的扭矩，所以应按弯剪扭构件进行设计，由于扭矩计算比较复杂，故可按构造要求，配置附加受扭纵筋和箍筋。

3. 板的受冲切承载力验算

无梁楼盖全部楼面荷载是通过板柱连接面上的剪力传给柱的。由于板柱连接面积较小，而楼面荷载较大，可能因受剪能力不足而发生冲切破坏，沿柱周边产生 45°角方向斜裂缝，板柱之间发生错位，故需进行板柱节点处板的受冲击承载力验算。

(1)不配置受冲切箍筋或弯起钢筋时的受冲切承载力计算。

在局部荷载或集中反力作用下，不配置受冲切箍筋或弯起钢筋的混凝土板，其受冲切承载力可按下列公式计算：

$$F_l \leqslant (0.7\beta_h f_t + 0.25\sigma_{pc,m})\eta\mu_m h_0 \tag{2-51}$$

$$\eta = \min \begin{cases} \eta_1 = 0.4 + \dfrac{1.2}{\beta_s} \\ \eta_2 = 0.5 + \dfrac{\alpha_s h_0}{4\mu_m} \end{cases} \tag{2-52}$$

式中　F_l——局部荷载设计值或集中荷载设计值（当计算无梁楼盖柱帽处的受冲切承载力时，取柱所受的轴向力设计值减去柱顶冲切破坏锥体范围内的荷载设计值）；

β_h——截面高度影响系数，当 $h \leqslant 800$ mm 时，取 $\beta_h = 1.0$；当 $h \geqslant 2\,000$ mm 时，取 $\beta_h = 0.9$；其间按直线内插法取用；

f_t——混凝土抗拉强度设计值；

$\sigma_{pc,m}$——算截面周长上两个方向混凝土有效预压应力按长度的加权平均值，其值宜控制在 $1.0 \sim 3.5$ N/mm² 范围内；对于非预应力混凝土板，取 $\sigma_{pc,m} = 0$；

η_1——局部荷载或集中反力作用面积形状的影响系数；

η_2——计算截面周长与板截面有效高度之比的影响系数；

μ_m——计算截面周长，即距局部荷载或集中反力作用面积周边 $h_0/2$ 处板垂直截面的最不利周长（图 2-62）；当板中开孔位于距集中荷载或反力作用面积边缘的距离不大于 6 倍板有效高度时，从集中荷载或反力作用面积中心至开孔外边上、下两条切线之间所包含的计算截面周长应予以扣除（图 2-63）；当 $l_1 > l_2$ 时，孔洞边长 l_2 应用 $\sqrt{l_1 l_2}$ 代替；当单个孔洞中心靠近柱边且孔洞最大宽度小于 1/4 柱宽或 1/2 板厚中的较小者时，该孔洞对周长 μ_m 的影响可略去不计；

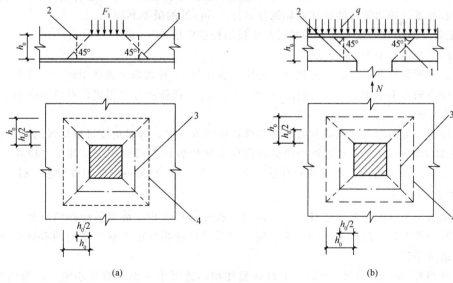

(a)　　　　　　　　　　　　(b)

图 2-62　板柱节点的假象冲击锥

(a)局部荷载作用下；(b)集中反力作用下

1—冲切破坏锥体的斜截面；2—计算截面；3—计算截面的周长；4—冲切破坏锥体的底面线

h_0——截面有效高度；

β_s——局部荷载或集中反力作用面积为矩形时的长边与短边尺寸的比值，β_s 不宜大于 4；
当 β_s 小于 2 时取 2；对圆形冲切面，β_s 取 2；

α_s——柱位置影响系数。中柱取 $\alpha_s=40$；边柱取 $\alpha_s=30$；角柱取 $\alpha_s=20$。

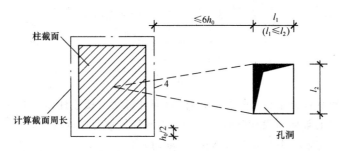

图 2-63　邻近孔洞的计算截面周长

(2)配置受冲切箍筋或弯起钢筋时的受冲切承载力计算。

在局部荷载或集中反力作用下，当受冲切承载力不满足式(2-51)的要求且板厚受到限制时，可配置箍筋或弯起钢筋，此时受冲切截面及受冲切承载力应满足式(2-53)和式(2-54)要求。

$$F_l \leqslant 1.2 f_t \eta \mu_m h_0 \tag{2-53}$$

$$F_l \leqslant (0.5 f_t + 0.25 \sigma_{pc,m}) \eta \mu_m h_0 + 0.8 f_{yv} A_{sv,u} + 0.8 f_y A_{sb,u} \sin\theta \tag{2-54}$$

式中　$A_{sv,u}$——与成 45° 冲切破坏锥体斜截面相交的全部箍筋截面面积；

$A_{sb,u}$——与成 45° 冲切破坏锥体斜截面相交的全部弯起钢筋截面面积；

f_{yv}——箍筋抗拉强度设计值，取值不应大于 360 N/mm²；

f_y——弯起钢筋抗拉强度设计值；

θ——弯起钢筋与板底面的夹角。

配置抗冲切钢筋的冲切破坏锥体以外的截面，还应再次按式(2-51)进行受冲切承载力计算，此时，应取配置抗冲切钢筋的冲切破坏锥体以外 $0.5h_0$ 处的最不利周长。

(3)配置受冲切箍筋或弯起钢筋时混凝土板的构造要求。

①板的厚度不应小于 150 mm。

②按计算所需的箍筋及相应的架立钢筋应布置在与 45° 冲切破坏锥体范围内，并布置在从集中荷载或柱边向外不小于 $1.5h_0$ 的范围内[图 2-64(a)]；箍筋宜为封闭式，直径不应小于 6 mm，间距不应大于 $h_0/3$，且不应大于 100 mm。

③按计算所需的弯起钢筋应配置在冲切破坏锥体范围内，弯起角度可根据板的厚度在 30°～45°之间选用[图 2-64(b)]；弯起钢筋的倾斜段应与冲切破坏斜截面相交，其交点应在离柱边以外(1/2～2/3)h_0 的范围内，弯起钢筋直径不应小于 12 mm，且每一方向不应少于 3 根。

4. 柱帽

在无梁板下层柱的顶端设置柱帽，可以增大板柱连接面积，提高板的冲切承载力。设置柱帽还可以减小板的计算跨度和柱的计算长度。但是设置柱帽可能会减小室内的有效空间，也给施工带来诸多不便。

常用柱帽有三种形式(图 2-65)：①台锥形柱帽，适用于板面荷载较小时；②折线形柱帽，适用于板面荷载较大时，它的传力过程比较平缓，但施工较为复杂；③有顶板柱帽，适用于板面荷载较大时，施工方便但传力作用稍差。还可将柱帽做成各种艺术形式。柱帽或托板的形状、尺寸应包容 45° 的冲切破坏锥体，并满足受冲切承载力的要求。《规范》规定：柱帽的高度不应小

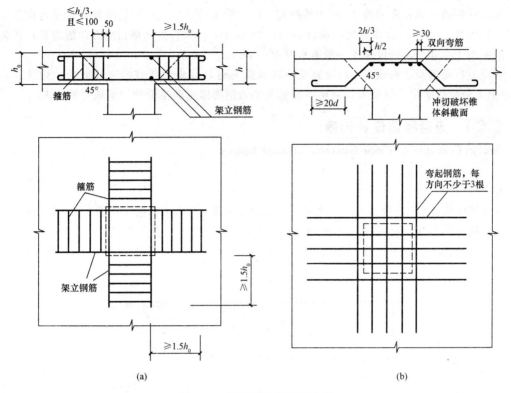

图 2-64　板中受冲切钢筋布置

(a)箍筋；(b)弯起钢筋

于板的厚度 h；托板厚度不应小于 $h/4$。柱帽或托板在平面两个方向的尺寸均不宜小于同方向上柱截面宽度 b 与 $4h$ 之和，如图 2-66 所示。

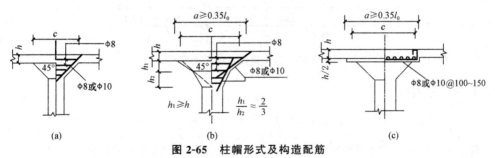

图 2-65　柱帽形式及构造配筋

(a)台锥形柱帽；(b)折线形柱帽；(c)有顶板柱帽

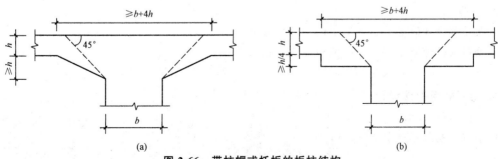

图 2-66　带柱帽或托板的板柱结构

(a)柱帽；(b)托板

通常柱帽的计算宽度可按 45°压力线确定，故柱帽本身不需进行配筋计算，钢筋按构造要求配置，如图 2-65 所示。计算宽度一般取 $c=(0.2\sim0.3)l_0$，l_0 为板区格相应方向的边长；托板宽度一般不小于 $0.35l_0$，托板厚度一般取板厚的一半。

对设置柱帽的板，按式(2-51)计算受冲切承载力时，将集中荷载的边长取为柱帽计算宽度 c。由于集中荷载面积成倍放大，通常不配置受冲切钢筋即可满足受冲切承载力的要求。

2.4.4 无梁楼盖设计例题
Design Example of Floor System without Beams

1. 设计资料

某无梁楼盖的平面布置如图 2-67 所示。承受均布荷载，其永久荷载标准值为 $4.5\ \mathrm{kN/m^2}$，可变荷载标准值为 $6\ \mathrm{kN/m^2}$。柱截面为 $500\ \mathrm{mm}\times500\ \mathrm{mm}$，且设置柱帽。已知基础顶标高为 $-2.20\ \mathrm{m}$，第二层楼面标高为 $+4.40\ \mathrm{m}$，第二至第五层的层高均为 $3.80\ \mathrm{m}$。试分别用弯矩系数法和等代框架法设计之。

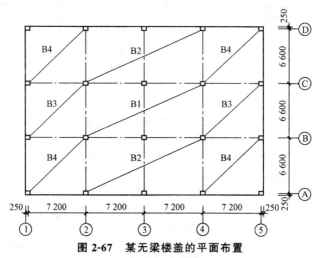

图 2-67　某无梁楼盖的平面布置

2. 截面尺寸选择

板厚：$h\geqslant\dfrac{1}{35}l=\dfrac{6\ 600}{35}=188.6(\mathrm{mm})$ 且 $h\geqslant150\ \mathrm{mm}$，取 $h=190\ \mathrm{mm}$

柱帽高度：$c=(0.2\sim0.3)l=0.2\times7\ 200\sim0.3\times7\ 200=1\ 440\sim2\ 160(\mathrm{mm})$，取
$$c=1\ 800\ \mathrm{mm}$$

3. 荷载

永久荷载设计值 $g=1.2\times4.5=5.4(\mathrm{kN/m^2})$

可变荷载设计值 $q=1.3\times6.0=7.8(\mathrm{kN/m^2})$

合计 $g+q=13.2(\mathrm{kN/m^2})$

4. 用弯矩系数法设计

(1)总弯矩设计值。

两个方向的总弯矩设计值分别

x 方向 $M_{0x}=\dfrac{1}{8}(g+q)l_{0y}\left(l_{0x}-\dfrac{2}{3}c\right)^2=\dfrac{1}{8}\times13.2\times6.6\times\left(7.2-\dfrac{2}{3}\times1.8\right)^2=392.0(\mathrm{kN\cdot m})$

y 方向 $M_{0y}=\dfrac{1}{8}(g+q)l_{0x}\left(l_{0y}-\dfrac{2}{3}c\right)^2=\dfrac{1}{8}\times13.2\times7.2\times\left(6.6-\dfrac{2}{3}\times1.8\right)^2=346.4(\mathrm{kN\cdot m})$

（2）受弯承载力及配筋计算。

板的有效高度：横向 $h_0=190-20=170(\mathrm{mm})$，纵向 $h_0=190-30=160(\mathrm{mm})$

钢筋：正弯矩钢筋采用 HPB300 级钢（$f_y=270\ \mathrm{N/mm^2}$）

负弯矩钢筋采用 HRB335 级钢（$f_y=300\ \mathrm{N/mm^2}$）

计算结果见表 2-23，配筋图如图 2-68 所示。

表 2-23 弯矩设计值及配筋计算

<table>
<tr><td colspan="3" rowspan="2">计算内容</td><td colspan="3">端跨</td><td colspan="2">内跨</td></tr>
<tr><td>边支座</td><td>跨中</td><td>内支座</td><td>跨中</td><td>支座</td></tr>
<tr><td rowspan="10">x
方
向</td><td rowspan="5">柱上板带</td><td>$M/(\mathrm{kN\cdot m})$</td><td>-0.48×392.0
$=-188.2$</td><td>0.22×392.0
$=86.24$</td><td>-0.5×392.0
$=-196.0$</td><td>0.18×392.0
$=70.56$</td><td>-0.5×392.0
$=-196.0$</td></tr>
<tr><td>受压区高度/mm</td><td>25.35</td><td>11.11</td><td>26.49</td><td>9.035</td><td>26.49</td></tr>
<tr><td>$A_s/(\mathrm{mm^2\cdot m^{-1}})$</td><td>1 208</td><td>589</td><td>1 263</td><td>479</td><td>1 263</td></tr>
<tr><td>选配</td><td>Φ14@125</td><td>Φ10@100</td><td>Φ14@125</td><td>Φ10@125</td><td>Φ14@125</td></tr>
<tr><td>实配 $A_s/(\mathrm{mm^2\cdot m^{-1}})$</td><td>1 231</td><td>785</td><td>1 231</td><td>628</td><td>1 231</td></tr>
<tr><td rowspan="5">跨中板带</td><td>配筋率/%</td><td>0.72</td><td>0.46</td><td>0.72</td><td>0.37</td><td>0.72</td></tr>
<tr><td>$M/(\mathrm{kN\cdot m})$</td><td>-0.05×392.0
$=-19.6$</td><td>0.18×392.0
$=70.56$</td><td>-0.17×392.0
$=-66.64$</td><td>0.15×392.0
$=58.80$</td><td>-0.17×392.0
$=-66.64$</td></tr>
<tr><td>受压区高度/mm</td><td>2.461</td><td>9.035</td><td>8.519</td><td>7.496</td><td>8.519</td></tr>
<tr><td>$A_s/(\mathrm{mm^2\cdot m^{-1}})$</td><td>117</td><td>479</td><td>406</td><td>397</td><td>406</td></tr>
<tr><td>选配</td><td>Φ12@250</td><td>Φ10@125</td><td>Φ12@250</td><td>Φ8/10@125</td><td>Φ12@250</td></tr>
<tr><td rowspan="2"></td><td>实配 $A_s/(\mathrm{mm^2\cdot m^{-1}})$</td><td>452</td><td>628</td><td>452</td><td>515</td><td>452</td></tr>
<tr><td>配筋率/%</td><td>0.27</td><td>0.37</td><td>0.27</td><td>0.30</td><td>0.27</td></tr>
<tr><td rowspan="10">y
方
向</td><td rowspan="5">柱上板带</td><td>$M/(\mathrm{kN\cdot m})$</td><td>-0.48×346.4
$=-166.3$</td><td>0.22×346.4
$=76.21$</td><td>-0.5×346.4
$=-173.2$</td><td>0.18×346.4
$=62.35$</td><td>-0.5×346.4
$=-173.2$</td></tr>
<tr><td>受压区高度/mm</td><td>21.66</td><td>9.54</td><td>22.63</td><td>7.76</td><td>22.63</td></tr>
<tr><td>$A_s/(\mathrm{mm^2\cdot m^{-1}})$</td><td>1 032</td><td>505</td><td>1 079</td><td>411</td><td>1 079</td></tr>
<tr><td>选配</td><td>Φ14@125</td><td>Φ10@100</td><td>Φ14@125</td><td>Φ10@125</td><td>Φ14@125</td></tr>
<tr><td>实配 $A_s/(\mathrm{mm^2\cdot m^{-1}})$</td><td>1 231</td><td>785</td><td>1 231</td><td>628</td><td>1 231</td></tr>
<tr><td rowspan="5">跨中板带</td><td>配筋率/%</td><td>0.77</td><td>0.49</td><td>0.77</td><td>0.49</td><td>0.77</td></tr>
<tr><td>$M/(\mathrm{kN\cdot m})$</td><td>-0.05×346.4
$=-17.32$</td><td>0.18×346.4
$=62.35$</td><td>-0.17×346.4
$=-58.89$</td><td>0.15×346.4
$=51.96$</td><td>-0.17×346.4
$=-58.89$</td></tr>
<tr><td>受压区高度/mm</td><td>2.12</td><td>7.76</td><td>7.32</td><td>6.44</td><td>7.32</td></tr>
<tr><td>$A_s/(\mathrm{mm^2\cdot m^{-1}})$</td><td>101</td><td>411</td><td>349</td><td>341</td><td>349</td></tr>
<tr><td>选配</td><td>Φ12@250</td><td>Φ10@125</td><td>Φ12@250</td><td>Φ8/10@125</td><td>Φ12@250</td></tr>
<tr><td>实配 $A_s/(\mathrm{mm^2\cdot m^{-1}})$</td><td>452</td><td>628</td><td>452</td><td>515</td><td>452</td></tr>
<tr><td>配筋率/%</td><td>0.28</td><td>0.39</td><td>0.28</td><td>0.32</td><td>0.28</td></tr>
<tr><td colspan="8">HPB300 级钢：$\rho_{\min}=\min(0.2,\ 45f_t/f_y)=\min(0.2,\ 45\times1.43/270)=24\%$
HPB335 级钢：$\rho_{\min}=\min(0.2,\ 45f_t/f_y)=\min(0.2,\ 45\times1.43/300)=21\%$</td></tr>
</table>

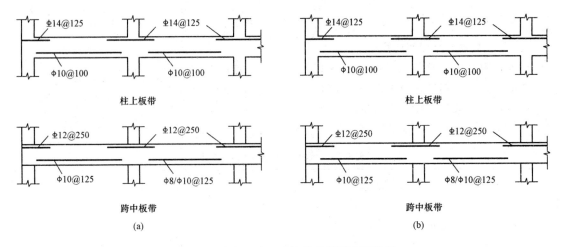

柱上板带 　　　　　　　　　　　　　　　　柱上板带

跨中板带 　　　　　　　　　　　　　　　　跨中板带

(a) 　　　　　　　　　　　　　　　　　　(b)

图 2-68　按弯矩分配法计算所得板的配筋图

(a)x 向；(b)y 向

5. 用等代框架法设计

(1)等代框架构件尺寸确定。

①等代梁。

计算跨度　　　　x 向 $l_{0x}=\dfrac{2}{3}c=7\,200-\dfrac{2}{3}\times1\,800=6\,000(\text{mm})$

y 向 $l_{0y}=\dfrac{2}{3}c=6\,600-\dfrac{2}{3}\times1\,800=5\,400(\text{mm})$

截面惯性矩　　　x 向 $I_{bx}=\dfrac{1}{12}\times6.6\times0.19^{3}=3.772\times10^{-3}(\text{m}^{4})$

y 向 $I_{by}=\dfrac{1}{12}\times7.2\times0.19^{3}=4.115\times10^{-3}(\text{m}^{4})$

柱帽高度　　　　$(1\,800-500)/2=650(\text{mm})$

②等代柱。

计算高度底层　　$4.40+2.20-0.19-0.65=5.76(\text{m})$

其他层　　　　　$3.8-0.65=3.15(\text{m})$

截面惯性矩　　　x 向 $I_{cx}=I_{cy}=\dfrac{1}{12}\times0.5\times0.5^{3}=5.208\times10^{-3}(\text{m}^{4})$

(2)等代框架计算简图。

可变荷载按满步考虑，等代梁上均布荷载为：

x 向　　　　　　$13.2\times6.6=87.12(\text{kN/m})$

y 向　　　　　　$13.2\times7.2=95.04(\text{kN/m})$

两个方向的等代框架计算简图如图 2-69 所示。

(3)内力计算。

竖向荷载下的框架分析采用分层法。x 向等代框架的计算结果见表 2-24。y 向等代框架的计算过程与 x 向类似，此处略。

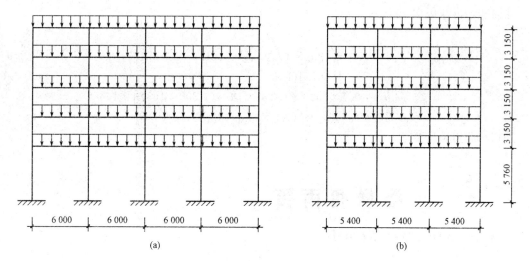

(a)   (b)

图 2-69   等代框架计算简图

(a)x 向(纵向)；(b)y 向(横向)

表 2-24 x 向等代框架分层法内力计算结果

计算内容		边跨			中间跨		
		边支座	跨中	第一支座	第一内支座	跨中	中间支座
顶层	等代梁	−186.9	152.7	−291.8	−270.4	128.4	−256.9
	柱上板带	−0.90×186.9 =−168.2	0.55×152.7 =83.99	−0.75×291.8 =−218.9	−0.75×270.4 =−202.8	0.55×128.4 =70.62	−0.75×256.9 =−192.7
	跨中板带	−0.10×186.9 =−18.69	0.55×152.7 =83.99	−0.25×291.8 =−72.95	−0.25×270.4 =−67.6	0.45×128.4 =57.78	−0.25×256.9 =−64.23
一般层	等代梁	−217.2	143.0	−280.8	−264.8	129.8	−259.7
	柱上板带	−195.5	78.65	−210.6	−198.6	71.39	−194.8
	跨中板带	−21.72	64.35	−70.20	−66.20	58.41	−64.93
底层	等代梁	−208.9	145.6	−283.9	−266.1	129.4	−259.1
	柱上板带	−188	80.08	−212.9	−199.6	71.17	−194.3
	跨中板带	−20.89	65.52	−70.98	−66.53	58.23	−64.78

注：对除底层各柱以外的其他各层立柱，线刚度均乘以折减系数 0.9，传递系数取为 1/3。

（4）配筋计算（略）。

6. 板的受冲切承载力计算

由于无梁楼盖一般均要求设边梁，故只对中柱进行抗冲切验算。

$$g+q=13.2(\text{kN/m}^2)，\quad h_0=190-25=165(\text{mm})$$

$\beta_s=1.0$，对中柱 $\alpha_s=40$，

$$\eta_1=0.4+1.2=1.6，\quad \eta_2=0.5+\frac{40\times165}{4\times(1\,800+165)}=1.340$$

冲切荷载设计值

$$F_l = (g+q)[l_{0x}l_{0y} - (c+2h_0)^2]$$
$$= 13.2 \times [7.2 \times 6.6 - (1.8+2 \times 0.165)^2]$$
$$= 567.4 (\text{kN})$$
$$0.7f_t\eta\mu_m h_0 = 0.7 \times 1.43 \times 1.340 \times [4 \times (1\,800+165)] \times 165$$
$$= 1.739 \times 10^6 (\text{N}) = 1\,739 (\text{kN}) > F_l$$

冲切承载力满足要求。

2.5 楼梯和雨篷

Stairs and Dash Boards

楼梯是多、高层建筑的重要组成部分，通过它来实现房屋的竖向交通。楼梯按施工方法分，有整体现浇式楼梯和预制装配式楼梯；按结构形式和受力特点分，有梁式楼梯[图 2-70(a)]、板式楼梯[图 2-70(b)]、螺旋楼梯[图 2-70(c)]、折板旋挑式楼梯[图 2-70(d)]等结构形式。

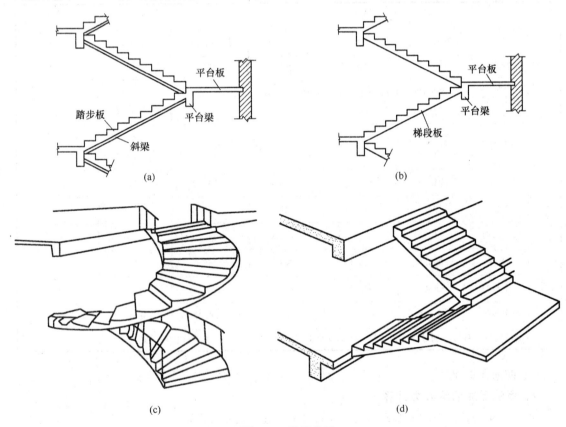

图 2-70　楼梯类型

2.5.1 板式楼梯
Plate-type Stairs

板式楼梯是由一块斜放的梯段板、平台梁和平台板组成。板端支承在平台梁上，荷载传递途径为：荷载作用于楼梯的踏步板，由踏步板直接传递给平台梁。

板式楼梯的优点是下表面平整，外观轻巧，施工简便；其缺点是斜板较厚。当可承受较小荷载，或跨度较小时选用板式楼梯较为合适，一般应用于住宅等建筑。

板式楼梯的计算过程如下：

(1)梯段板的计算。梯段斜板计算时，一般取 1 m 斜向板带作为结构及荷载计算单元。梯段斜板支承于平台梁上，进行内力分析时，通常将板带简化为斜向板简支板。承受荷载为梯段板自重及活荷载。考虑到平台梁对梯段板两端的嵌固作用，计算时，跨中弯矩可近似取 $ql^2/10$。

梯段斜板按矩形截面计算，截面计算高度取垂直斜板的最小高度。

(2)平台梁的计算。板式楼梯中的平台梁承受梯段板和平台板传来的均布荷载，按承受均布荷载的简支梁计算内力，配筋计算按倒 L 形截面计算，截面翼缘仅考虑平台板，不考虑梯段斜板参加工作。

(3)平台板的计算。同梁式楼梯。

(4)构造要求。板式楼梯踏步板的厚度不应小于$(1/25+1/30)l$(l 为板的跨度)，一般取 $d=100\sim120$ mm。

踏步板内受力钢筋要求除计算确定外，每级踏步范围内需配置一根 $\phi8$ 钢筋作为分布筋。考虑到支座连接处的整体性，为防止板面出现裂缝，应在斜板上部布置适量的钢筋。

2.5.2 梁式楼梯
Beam-type Stairs

梁式楼梯是由踏步板、斜梁、平台板和平台梁等组成。踏步板支承在斜梁上，斜梁再支承在平台梁上。荷载传递途径为：荷载作用于楼梯的踏步板，由踏步板传递给斜梁，再由斜梁传递给平台梁。

梁式楼梯的优点是传力路径明确，可承受较大荷载，跨度较大；其缺点是施工复杂。梁式楼梯广泛应用于办公楼、教学楼等建筑。

1. 梁式楼梯的设计方法

(1)踏步板的计算。

梁式楼梯的踏步板可视为四边固定支承的斜放单向板，短向边支承在梯段的斜梁上，长向边支承在平台梁上。

计算单元的选取：取一个踏步板为计算单元，其截面形式为梯形，为简化计算，将其高度转化为矩形，折算高度为：$h=\dfrac{c}{2}+\dfrac{d}{\cos\alpha}$，其中 c 为踏步高度，d 为楼梯板厚。这样踏步板可按截面宽度为 b、高度为 h 的矩形板进行内力与配筋计算。

(2)斜梁的计算。

斜梁的两端支承在平台梁上，一般按简支梁计算。作用在斜梁上的荷载为踏步板传来的均布荷载，其中恒荷载按倾斜方向计算，活荷载按水平投影方向计算。通常也将荷载恒载换算成水平投影长度方向的均布荷载。

斜梁是斜向搁置的受弯构件。在外荷载的作用下，斜梁上将产生弯矩、剪力和轴力，其中竖向荷载与斜梁垂直的分量使梁产生弯矩和剪力，与斜梁平行的分量使梁产生轴力。轴向力对梁的影响最小，通常可忽略不计。

若传递到斜梁上的竖向荷载为 q，斜梁长度为 l_1，斜梁的水平投影长度为 l，斜梁的倾角为 α，则与斜梁垂直作用的均布荷载为 $ql\cos\alpha/l_1$，斜梁的跨中最大正弯矩为：

$$M_{\max} = \frac{1}{8}\left(\frac{ql\cos\alpha}{l_1}\right)l_1^2 = \frac{1}{8}ql^2 \tag{2-55}$$

支座剪力分别为：

$$V = \frac{1}{2}\left(\frac{ql\cos\alpha}{l_1}\right)l_1 = \frac{1}{82}ql\cos\alpha \tag{2-56}$$

如图 2-71 所示，可见斜梁的跨中弯矩为按水平简支梁计算所取得的弯矩，但其支座剪力为按水平简支梁计算所得的剪力乘以 $\cos\alpha$。

斜梁的截面计算高度应按垂直于斜梁纵轴线的最小梁高取用，按倒 L 形截面计算配筋。

（3）平台板和平台梁的计算。

平台板一般为支承在平台梁及外墙上或钢筋混凝土过梁上，承受均布荷载的单向板，当平台板一端与平台梁整体连接，另一端支承在砖墙上时，跨中计算弯矩可近似取 $ql^2/8$；当平台板外端与过梁整体连接时，考虑到平台梁和过梁对板的嵌固作用，跨中计算弯矩可近似取 $ql^2/10$。

平台梁承受平台板传来的均布荷载以及上、下楼梯斜梁传来的集中荷载，一般按简支梁计算内力，按受弯构件计算配筋。

（4）构造要求。

梁式楼梯踏步板的厚度一般取 $d=30\sim40$ mm，梯段梁与平台梁的高度应满足不需要进行变形验算的简支梁允许高跨比的要求，梯段梁应取 $h\geqslant l/20$，平台梁应取 $h\geqslant l/12$（l 为梯段梁水平投影计算跨度或平台梁的计算跨度）。

踏步板内受力钢筋要求除计算确定外，每级

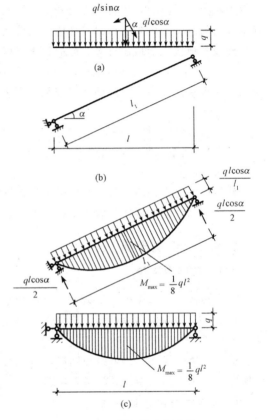

图 2-71　斜梁的弯矩剪力

踏步范围内不少于 2 根 Φ6 钢筋，且沿梯段方向布置 Φ6@300 的分布钢筋。

2. 整体式楼梯设计实例

某幼儿园梁式楼梯的结构布置图及剖面图如图 2-72 所示。作用于楼梯上的活荷载标准值为 3.5 kN/m²，踏步面层采用 30 mm 水磨石（0.65 kN/m²），底面为 20 mm 厚混合砂浆抹灰（17 kN/m³）。混凝土采用 C30，楼梯斜梁及平台梁中的受力纵筋采用 HRB400 级，其余钢筋均采用 HPB300 级。环境类别为一类。要求设计此楼梯。

（1）踏步板计算。

①荷载计算。

图 2-73 为踏步板的构造示意图，每个踏步板单位长度的自重重力荷载计算如下：

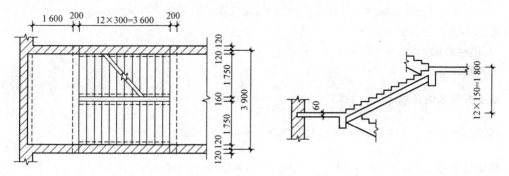

图 2-72　楼梯结构布置图及剖面图

踏步板自重	$(0.195+0.045)/2\times0.3\times25=0.900(kN/m)$
踏步抹面重	$(0.3+0.15)\times0.65=0.293(kN/m)$
底面抹灰重	$0.335\times0.02\times17=0.114(kN/m)$

恒载	$1.307(kN/m)$
活荷载	$3.5\times0.3=1.050(kN/m)$
总荷载设计值	$p=1.2\times1.307+1.4\times1.050=3.038(kN/m)$
	$P=1.35\times1.307+0.7\times1.4\times1.050=2.79(kN/m)$

所以取总荷载设计值为 3.038 kN/m 进行内力计算。

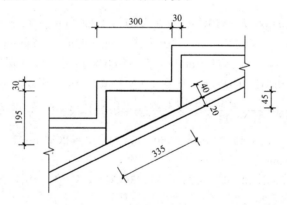

图 2-73　踏步板的构造示意图

②内力计算。

楼梯斜梁的截面尺寸取为 150 mm×300 mm，则踏步板的计算跨度和跨中截面弯矩分别为：

$$l=l_n+b=(1.75-2\times0.15)+0.15=1.6(m)$$

$$M=\frac{1}{8}\times3.038\times1.6^2=0.972(kN \cdot m)$$

③受弯承载力计算。

踏步板截面的折算高度 $h=(195+45)/2=120(mm)$，$h_0=120-20=100(mm)$，$b=300(mm)$；$f_c=14.3(N/mm^2)$，$f_y=270(N/mm^2)$，则：

$$\alpha_s=\frac{M}{\alpha_1 f_c b h_0^2}=\frac{0.972\times10^6}{1.0\times14.3\times300\times100^2}=0.023, \quad \xi=1-\sqrt{1-2\alpha_s}=0.023$$

$$A_s = \alpha_1 f_c b h_0 \xi / f_y = 1.0 \times 14.3 \times 300 \times 100 \times 0.023 / 270 = 37 (\text{mm}^2)$$

选 $2\phi8(A_s = 101 \text{ mm}^2)$

(2)楼梯斜梁计算。

①荷载计算。

踏步板传来的荷载 $\dfrac{1}{2} \times 3.038 \times 1.75 \times \dfrac{1}{0.3} = 8.861 (\text{kN/m})$

斜梁自重 $1.2 \times (0.3 - 0.04) \times 0.15 \times 25 \times \dfrac{335}{300} = 1.307 (\text{kN/m})$

斜梁抹灰重 $1.2 \times (0.3 - 0.04) \times 2 \times 0.02 \times 17 \times \dfrac{335}{300} = 0.237 (\text{kN/m})$

楼梯栏杆重 $1.2 \times 0.1 = 0.120 (\text{kN/m})$

总荷载设计值 $p = 10.525 (\text{kN/m})$

②内力计算。

取平台梁截面尺寸为 $200 \text{ mm} \times 400 \text{ mm}$，则斜梁的水平投影计算跨度为：
$$l = l_n + b = 3.6 + 0.2 = 3.8 (\text{m})$$

梁跨中截面弯矩及支座截面剪力分别为：
$$M = \frac{1}{8} p l^2 = \frac{1}{8} \times 10.525 \times 3.8^2 = 18.998 (\text{kN} \cdot \text{m})$$

$$V = \frac{1}{2} p l \cos\alpha = \frac{1}{2} \times 10.525 \times 3.8 \times \frac{300}{335} = 17.908 (\text{kN})$$

③承载力计算。

$h_0 = 300 - 40 = 260 (\text{mm})$；$h'_f = 40 (\text{mm})$；$b'_f = l/6 = 3\,800/6 = 633 (\text{mm})$，$b'_f = 150 + 1\,450/2 = 875 (\text{mm})$，$h'_f / h = 40/300 = 0.133 > 0.1$，可不考虑。最后取 $b'_f = 633 (\text{mm})$。

$f_c = 14.3 (\text{N/mm}^2)$，$f_t = 1.43 (\text{N/mm}^2)$，$f_y = 360 (\text{N/mm}^2)$，$\alpha_1 f_c b'_f h'_f (h_0 - 0.5 h'_f) = 1.0 \times 14.3 \times 633 \times 40 \times (260 - 0.5 \times 40) = 86.898 \times 10^6 (\text{N} \cdot \text{mm}) > M$，所以属第一类 T 形截面。

$$\alpha_s = \frac{M}{\alpha_1 f_c b'_f h_0^2} = \frac{18.998 \times 10^6}{1.0 \times 14.3 \times 633 \times 260^2} = 0.031, \quad \xi = 1 - \sqrt{1 - 2\alpha_s} = 0.031$$

$$A_s = \alpha_1 f_c b'_f h_0 \xi / f_y = 1.0 \times 14.3 \times 633 \times 260 \times 0.031 / 360 = 203 (\text{mm}^2)$$

选 $2\Phi12(A_s = 226 \text{ mm}^2)$。

因为 $0.7 f_t b h_0 = 0.7 \times 1.43 \times 150 \times 260 = 39.039 (\text{kN})$，$V = 14.781 (\text{kN})$，故只需按构造要求配置箍筋。选用双肢 $\phi8@200$。

(3)平台梁计算。

平台板厚度取 60 mm，面层采用 30 mm 厚水磨石，底面为 20 mm 厚混合砂浆抹灰。

①荷载计算。

由平台板传来的均布恒载 $\qquad 1.2 \times (0.65 + 0.06 \times 25 + 0.02 \times 17) \times (1.6/2 + 0.2) = 2.988 (\text{kN/m})$

由平台板传来的均布活载 $\qquad\qquad\qquad\qquad 1.4 \times 3.5 \times (1.6/2 + 0.2) = 4.900 (\text{kN/m})$

平台梁自重 $\qquad\qquad\qquad\qquad\qquad\qquad 1.2 \times 0.2 \times (0.4 - 0.06) \times 25 = 2.040 (\text{kN/m})$

平台梁抹灰重 $\qquad\qquad\qquad\qquad\qquad 1.2 \times 2 \times (0.4 - 0.06) \times 0.02 \times 17 = 0.277 (\text{kN/m})$

均布荷载设计值 $\qquad\qquad\qquad\qquad\qquad\qquad\qquad\qquad\qquad\qquad\qquad\qquad 10.205 (\text{kN/m})$

由斜梁传来的集中荷载设计值 $\qquad\qquad\qquad G + Q = 10.525 \times 3.6/2 = 18.945 (\text{kN})$

②内力计算。

平台梁计算简图如图 2-74 所示，其计算跨度

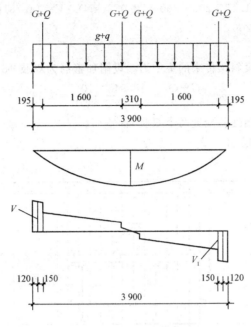

图 2-74　平台梁计算简图

$$l = l_n + a = (1.75 \times 2 + 0.16) + 0.24 = 3.9 (\text{m})$$

支座反力 R 为：

$$R = \frac{1}{2} \times 10.205 \times 3.9 + 2 \times 18.945 = 57.790 (\text{kN})$$

跨中截面弯矩 M 为：

$$M = 57.790 \times \frac{3.9}{2} - \frac{1}{8} \times 10.205 \times 3.9^2 - 18.945 \times (1.755 + 0.31/2) = 57.103 (\text{kN} \cdot \text{m})$$

梁端截面剪力 V 为：

$$V = \frac{1}{2} \times 10.205 \times 3.66 + 18.945 \times 2 = 56.565 (\text{kN})$$

由于靠近楼梯间墙的梯段斜梁距支座过近，剪跨过小，故其荷载将直接传至支座，所以计算斜截面宜取在斜梁内侧，此处剪力 V_1 为：

$$V_1 = \frac{1}{2} \times 10.205 \times 3.36 + 18.945 = 36.089 (\text{kN})$$

③正截面受弯承载力计算。

$h_0 = 400 - 40 = 360 (\text{mm})$；$b = 200 (\text{mm})$；$h_f' = 60 (\text{mm})$；$b_f' = l/6 = 3\,900/6 = 650 (\text{mm})$，$b_f' = 200 + 1\,600/2 = 1\,000 (\text{mm})$，最后取 $b_f' = 650 (\text{mm})$。

$\alpha_1 f_c b_f' h_f' (h_0 - 0.5 h_f') = 1.0 \times 14.3 \times 650 \times 60 \times (360 - 0.5 \times 60) = 184.041 \text{ kN} \cdot \text{m} > M$，应按第一类 T 形截面计算。

$$\alpha_s = \frac{M}{\alpha_1 f_c b_f' h_0^2} = \frac{57.103 \times 10^6}{1.0 \times 14.3 \times 650 \times 360^2} = 0.047, \quad \xi = 1 - \sqrt{1 - 2\alpha_s} = 0.048$$

$$A_s = \alpha_1 f_c b_f' h_0 \xi / f_y = 1.0 \times 14.3 \times 650 \times 360 \times 0.048 / 360 = 446 (\text{mm}^2)$$

选用 2Φ18(A_s＝509 mm²)。

④斜截面受剪承载力计算。

因为 $0.7f_t bh_0＝0.7×1.43×200×360＝72.072$(kN)，$V＝14.781$(kN)，故只需按构造要求配置箍筋。选用双肢 Φ8@200。

⑤吊筋计算。

采用附加箍筋承受梯段斜梁传来的集中力。设附加箍筋为双肢 Φ8，则所需箍筋总数为：

$$m＝\frac{G+Q}{nA_{sv1}f_y}＝\frac{18.945×10^3}{2×50.3×270}＝0.697$$

平台内在梯段斜梁两侧处各配置两个双肢 Φ8 箍筋。

楼梯配筋图如图 2-75 所示。

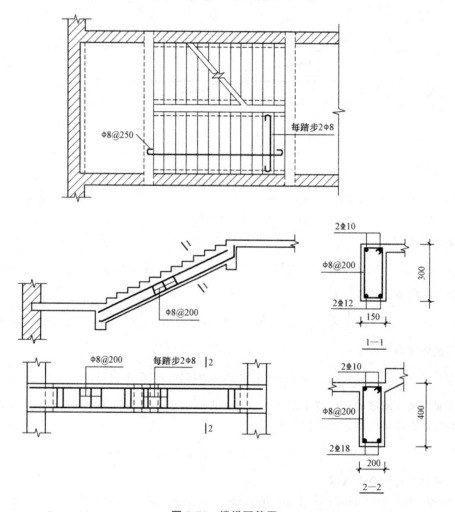

图 2-75　楼梯配筋图

(4)平台板计算。

平台板的内力计算及配筋构造与一般平板的设计相仿，不再赘述。

2.5.3 雨篷设计

Design of Bash Boards

雨篷是设置在建筑物外墙出入口上方用以挡雨并有一定装饰作用的水平构件。按结构形式不同，雨篷有板式和梁板式两种。一般雨篷的外挑长度大于 1.5 m 时，需设计成有悬挑边梁的梁板式雨篷；1.5 m 以内时，则常设计成板式雨篷。板式雨篷一般由雨篷板和雨篷梁组成，如图 2-76 所示，雨篷梁既是雨篷板的支承，又兼有门窗的过梁作用。雨篷的设计除了与一般的梁板结构相同的内容外，还应进行抗倾覆验算，下面简要介绍其设计及构造要点。

(1)雨篷板的设计。

当雨篷板无边梁时，雨篷板是悬挑板，按照受弯构件进行设计。一般雨篷板的挑出长度为 0.6～1.2 m 或更长，视建筑设计要求而定。现浇雨篷板多做成变厚度的，一般根部板厚约为 1/10 挑出长度，且不小于 70 mm(悬挑长度≤500 mm)和 80 mm(悬挑长度>500 mm)，板端不小于 60 mm。

雨篷板承受的荷载除永久荷载和均布活荷载外，还应考虑施工荷载或检修的集中荷载(沿板宽每隔 1.0 m 考虑一个 1.0 kN 的集中荷载)，它作用于板的端部，雨篷板的受力情况如图 2-77 所示。

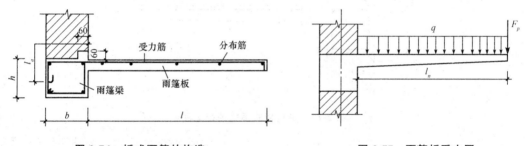

图 2-76　板式雨篷的构造　　　　　　图 2-77　雨篷板受力图

梁式雨篷的雨篷板不是悬挑板，也不变厚度。其设计计算与一般梁板结构中的板相同。其配筋与普通板相同。

(2)雨篷梁的设计。

雨篷梁除承受作用在板上的均布荷载和集中荷载外，还承受雨篷梁上砌体传来的荷载。雨篷梁在自重、梁上砌体重力等荷载作用下产生弯矩和剪力；在雨篷板传来的荷载作用下不仅产生弯矩和剪力，还将产生力矩。因而，雨篷梁是弯、剪、扭复合受力构件。

雨篷梁的宽度一般取与墙厚相同，梁的高度应按承载力确定。梁两端伸进砌体的长度，应考虑雨篷的抗倾覆因素。

(3)雨篷抗倾覆验算。

如图 2-78 所示，雨篷为悬挑结构，因而雨篷板上的荷载将绕图中 O 点产生倾覆力矩 $M_{倾}$，而抗倾覆力矩 $M_{抗}$ 则由梁自重以及墙重的合力 G_r 产生。雨篷的抗倾覆验算要求：

$$M_{倾} \leqslant M_{抗} \tag{2-57}$$

式中　$M_{抗}$——雨篷抗倾覆力矩设计值，取荷载分项系数为 0.8，则抗倾覆力矩设计值可按下式计算：$M_{抗} = 0.8 G_r (l_2 - x_0)$；

　　　　G_r——雨篷的抗倾覆荷载，可取如图 2-78 所示雨篷梁尾端上部 45°扩散角范围(其水平长度为 $l_3 = l_n/2$)内的墙体恒荷载标准值；

l_2——G_r 距墙边的 $l_2 = l_1/2$（l_1 为雨篷梁上墙体的厚度）；

x_0——倾覆点 O 到墙外边缘的距离，$x_0 = 0.13l_1$。

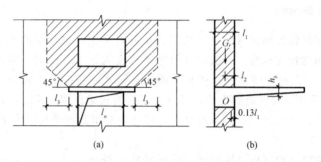

图 2-78　雨篷抗倾覆验算受力图

若上式不能满足，则应采取加固措施，如适当增加雨篷梁的支承长度，以增加压在梁上的恒荷载值，或增强雨篷梁与周围结构的连接等。图 2-79 为一悬臂板式雨篷的配筋示意图。

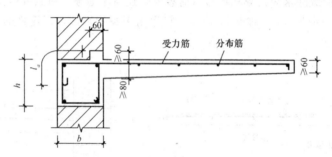

图 2-79　悬臂板式雨篷的配筋图

 本章小结

Summary

（1）钢筋混凝土楼盖是由梁、板、柱（或无梁）组成的梁板结构体系。

（2）现浇钢筋混凝土肋形楼盖由板、次梁、主梁组成，按板的受力特点可分为现浇单向板肋形楼盖和现浇双向板肋形楼盖。实际工程中通常将 $l_2/l_1 \geqslant 3$ 的板按单向板计算；将 $l_2/l_1 \leqslant 2$ 的板按双向板计算。而当 $2 < l_2/l_1 < 3$ 时，宜按双向板计算；若按单向板计算时，应沿长边方向布置足够数量的构造钢筋。

（3）单向板肋形楼盖构造简单，施工方便，是整体式楼盖结构中最常见的形式。双向板比单向板受力好，板的刚度好，板跨可达 5 m 以上，当跨度相同时双向板较单向板薄。

（4）为了简化计算，对于跨数多于五跨的等跨度（或跨度相差不超过 10%）、等刚度、等荷载的连续梁（板），可近似地按五跨计算。

（5）无梁楼盖由板、柱等构件组成，又称板柱结构，是框架结构体系的一种。楼面荷载直接由板传给柱及柱下基础，传力途径短捷。

（6）板式楼梯是由一块斜放的梯段板、平台梁和平台板组成；梁式楼梯是由踏步板、斜梁、平台板和平台梁等组成。

(7)雨篷是设置在建筑物外墙出入口上方用以挡雨并有一定装饰作用的水平构件。按结构形式不同，雨篷分为板式和梁板式两种。

思考题与习题
Questions and Exercises

2.1 钢筋混凝土梁板结构设计的一般步骤是怎样的？

2.2 钢筋混凝土楼盖结构有哪几种类型？说明它们各自的受力特点和适用范围。

2.3 现浇梁板结构中，单向板和双向板是如何划分的？

2.4 现浇单向板肋形楼盖中的板、次梁和主梁的计算简图如何确定？为什么主梁通常用弹性理论计算，而不采用塑性理论计算？

2.5 现浇单向板肋形楼盖中的板、次梁和主梁，当其内力按弹性理论计算时，如何确定其计算简图？当按塑性理论计算时，其计算简图又如何确定？如何绘制主梁的弯矩包络图？

2.6 什么是"塑性铰"？混凝土结构中的"塑性铰"与力学中的"理想铰"有何异同？

2.7 什么是"塑性内力重分布"？"塑性铰"与"塑性内力重分布"有何关系？

2.8 什么是"弯矩调幅"？连续梁进行"弯矩调幅"时要考虑哪些因素？

2.9 考虑塑性内力重分布计算钢筋混凝土连续梁时，为什么要限制截面受压区高度？

2.10 什么是内力包络图？为什么要作内力包络图？

2.11 在主次梁交接处，为什么要在主梁中设置吊筋或附加箍筋？如何确定横向附加钢筋（吊筋或附加箍筋）的截面面积？

2.12 利用单区格双向板弹性弯矩系数计算多区格双向板跨中最大正弯矩和支座最大负弯矩时，采用了一些什么假定？

2.13 钢筋混凝土现浇肋梁楼盖板、次梁和主梁的配筋计算和构造各有哪些要点？

2.14 常用楼梯有哪几种类型？它们的优缺点及适用范围有何不同？如何确定楼梯各组成构件的计算简图？

2.15 雨篷板和雨篷梁有哪些计算要点和构造要求？

2.16 如图 2-80 所示，某钢筋混凝土连续梁，截面尺寸 $b \times h = 300 \text{ mm} \times 500 \text{ mm}$。承受恒载标准值 $G_k = 20 \text{ kN}$(荷载分项系数为 1.2)，集中活载标准值 $Q_k = 40 \text{ kN}$(荷载分项系数为 1.4)。混凝土强度等级为 C25，钢筋采用 HRB400 级。试按弹性理论计算内力，绘出此梁的弯矩包络图和剪力包络图，并对其进行截面配筋计算。

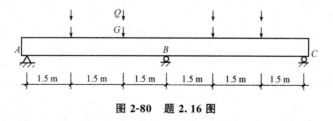

图 2-80 题 2.16 图

2.17 如图 2-81 所示，某现浇钢筋混凝土肋梁楼盖次梁，截面尺寸 $b \times h = 200 \text{ mm} \times 400 \text{ mm}$。

承受均布恒荷载标准值 $g_k = 8.0 \ kN/m$(荷载分项系数为 1.2)，活荷载标准值 $q_k = 10.0 \ kN/m$(荷载分项系数为 1.3)。混凝土强度等级为 C25，钢筋采用 HRB400 级。试按塑性理论计算内力，并对其进行截面配筋计算。

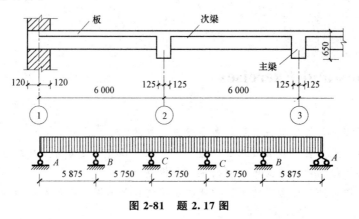

图 2-81　题 2.17 图

第3章 单层厂房结构
One-story Industrial Workshop Structures

 学习目标

本章主要介绍装配式钢筋混凝土单层厂房排架结构的设计。主要内容有：单层工业厂房的类型、排架结构的结构组成、结构布置和构件选型、荷载类型及传力路线、荷载计算、内力分析、柱的设计、柱下基础的设计等。要求熟悉钢筋混凝土单层工业厂房排架结构的结构组成、结构布置和构件选型；掌握钢筋混凝土单层工业厂房排架结构的荷载计算和内力分析方法；掌握柱的设计方法；熟悉柱下独立基础的设计方法；了解吊车梁的设计及预埋件的设计。

3.1 概 述

Introduction

3.1.1 单层厂房结构特点
Feature of One－story Industrial Workshop Structures

工业厂房根据所选层数的不同，可分为单层厂房、多层厂房和混合层数厂房。单层厂房在目前工业建筑中应用范围较广，尤其是设有大型机械设备、产品较重且轮廓尺寸较大的生产车间，如机械制造、冶金等的铸造、锻压、金工、装配、铆焊、机修、炼钢、轧钢等车间。

一般来说，单层厂房结构具有以下特点：

(1)单层厂房结构具有较大的跨度和净空高度，生产工艺流程和车间内部运输比较容易组织。

(2)单层厂房结构可以充分利用地基承载力，在地面上放置较重的、产生较大振动的机器设备和产品；单层厂房一般作用有吊车荷载，因此结构设计时须考虑动力作用的影响。

(3)单层厂房承受的荷载大，致使结构构件的内力大，截面尺寸大，材料用量多。柱是承受各种荷载的主要构件。

(4)单层厂房中每种构件的应用较多，因而有利于构件设计标准化、生产工厂化和施工机械化，缩短设计和施工时间。单层厂房一般采用装配式或装配整体式结构。

3.1.2　单层厂房结构分类
Classification of One-story Industrial Workshop Structures

单层厂房结构按照其生产规模可分为大、中、小型三类。一般来说，对无吊车或吊车吨位不超过 50 kN、跨度在 15 m 以内、柱顶标高不超过 8 m 且无特殊工艺要求的为小型厂房；对有重型吊车(吊车吨位在 2 500 kN 以上，吊车工作级别为 A4、A5 级)、跨度大于 36 m 或有特殊工艺要求(如设有 100 kN 以上的锻锤或高温车间的特殊部位)的为大型厂房；其他的为中型厂房。

单层厂房结构按照其主要承重结构所用材料分为混合结构(由砖柱、钢筋混凝土屋架或轻钢屋架组成)、钢筋混凝土结构和钢结构等。小型厂房常用混合结构，中型厂房常用钢筋混凝土结构，大型厂房常用钢结构或由钢筋混凝土柱与钢屋架组成的结构。目前，随着我国钢产量的增加，越来越多的厂房采用钢结构。

钢筋混凝土单层厂房按承重结构体系可分为排架结构和刚架结构两类。排架结构由屋架(或屋面梁)、柱和基础组成，柱顶与屋架铰接，柱底与基础顶面刚接，是钢筋混凝土单层厂房中应用最广泛的结构形式(图 3-1)；刚架结构主要是门式刚架，柱和横梁刚接成一个构件，刚架柱与基础一般铰接(图 3-2)，其缺点是刚度较差，梁柱交接处在荷载作用下产生较大弯矩易使混凝土开裂，故适用于屋盖较轻的无吊车或吊车起重量不超过 100 kN、跨度不超过 18 m、檐口高度不超过 10 m 的中、小型单层厂房或仓库。

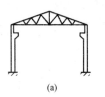 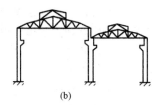 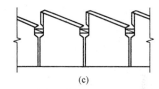

| (a) | (b) | (c) |

图 3-1　排架结构
(a)单跨排架；(b)双跨不等高排架；(c)锯齿形排架

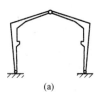 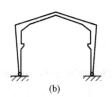 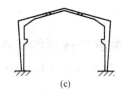

| (a) | (b) | (c) |

图 3-2　门式刚架结构
(a)三铰门架；(b)二铰门架；(c)柱与基础刚接门架

钢筋混凝土排架结构单层厂房根据生产工艺和使用要求不同还可分为等高或不等高、单跨或多跨或锯齿形等多种形式(图 3-1)。

3.1.3　单层厂房结构设计
Design of One-story Industrial Workshop Structures

单层厂房结构设计可按方案设计、技术设计和施工图绘制三个阶段进行。方案设计阶段主要是进行结构选型和结构布置，技术设计阶段主要是进行结构分析和构件设计，最后根据计算结果和构造要求绘制结构施工图。

单层厂房排架结构的主要构件有屋盖结构构件、柱、基础、吊车梁、墙、连系梁、基础梁等。这些构件中，柱和基础一般应进行设计。其他构件一般都可以从工业厂房结构构件标准图集中选用合适的标准构件，不必另行设计，这称为构件选型。

中型钢筋混凝土单层厂房结构（跨度为 24 m，吊车起重量为 150 kN）各主要构件材料用量及厂房各部分造价占土建总造价的百分比见表 3-1 和表 3-2。

表 3-1　中型钢筋混凝土单层厂房结构各主要构件材料用量表

材料	每平方米建筑面积构件材料用量	每种构件材料用量占总用量的百分比				
		基础	柱	吊车梁	屋架	屋面板
混凝土	0.13～0.18 m³	25～35	15～20	10～15	8～12	30～40
钢材	18～20 kg	8～12	18～25	20～32	20～30	25～30

表 3-2　厂房各部分造价占土建总造价的百分比

项目	屋盖	柱、梁	基础	墙	门窗	地面	其他
百分比	30～50	10～20	5～10	10～18	5～11	4～7	3～5

对单层厂房排架结构体系，根据《建筑抗震设计规范》（GB 50011—2010）（以下简称《抗震规范》），抗震设防烈度 7 度 I、II 类场地，柱高不超过 10 m 且结构单元两端有山墙的单跨和等高多跨厂房（锯齿形厂房除外），按规定采取抗震构造措施后，可不进行横向和纵向抗震验算。本章主要介绍装配式钢筋混凝土单层厂房排架结构非抗震设计中的主要问题。有关地震作用下厂房结构的受力性能和抗震设计问题及抗震构造措施可参考《抗震规范》和结构抗震设计方面的教材，本章不予介绍。

非抗震设计时，单层厂房结构主要承受恒载、屋面活载、吊车荷载和风荷载等作用，为简化计算，目前一般将其简化为纵、横向的平面排架结构，按线弹性分析方法分别进行内力计算；只有当吊车起重量较大时，才考虑厂房空间作用的影响。

3.2　结构组成和荷载传递

Structural Constitution and Load Deliverance

3.2.1　结构组成

Structural Constitution

单层厂房结构是由许多构件组成的空间受力体系，构件形式如图 3-3 所示。为便于分析厂房结构的受力特点，将其分为屋盖结构、横向平面排架结构、纵向平面排架结构、围护结构四个子结构体系。

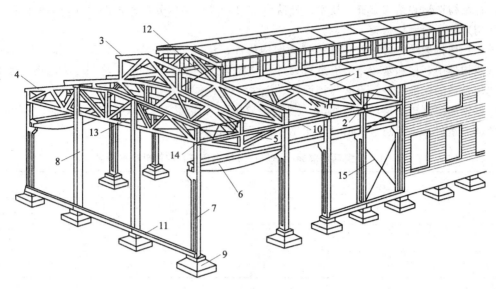

图 3-3 单层厂房结构

1—屋面板；2—天沟板；3—天窗架；4—屋架；5—托架；6—吊车梁；7—排架柱；

8—抗风柱；9—基础；10—连系梁；11—基础梁；12—天窗架垂直支撑；

13—屋架下弦横向水平支撑；14—屋架端部垂直支撑；15—柱间支撑

(1)屋盖结构。

屋盖结构由排架柱顶以上部分各构件(包括屋面板、天沟板、天窗架、屋架、檩条、屋盖支撑、托架等)所组成。

作用：主要是围护和承重(承受屋盖结构的自重、屋面活载、雪载和其他荷载，并将这些荷载传给排架柱)，以及采光和通风，并与厂房柱组成排架结构。

屋盖结构的分类：

①无檩体系。

无檩体系由大型屋面板、屋架或屋面梁及屋盖支撑组成，如图 3-4(a)所示。

这种屋盖的屋面刚度大、整体性好、构件数量和种类较少，施工速度快，适用于具有较大吨位吊车或有较大振动的大、中型或重型工业厂房，是单层厂房中应用较广的一种屋盖结构形式。

②有檩体系。

有檩体系由小型屋面板、檩条、屋架及屋盖支撑所组成，如图 3-4(b)所示。

这种屋盖的构件小而轻，便于吊装和运输，但其构造和荷载传递都比较复杂，整体性和刚度也较差，仅适用于一般中、小型厂房。

图 3-4 屋盖结构

(a)无檩体系；(b)有檩体系

（2）横向平面排架。

横向平面排架是由横梁（屋架或屋面梁）、横向柱列及基础所组成的横向平面骨架，是单层厂房的基本承重结构，如图3-5所示。

作用：承受厂房的竖向荷载（包括结构自重、屋面活载、雪荷载和吊车竖向荷载等）及横向水平荷载（包括风荷载、吊车横向制动力、横向水平地震作用等），并传至基础及地基。

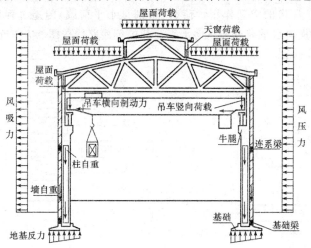

图 3-5　横向平面排架

（3）纵向平面排架。

纵向平面排架是由连系梁、吊车梁、纵向柱列、柱间支撑和基础等构件组成的纵向平面骨架，如图3-6所示。

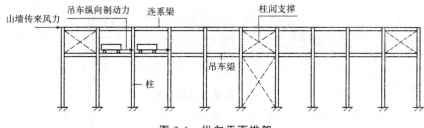

图 3-6　纵向平面排架

作用：保证厂房结构的纵向稳定性和刚度，承受作用在厂房结构上的纵向水平荷载，并将其传给地基，同时还承受因温度变化及收缩变形而产生的内力。

（4）围护结构。

围护结构位于厂房的四周，由纵墙、山墙（横墙）、抗风柱（有时设抗风梁或桁架）、连系梁、基础梁等构件组成。

作用：兼有围护和承重的作用。这些构件所承受的荷载主要是墙体和构件的自重及作用在墙面上的风荷载。

3.2.2　荷载传递
Load Deliverance

单层厂房在生产使用时承受的荷载主要有永久荷载和可变荷载。永久荷载（或称为恒载）主要包括各种结构构件、围护结构及固定设备的自重。可变荷载（或称为活载）主要包括屋面活载、雪荷载、风荷载、吊车荷载和地震作用等，对大量排灰的厂房（如炼钢厂的转炉车间、机械厂的铸造车间以及水泥厂等）及其邻近建筑物还应考虑屋面积灰荷载。

按照荷载作用方向的不同，上述荷载又可分为竖向荷载、横向水平荷载和纵向水平荷载三种。其中前两种荷载主要通过横向平面排架传至地基（图 3-5），后一种荷载通过纵向平面排架传至地基（图 3-6）。由于厂房的空间作用，荷载（特别是水平荷载）传递过程比较复杂，为便于理解，可将竖向荷载、横向水平荷载和纵向水平荷载的传递路线按图 3-7 作近似简化表达。

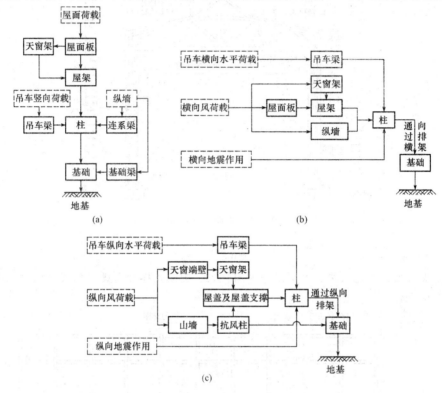

图 3-7　荷载传递路线图

（a）竖向荷载传递路线图；（b）横向水平荷载传递路线图；（c）纵向水平荷载传递路线图

3.3 结构布置

Arrangement of the Structures

3.3.1 平面布置

Plane Arrangement

1. 柱网布置

柱网是指厂房承重柱的纵向和横向定位轴线所形成的网络。柱网布置就是确定纵向定位轴线之间(跨度)和横向定位轴线之间(柱距)的尺寸。柱网尺寸确定后,承重柱的位置、屋面板、屋架、吊车梁和基础梁等构件的跨度和位置也随之确定。柱网布置是否合理,将直接影响厂房的使用功能及经济性。

柱网布置的原则是:①在满足生产工艺及使用要求的前提下,力求建筑平面和结构方案经济合理;②保证结构构件标准化和定型化,遵守《厂房建筑模数协调标准》(GB/T 50006—2010)规定的统一模数制规定;③适当考虑施工条件以及今后的生产发展及技术革新要求。

(1)建筑模数。

在设计单层工业厂房时,为了保证构件标准化、定型化,其主要尺寸和标高应符合统一模数制。《厂房建筑模数协调标准》(GB/T 50006—2010)规定的统一协调模数制,以100 mm为基本单位,用M表示,并规定建筑的平面和竖向协调模数的基数值宜取扩大模数3 M。

当厂房的跨度为18 m或在18 m以下时,跨度应取为3 m(30 M)的倍数;当厂房的跨度超过18 m时,跨度宜取为6 m(60 M)的倍数;当工艺布置有明显优越性时,跨度允许采用21 m、27 m和33 m。

厂房的柱距一般取6 m(60 M),对某些有扩大柱距要求的厂房,也可以采用9 m柱距或按6 m柱距局部抽柱形成12 m柱距。

厂房山墙处抗风柱的柱距,宜采用扩大模数15 M数列。

厂房建筑构件的截面尺寸小于或等于400 mm时,宜按M/2进级;大于400 mm时,宜按1 M进级。

单层厂房自室内地坪至柱顶和牛腿面的高度应为扩大模数3 M的整数倍。

厂房柱网布置和建筑模数如图3-8所示。

(2)定位轴线。

厂房定位轴线是确定厂房主要承重构件位置及其标志尺寸的基准线,同时也是施工放线和设备定位的依据。通常将沿(平行于)厂房跨度方向的轴线称为横向定位轴线,一般用编号1、2、3、…表示;沿(平行于)厂房柱距方向的轴线称为纵向定位轴线,一般用编号A、B、C、…表示,如图3-8所示。

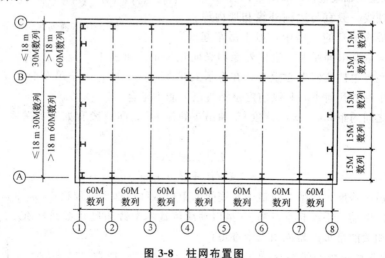

图3-8 柱网布置图

定位轴线之间的距离与主要构件的标志尺寸应一致。标志尺寸是指构件的实际尺寸加上两端(侧)必要的构造尺寸,使其与厂房的定位轴线之间的距离相配合。如大型屋面板的实际尺寸为 1 490 mm×5 970 mm，标志尺寸为 1 500 mm×6 000 mm；18 m 屋面梁（屋架）的实际跨度为 17 950 mm，标志跨度为 18 000 mm，如图 3-9 所示。

当横向定位轴线之间的距离与屋面板、吊车梁、连系梁等主要构件的标志尺寸相一致，或纵向定位轴线之间的距离与屋架、屋面梁等主要构件的标志尺寸相一致时，构件的端头与端头及端头与墙的内缘相重合，不留缝隙，形成封闭结合，这种轴线称为封闭式定位轴线，如图 3-9 所示；否则，形成非封闭式结合，称为非封闭式定位轴线。

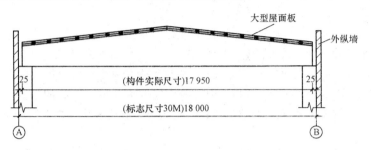

图 3-9　封闭式纵向定位轴线

横向定位轴线一般通过柱子的截面几何中心，相邻轴线间的距离就是柱距。但在厂房的尽端，横向定位轴线应与山墙内皮重合，并将山墙内侧第一排柱子中心线内移 600 mm，以保证抗风柱、山墙和端部屋架的位置不产生冲突，此时端部屋面板为一端悬臂板，屋面板端头与山墙内边缘重合，形成封闭式的横向定位轴线。为了使与山墙处屋面板的构造统一，伸缩缝两侧的柱中心线也须向两边各移 600 mm，使伸缩缝中心线与横向定位轴线重合，如图 3-10 所示。

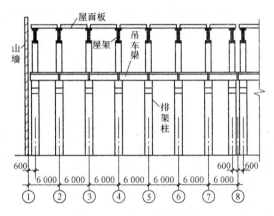

图 3-10　横向定位轴线

纵向定位轴线一般宜与边柱外缘和墙内缘相重合，在有桥式吊车的厂房中，由于吊车起重量、柱距或构造要求等原因，边柱外缘和纵向定位轴线可能不重合。对多跨厂房，中部纵向定位轴线一般宜与中柱几何中心重合，在有桥式吊车的厂房中，由于吊车起重量、柱距或构造要求等原因，中柱的几何中心和纵向定位轴线也可能不重合。

纵向轴线之间的距离（厂房的跨度）L 和吊车轨距 L_k 之间一般有如下的关系，如图 3-11（a）所示。

$$L = L_k + 2A \tag{3-1}$$

$$A = B_1 + B_2 + B_3 \tag{3-2}$$

式中　L_k——吊车跨度，即吊车轨道中心线间的距离，可根据吊车规格由《起重运输机械专业标准电动、手动起重机和 JF 型电动葫芦基本参数和尺寸系列》(ZQ1—62～8—62)或相关的吊车产品说明书中查得；

　　　　A——吊车轨道中心线至纵向定位轴线间的距离，一般取 750 mm；当吊车起重量大于 750 kN 时，宜取为 1 000 mm；

　　　　B_1——吊车轨道中心线至吊车桥架外边缘的距离，可由吊车规格查得；

B_2——吊车桥架外边缘至上柱内边缘的宽度，当吊车起重量不大于 500 kN 时，取 $B_2 \geqslant$ 80 mm；当吊车起重量大于 500 kN 时，取 $B_2 \geqslant 100$ mm；

B_3——边柱的上柱截面高度或中柱边缘至其纵向定位轴线的距离。

对厂房的边柱，当 $A \leqslant 750$ mm 时，纵向定位轴线与边柱外缘和墙内缘相重合，为封闭式纵向定位轴线[图 3-11(b)]；当 $A > 750$ mm 时，纵向定位轴线向边柱内侧移动，在距吊车轨道中心线 750 mm 处，不与纵墙内边缘重合，形成非封闭式纵向定位轴线，纵向定位轴线与边柱外缘间的距离称为联系尺寸，用 a_c 表示，$a_c = A - 750$[图 3-11(c)]，根据吊车起重量的大小可取 150 mm、250 mm 或 500 mm。

对等高多跨厂房的中柱，当 $A \leqslant 750$ mm 时，取 $A = 750$ mm，设一条纵向定位轴线与中柱的上柱的中心线重合[图 3-11(d)]；当 $A > 750$ mm 时，设两条纵向定位轴线，两条定位轴线间的距离称为插入距 a_i，插入距的中点应与中柱的上柱的中心线重合[图 3-11(e)]。

对不等高多跨厂房的中柱，当 $A \leqslant 750$ mm 时，设一条纵向定位轴线，该轴线宜与高跨上柱外缘与封墙内缘相重合[图 3-11(f)]；当 $A > 750$ mm 时，在偏向高跨的一侧增设一条纵向定位轴线[图 3-11(g)]。

排架柱、抗风柱、围护墙、吊车梁等构件与定位轴线之间的关系如图 3-12 所示。

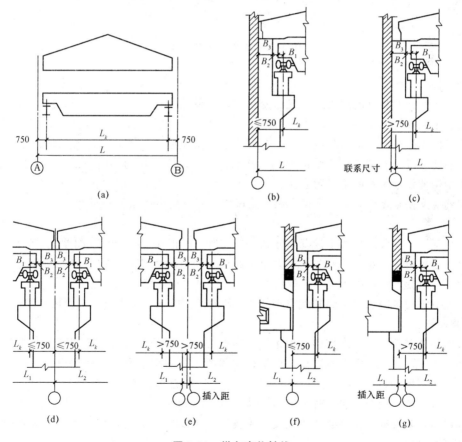

图 3-11　纵向定位轴线

2. 变形缝

变形缝包括伸缩缝(温度缝)、沉降缝和防震缝三种。

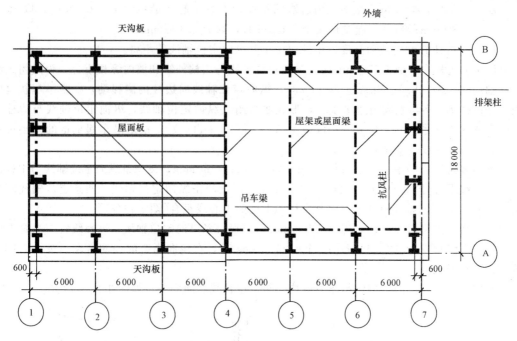

图 3-12 结构平面布置图

(1)伸缩缝。

如果厂房的长度和宽度过大,当气温变化时,将使结构内部产生很大的温度应力,严重时可将墙面、屋面等构件拉裂,影响厂房的正常使用。由于温度应力与厂房的长度(或宽度)成正比,故设置伸缩缝将厂房结构分成若干个温度区段,避免由于温差作用导致结构产生较大的温度应力。温度区段的长度取决于结构类型、施工方法和结构所处的环境等因素。装配式钢筋混凝土排架结构伸缩缝最大间距见附表 9-1。

伸缩缝应从基础顶面开始,将两个温度区段的上部结构构件完全分开。

(2)沉降缝。

一般情况下,单层厂房可不设沉降缝。但是,当厂房相邻两部分高度相差大于 10 m,相邻两跨间吊车起重量相差悬殊,地基承载力或下卧层土质有较大差别,或厂房各部分的施工时间先后相差很长致使土壤压缩程度不同等情况,应考虑设置沉降缝。

沉降缝应将建筑物从屋顶到基础完全分开,使缝两侧的结构可以自由沉降而互不影响。

(3)防震缝。

防震缝是减轻单层厂房地震震害而采取的措施之一。位于地震区的单层厂房,当因生产工艺或使用要求而使其平、立面布置复杂或结构相邻两部分的刚度和高度相差较大,以及在厂房侧边布置附属用房(如生活间、变电所等)时,应设置防震缝将相邻两部分分开。

防震缝应沿厂房全高设置,两侧应布置墙或柱,基础可不设缝。为避免地震时防震缝两侧结构相互碰撞,防震缝应具有必要的宽度。防震缝的宽度根据抗震设防烈度和缝两侧中较低一侧房屋的高度确定。

当厂房需要设置伸缩缝、沉降缝和防震缝时,三缝宜设置在同一位置处,并应符合防震缝的宽度要求。

3.3.2 剖面布置
Profile Arrangement

厂房的剖面布置主要是指厂房高度的确定，厂房高度是指室内地面至柱顶（或屋架下弦底面）的距离。在剖面布置中，柱顶（或屋架下弦底面）标高和吊车轨道顶面标高是厂房结构设计中的两个重要的参数，要综合考虑生产工艺要求、有无吊车和建筑结构等方面的因素才能确定。

按照《厂房建筑模数协调标准》（GB/T 50006—2010）的规定，考虑建筑模数的要求，一般厂房自室内地面至屋架下弦底面的高度为 300 mm（3M）的倍数；对有吊车厂房，自室内地面至吊车轨顶的标志高度为 600 mm（6M）的倍数，至排架柱牛腿顶面的高度为 300 mm（3M）的倍数，当自室内地面至排架柱牛腿顶面的高度大于 7.2 m 时，宜采用扩大模数 6M 数列。

对无吊车厂房，屋架下弦底面标高由设备高度和生产需要来确定；对有吊车厂房，根据起吊工作需要的净空，可按下式确定吊车轨顶标高（图 3-13），即

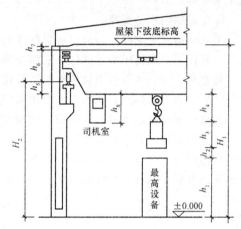

图 3-13　厂房剖面高度示意图

$$H_2 = \max \begin{cases} h_1 + h_2 + h_3 + h_4 + h_5 \\ h_1 + h_2 + h_8 + h_5 \end{cases} \tag{3-3}$$

屋架下弦底面的标高可按下式确定，即

$$H_1 = H_2 + h_6 + h_7 \tag{3-4}$$

式中　h_1——厂房内最高设备的高度，由工艺要求确定；
　　　h_2——起吊重物时的超越安全高度，一般不小于 500 mm；
　　　h_3——最大起吊重物的高度；
　　　h_4——最小吊索高度；
　　　h_5——吊车底面至吊车轨顶高度；
　　　h_6——吊车轨顶至吊车小车顶面的尺寸；
　　　h_7——吊车安全行驶所需的空隙尺寸，一般不小于 220 mm；
　　　h_8——司机室至吊车底面的高度，可由吊车规格查取。

对多跨连续单层厂房，应按下列原则确定各相邻跨的高度：

当高跨一侧仅有一个低跨时，若高度差不大于 2 m，可不设高低跨；

当高跨一侧连续有两个低跨时，若高度差不大于 1.8 m，可不设高低跨；

高跨一侧连续有三个或更多个低跨时，若高度差不大于 1.5 m，可不设高低跨。

3.3.3 支撑布置
Arrangement of Bracings

单层厂房是由各预制构件在现场拼装、连接而组成，这种方案的优点是便于施工，而且对地基不均匀沉降有较强的适应性，但厂房的整体刚度和稳定性较差，不能有效地传递水平荷载。为了保证施工阶段和使用阶段结构稳定性和整体性，并可靠地传递水平荷载，需设置各种支撑。

支撑布置是单层厂房结构设计中的一个主要内容。

单层厂房中的支撑分为屋盖支撑和柱间支撑两大类,本节主要讲述各类支撑的作用和布置原则,具体布置方法及其连接构造可参阅有关标准图集。

(1)屋盖支撑。

屋盖支撑包括上、下弦横向水平支撑、下弦纵向水平支撑、垂直支撑与纵向水平系杆、天窗架支撑等。

①上弦横向水平支撑。

上弦横向水平支撑是指沿厂房跨度方向用交叉角钢、直腹杆和屋架上弦杆共同构成的水平桁架。其作用是保证屋架上弦杆在平面外的稳定和屋盖纵向水平刚度,同时还作为山墙抗风柱顶端的水平支座,承受由山墙传来的风荷载和其他纵向水平荷载,并将其传至厂房的纵向柱列。

当屋盖为有檩体系,或虽为无檩体系但屋面板与屋架的连接质量不能保证,且山墙抗风柱将风荷载传至屋架上弦时,应在每一伸缩缝区段端部第一或第二柱间布置上弦横向水平支撑;当厂房设有天窗,且天窗通过厂房端部的第二柱间或通过伸缩缝时,应在第一或第二柱间的天窗范围内设置上弦横向水平支撑,并在天窗范围内沿纵向设置一至三道通长的受压系杆,将天窗范围内各榀屋架与上弦横向水平支撑联系起来。上弦横向水平支撑布置如图3-14所示。

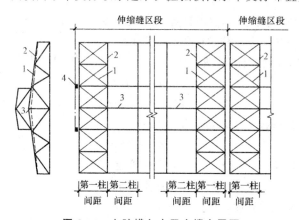

图3-14 上弦横向水平支撑布置图

1—上弦支撑;2—屋架上弦;3—水平刚性系杆;4—抗风柱

②下弦横向水平支撑。

下弦横向水平支撑是指在屋架下弦平面内,由交叉角钢、直腹杆和屋架下弦杆组成的水平桁架。其作用是将山墙风荷载及纵向水平荷载传至纵向柱列,同时防止屋架下弦的侧向振动。

当屋架下弦设有悬挂吊车时,可在悬挂吊车轨道尽头的柱间设置下弦横向水平支撑;当厂房内有较大的振动,如设有硬钩桥式吊车或50 kN以上的锻锤时,以及山墙抗风柱与屋架下弦连接使得纵向水平风荷载通过屋架下弦传递时,应在每一伸缩缝区段两端的第一或第二柱间设置下弦横向水平支撑,并且宜与上弦横向水平支撑设置在同一柱间,以形成空间桁架体系。如图3-15所示。

③下弦纵向水平支撑。

下弦纵向水平支撑是由交叉角钢、直腹杆和屋架下弦组成的纵向水平桁架。其作用是加强屋盖结构的横向水平刚度,保证横向水平荷载的纵向分布,加强厂房的空间作用,同时保证托架上弦的侧向稳定。

当厂房内设有软钩桥式吊车且厂房高度大、吊车起重量较大(如等高多跨厂房柱高大于15 m,

吊车工作级别为 A4～A5，起重量大于 500 kN；单跨厂房柱高 15～18 m 以上，A1～A8 级吊车，起重量大于 300 kN）时，等高多跨厂房一般可沿边列柱的屋架下弦端部节间各布置一道通长的纵向水平支撑，跨度较小的单跨厂房可沿下弦中部布置一道通长的纵向水平支撑；当厂房内设有硬钩桥式吊车或 50 kN 级以上的锻锤或悬挂吊车时，可沿中间柱列适当增加纵向水平支撑；当厂房内设有托架时，在托架所在的柱间以及两端各延伸一个柱间布置纵向水平支撑；当厂房已设有下弦横向水平支撑时，为保证厂房空间刚度，纵向水平支撑应尽可能与横向水平支撑连接，以形成封闭的水平支撑系统。如图 3-15 所示。

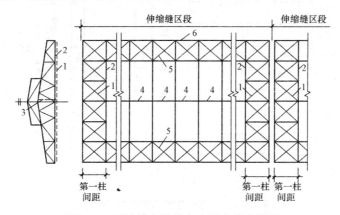

图 3-15 下弦横向及纵向水平支撑布置图

1—下弦横向水平支撑；2—屋架下弦；3—垂直支撑；

4—水平系杆；5—下弦纵向水平支撑；6—托架

④垂直支撑和纵向水平系杆。

由角钢杆件与屋架直腹杆组成的垂直桁架，称为屋盖垂直支撑，主要形式为十字交叉形和 W 形。其作用是保证屋架承受荷载后在平面外的稳定并传递纵向水平力，因此，应与下弦横向水平支撑布置在同一柱间内。水平系杆分为上、下弦水平系杆。上弦水平系杆可保证屋架上弦或屋面梁受压翼缘的侧向稳定；下弦水平系杆可防止在吊车或有其他水平振动时屋架下弦发生侧向颤动。

当厂房跨度小于 18 m 且无天窗时，一般可不设垂直支撑和水平系杆；当厂房跨度为 18～80 m、屋架间距为 6 m、采用大型屋面板时，应在每一伸缩缝区段端部的第一或第二柱间设置一道垂直支撑；跨度大于 80 m 时，应在屋架跨度 1/3 左右的节点处设置两道垂直支撑；当屋架端部高度大于 1.2 m 时，还应在屋架两端各布置一道垂直支撑，如图 3-16 所示；当厂房伸缩缝区段大于 90 m 时，还应在柱间支撑柱距内增设一道屋架间垂直支撑。

当屋盖设置垂直支撑时，应在未设置垂直支撑的屋架间，在相应于垂直支撑平面内的屋架上弦和下弦节点处，设置通长的水平系杆。凡设在屋架端部柱顶处和屋架上弦屋脊节点处的通长水平系杆，均应采用刚性系杆，其余均可采用柔性系杆。

⑤天窗架支撑。

天窗架支撑包括天窗架上弦横向水平支撑、天窗架间的垂直支撑和水平系杆，用以保证天窗架上弦的侧向稳定和将天窗端壁上的风荷载传给屋架。

天窗架上弦横向水平支撑和垂直支撑一般均设置在天窗端部第一柱间内。当天窗区段较长时，还应在区段中部设有柱间支撑的柱间内设置垂直支撑。垂直支撑一般设置在天窗的两侧，当天窗架跨度大于或等于 12 m 时，还应在天窗中间竖杆平面内设置一道垂直支撑。天窗有挡风

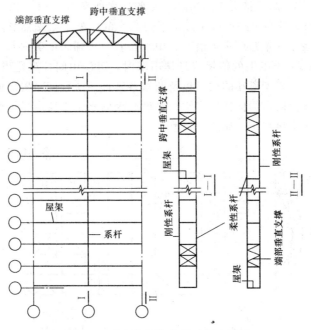

图 3-16 垂直支撑和水平系杆布置图

板时，在挡风板立柱平面内也应设置垂直支撑。在未设置上弦横向水平支撑的天窗架间，应在上弦节点处设置柔性系杆。如图 3-17 所示。

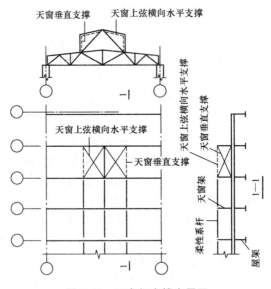

图 3-17 天窗架支撑布置图

(2)柱间支撑。

柱间支撑是纵向平面排架中最主要的抗侧力构件，其作用是提高厂房的纵向刚度和稳定性，承受由山墙抗风柱及屋盖传来的风荷载、纵向水平地震作用、由吊车梁传来的吊车纵向水平制动力等，并将它们传给基础。

柱间支撑一般由交叉型钢或钢管组成,交叉杆件的倾角通常为35°~55°。对于有吊车的厂房,按其位置可分为上柱和下柱柱间支撑,如图3-18所示。上柱柱间支撑位于吊车梁上部,它设置在伸缩缝区段两端与屋盖横向水平支撑相对应的柱间及伸缩缝区段中央或临近中央的柱间,并在柱顶设置通长的刚性系杆以传递水平力,以承受作用在山墙及天窗壁端的风荷载;下柱柱间支撑位于吊车梁下部,以承受上部支撑传来的内力、吊车纵向制动力和纵向水平地震作用等,并将其传至基础。它设置在伸缩缝区段中部与上柱柱间支撑相应的位置。这种布置方法,在纵向水平荷载作用下传力路线较短;且当温度变化时,厂房两端的伸缩变形较小,厂房纵向构件的伸缩受柱间支撑的约束较小,从而产生的结构温度应力也较小。

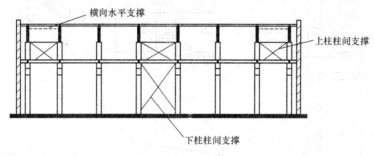

图3-18 柱间支撑布置

当柱间要通行或放置设备,或柱距较大而不宜采用交叉支撑时,可采用门架式支撑(图3-19)。

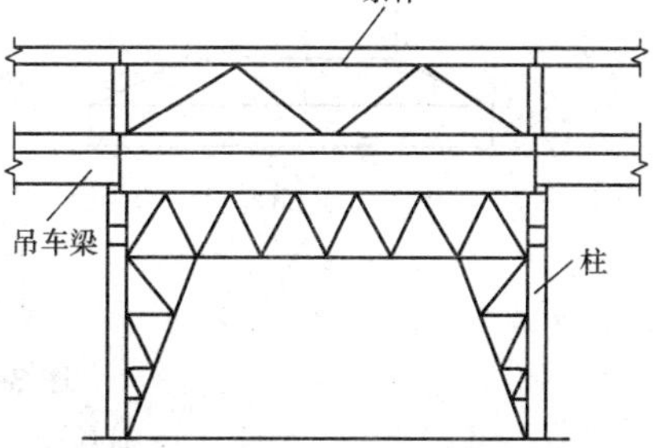

单层厂房有下列情况之一时,应设置柱间支撑:

①设有吊车工作级别为A6~A8的吊车,或者A1~A5的吊车起重量在100 kN或100 kN以上。

②厂房跨度≥18 m,或者柱高≥8 m。

③厂房纵向柱的总数每列在7根以下。

④设有30 kN以上的悬挂吊车。

⑤设有露天吊车栈桥的柱列。

图3-19 门架式下柱柱间支撑

3.3.4 围护结构布置
Arrangement of Surrounding Structures

单层厂房的围护结构包括屋面板、墙体及墙体中的圈梁、连系梁、过梁、基础梁、山墙抗风柱等构件,其作用是承受自重、风、雪、地震荷载以及由于地基不均匀沉降引起的内力等。下面主要讨论抗风柱、圈梁、连系梁、过梁及基础梁的作用及布置原则。

(1)抗风柱。

厂房山墙的受风面积较大,一般需设抗风柱将山墙分成几个区段,使墙面受到的风荷载,一部分(靠近纵向柱列区段)直接传给纵向柱列,另一部分则经抗风柱下端传至基础和经抗风柱上端通过屋盖系统传至纵向柱列。

厂房抗风柱一般均采用钢筋混凝土柱,当厂房高度≤8 m、跨度≤12 m时可以采用砖壁柱作为抗风柱;当厂房高度很大时,山墙所受的风荷载很大,为减小抗风柱的截面尺寸,可在山墙内侧设置水平抗风梁或钢抗风桁架,作为抗风柱的中间支座。抗风梁一般设于吊车梁的水平面上,可兼做吊车修理平台,梁的两端与吊车梁上翼缘连接,使一部分风荷载通过吊车梁传递给纵向柱列，如图 3-20(a)、(b)所示。

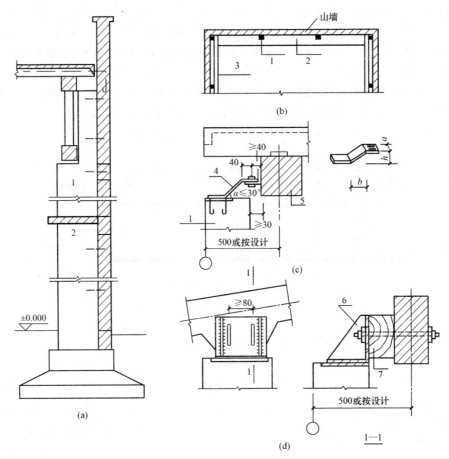

图 3-20　抗风柱及其连接构造

1—抗风柱；2—抗风梁；3—吊车梁；4—弹簧板；

5—屋架上弦；6—加劲板；7—硬木块

抗风柱间距应符合 15 M 扩大模数数列要求，一般取 6 m 左右。

抗风柱一般与基础刚接，与屋架上弦铰接；当屋架设有下弦横向水平支撑时，也可与下弦铰接或同时与上、下弦铰接。抗风柱与屋架的连接方式应满足两个要求：一是在水平方向必须与屋架有可靠的连接以保证有效地传递风荷载；二是在竖直方向应允许两者之间产生一定的相对位移，以防止抗风柱与屋架沉降不均匀时产生不利影响。因此，两者之间一般采用可以竖向移动、水平方向又有较大刚度的弹簧板连接[图 3-20(c)]；如厂房沉降量较大时，宜采用槽形孔螺栓连接[图 3-20(d)]。

(2)圈梁、连系梁、过梁和基础梁。

当采用砌体墙作为厂房的围护墙时，一般需设置圈梁、连系梁、过梁和基础梁。

①圈梁。

圈梁是设置于墙体内并与柱连接的现浇混凝土构件，其作用是将墙体与排架柱、抗风柱等箍在一起，以增强厂房的整体刚度，防止由于地基不均匀沉降或较大振动荷载对厂房产生的不利影响。

圈梁的布置与墙体高度、对厂房刚度的要求以及地基情况等有关。对无吊车厂房，当檐口标高小于 8 m 时，应在檐口附近设置一道圈梁；当檐口标高大于 8 m 时，宜在墙体适当部位增设一道；对有桥式吊车的厂房，尚应在吊车梁标高处或墙体适当部位增设一道圈梁；外墙高度大于 15 m 时，还应适当增设；对于有振动设备的厂房，沿墙高的圈梁间距不应超过 4 m。

圈梁应连续设置在墙体内的同一水平面上，除伸缩缝处断开外，其余部分应沿整个厂房形成封闭状。当圈梁被门窗洞口切断时，应在洞口上部设置附加圈梁，其截面尺寸不应小于被切断的圈梁，如图 3-21(a)所示。圈梁与柱连接[图 3-21(b)]仅起拉结作用，不承受墙体自重，故柱上不必设置支承圈梁的牛腿。

围护墙体沿高度每隔 500 mm 通过构造钢筋与柱拉结，如图 3-21(c)所示。

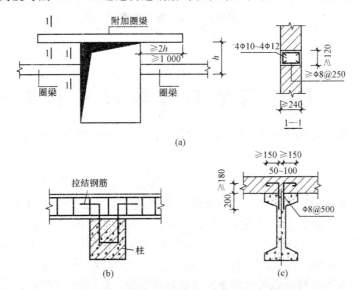

图 3-21　圈梁搭接及柱与圈梁、墙的连接

②连系梁。

当厂房高度较大(如 15 m 以上)、墙体的砌体强度不足以承受本身自重，或设置有高侧跨的悬墙时，需在墙下布置连系梁。连系梁两端支承在柱外侧的牛腿上，通过牛腿将墙体荷载传给柱。连系梁与柱之间可采用螺栓或焊接连接。

连系梁除承受墙体荷载外，还具有连系纵向柱列、增强厂房纵向刚度、传递纵向水平荷载的作用。

③过梁。

当墙体开有门窗洞口时，需设置钢筋混凝土过梁，以支承洞口上部墙体的重量。单独设置的过梁宜采用预制构件，两端搁置在墙体上的支承长度不宜小于 240 mm。

在围护结构布置时，应尽可能将圈梁、连系梁和过梁结合起来，使一种梁能兼作两种或三种梁的作用，以简化构造，节约材料，方便施工。

④基础梁。

基础梁用于承受围护墙体的重量，并将其传至柱基础顶面，而不另做墙基础，以使墙体和柱的沉降变形一致。基础梁亦为预制构件，常用截面形式有矩形、梯形和倒 L 形，可直接由标准图集选用。基础梁一般设置在边柱的外侧，两端直接放置在柱基础的顶面，不要求与柱连接；

当基础埋置较深时，可将基础梁放置在混凝土垫块上，如图 3-22 所示。基础梁顶面至少低于室内地面 50 mm，底面距土层的表面应预留约 100 mm 空隙，使梁可随柱基础一起沉降。

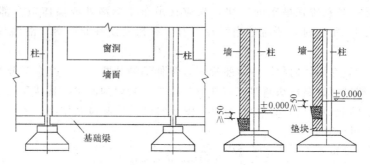

图 3-22　基础梁布置图

3.4　构件选型与截面尺寸确定

Selection of Member Types and Estimation of Their Section Dimensions

单层厂房结构的主要构件有屋面板、天窗架、屋架、支撑、吊车梁、墙板、连系梁、基础梁、柱和基础等。在进行构件选型时，应全面考虑厂房刚度、生产使用和建筑的工业化、现代化要求，结合具体施工条件、材料供应、构件本身性能和技术经济指标综合分析后确定。

通常除柱和基础外，其他构件一般都可以根据工程的具体情况，从工业厂房结构构件标准图集中选用合适的标准构件，不必另行设计。常用的工业厂房结构构件标准图集有三类：

①经国家住房和城乡建设部批准的全国通用标准图集，适用于全国各地。

②经某地区(省、市)审定的通用图集，适用于该地区(省、市)所属的部门。

③经某设计院审定的定型图集，适用于该设计院所设计的工程。

当所设计的构件符合图集中所列的各项要求时，便可直接从图集中选用某个型号的构件；当设计条件不符合图集中规定的要求时，必须对构件进行承载力、变形和裂缝宽度验算，有时还要作局部修改，以满足设计要求。

柱和基础一般应进行具体设计，先行选型并确定其截面尺寸，然后进行设计计算等。

3.4.1　屋盖结构构件

Members of Roof Structures

(1)屋面板。

由表 3-1 可见，屋面板的材料用量和造价比其他构件的大，因此选择时应尽可能节约材料，降低造价。

无檩体系屋盖常采用预应力混凝土大型屋面板，它适用于保温或不保温卷材防水屋面，屋面坡度不应大于 1/5。目前国内常用的是 1.5 m(宽)×6 m(长)×0.24 m(高)的大型屋面板，由面板、横肋和纵肋组成，如图 3-23(a)所示。在纵肋两端底部预埋钢板与屋架上弦预埋钢板三点焊接[图 3-23(b)]，形成水平刚度较大的屋盖结构。

102

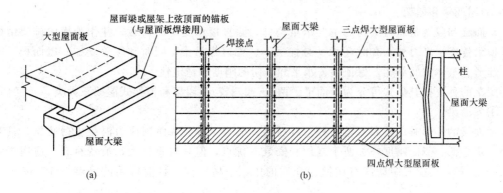

图 3-23 大型屋面板与屋架的连接

无檩体系屋盖也可采用预应力 F 形屋面板，用于自防水非卷材屋面[图 3-24(a)]，以及预应力自防水保温屋面板[图 3-24(b)]、钢筋加气混凝土板[图 3-24(c)]等。

有檩体系屋盖常采用预应力混凝土槽瓦[图 3-24(d)]、波形大瓦[图 3-24(e)]等小型屋面板。

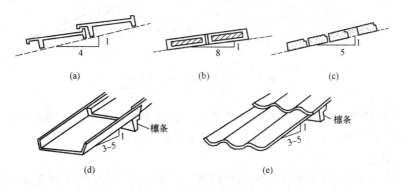

图 3-24 各种屋面板

（2）檩条。

檩条搁在屋架或屋面梁上，起着支承小型屋面板并将屋面荷载传给屋架的作用。它与屋架间用预埋钢板焊接，并与屋盖支撑一起保证屋盖结构的整体刚度和稳定性。目前应用较多的是钢筋混凝土或预应力混凝土 Γ 形截面檩条，跨度一般为 4 m 或 6 m。檩条在屋架上弦有斜放和正放两种。斜放时，檩条为双向受弯构件[图 3-25(a)]；正放时，屋架上弦要做水平支托[图 3-25(b)]，檩条为单向受弯构件。

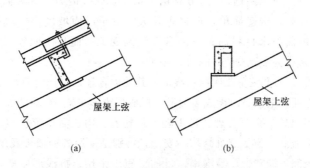

图 3-25 Γ 形截面檩条

（3）屋面梁和屋架。

屋面梁和屋架是屋盖结构的主要承重构件，除直接承受屋面荷载，并作为横向排架结构的水平横梁传递水平力外，有时还承受悬挂吊车、管道等吊重，同时和屋盖支撑、屋面板、檩条等一起形成整体空间结构，保证屋盖水平和竖向的刚度和稳定性。

屋架的种类按其形式可分为屋面梁、两铰（或三铰）拱屋架和桁架式屋架三大类。

①屋面梁。

屋面梁的外形有单坡和双坡两种。双坡梁一般为I形变截面预应力混凝土薄腹梁，具有高度小、重心低、侧向刚度好、便于制作和安装等优点，但其自重较大，浪费材料。适用于跨度不大于18 m、有较大振动或有腐蚀性介质的中、小型厂房。目前常用的跨度有12 m、15 m、18 m。

②两铰（或三铰）拱屋架。

两铰拱的支座节点为铰接，顶节点为刚接［图3-26（a）］；三铰拱的支座节点和顶节点均为铰接［图3-26（b）］。两铰拱的上弦为钢筋混凝土构件，三铰拱的上弦可用钢筋混凝土或预应力混凝土构件。

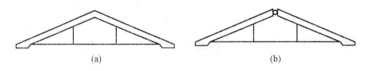

图3-26　两铰拱和三铰拱屋架

两铰（或三铰）拱结构比屋面梁轻，构造也简单，适用于跨度为9～15 m的中、小型厂房。下弦用钢材制作时，屋架刚度较差，不宜用于重型和振动较大的厂房。

③桁架式屋架。

当厂房跨度较大时，采用桁架式屋架较经济，它在单层厂房中应用较普遍。桁架式屋架的矢高和外形对屋架受力均有较大影响，一般取高跨比为1/8～1/6。其外形有三角形、拱形、梯形、折线形等几种。如图3-27所示。

由图3-27可见，在同样的屋面均布荷载作用下，具有相同高跨比（$f/L=1/6$）的四种不同外形屋架的轴力大小（"＋"表示受拉，"－"表示受压），三角形屋架［图3-27（a）］中各杆件内力分布很不均匀，弦杆内力两端大而中部小，腹杆内力两端小而中部大。由于其杆件内力大而不均匀、矢高大、腹杆长，因而自重较大、浪费材料。这种屋架坡度较大（1/3～1/2），构造简单，适用于跨度较小、有檩体系的中、小型厂房。

梯形屋架［图3-27（b）］中各杆件内力分布也不均匀，弦杆内力中部大而两端小，腹杆内力恰好相反。这种屋架刚度好，构造简单，但自重较大。由于屋面坡度小，对高温车间和炎热地区的厂房，可避免出现屋面防水材料沥青、油膏等流淌现象；而且屋面施工、检修、清扫和排水处理较方便。适用于跨度为24～36 m的大、中型厂房。

拱形屋架［图3-27（c）］的上弦呈二次抛物线形，其受力合理，弦杆内力均匀而腹杆内力为零；由于曲线形构件制作不方便，上弦可改做成多边形，形成折线形屋架［图3-27（d）］，但上弦节点仍应落在此抛物线上。拱形屋架具有受力合理、自重轻、材料省、构造简单等优点，但其端部坡度较陡，高温时卷材屋面油膏易流淌，施工及维修均不安全，特别是采用各种槽板及屋面瓦结构的自防水屋面，上弦转折太多，板间不能密合，易漏雨，目前已很少采用。折线形屋架具有拱形屋架的优点，弦杆受力较小，又改善了拱形屋架端部陡的缺点，其外形较合理，屋面坡度较合适，自重较轻，且

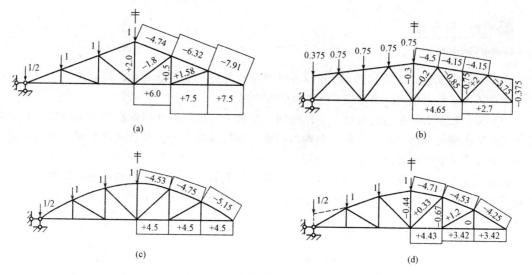

图 3-27　各种形式屋架内力图

制作方便，适用于跨度为 18～30 m 的大、中型厂房。

（4）天窗架和托架。

天窗架的作用是形成天窗，以便采光和通风，同时承受屋面板传来的竖向荷载和作用在天窗上的水平荷载，并将它们传给屋架。与屋架上弦连接处用钢板焊接，目前常用的钢筋混凝土天窗架的形式如图 3-28 所示，跨度一般为 6 m 或 9 m。

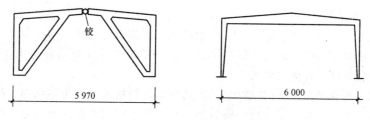

图 3-28　天窗架的形式

屋面设置天窗后，不但扩大了屋盖的受风面积，而且削弱了屋盖结构的整体刚度，尤其在地震作用下，天窗架高耸于屋面之上，地震反应较大，因此应尽量避免设置天窗或根据厂房特点设置下沉式、井式天窗。

当厂房全部或局部柱距为 12 m 或 12 m 以上而屋架间距仍用 6 m 时，需在柱顶设置托架，以支承中间屋架。托架一般为 12 m 跨度的预应力混凝土三角形或折线形构件，如图 3-29 所示，上弦为钢筋混凝土压杆，下弦为预应力混凝土拉杆。

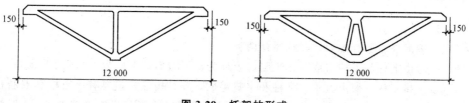

图 3-29　托架的形式

3.4.2 吊车梁
Crane Girders

吊车梁直接承受吊车起重、运行和制动时产生的各种往复移动荷载，同时还具有将厂房的纵向荷载传递至纵向柱列、加强厂房纵向刚度等作用。

吊车梁一般根据吊车的起重量、工作级别、台数、厂房的跨度和柱距等因素选用。目前常用的吊车梁类型有钢筋混凝土等截面实腹吊车梁、钢筋混凝土和钢组合式吊车梁、预应力混凝土等截面或变截面吊车梁，如图 3-30 所示。

钢筋混凝土 T 形等截面吊车梁，施工制作简单，但自重较大，比较费材料，适用于吊车起重量不大的情况，常用于跨度为 6 m，起重量为 50～100 kN 的吊车梁。

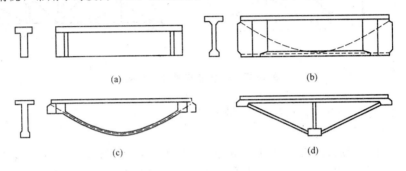

图 3-30　吊车梁的类型

跨度为 6 m，起重量为 150/30～300/50 kN(300/50 指吊车起重主钩额定起重量 300 kN，副钩额定起重量 50 kN，二者不同时出现)的吊车梁采用钢筋混凝土或预应力混凝土等截面构件；预应力混凝土 I 形截面吊车梁，其受力性能和技术经济指标均优于钢筋混凝土吊车梁，且施工、运输、堆放都比较方便，宜优先采用。

预应力混凝土变截面吊车梁(鱼腹式)，因其外形比较接近于弯矩包络图，故材料分布较理想；同时由于支座附近区段的受拉边为倾斜边，受力纵向钢筋承担的竖向分力可抵消截面上的部分剪力，从而可使腹板厚度减小，降低箍筋用量，较经济；但其构造和制作较复杂，运输、堆放也不方便，适用于跨度为 6 m，起重量 300/50 kN 以上及 12 m 跨度的吊车梁。

组合式吊车梁的上弦为钢筋混凝土矩形或 T 形截面连续梁，下弦和腹杆采用型钢(受压腹杆也可采用钢筋混凝土制作)，其特点是自重轻，但刚度小、用钢量大、节点构造复杂，一般适用于吊车起重量较小、工作级别为 A1～A5 的吊车梁。

3.4.3 柱
Columns

(1)柱的形式。

单层厂房中的柱主要有排架柱和抗风柱两类。

抗风柱一般由上柱和下柱组成，无牛腿，上柱为矩形截面，下柱为矩形或 I 形截面。

钢筋混凝土排架柱一般由上柱、下柱和牛腿组成，其结构形式主要有单肢柱和双肢柱两类。上柱一般为矩形截面；下柱的截面形式较多，根据其截面形式可分为矩形截面柱、I 形截面柱、双肢柱和管柱等几类，如图 3-31 所示。

矩形截面柱[图 3-31(a)]的缺点是自重大、费材料、经济指标较差；但由于其构造简单、施工方便，故在小型厂房中有时仍被采用。其截面尺寸不宜过大，截面高度一般在 700 mm 以内。

Ⅰ形截面柱[图 3-31(a)]的截面形式较合理，能比较充分地发挥截面上混凝土的承载作用，而且整体性好，施工方便，是目前较常使用的柱型，适用于柱截面高度为 600～1 400 mm 时。对设有桥式吊车的厂房，Ⅰ形截面柱在上柱和牛腿附近的高度内，由于受力较大以及构造需要，仍应做成矩形截面，柱底插入基础杯口高度内的一段也宜做成矩形截面。

双肢柱的下柱由肢杆、肩梁和腹杆组成，包括平腹杆双肢柱和斜腹杆双肢柱等[图 3-31(b)]，适用于柱的截面高度大于 1 400 mm 时。平腹杆双肢柱由两个柱肢和若干横向腹杆组成，具有构造简单、制作方便、受力合理等优点，且腹部整齐的矩形孔洞便于布置工艺管道，故应用较为广泛。斜腹杆双肢柱呈桁架式，杆件内力基本为轴力，弯矩很小，材料强度能得到比较充分的发挥，且刚度比平腹杆双肢柱好，但其节点多、构造复杂、施工麻烦，若采用预制腹杆，制作条件可得到改善。当吊车起重量较大时，可将吊车梁支承在柱肢的轴线上，改善肩梁的受力情况。但双肢柱的刚度较差，节点多，制作较复杂，用钢量也较多。

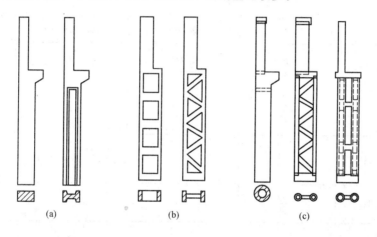

图 3-31　柱的形式

管柱有圆管柱和方管柱两种，可做成单肢柱或双肢柱[图 3-31(c)]，应用较多的是双肢管柱。管柱的优点是管子采用高速离心法生产，机械化程度高，混凝土质量好，自重轻，可减少施工现场工作量，节约模板等；但其节点构造复杂，且受到制管设备的限制，故应用较少。

各种截面柱的材料用量及应用范围见表 3-3。

（2）柱的截面尺寸。

柱的截面尺寸除应满足承载力的要求外，还应保证具有足够的刚度，以免厂房变形过大，造成吊车轮与轨道过早磨损，影响吊车的正常运行，或导致墙体和屋盖产生裂缝，影响厂房的正常使用。目前保证厂房刚度的办法不是依据计算而主要是根据工程经验和实测试验资料来控制截面尺寸。表 3-4 给出了柱距为 6 m 的单跨和多跨厂房最小柱截面尺寸的限值，若柱截面尺寸能满足表 3-4 的限值要求，则厂房的横向刚度可得到保证，其变形能满足要求。

对于Ⅰ形截面柱，其截面高度和宽度确定后，可参考表 3-5 确定腹板和翼缘尺寸。根据大量的工程设计经验，当厂房柱距为 6～12 m，一般桥式软钩吊车起重量为 50～1 000 kN 时，柱的形式和截面尺寸可参考表 3-6 和表 3-7。对Ⅰ形截面柱，其截面的力学性能见附录 11。

表 3-3　各种截面柱的材料用量及应用范围

截面形式	矩形	I 形	双肢柱	管柱
	（矩形截面图） h	（I 形截面图） h	（双肢柱截面图） h	（管柱截面图） h

材料用量比较	混凝土	100%	60%～70%	55%～65%	40%～60%
	钢材	100%	60%～70%	70%～80%	70%～80%

一般应用范围/mm	$h \leqslant 700$ 或现浇柱	$h = 600 \sim 1\,500$	小型 $h = 500 \sim 800$ 大型 $h \geqslant 1\,600$	400 左右（单肢柱）　$h = 700 \sim 1\,500$（双肢柱）

表 3-4　6 m 柱距单层厂房矩形、I 形截面柱截面尺寸限值

柱的类型	b 或 b_f	h		
		$Q \leqslant 10t$	$10t < Q < 30t$	$30t \leqslant Q \leqslant 50t$
有吊车厂房下柱	$\geqslant \dfrac{H_l}{22}$	$\geqslant \dfrac{H_l}{14}$	$\geqslant \dfrac{H_l}{12}$	$\geqslant \dfrac{H_l}{10}$
露天吊车柱	$\geqslant \dfrac{H_l}{25}$	$\geqslant \dfrac{H_l}{10}$	$\geqslant \dfrac{H_l}{8}$	$\geqslant \dfrac{H_l}{7}$
单跨无吊车厂房柱	$\geqslant \dfrac{H}{30}$	$\geqslant \dfrac{1.5H}{25}$（或 $0.06H$）		
多跨无吊车厂房柱	$\geqslant \dfrac{H}{30}$	$\geqslant \dfrac{H}{20}$		
仅承受风荷载与自重的山墙抗风柱	$\geqslant \dfrac{H_b}{40}$	$\geqslant \dfrac{H_l}{25}$		
同时承受由连系梁传来山墙重的山墙抗风柱	$\geqslant \dfrac{H_b}{30}$	$\geqslant \dfrac{H_l}{25}$		

注：H_l 为下柱高度（算至基础顶面）；H 为柱全高（算至基础顶面）；H_b 为山墙抗风柱从基础顶面至柱平面外（宽度）方向支撑点的高度。

表 3-5　I 形截面柱腹板、翼缘尺寸参考表

截面宽度	b_f/mm	300～400	400	500	600	图注
截面高度	h/mm	500～700	700～1 000	1 000～2 500	1 500～2 500	（I 形截面图注，标注 15～25 mm、h_4、h'、h、b、b_f）
腹板厚度 b/mm $b/h' \geqslant 1/14 \sim 1/10$		60	80～100	100～120	120～150	
翼板厚度 h_f /mm		80～100	100～150	150～200	200～250	

表 3-6　厂房柱截面形式和尺寸参考表(吊车工作级别为 A4、A5)

吊车起重量/t	轨顶高度/m	6 m 柱距(边柱)		6 m 柱距(中柱)	
		上柱/mm	下柱/mm	上柱/mm	下柱/mm
≤5	6～8	□400×400	I 400×600×100	□400×400	I 400×600×100
10	8	□400×400	I 400×700×100	□400×600	I 400×800×150
	10	□400×400	I 400×800×150	□400×600	I 400×800×150
15～20	8	□400×400	I 400×800×150	□400×600	I 400×800×150
	10	□400×400	I 400×900×150	□400×600	I 400×1 000×150
	12	□500×400	I 500×1 000×200	□500×600	I 500×1 200×200
30	8	□400×400	I 400×1 000×150	□400×600	I 400×1 000×150
	10	□400×500	I 400×1 000×150	□500×600	I 500×1 200×150
	12	□500×500	I 500×1 000×200	□500×600	I 500×1 200×200
	14	□600×500	I 600×1 200×200	□600×600	I 600×1 200×200
50	10	□500×500	I 500×1 200×200	□500×700	双 500×1 600×300
	12	□500×600	I 500×1 400×200	□500×700	双 500×1 600×300
	14	□600×600	I 600×1 400×200	□600×700	双 600×1 800×300

注：表中的截面形式采用下述符号：“□”为矩形截面 $b×h$（宽度×高度）；“I”为 I 形截面 $b_f×h×h_f$；（翼缘宽度×高度×翼缘高度）；“双”为双肢柱 $b×h×h_f$（宽度×高度×肢杆高度）。

表 3-7　厂房柱截面形式和尺寸参考表(吊车工作级别为 A6、A7)

吊车起重量/t	轨顶高度/m	6 m 柱距(边柱)		6 m 柱距(中柱)	
		上柱/mm	下柱/mm	上柱/mm	下柱/mm
≤5	6～8	□400×400	I 400×600×100	□400×500	I 400×800×150
10	8	□400×400	I 400×800×150	□400×600	I 400×800×150
	10	□400×400	I 400×800×150	□400×600	I 400×800×150
15～20	8	□400×400	I 400×800×150	□400×600	I 400×1 000×150
	10	□500×500	I 500×1 000×200	□500×600	I 500×1 000×200
	12	□500×500	I 500×1 000×200	□500×600	I 500×1 000×220
30	10	□500×500	I 500×1 000×200	□500×600	I 500×1 200×200
	12	□500×600	I 500×1 200×200	□500×600	I 500×1 400×200
	14	□600×600	I 600×1 400×200	□600×600	I 600×1 400×200
50	10	□500×500	I 500×1 200×200	□500×700	双 500×1 600×300
	12	□500×600	I 500×1 400×200	□500×700	双 500×1 600×300
	14	□600×600	双 600×1 600×300	□600×700	双 600×1 800×300
75	12	双 600×1 000×250	双 600×1 800×300	双 600×1 000×300	双 600×2 200×350
	14	双 600×1 000×250	双 600×1 800×300	双 600×1 000×300	双 600×2 200×350
	16	双 700×1 000×250	双 700×2 000×350	双 700×1 000×300	双 700×2 200×350
100	12	双 600×1 000×250	双 600×1 800×300	双 600×1 000×300	双 600×2 400×350
	14	双 600×1 000×250	双 600×2 000×350	双 600×1 000×300	双 600×2 400×350
	16	双 700×1 000×300	双 700×2 200×400	双 700×1 000×300	双 700×2 400×400

注：表中的截面形式采用下述符号：“□”为矩形截面 $b×h$（宽度×高度）；“I”为 I 形截面 $b_f×h×h_f$（翼缘宽度×高度×翼缘高度）；“双”为双肢柱 $b×h×h_f$（宽度×高度×肢杆高度）。

3.4.4 基础

Foundations

（1）基础的类型。

单层厂房一般采用柱下独立基础（也称扩展基础）。按施工方法可分为预制柱下独立基础和现浇柱下独立基础两种。对装配式钢筋混凝土单层厂房排架结构，常见的独立基础形式主要有杯形基础、高杯基础和桩基础等。如图 3-32 所示。

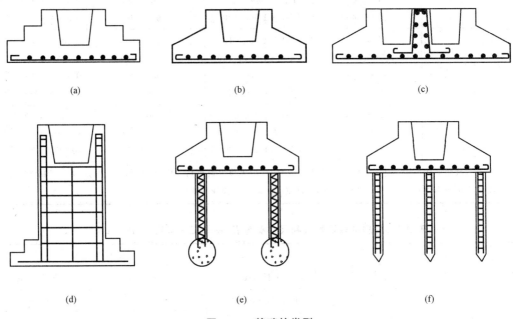

图 3-32　基础的类型

杯形基础有阶形和锥形两种［图 3-32（a）、（b）］，因与排架柱连接的部分做成杯口，故称为杯形基础。这两种基础外形简单、施工方便，适用于地基土质较均匀、地基承载力较大而上部结构荷载不太大的厂房，是目前应用最普遍的一种基础形式。对厂房伸缩缝处设置的双柱，其下需做成双杯形基础（也称联合基础），如图 3-32（c）所示。

当柱基础由于地质条件限制，或是附近有较深的设备基础或有地坑而需深埋时，为了不使预制排架柱过长，可做成带短柱的扩展基础。这种基础由杯口、短柱和底板组成，因杯口位置较高，故称为高杯基础，如图 3-32（d）所示。

当上部结构荷载较大，地基表层土松软或为冻土地基，而合适的持力层又较深时，或厂房对地基变形限制较严时，宜采用爆扩桩基础［图 3-32（e）］或桩基础［图 3-32（f）］。这种基础通过端部扩大的短桩或钢筋混凝土桩将上部荷载传至桩底或桩侧的土中，可获得较高的承载力，且地基变形较小，但桩基础的造价高，施工周期较长。

除上述基础外，实际工程中也可采用无筋倒圆台基础、壳体基础等柱下独立基础，有时也采用钢筋混凝土条形基础等。

（2）基础尺寸的初步拟定。

柱下独立基础的外形尺寸如图 3-33 所示。其中，基础高度 h 等于柱的插入深度 h_1、杯底厚度 a_1 与 50 mm 之和。h_1 值应保证预制柱嵌固在基础中，满足柱内受力钢筋锚固长度要求，并应考虑吊装安装时柱的稳定性，可根据柱的类型和截面高度按表 3-8 拟定。为防止预制柱在安装时发生杯底冲切破坏，杯底应具有足够的厚度 a_1，可按表 3-9 取值。杯壁厚度 t 应保证杯壁在安装和使用阶段的承载力，可按表 3-9 取值。

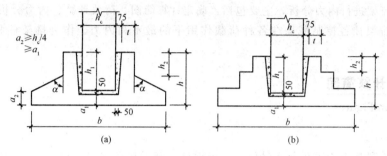

图 3-33 独立基础外形尺寸

表 3-8 柱的插入深度 h_1 mm

矩形或工字形截面柱				双肢柱
$h_c < 500$	$500 \leqslant h_c < 800$	$800 \leqslant h_c \leqslant 1\,000$	$h_c > 1\,000$	
$(1.0 \sim 1.2)h_c$	h_c	$0.9h_c$ 且 $\geqslant 800$	$0.8h_c$ 且 $\geqslant 1\,000$	$(1/3 \sim 2/3)h_a$ $(1.5 \sim 1.8)h_b$

表 3-9 基础杯底厚度 a_1 和杯壁厚度 t mm

柱截面高度	杯底厚度 a_1	杯壁厚度 t
$h_c < 500$	$\geqslant 150$	$150 \sim 200$
$500 \leqslant h_c < 800$	$\geqslant 200$	$\geqslant 200$
$800 \leqslant h_c < 1\,000$	$\geqslant 200$	$\geqslant 300$
$1\,000 \leqslant h_c < 1\,500$	$\geqslant 250$	$\geqslant 350$
$1\,500 \leqslant h_c < 2\,000$	$\geqslant 300$	$\geqslant 400$

锥形基础的边缘高度一般 $a_2 \geqslant 200$ mm，且 $a_2 \geqslant a_1$，同时 $a_2 \geqslant h_c/4$（h_c 为预制柱的截面高度）；当锥形基础的斜坡处为非支模制作时，要求坡度角不宜大于 $25°$，最大不得大于 $35°$。

阶形基础的台阶，当基础高 $h \geqslant 850$ mm 时宜采用二阶；当 $h > 900$ mm 时，宜采用三阶，每阶高度 h_2 一般为 $300 \sim 500$ mm。

3.5 横向平面排架内力分析

Internal Force Analysis of Lateral Bent-frame

单层厂房结构实际上是一个复杂的空间结构体系，为简化计算，一般将其按纵、横向平面排架分别计算。对纵向平面排架，由于排架柱数量较多，水平刚度较大，每根柱承受的水平力较小，因而在非地震区不必对纵向平面排架进行计算，而是通过设置柱间支撑从构造上予以加强；只有在考虑地震作用或温度内力时，才进行计算。横向平面排架主要承受竖向荷载和横向水平荷载作用，是厂房的主要承重结构，且厂房的跨度、高度及吊车起重量变化较大，因此必须对横向平面排架进行内力分析，主要包括：确定计算简图、荷载计算、内力分析和内力组合，其目的是求出排架柱各控制截面在各种荷载作用下的最不利内力，作为排架柱和基础设计的依据。

3.5.1 计算简图

Calculation Figures

（1）计算单元。

由于作用在排架上的永久荷载（恒载）、屋面活荷载及风荷载等一般是沿厂房纵向均匀分布的，且厂房的柱距一般沿纵向也相等，则可由相邻柱距的中线截出一个典型的区段，作为排架的计算单元，如图 3-34（a）中③轴对应的阴影部分及图 3.34（b）所示。除吊车等移动荷载外，阴影部分就是一个排架的负荷范围。对于厂房端部和伸缩缝处的排架，其负荷范围只有中间排架的一半，但为了设计和施工方便，通常不再另外单独分析，而按中间排架设计。

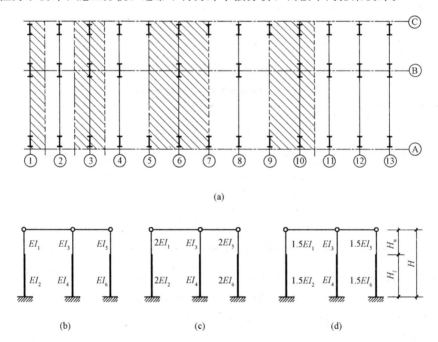

图 3-34 计算单元和计算简图

对于有局部抽柱的厂房，则应根据具体情况选取计算单元。当屋盖刚度较大或设有可靠的下弦纵向水平支撑时，可以选取较宽的计算单元，计算单元内的几榀排架可以合并为一榀排架来进行内力分析，合并后排架柱的惯性矩应按合并考虑。当同一纵向轴线上的柱截面尺寸相同时，Ⓐ、Ⓒ轴线柱可认为是由一根和两个半根柱合并而成（⑤轴～⑦轴）或由一根和一个半根柱合并而成（⑨轴～⑩轴），Ⓑ轴线柱仍为一根。如图 3-34（c）、（d）所示。需要注意，按上述简图求得内力后，应将 A、C 柱（实际⑤～⑦轴为 2 根柱、⑨～⑩轴为 1.5 根柱）上的内力分别按刚度分配，得到一根柱的内力。

（2）计算假定。

为了简化计算，根据厂房的连接构造和实践经验，在确定排架结构的计算简图时，通常采用以下计算假定：

①柱下端与基础顶面固接。

由于钢筋混凝土柱插入基础杯口一定深度，并用细石混凝土灌实缝隙而与基础连接成整体，基础刚度比柱的刚度大得多，柱下端不致与基础产生相对转角；且基础下地基土的变形受到控制，基础本身的转角一般很小；因此，排架柱与基础的连接可按固定端考虑，固定端的位置在基础顶面。

②柱顶与屋架（或屋面梁）铰接。

屋架或屋面梁两端和上柱柱顶一般用预埋钢板焊接或螺栓连接，这种连接可以有效地传递竖向力和水平力，但转动抵抗弯矩的能力很小，故柱顶与屋架（或屋面梁）的连接可按铰接考虑。

③横梁（屋架或屋面梁）为无轴向变形的刚性连杆。

屋架（或屋面梁）的轴向刚度很大，轴向变形可以忽略不计，即在荷载作用下横梁两端的柱顶侧移相等。但对刚度较小的组合屋架，该假定不再适合。

（3）计算简图。

采用以上计算假定后，可得到横向排架的计算简图，如图 3-35 所示。排架柱的总高度 H 由基础顶面算至柱顶，即：$H=H_u+H_l$，其中，H_u 为上柱高度，从牛腿顶面算至柱顶；H_l 为下柱高度，从基础顶面算至牛腿顶面。排架柱的计算轴线均取上、下柱截面的形心线。当柱为变截面时，排架柱的计算轴线应呈折线形，通常将折线用变截面的形式来表示，当竖向荷载从柱顶向下传递时，需在柱的变截面处增加一个力矩 M，其值等于上柱传下的竖向力乘以上、下柱截面形心线间的距离 e。柱的截面抗弯刚度由预先拟定的截面尺寸和混凝土强度等级确定。

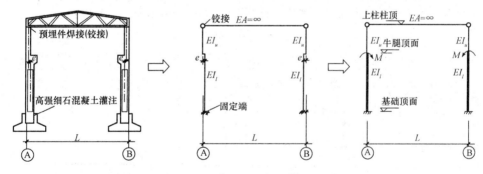

图 3-35　横向排架的计算简图

3.5.2　荷载计算
Calculation of Loads

作用在排架结构上的荷载有永久荷载和可变荷载两大类，可变荷载主要包括屋面活荷载、雪荷载、积灰荷载、吊车荷载和风荷载等；除吊车荷载外，其他荷载均取自计算单元范围内。

（1）永久荷载。

永久荷载包括屋盖自重 G_1，悬墙自重 G_2，吊车梁和轨道及其连接件自重 G_3，上柱自重 G_4，下柱自重 G_5。其值可根据构件的设计尺寸和材料容重计算，常用材料和构件的容重可按《建筑结构荷载规范》（GB 50009—2012）（以下简称《荷载规范》）采用。若选用标准构件，其值也可直接由构件标准图集中查得。

①屋盖自重 G_1。

屋盖自重包括屋架或屋面梁、屋面板、天沟板、天窗架、屋盖支撑、屋面构造层(找平层、保温层、防水层等)等重力荷载。计算单元范围内的屋盖自重是通过屋架或屋面梁的端部以竖向集中力 G_1 的形式作用在排架柱顶,其作用点位置视实际连接情况而定。当采用屋架时,G_1 作用点通过屋架上、下弦几何中心线的交点而作用于柱顶[图 3-36(a)];当采用屋面梁时,可以认为通过梁端垫板中心线而作用于柱顶[图 3-36(b)]。根据屋架(或屋面梁)与柱顶连接中的定型设计构造规定,屋盖自重 G_1 的作用点位于距厂房纵向定位轴线 150 mm 处[图 3-36(c)],G_1 对上柱截面几何中心存在偏心距 e_1,对下柱截面几何中心又增加一偏心距 e_0。

②悬墙自重 G_2。

当设有连系梁支承围护墙体时,排架柱承受着计算单元范围内连系梁、墙体和窗等重力荷载,它以竖向集中力 G_2 的形式作用在支承连系梁的柱牛腿顶面,其作用点通过连系梁或墙体截面的形心轴线,距下柱截面几何中心的距离为 e_2,如图 3-36(c)所示。

③吊车梁和轨道及其连接件自重 G_3。

吊车梁和轨道及其连接件重力荷载可从有关标准图集中直接查得,其中轨道及其连接件重力荷载也可按 $0.8\sim1.0$ kN/m 估算。它以竖向集中力 G_3 的形式沿吊车梁截面中心线作用在柱牛腿顶面,其作用点一般距纵向定位轴线 750 mm,它对下柱截面几何中心线的偏心距为 e_3,如图 3-36(c)所示。

④柱自重 G_4、G_5。

上、下柱自重重力荷载 G_4 和 G_5 分别作用于各自截面的几何中心线上,且上柱自重 G_4 对下柱截面几何中心线有一偏心距 e_0,如图 3-36(c)所示。

各种恒载作用下某单跨横向排架结构的计算简图如图 3-36(d)所示。其中:

$$M_1 = G_1 \cdot e_1 \tag{3-5}$$

$$M_2 = G_2 \cdot e_2 + (G_1 + G_4) \cdot e_0 - G_3 \cdot e_3 \tag{3-6}$$

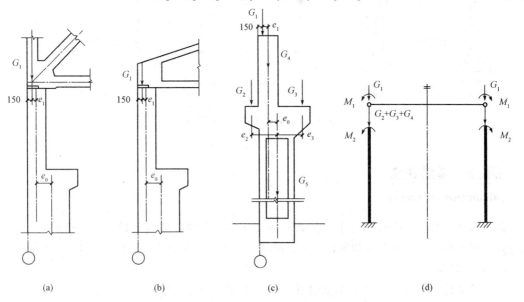

图 3-36　永久荷载作用位置及相应的横向平面排架计算简图

（2）屋面活荷载。

屋面活荷载包括屋面均布活荷载、雪荷载和积灰荷载。

①屋面均布活荷载。

屋面均布活荷载按照附表3-3取值，屋面水平投影面上的屋面均布活荷载标准值，上人屋面为 2.0 kN/m^2，不上人屋面为 0.5 kN/m^2。对不上人屋面，当施工或维修荷载较大时，应按实际情况采用。

②屋面雪荷载。

《荷载规范》规定，屋面水平投影面上的雪荷载标准值 s_k 按下式计算：

$$s_k = \mu_r s_0 \tag{3-7}$$

式中　s_k——雪荷载标准值（kN/m^2）；

　　　s_0——基本雪压（kN/m^2），系以当地一般空旷平坦地面上概率统计所得50年一遇最大积雪的自重确定，可由《荷载规范》中的全国基本雪压分布图确定；

　　　μ_r——屋面积雪分布系数，可由《荷载规范》查取。

③屋面积灰荷载。

设计生产中有大量排灰的厂房及其临近建筑时，对于具有一定除尘设施和保证清灰制度的机械、冶金、水泥等的厂房屋面，其水平投影面上的屋面积灰荷载应按附录3-4的有关规定采用。

考虑到上述屋面活荷载同时出现的可能性，《荷载规范》规定，屋面均布活荷载不与雪荷载同时考虑，取两者中的较大值；当有屋面积灰荷载时，积灰荷载应与雪荷载或不上人的屋面均布活荷载两者中的较大值同时考虑。

屋面活荷载通过屋架（屋面梁）传递到排架柱顶，因此其作用点与屋盖自重 G_1 相同。当为多跨厂房时，应考虑屋面均布活荷载的不利布置的影响。对两跨排架，考虑活荷载出现的可能性，屋面每跨在均布活荷载作用下的计算简图如图3-37所示，同时，两跨均有屋面均布活荷载的情况也应予以考虑。

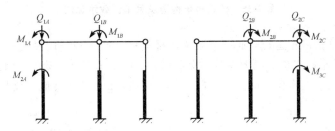

图3-37　屋面活荷载作用下排架计算简图

（3）吊车荷载。

单层厂房中常用的吊车类型主要有桥式吊车、悬挂式吊车、门式吊车和电动葫芦等。桥式吊车是最常用的一种形式，它由大车（即桥架）和小车组成，大车在吊车梁轨道上沿厂房纵向运行，安装带有吊钩的小车在大车的轨道上沿厂房横向运行，用以起吊重物，如图3-38所示。

吊车按其吊钩种类可分为软钩吊车和硬钩吊车两种。软钩吊车是指用钢索通过滑轮组带动吊钩起吊重物；硬钩吊车是指用刚臂起吊重物或进行操作。按其动力来源分为电动和手动两种，电动吊车起重量大，行驶速度快，启动、起吊、运行、制动时均有较大的振动；手动吊车起重量小（$\leqslant 5 \text{ t}$），运行时振动轻微。一般厂房中使用的多为软钩、电动桥式吊车。

桥式吊车在工作时主要产生吊车竖向荷载、横向水平荷载和纵向水平荷载，其中吊车竖向荷载和横向水平荷载由横向排架承担，吊车纵向水平荷载由纵向排架承担。

①吊车竖向荷载 D_{max}、D_{min}。

当小车吊有额定最大起重量运行至大车一侧的极限位置时，大车该侧的每个轮压将达到最大值，称为最大轮压 P_{max}；同时，大车另一侧每个轮压达到最小值，称为最小轮压 P_{min}，P_{max} 和 P_{min} 同时作用在排架上，如图 3-38 所示。吊车最大轮压 P_{max} 和最小轮压 P_{min} 可从吊车制造厂提供的吊车产品说明书中查得。对于常用规格吊车，可参阅附录 5。表中的 P_{max} 和 P_{min} 等一般以 t（吨）为单位，取用时将其化成 kN 为单位。

显然，吊车轮压 P_{max} 和 P_{min} 与吊车总重量 G（包括大车和小车的重量）、吊车的额定起重量 Q，两者的重力荷载满足下列平衡关系：

$$n(P_{max} + P_{min}) = G + Q \tag{3-8}$$

式中　n——大车每侧的轮子数，通常四轮吊车每侧 2 轮。

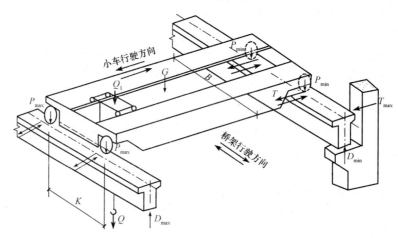

图 3-38　桥式吊车构造及吊车荷载示意图

吊车竖向荷载是指吊车运行时通过吊车梁在排架柱上产生的竖向最大压力 D_{max} 及最小压力 D_{min}，即排架柱对吊车梁产生的最大及最小支座反力。由于吊车是运动的，因此，需要用影响线的原理来计算吊车梁的支座反力即吊车竖向荷载。显然，D_{max} 或 D_{min} 值不仅与小车的位置有关，还与厂房内的吊车台数和大车沿厂房纵向运行的位置有关。

对于厂房横向一跨内沿纵向运行两台吊车时，根据影响线原理可知，当其中起重量较大的一台吊车的一个最大轮压 $P_{1,max}$（$P_{1,max} \geq P_{2,max}$）在吊车梁上正好运行至计算排架柱轴线处，而另一台吊车与它紧靠并行时，即由吊车梁对排架柱牛腿产生最大竖向吊车荷载 D_{max}，同时，另一侧排架柱牛腿上产生最小竖向吊车荷载 D_{min}，如图 3-39 所示，其表达式为：

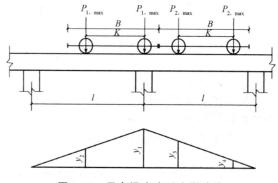

图 3-39　吊车梁支座反力影响线

$$D_{max} = \sum P_{i,max} y_i \tag{3-9}$$

$$D_{\min} = \sum P_{i,\min} y_i \tag{3-10}$$

式中　$P_{i\max}$、$P_{i\min}$——第 i 台吊车的最大轮压和最小轮压；

　　　y_i——吊车梁支座反力影响线中与轮压对应的竖向坐标值，其中 $y_1 = 1$。

需注意的是，$D_{\max}$ 和 $D_{\min}$ 同时出现，其 y_i 一致。也就是说，在计算 $D_{\min}$ 时，吊车轮压布置形式同计算 $D_{\max}$ 时。虽然将较小起重量的吊车一个轮压布置在吊车梁支座（轴线）处会得到更小的竖向吊车荷载，但也不考虑此种情况。

吊车竖向荷载 $D_{\max}$ 和 $D_{\min}$ 分别同时作用在同一跨两侧排架柱的牛腿顶面，其作用点位置与吊车梁和轨道及其连接件自重 G_3 相同，距下柱截面形心的偏心距为 e_3。对两跨等高排架结构，吊车竖向荷载作用下的计算简图如图 3-40(a) 所示。

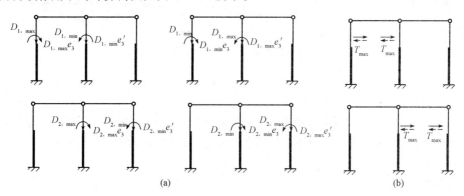

图 3-40　吊车荷载作用下的计算简图

考虑到多台吊车同时工作的可能性，《荷载规范》规定：计算排架考虑多台竖向吊车荷载时，对单跨厂房的每个排架，参与组合的吊车台数不宜多于 2 台；对多跨厂房的每个排架，不宜多于 4 台。

②吊车横向水平荷载。

桥式吊车的小车起吊重物后，在启动或制动时将产生惯性力，即横向水平制动力。吊车横向水平制动力通过小车制动轮与大车（桥架）轨道之间的摩擦力传至大车，再由大车轮经吊车轨道传递给吊车梁，而后经过吊车梁与柱之间的连接钢板传给排架柱[图 3-41(a)]。一般认为，吊车横向水平荷载可近似考虑由两侧相应的排架柱承担，各承担一半。

对于一般四轮桥式吊车，每一个轮子作用在轨道上的横向水平制动力 T 为：

$$T = \frac{1}{4}\alpha(Q_1 + Q) \tag{3-11}$$

式中　α——横向水平制动力系数，可按下列规定取值：软钩吊车，当额定起重量不大于 10 t 时取 0.12；当额定起重量为 16～50 t 时取 0.10；当额定起重量不小于 75 t 时取 0.08；硬钩吊车，取 0.20；

　　　Q_1——小车自重；

　　　Q——吊车额定起重量。

吊车横向水平荷载 $T_{\max}$ 是每个大车轮子的横向水平制动力 T 通过吊车梁传给柱的可能的最大横向作用力；与 $D_{\max}$（或 $D_{\min}$）类似，$T_{\max}$ 值的大小也与吊车台数和吊车运行的位置有关，按照计算吊车竖向荷载相同的方法，可求得作用在排架柱上的最大横向反力 $T_{\max}$，如图 3-41(b) 所示。

$$T_{\max} = \sum T_i y_i \tag{3-12}$$

式中　T_i——第 i 个大车轮子的横向水平制动力，其余符号意义同前。

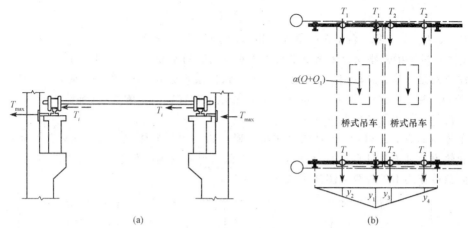

图 3-41　吊车横向水平荷载计算示意图

《荷载规范》规定：考虑多台吊车水平荷载时，对单跨或多跨厂房的每个排架，参与组合的吊车台数不应多于 2 台。

吊车横向水平荷载以集中力的形式作用在吊车梁顶面标高处，考虑到正反两个方向的刹车情况，其作用方向既可向左，也可向右。对于两跨排架结构，其计算简图如图 3-40(b)所示。

③吊车纵向水平荷载。

吊车纵向水平荷载是指当吊车沿厂房纵向启动或制动时，由吊车自重和吊重的惯性力在纵向排架上所产生的水平制动力。它通过吊车两端的制动轮与吊车轨道的摩擦经吊车梁传给纵向柱列或柱间支撑。

吊车纵向水平荷载标准值 T_0，按作用在一边轨道上所有刹车轮的最大轮压之和的 10% 采用，即

$$T_0 = nP_{max} \cdot 10\%　\qquad (3-13)$$

式中　n——施加在一边轨道上所有刹车轮数之和，对于一般的四轮吊车，$n=1$。

当厂房纵向有柱间支撑时，全部吊车纵向水平荷载由柱间支撑承受；当厂房无柱间支撑时，全部吊车纵向水平荷载由同一伸缩缝区段内的全部柱承担。《荷载规范》规定，在计算吊车纵向水平荷载引起的厂房纵向结构的内力时，无论单跨或多跨厂房，在计算吊车纵向水平荷载时，一侧的整个纵向排架上最多只能考虑 2 台吊车。

(4)风荷载。

单层厂房横向平面排架上的风荷载是由计算单元这部分墙面及屋面传来的，其作用方向垂直于建筑物表面，迎风面为风压力，背风面为风吸力。《荷载规范》规定，垂直于建筑物表面的风荷载标准值按下式计算：

$$w_k = \beta_z \mu_s \mu_z w_0　\qquad (3-14)$$

式中　w_0——基本风压值，kN/m^2，是以当地比较空旷平坦地面上离地 10 m 高处统计所得的 50 年
一遇 10 min 平均最大风速为标准确定的风压值，可由《荷载规范》中的"全国基本风压分布图"查得；

　　　β_z——建筑结构高度 z 处的风振系数，对于高度小于 30 m 的单层厂房，取 1.0；

　　　μ_s——风荷载体型系数，是风吹到厂房表面引起的压力或吸力与基本风压的比值，与厂房的外表体型和尺度有关，可根据建筑体型由附录 4 查得，其中正号表示压力，负号表示吸力；

μ_z——风压高度变化系数，根据所在地区的地面粗糙程度类别和离地面的高度由附录 4 查得。

计算单层工业厂房的风荷载时，通常作如下的简化（图 3-42）：

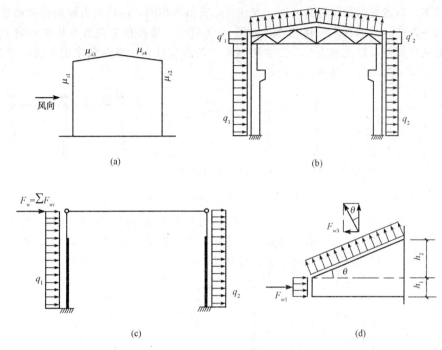

图 3-42 风荷载计算示意图

排架柱顶以下水平风荷载按均布荷载计算。其风压高度变化系数可按柱顶标高及室内外高差确定。

柱顶以上屋盖上的风荷载（包括梯形屋架端部竖面上的风载、垂直于屋面的风载及天窗所承受的同样作用形式的风载）折算成作用在排架柱顶的水平集中荷载（屋面的均布荷载仅考虑其水平分力），如图 3-42(d) 所示。其风压高度变化系数，当计算屋架（或天窗架）两端的风荷载时，可根据檐口标高（或天窗檐口标高）确定；当计算屋面上的风荷载时，可根据屋顶（或天窗顶）标高确定；或均按檐口标高（或天窗檐口标高）确定。

按照上述简化，高度不超过 30 m 的单跨单层厂房的风荷载标准值确定方法如下：

$$q_{1k} = w_{1k}B = \mu_{s1}\mu_z w_0 B \tag{3-15}$$

$$q_{2k} = w_{2k}B = \mu_{s2}\mu_z w_0 B \tag{3-16}$$

$$F_{wk} = \sum w_{ik}Bl\sin\theta = [\,(\mu_{s1}+\mu_{s2})\mu_{z1}h_1 + (\pm\mu_{s3}+\mu_{s4})\mu_{z2}h_2\,]w_0 B \tag{3-17}$$

或

$$F_{wk} = [\,(\mu_{s1}+\mu_{s2})h_1 + (\pm\mu_{s3}+\mu_{s4})h_2\,]\mu_{z1}w_0 B \tag{3-18}$$

式中 μ_z——按柱顶标高和室内外高差确定的风压高度变化系数；

μ_{z1}——按檐口标高和室内外高差确定的风压高度变化系数；

μ_{z2}——按屋脊标高和室内外高差确定的风压高度变化系数；

B——计算单元宽度。

其余如图 3-42 所示。

排架结构内力分析时，应考虑左吹风和右吹风两种情况。

3.5.3 等高排架的内力分析

Internal Forces Analysis of Bent-frame with Equal Height

等高排架是指各柱的柱顶标高相同，或柱顶标高虽不相同，但柱顶由倾斜横梁相连的排架，在荷载作用下各柱柱顶的水平位移相等，如图 3-43 所示。等高排架内力分析采用剪力分配法。用剪力分配法计算等高排架内力时，需要用到单阶超静定柱在任意荷载作用下的柱顶反力。因此，下面先讨论单阶超静定柱的计算问题。

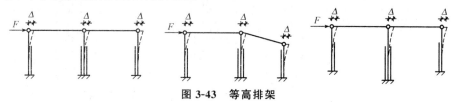

图 3-43　等高排架

（1）单阶一次超静定柱在任意荷载作用下的柱顶反力。

单阶一次超静定柱为柱顶不动铰支、下端固定的单阶变截面柱，如图 3-44（a）所示，在变截面处作用一力矩 M。采用力法对该变截面构件进行求解，取基本结构如图 3-44（b）所示，相应的基本未知力为 R，即柱顶反力。则由力法方程可得：

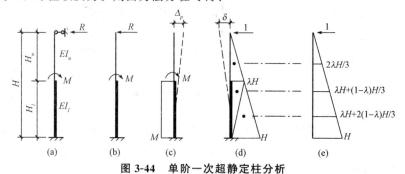

图 3-44　单阶一次超静定柱分析

$$R\delta - \Delta_p = 0 \tag{3-19}$$

式中　δ——悬臂柱在柱顶单位水平力作用下柱顶处的侧移值，因其主要与柱的形状有关，故称为形常数；

Δ_p——悬臂柱在荷载作用下柱顶处的侧移值，因与荷载有关，故称为载常数。

令 $\lambda = H_u / H$，$n = I_u / I_l$，则根据《结构力学》中的图乘法可得：

$$\delta = \frac{1}{EI_u} \frac{1}{2} \lambda^2 H^2 \frac{2}{3} \lambda H + \frac{1}{EI_l} \frac{1}{2} \lambda H (1-\lambda) H \left[\lambda H + \frac{1}{3}(1-\lambda)H \right] + \frac{1}{EI_l} \frac{1}{2} H (1-\lambda)$$

$$H \left[\lambda H + \frac{2}{3}(1-\lambda)H \right]$$

将 $I_u = n I_l$ 代入上式，整理得：

$$\delta = \frac{H^3}{3EI_l} \left[1 + \lambda^3 \left(\frac{1}{n} - 1 \right) \right] = \frac{H^3}{C_0 EI_l} \tag{3-20}$$

同样由图乘法可得：

$$\Delta_p = \frac{1}{EI_l} M(1-\lambda) H \frac{\lambda H + H}{2} \tag{3-21}$$

将式（3-20）、式（3-21）代入式（3-19），并整理得：

$$R = C_M \frac{M}{H} \qquad (3\text{-}22)$$

式中　C_0——单阶变截面柱的柱顶位移系数，按式(3-23)计算；

$\quad\quad C_M$——单阶变截面柱在变阶处集中力矩作用下的柱顶反力系数，按式(3-24)计算。

$$C_0 = \frac{3}{1 + \lambda^3 \left(\dfrac{1}{n} - 1 \right)} \qquad (3\text{-}23)$$

$$C_M = \frac{3}{2} \frac{1 - \lambda^2}{1 + \lambda^3 \left(\dfrac{1}{n} - 1 \right)} \qquad (3\text{-}24)$$

表 3-10　单阶变截面柱的柱顶位移系数 C_0 和反力系数 $C_1 \sim C_{11}$

序号	简图	R	$C_0 \sim C_5$	序号	简图	R	$C_6 \sim C_{11}$
0			$\delta = \dfrac{H^3}{C_0 EI_l}$ $C_0 = \dfrac{3}{1 + \lambda^3 \left(\dfrac{1}{n} - 1 \right)}$	6		TC_6	$C_6 = \dfrac{1 - 0.5\lambda(3 - \lambda^2)}{1 + \lambda^3 \left(\dfrac{1}{n} - 1 \right)}$
1		$\dfrac{M}{H}C_1$	$C_1 = \dfrac{3}{2} \dfrac{1 - \lambda^2 \left(1 - \dfrac{1}{n} \right)}{1 + \lambda^3 \left(\dfrac{1}{n} - 1 \right)}$	7		TC_7	$C_7 = \dfrac{b^2(1-\lambda)^2 \left[3 - b(1-\lambda) \right]}{2 \left[1 + \lambda^3 \left(\dfrac{1}{n} - 1 \right) \right]}$
2		$\dfrac{M}{H}C_2$	$C_2 = \dfrac{3}{2} \dfrac{1 + \lambda^2 \left(\dfrac{1 - a^2}{n} - 1 \right)}{1 + \lambda^3 \left(\dfrac{1}{n} - 1 \right)}$	8		qHC_8	$C_8 = \left[\dfrac{a^4}{n}\lambda^4 - \left(\dfrac{1}{n} - 1 \right) \right.$ $(6a - 8)a\lambda^4 - a\lambda(6a\lambda - 8) \left. \right] \div$ $8 \left[1 + \lambda^3 \left(\dfrac{1}{n} - 1 \right) \right]$
3		$\dfrac{M}{H}C_3$	$C_3 = \dfrac{3}{2} \dfrac{1 - \lambda^2}{1 + \lambda^3 \left(\dfrac{1}{n} - 1 \right)}$	9		qHC_9	$C_9 = \dfrac{8\lambda - 6\lambda^2 + \lambda^4 \left(\dfrac{3}{n} - 2 \right)}{8 \left[1 + \lambda^3 \left(\dfrac{1}{n} - 1 \right) \right]}$
4		$\dfrac{M}{H}C_4$	$C_4 = $ $\dfrac{3}{2} \dfrac{2b(1-\lambda) - b^2(1-\lambda^2)}{1 + \lambda^3 \left(\dfrac{1}{n} - 1 \right)}$	10		qHC_{10}	$C_{10} = \left\{ 3 - b^3(1-\lambda)^3 \right.$ $\left[4 - b(1-\lambda) \right] + 3\lambda^4$ $\left(\dfrac{1}{n} - 1 \right) \left. \right\} \div 8 \left[1 + \lambda^3 \left(\dfrac{1}{n} - 1 \right) \right]$
5		TC_5	$C_5 = \left\{ 2 - 3a\lambda + \lambda^3 \right.$ $\left[\dfrac{(2+a)(1-a)^2}{n} - \right.$ $\left. (2 - 3a) \right] \left. \right\} \div$ $2 \left[1 + \lambda^3 \left(\dfrac{1}{n} - 1 \right) \right]$	11		qHC_{11}	$C_{11} = \dfrac{3}{8} \dfrac{\left[1 + \lambda^4 \left(\dfrac{1}{n} - 1 \right) \right]}{\left[1 + \lambda^3 \left(\dfrac{1}{n} - 1 \right) \right]}$

注：表中 $\lambda = H_u / H$，$n = I_u / I_l$，$1 - \lambda = H_l / H$。

按照上述方法，可得到单阶变截面柱在各种荷载作用下的柱顶反力系数及柱顶反力。表 3-10 列出了单阶变截面柱的柱顶位移系数 C_0 及在各种荷载作用下的柱顶反力系数 $C_1 \sim C_{11}$，供设计计算时查用。

（2）等高排架在柱顶水平集中力作用下的内力分析。

图 3-45(a) 所示的等高排架，柱顶作用水平集中力 F。取横梁隔离体，根据静力平衡条件：

$$F = V_1 + V_2 + \cdots + V_i + \cdots + V_n = \sum_{i=1}^{n} V_i \tag{3-25}$$

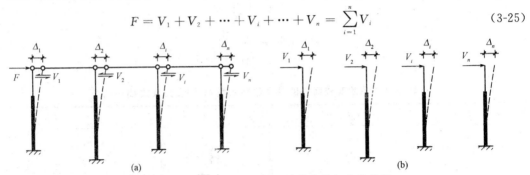

图 3-45　柱顶水平集中力作用下的等高排架内力分析

由于假定横梁为无轴向变形的刚性连杆，则柱顶水平力作用下，排架柱顶的侧移相等，即满足下列变形条件：

$$\Delta_1 = \Delta_2 = \cdots = \Delta_i \cdots = \Delta_n = \Delta \tag{3-26}$$

此外，根据形常数 δ_i 的物理意义，可得下列物理条件：

$$V_i \delta_i = \Delta_i \tag{3-27}$$

由式 (3-27) 得：$V_i = \dfrac{\Delta_i}{\delta_i}$，代入式 (3-25)，可得：$F = \sum\limits_{i=1}^{n} V_i = \Delta \sum\limits_{i=1}^{n} \dfrac{1}{\delta_i}$，故 $\Delta = \dfrac{F}{\sum\limits_{i=1}^{n} \dfrac{1}{\delta_i}}$，将之再代入式 (3-27)，得：

$$V_i = \frac{\dfrac{1}{\delta_i}}{\sum\limits_{i=1}^{n} \dfrac{1}{\delta_i}} F = \eta_i F \tag{3-28}$$

式中　F——作用在等高排架柱顶的集中水平力；

$1/\delta_i$——第 i 根排架柱的抗侧移刚度（或称为抗剪刚度），即悬臂柱柱顶产生单位侧移所需施加的水平力；

η_i——第 i 根排架柱的剪力分配系数，按下式计算，即

$$\eta_i = \frac{\dfrac{1}{\delta_i}}{\sum\limits_{i=1}^{n} \dfrac{1}{\delta_i}} \tag{3-29}$$

由式 (3-28) 可见，当排架结构柱顶作用水平集中力 F 时，各柱的剪力按其抗剪刚度与各柱抗剪刚度总和的比例关系进行分配，故称为剪力分配法。

求得柱顶剪力 V_i 后，用平衡条件可求得在柱顶剪力和柱身其他荷载作用下排架柱各截面的弯矩和剪力。

（3）任意荷载作用下等高排架的内力分析。

在分析任意荷载作用下等高排架的内力时，可采用以下三个步骤来进行：

①对图 3-46(a)所示排架，先在排架柱顶部附加一个不动铰支座以阻止其侧移，则各柱为单阶一次超静定柱[图 3-46(b)]，应用柱顶反力系数可求得各柱反力 R_i 及相应的柱端剪力，柱顶假想的不动铰支座总反力为 $R = \sum R_i$。在图 3-46(b)中，$R = R_1 + R_3$，因为 R_2 为零。

②撤除假想的附加不动铰支座，将支座总反力 R 反向作用于排架柱顶[图 3-46(c)]，应用剪力分配法可求出柱顶水平力 R 作用下各柱顶剪力 $\eta_i R$。

③将图 3-46(b)、(c)的计算结果相叠加，可得到在任意荷载作用下排架柱顶剪力 $R_i + \eta_i R$，如图 3-46(d)所示，按此图可求出各柱的内力。

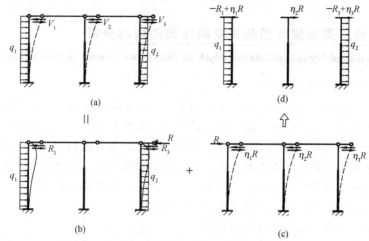

图 3-46 任意荷载作用下等高排架的内力分析

3.5.4 不等高排架的内力分析
Internal Forces Analysis of Bent-frame with Unequal Height

不等高排架在任意荷载作用下由于高、低跨的柱顶位移不相等，因此，不能用剪力分配法求解内力，通常用结构力学中的力法进行分析。下面以图 3-47(a)所示在柱牛腿顶面作用力矩 M 时的两跨不等高排架为例，说明不等高排架内力计算的原理和方法。

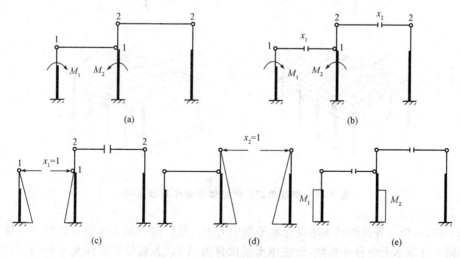

图 3-47 不等高排架内力分析

取基本结构体系如图 3-47(b)所示，有基本未知力 x_1、x_2，由力法方程：

$$\begin{cases} \delta_{11}x_1+\delta_{12}x_2+\Delta_{1p}=0 \\ \delta_{21}x_1+\delta_{22}x_2+\Delta_{2p}=0 \end{cases} \tag{3-30}$$

式中　δ_{11}、δ_{12}、δ_{21}、δ_{22}——基本结构的柔度系数，可由图 3-47(c)、(d)的单位力弯矩图按《结构力学》图乘法图乘得到；

　　Δ_{1p}、Δ_{2p}——载常数，可同上分别由图 3-47(c)、(d)与图 3-47(e)图乘得到。

解力法方程(3-30)求得未知力 x_1、x_2 后，就可通过平衡条件求得该两跨不等高排架各柱的内力。

3.5.5　单层厂房排架考虑整体空间作用的内力分析

Analysis on Internal Forces of Spatial Work of One-story Industrial Workshop Bent-frame

(1)厂房整体空间作用的概念。

单层厂房是一个空间结构，在上述几节的讨论中，将实际的空间结构抽象成平面排架结构进行计算，使计算简化。这样处理，沿厂房纵向均匀分布的恒载、屋面活荷载、雪荷载及风荷载作用时，基本上可以反映厂房的工作性能。但是，当结构布置或荷载分布不均匀时，由于屋盖等纵向联系构件将各榀排架或山墙联系在一起，故各榀排架或山墙的受力及变形都不是单独的，而是相互制约的。这种排架与排架、排架与山墙之间的相互制约作用，称为厂房的整体空间作用。由于吊车荷载仅作用在几榀排架上，属于局部荷载，故在吊车荷载作用下按平面排架结构分析内力时，须考虑厂房的整体空间作用。

为了便于说明问题，图 3-48 表示单层单跨厂房在柱顶水平荷载作用下，由于结构或荷载情况的不同所产生的四种水平位移示意图。

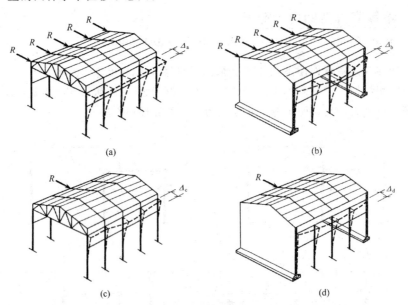

(a)　　　　　　　　　　　　(b)

(c)　　　　　　　　　　　　(d)

图 3-48　单层单跨厂房整体空间作用示意图

在图 3-48(a)中，各排架柱顶均受有水平集中力 R，且厂房两端无山墙。此时，各排架的受力情况相同，柱顶水平位移亦相同(设柱顶水平位移为 Δ_a)，各榀排架之间互不制约。因此，该厂房结构可视作平面排架结构进行内力计算。

在图 3-48(b)中，各排架的受荷情况与图 3-48(a)所示情况相同，但厂房两端有山墙。由于山墙在平面内的刚度比平面排架的刚度大很多，故厂房在山墙处的水平位移很小，山墙则通过屋盖等纵向联系构件对其他各榀排架有不同程度的制约作用，使各榀排架柱顶水平位移呈曲线分布，靠近山墙处的排架柱顶水平位移很小，中间排架柱顶水平位移 Δ_b 最大，且 $\Delta_b < \Delta_a$。

在图 3-48(c)中，仅其中一榀排架柱顶作用水平集中力 R，且厂房两端无山墙，则直接受荷排架通过屋盖等纵向联系构件受到非直接受荷排架的制约，使其柱顶的水平位移 Δ_c 减小，即 $\Delta_c < \Delta_a$；对非直接受荷排架，由于受到直接受荷排架的牵连，其柱顶也产生不同程度的水平位移。

在图 3-48(d)中，仅其中一榀排架柱顶作用水平集中力 R，且厂房两端有山墙，由于直接受荷排架受到非直接受荷排架和山墙两种制约，则各榀排架的柱顶水平位移将更小，即 $\Delta_d < \Delta_c$。

单层厂房整体空间作用的程度主要取决于屋盖的水平刚度、荷载类型、山墙刚度和间距等因素。因此，无檩屋盖比有檩屋盖、均布荷载比局部荷载、无山墙比有山墙的厂房的整体空间作用要大些。

（2）厂房空间作用分配系数。

当单层厂房某一榀排架柱顶作用水平集中力 R 时[图 3-49(a)]，若不考虑厂房的整体空间作用，则此集中力 R 全部由直接受荷排架承受，其柱顶水平位移为 Δ[图 3-49(c)]；当考虑厂房的整体空间作用时，由于非直接受荷排架的制约作用，水平集中力 R 通过屋盖等纵向联系构件由直接受荷排架和非直接受荷排架共同承受，即各支座反力 R_i 之和等于整个排架所承担的水平力 R[图 3-49(b)]。设直接受荷排架对应的支座反力为 R_0，则 $R_0 < R$。将 R_0 与 R 之比定义为单个集中力作用下厂房的空间作用分配系数，以 μ 表示。由于在弹性阶段，排架柱顶的水平位移与其所受荷载成正比，故空间作用分配系数又可表示为两种情况下柱顶水平位移之比，即

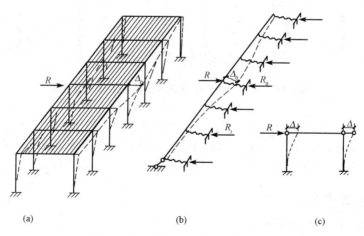

(a)   (b)   (c)

图 3-49　厂房整体空间工作分析图

$$\mu = \frac{R_0}{R} = \frac{\Delta_0}{\Delta} < 1.0 \tag{3-31}$$

如果已知 μ，则考虑厂房整体空间作用时排架所承受的荷载为 μR。单跨厂房空间作用分配系数 μ 见表 3-11。

表 3-11　单跨厂房空间作用分配系数 μ

厂房情况		吊车起重量 /t	厂房长度/m	
			≤60	>60
有檩屋盖	两端无山墙或一端有山墙	≤30	0.90	0.85
	两端有山墙	≤30	0.85	
无檩层盖	两端无山墙 或一端有山墙	≤75	厂房跨度(m)	
			12～27 ｜ >27	12～27 ｜ >27
			0.90 ｜ 0.85	0.85 ｜ 0.80
	两端有山墙	≤75	0.80	

注：1. 厂房山墙应为实心砖墙，如有开洞，洞口山墙水平截面面积的削弱应不超过 50%，否则应视为无山墙情况。
　　2. 当厂房设有伸缩缝时，厂房长度应按一个伸缩缝区段的长度计，且伸缩缝处应视为无山墙。

(3)考虑厂房整体空间作用时排架的内力计算。

考虑厂房整体空间作用时排架的内力计算步骤为(图 3-50)：

①先假定排架柱顶无侧移，求出在吊车水平荷载 $T_{\max}$ 作用下的柱顶反力 R_A、R_B，以及相应的柱顶剪力，$R = R_A + R_B$，如图 3-50(b)所示。

②将柱顶反力 R 乘以空间作用分配系数 μ，并将它反方向施加于该榀排架的柱顶，按剪力分配法求出各柱顶剪力 $\eta_A \mu R$、$\eta_B \mu R$，如图 3-50(c)所示。

③将上述两项计算求得的柱顶剪力叠加，即为考虑空间作用的柱顶剪力；根据柱顶剪力及柱上实际承受的荷载，按静定悬臂柱可求出各柱的内力，如图 3-50(d)所示。

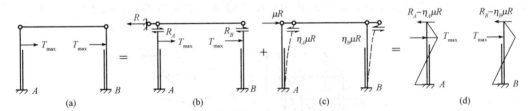

图 3-50　考虑厂房整体空间作用时排架的内力计算

由于 $\mu < 1.0$，故考虑厂房整体空间作用后，柱顶剪力增大($V_i < V_i'$)，使上柱内力增大；又因为 V_i' 与 $T_{\max}$ 方向相反，所以下柱内力将减小。由于下柱的配筋量一般比较多，故考虑空间作用后，柱的钢筋总用量有所减少。

3.5.6　内力组合
Combination of Internal Forces

所谓内力组合，是指考虑各单项荷载(尤其是可变荷载)同时出现并同时达到最大的可能性，按一定的原则进行组合，使结构构件某个截面产生最不利内力，作为构件截面设计的依据。这个截面就是控制截面。

(1)柱的控制截面。

控制截面是指对截面配筋起控制作用的截面，一般指内力最大处的截面。对单阶柱，为便于施工，整个上柱截面配筋相同，整个下柱截面的配筋也相同，故设计时应根据内力图和截面的变化情况，分别找出上柱和下柱的控制截面作为配筋计算的依据。

对上柱（牛腿顶面以上），由于其底部Ⅰ—Ⅰ截面的弯矩和轴力都比其他截面大，故通常取上柱底截面作为上柱的控制截面。对下柱，在吊车竖向荷载作用下，一般牛腿顶截面处的弯矩最大，而在风荷载和吊车横向水平荷载作用下，柱底截面的弯矩最大。因此，通常取牛腿顶截面（Ⅱ—Ⅱ截面）和柱底截面（Ⅲ—Ⅲ截面）作为下柱的控制截面。同时，柱下基础设计也需要Ⅲ—Ⅲ截面的内力值。如图3-51所示。

当柱上作用有较大的集中荷载（如悬墙重量等）时，根据其内力大小还需将集中荷载作用处的截面作为控制截面。

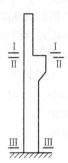

图3-51　柱控制截面图

（2）荷载效应组合。

排架内力分析一般是分别算出各种荷载单独作用下柱的内力。为求得柱控制截面的最不利内力，首先须找出哪几种荷载同时作用时才是最不利的，即考虑各单项荷载同时出现的可能性；其次，由于几种可变荷载同时作用又同时达到其设计值的可能性较小，为此，需对可变荷载进行折减，即考虑可变荷载组合值系数。

《荷载规范》规定：对于基本组合，荷载效应组合的设计值 S 应从下列组合值中取最不利值确定：

对由可变荷载效应控制的组合

$$S = \sum_{i=1}^{m} \gamma_{Gi} S_{Gik} + \gamma_{L1} \gamma_{Q1} S_{Q1k} + \sum_{j=2}^{n} \gamma_{Qj} \gamma_{Lj} \psi_{cj} S_{Qjk} \tag{3-32}$$

对由永久荷载效应控制的组合

$$S = \sum_{i=1}^{m} \gamma_{Gi} S_{Gik} + \sum_{j=1}^{n} \gamma_{Qj} \gamma_{Lj} \psi_{cj} S_{Qjk} \tag{3-33}$$

式中　S_{Gik}——第 i 个永久荷载标准值的效应值；

S_{Qjk}——第 j 个可变荷载标准值的效应值，其中 S_{Q1k} 为诸可变荷载效应中起控制作用者；

γ_{Gi}——第 i 个永久荷载的分项系数，当其效应对结构不利时，对由可变荷载效应控制的组合，应取1.2；对由永久荷载效应控制的组合，应取1.35；当其效应对结构有利时的组合，应取1.0；

γ_{Qj}——第 j 个可变荷载的分项系数，其中 γ_{Q1} 为第1个可变荷载（主导可变荷载）的分项系数，一般情况，均应取1.4；对标准值大于 $4 \ kN/m^2$ 的工业房屋楼面结构的活载，应取1.3；

γ_{L}——可变荷载考虑设计使用年限的调整系数，按《荷载规范》中的规定采用；

ψ_{cj}——第 j 个可变荷载的组合值系数，按《荷载规范》中的规定采用；

m——参与组合的永久荷载数；

n——参与组合的可变荷载数。

对于正常使用极限状态，应根据不同的设计要求，采用荷载的标准组合、频遇组合或准永久组合。在对排架结构基础的地基承载力计算时，应采用荷载效应的标准组合，可参照承载能力极限状态的基本组合，即按式（3-32）、式（3-33）进行组合，但各项荷载分项系数均取1。

在对排架柱进行裂缝宽度验算时，尚需进行准永久组合，其效应设计值 S_q 为：

$$S_q = \sum_{i=1}^{m} S_{Gik} + \sum_{j=1}^{n} \psi_{Qj} S_{Qjk} \tag{3-34}$$

式中　ψ_{Qj}——第 j 个可变作用的准永久值系数，应按《荷载规范》中的规定采用。

其他符号意义同前。

（3）不利内力组合项目。

排架柱为偏心受压构件，控制截面上同时作用有弯矩 M、轴力 N 和剪力 V，其纵向受力钢筋数量主要取决于控制截面上的弯矩和轴力。由于弯矩 M 和轴力 N 有很多种组合，需要确定可能的最不利弯矩和轴力组合。

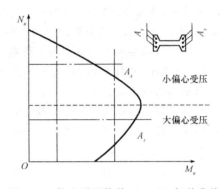

图 3-52　偏心受压构件 $M_u - N_u$ 相关曲线

根据给定截面、配筋及材料强度的偏心受压构件达到承载能力极限状态时的 $M_u - N_u$ 相关曲线（图 3-52），当截面为大偏心受压时，如果 M 不变，则 N 越小越不利，或者如果 N 不变，则 M 越大越不利；当截面为小偏心受压时，如果 M 不变，则 N 越大越不利，或者如果 N 不变，则 M 越大越不利。因此，通常选择以下四个项目作为可能的截面最不利内力组合：

① $+M_{max}$ 及相应的 N、V。

② $-M_{max}$ 及相应的 N、V。

③ N_{max} 及相应的 M、V。

④ N_{min} 及相应的 M、V。

按上述四种情况可以得到很多组不利内力组合，但难以判别哪一种组合是决定截面配筋的最不利内力。通常做法是对每一组不利内力组合进行分析和判断，求出几种可能的最不利内力的组合值，经过截面配筋计算，通过比较后加以确定。设计经验和分析表明，当截面为大偏心受压时，以 M 最大而相应的 N 较小时为最不利；而当截面为小偏心受压时，往往以 N 最大而相应的 M 也较大时为最不利。

值得注意的是，当截面为小偏心受压时，其中一种最不利内力组合 N_{max} 比另一种略小，但其相应的 M 却比另一种大很多，则需选择该组最不利内力组合值进行截面设计；同样，当截面为大偏心受压时，其中一种最不利内力组合 M_{max} 比另一种略小，但其相应的 N 却比另一种小很多，也需选择该组最不利内力组合值进行截面设计。

对不考虑抗震设防的排架柱，箍筋一般由构造控制，故在柱的截面设计时，可不考虑最大剪力所对应的不利内力组合以及其他不利内力组合所对应的剪力值。

（4）内力组合注意事项。

①每次内力组合时，只能以一种内力（如 $\pm M_{max}$ 或 N_{max} 或 N_{min}）为目标来决定可变荷载的取舍，并求得与其相应的其余两种内力。

②任何情况下，都必须考虑恒荷载产生的内力参加组合。

③在吊车竖向荷载中，同一柱的同一侧牛腿上有 D_{max} 或 D_{min} 作用，二者只能选择一种（取不利内力）参加组合。

④吊车横向水平荷载 T_{max} 同时作用在同一跨内的两个柱子上，向左或向右，只能选取其中一种参与组合。

⑤在同一跨内 D_{max} 和 D_{min} 与 T_{max} 不一定同时发生，故组合 D_{max} 或 D_{min} 产生的内力时，不一定要组合 T_{max} 产生的内力。考虑到 T_{max} 既可向左又可向右作用的特性，所以若组合了 D_{max} 或 D_{min} 产生的内力，则同时组合相应的 T_{max} 产生的内力（多跨时只取一项）才能得到最不利的内力组合。反之，如果组合时取用了 T_{max} 产生的内力，则必须取用相应的 D_{max} 或 D_{min} 产生的内力。

⑥风荷载有向左、向右吹两种情况，只能选择一种风向参加组合。

⑦当以 N_{max} 或 N_{min} 为目标进行内力组合时，虽然风荷载及吊车水平荷载不产生轴力 N，但可使弯矩 M 值增大或减小，故要取组合它们可能产生最大正弯矩或最大负弯矩的内力项。

⑧由于多台吊车同时满载且小车又同时处于最不利位置的可能性较小，所以当多台吊车参与组合时，在计算内力时吊车的竖向荷载和水平荷载应乘以表 3-12 规定的折减系数。

表 3-12　多台吊车的荷载折减系数

参与组合的吊车台数	吊车工作级别	
	A1～A5	A6～A8
2	0.90	0.95
3	0.85	0.90
4	0.80	0.85

3.6　柱的设计

Design of Columns

单层厂房中的柱主要有排架柱和抗风柱两类。排架柱根据排架内力分析的结果进行截面设计。抗风柱主要承受山墙的风荷载，根据风载作用下抗风柱的内力可进行抗风柱截面设计。

关于柱的形式和截面尺寸的确定在 3.4 节已作讨论，本节主要介绍排架柱的配筋计算、牛腿设计、吊装验算，简述抗风柱的设计。

3.6.1　截面设计

Design of Sections

(1)柱的计算长度。

在对柱进行受压承载力计算或验算时，需要考虑二阶效应影响。当确定弯矩增大系数 η_s 或稳定系数 φ 时，均与柱的计算长度 l_0 有关。在材料力学中，一般可以根据柱的支承情况来确定柱的计算长度。在实际的排架结构中，排架柱上部为铰支座，但受屋盖刚度和房屋跨数的影响；下部虽然简化为固定支座，但由于地基土是可压缩的，这种简化具有近似性；另外，柱身为变截面，还与连系梁、吊车梁、圈梁等构件相连。因此，计算长度 l_0 的确定方法不能硬套材料力学中的规则，我国《结构规范》给出了其取值规定，见附表 10-1。

(2)截面配筋计算。

排架柱通常为偏心受压构件，一般上柱为矩形截面、下柱为 I 形截面，根据控制截面的不利内力组合值(M、N、V)进行柱的配筋计算。由于截面弯矩有正、负两种情况，故这种柱可按对称配筋进行弯矩作用平面内的受压承载力计算，此外，还应按轴心受压截面进行平面外受压承载力验算。

(3)构造要求。

柱的混凝土强度等级不应低于 C20，采用强度等级 400 MPa 及以上的钢筋时，混凝土强度等级不应低于 C25。

纵向受力普通钢筋应采用 HRB400、HRB500、HRBF400、HRBF500 级钢筋；箍筋宜采用 HPB300、HRB400、HRBF400、HRB500、HRBF500 级钢筋，也可采用 HRB335、HRBF335 级钢筋。

柱中纵向钢筋直径不宜小于 12 mm；全部纵向钢筋的配筋率不宜大于 5%；纵向钢筋的净间距不应小于 50 mm，且不宜大于 300 mm；当为水平浇筑的预制柱，纵向钢筋的最小净间距可按梁的净间距要求执行，即上部钢筋水平方向的净间距不应小于 30 mm 和 $1.5d$，下部钢筋水平方向的净间距不应小于 25 mm 和 d，当下部钢筋多于 2 层时，2 层以上钢筋水平方向的中距应比下面 2 层的中距增大一倍，各层钢筋之间的净间距不应小于 25 mm 和 d，d 为钢筋的最大直径。

偏心受压柱的截面高度不小于 600 mm 时，在柱的侧面上应设置直径不小于 10 mm 的纵向构造钢筋，并相应设置复合箍筋或拉筋；在偏心受压柱中，垂直于弯矩作用平面的侧面上的纵向受力钢筋以及轴心受压柱中各边的纵向受力钢筋，其中距不宜大于 300 mm。

柱中的箍筋应做成封闭式，直径不应小于 $d/4$，且不应小于 6 mm，d 为纵向钢筋的最大直径；箍筋间距不应大于 400 mm 及构件截面的短边尺寸，且不应大于 $15d$，d 为纵向钢筋的最小直径；当柱截面短边尺寸大于 400 mm 且各边纵向钢筋多于 3 根时，或当柱截面短边尺寸不大于 400 mm 但各边纵向钢筋多于 4 根时，应设置复合箍筋；柱中全部纵向受力钢筋的配筋率大于 3% 时，箍筋直径不应小于 8 mm，间距不应大于 $10d$，且不应大于 200 mm。箍筋末端应做成 135° 弯钩，且弯钩末端平直段长度不应小于 $10d$，d 为纵向受力钢筋的最小直径。

3.6.2 牛腿设计
Design of Brackets

单层厂房中牛腿是支撑吊车梁、屋架、托梁、连系梁等的重要承重部件。设置牛腿的目的是在不增加柱截面的情况下，加大构件的支撑面积，从而保证构件间的可靠连接。由于作用在牛腿的荷载大多较大或是动力作用的荷载，所以其受力状态复杂，是排架柱极为重要的组成部分。

(1)牛腿的分类。

根据牛腿的竖向荷载作用线到牛腿根部的水平距离 a 的长短不同可分为长牛腿和短牛腿两类。当 $a \leqslant h_0$ 时称为短牛腿[图 3-53(a)]，当 $a > h_0$ 时称为长牛腿[图 3-53(b)]。h_0 为牛腿截面有效高度。

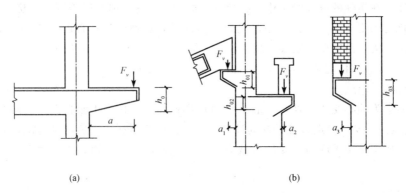

(a)　　　　　　　　　　　　(b)

图 3-53　牛腿的类型

长牛腿的受力特点与悬臂梁相似，故按悬臂梁设计计算。

短牛腿可看作是变截面悬臂深梁。由于一般牛腿都是短牛腿，所以本节讨论的是短牛腿的设计计算方法。

（2）牛腿的受力特征和破坏形态。

牛腿的加载试验研究表明，从加载至破坏，牛腿大体经历弹性、裂缝出现与开展和最后破坏三个阶段。

①弹性阶段。

通过 $a/h_0=0.5$ 的环氧树脂牛腿模型的光弹试验，得到的主应力迹线如图 3-54 所示。由图可见，在顶面竖向力作用下，牛腿上部的主拉应力沿其长度方向分布比较均匀，在加载点附近稍向下倾斜；在 ab 连线附近不太宽的带状区域内，主压应力迹线大体与 ab 连线平行，其分布也比较均匀；另外，上柱根部与牛腿交界处附近存在着应力集中现象。

②裂缝出现与开展阶段。

试验表明，当荷载达到极限荷载的 $20\%\sim40\%$ 时，由于上柱根部与牛腿交界处的主应力集中现象，在该处首先出现自上而下的竖向裂缝①[图 3-55(a)]，裂缝牛腿的应力状态细小且开展较慢，对牛腿的受力性能影响不大；当荷载达到极限荷载的 $40\%\sim60\%$ 时，在加载垫板内侧附近出现一条斜裂缝②，其方向大体与主压应力轨迹线平行。

③破坏阶段。

继续加载，随 a/h_0 值的不同，牛腿主要有以下几种破坏形态：

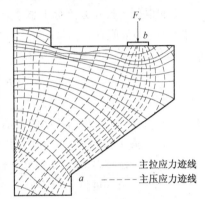

图 3-54　牛腿的应力状态

a. 弯压破坏。

当 $l>a/h_0>0.75$，且纵向受力钢筋配置较少时，随着荷载增加，斜裂缝②不断向受压区延伸，纵筋拉应力逐渐增加直至达到屈服强度，这时斜裂缝②外侧部分绕牛腿根部与柱交接点转动，致使受压区混凝土压碎而引起破坏[图 3-55(a)]。

b. 斜压破坏。

当 $a/h_0=0.1\sim0.75$ 时，随着荷载增加，在斜裂缝②外侧出现细而短小的斜裂缝③，当这些斜裂缝逐渐贯通时，斜裂缝②、③间的斜向主压应力超过混凝土的抗压强度，直至混凝土剥落崩出，牛腿即破坏[图 3-55(b)]。有时，牛腿不出现斜裂缝③，而是在加载垫板下突然出现一条通长斜裂缝④而破坏[图 3-55(c)]。

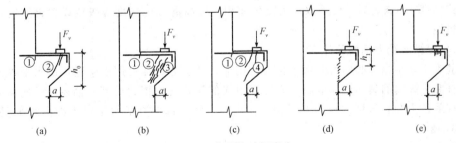

图 3-55　牛腿的破坏形态

c. 剪切破坏。

当 $a/h_0<0.1$ 或虽 a/h_0 较大但牛腿的外边缘高度 h_1 较小时，在牛腿与柱边交接面上出现一

系列短而细的斜裂缝，最后牛腿沿此裂缝从柱上切下而破坏[图 3-55(d)]，破坏时牛腿的纵向钢筋应力较小。

此外，当加载板尺寸过小或牛腿宽度过窄时，可能导致加载板下混凝土发生局部受压破坏[图 3-55(e)]；当牛腿纵向受力钢筋锚固不足时，还会发生使钢筋被拔出等破坏现象。

(3)牛腿截面尺寸的确定。

牛腿的截面宽度与柱宽相同，故确定牛腿的截面尺寸主要是确定其截面高度。

由于牛腿在使用阶段出现斜裂缝易给人以不安全感，且加固困难，故牛腿截面尺寸通常以不出现斜裂缝作为控制条件。对于不是支承吊车梁的牛腿要求可适当降低。

根据试验研究，牛腿斜截面的抗裂性能除与截面尺寸 bh_0 和混凝土抗拉强度标准值 f_{tk} 有关外，还与 a/h_0 以及水平拉力 F_{hk} 值有关。为此，设计时应以下列经验公式作为抗裂控制条件来确定牛腿的截面尺寸(图 3-56)：

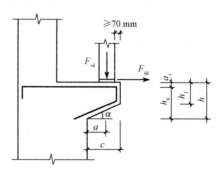

图 3-56 牛腿的截面尺寸

$$F_{vk} \leqslant \beta\left(1 - 0.5\frac{F_{hk}}{F_{vk}}\right)\frac{f_{tk}bh_0}{0.5 + \dfrac{a}{h_0}} \tag{3-35}$$

式中 F_{vk}、F_{hk}——作用于牛腿顶部按荷载效应标准组合计算的竖向力和水平拉力值；

β——裂缝控制系数，对支承吊车梁的牛腿，取 $\beta=0.65$，对其他牛腿，取 $\beta=0.80$；

a——竖向力的作用点至下柱边缘的水平距离，此时应考虑安装偏差 20 mm；当考虑 20 mm 安装偏差后的竖向力作用点仍位于下柱截面以内，取 $a=0$；

b——牛腿宽度；

h_0——牛腿与下柱交接处的垂直截面有效高度，取 $h_0=h_1-a_s+c\tan\alpha$，当 $\alpha>45°$ 时，取 $\alpha=45°$，c 为下柱边缘到牛腿外边缘的水平长度。

此外，牛腿的外边缘高度 h_1 不应小于 $h/3$，且不应小于 200 mm；牛腿外边缘至吊车梁外边缘的距离不宜小于 70 mm；牛腿底边倾斜角 $\alpha \leqslant 45°$。

为防止牛腿顶面加载垫板下混凝土的局部受压破坏，垫板下的局部压应力应满足：

$$\sigma_c = \frac{F_{vk}}{A} \leqslant 0.75f_c \tag{3-36}$$

式中 A——局部受压面积；

f_c——混凝土轴心抗压强度设计值。

当式(3-36)不满足时，应采取加大受压面积、提高混凝土强度等级或设置钢筋网片等有效的加强措施。

(4)牛腿纵向受力钢筋的计算。

试验表明，牛腿在竖向力和水平拉力作用下，其受力特征可用由牛腿顶部水平纵向受力钢筋为拉杆和牛腿内的斜向受压混凝土为压杆组成的简化三角桁架模型来描述。竖向荷载由桁架水平拉杆的拉力和斜压杆的压力来承担，作用在牛腿顶部向外的水平拉力则由水平拉杆承担，如图 3-57 所示。

根据牛腿的计算简图，在竖向力设计值 F_v 和水平拉力设计值 F_h 的共同作用下，通过对 D 点取力矩平衡可得：

$$F_v a + F_h(\gamma_s h_0 + a_s) \leqslant f_y A_s \gamma_s h_0 \tag{3-37}$$

近似取 $\gamma_s=0.85$，$(\gamma_s h_0 + a_s)/\gamma_s h_0 = 1.2$，则由上式可得纵向受力钢筋总截面面积 A_s 为：

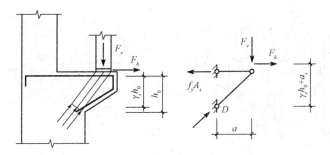

图 3-57　牛腿的计算简图

$$A_s \geqslant \frac{F_v a}{0.85 f_y h_0} + 1.2 \frac{F_h}{f_y} \qquad (3-38)$$

式中　F_v、F_h——分别为作用在牛腿顶部的竖向力设计值和水平拉力设计值；

　　　　a——意义同前，当 $a < 0.3h_0$ 时，取 $a = 0.3h_0$；

　　　　f_y——纵向受拉钢筋强度设计值。

(5)牛腿的构造要求。

沿牛腿顶部配置的纵向受力钢筋，宜采用 HRB400 级或 HRB500 级热轧带肋钢筋。

全部纵向受力钢筋及弯起钢筋宜沿牛腿外边缘向下伸入下柱内 150 mm 后截断。

纵向受力钢筋及弯起钢筋伸入上柱的锚固长度，当采用直线锚固时不应小于受拉钢筋锚固长度 l_0；当上柱尺寸不足时，可采用 90°弯折锚固的方式，此时钢筋应伸至柱外侧纵向钢筋内边并向下弯折，其包含弯弧在内的水平投影长度不应小于 $0.4l_a$（l_a 为受拉钢筋的基本锚固长度），弯折后包含弯弧段的投影长度不应小于 $15\,d$。此时，锚固长度应从上柱内边算起。如图 3-58(a)所示。

承受竖向力所需的纵向受力钢筋的配筋率不应小于 0.20% 及 $0.45f_t/f_y$，也不宜大于 0.60%，钢筋数量不宜少于 4 根直径 12 mm 的钢筋。

当牛腿设于上柱柱顶时，宜将牛腿对边的柱外侧纵向受力钢筋沿柱顶水平弯入牛腿，作为牛腿纵向受拉钢筋使用。当牛腿顶面纵向受拉钢筋与牛腿对边的柱外侧纵向钢筋分开配置时，牛腿顶面纵向受拉钢筋应弯入柱外侧，并应符合钢筋搭接的规定。

牛腿应设置水平箍筋，水平箍筋的直径应取 6~12 mm，间距为 100~150 mm，在上部 $2h_0/3$ 范围内的箍筋总截面面积不宜小于承受竖向力的受拉钢筋截面面积的 1/2。

当牛腿的剪跨比 a/h_0 不小于 0.3 时，宜设置弯起钢筋。弯起钢筋宜采用 HRB400 级或 HRB500 级热轧带肋钢筋，并宜使其与集中荷载作用点到牛腿斜边下端点连线的交点位于牛腿上部 $l/6~l/2$ 的范围内，l 为该连线的长度[图 3-58(b)]。弯起钢筋截面面积不宜小于承受竖向力的受拉钢筋截面面积的 1/2，且不宜少于 2 根直径 12 mm 的钢筋。同时，纵向受拉钢筋不得兼作弯起钢筋。

3.6.3　抗风柱的设计
Design of Resisting Wind-Column

抗风柱承受山墙传来的风荷载，其外边缘与厂房横向封闭轴线重合，离屋架中心线 600 mm。为避免抗风柱与端屋架相碰，应将抗风柱的上部截面高度适当减小，形成变截面柱。抗风柱的柱顶标高应低于屋架上弦中心线 50 mm，以使柱顶对屋架施加的水平力可通过弹簧钢板传至屋

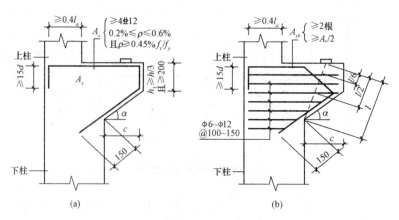

图 3-58 牛腿的构造要求

架上弦中心线，不使屋架上弦杆受扭；同时抗风柱变阶处的标高应低于屋架下弦底边 200 mm，以防止屋架产生挠度时与抗风柱相碰，如图 3-59(a) 所示。

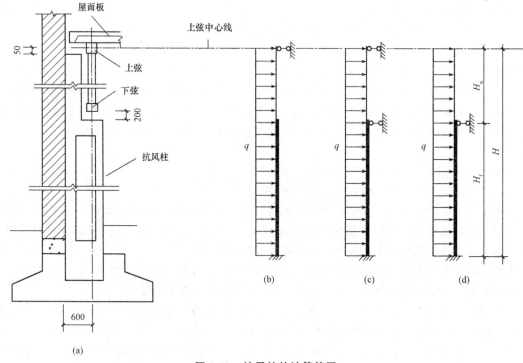

图 3-59 抗风柱的计算简图

抗风柱截面尺寸除了应满足表 3-4 中截面尺寸的限值外，上柱截面尺寸不宜小于 350 mm × 300 mm，下柱截面高度不宜小于 600 mm。

抗风柱顶部一般支承在端屋架的上弦节点处，由于屋盖的纵向水平刚度很大，故支承点可视为不动铰支座。柱底部固定于基础顶面，如图 3-59(b) 所示。当屋架下弦设有横向水平支撑时，抗风柱亦可与屋架下弦相连接，作为抗风柱的另一个不动铰支座，如图 3-59(c)、(d) 所示；当在山墙内侧设置水平抗风梁或抗风桁架时，则抗风梁或桁架也为抗风柱的一个支座。

由于山墙的重量一般由基础梁承受，故抗风柱主要承受风荷载，若忽略抗风柱自重，则可按变截面受弯构件进行设计；当山墙处设有连系梁时，除风荷载外，抗风柱还承受由连系梁传来的墙体重量，则可按变截面的偏心受压构件进行设计。

3.6.4 柱的吊装验算
Hanging Check of Column

在施工吊装阶段，柱的受力状态与使用阶段不同，而且此时混凝土的强度可能未达到设计强度，因此，还应进行吊装阶段承载力和裂缝宽度验算。

柱在吊装阶段验算时采用的计算简图应根据其吊装方式来确定，吊装方式有平吊和翻身吊两种，如图 3-60 所示。平吊较为方便[图 3-60(a)]；当采用平吊不满足承载力或裂缝宽度限值要求时，可采用翻身吊[图 3-60(b)]。按绑扎方式不同又可分为一点绑扎起吊和两点绑扎起吊，通常采用一点起吊；只有当柱较长、截面尺寸较大使自重较大时才采用两点绑扎起吊。

当采用一点起吊时，吊点一般设置在牛腿根部变截面处。吊装过程中的荷载是排架柱的自重，最不利受力阶段为吊点刚离开地面时，此时柱子底端搁置在地面上，柱在其自重作用下为受弯构件，其计算简图和弯矩图如图 3-60(c)所示。根据弯矩的情况一般取上柱柱底、牛腿根部和下柱跨中三个控制截面进行承载力和裂缝宽度验算。

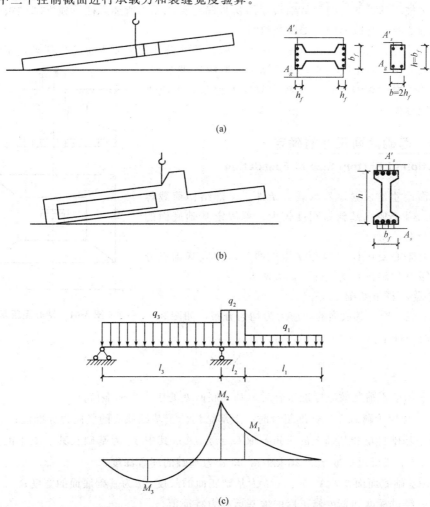

图 3-60　柱一点的起吊示意及计算简图

验算时应注意下列问题：

（1）柱承受的荷载主要为柱的自重，荷载分项系数取 1.35，考虑到起吊时的动力作用，还应乘以动力系数 1.5。

（2）由于吊装阶段较短暂，故结构重要性系数 γ_0 可较其使用阶段降低一级采用。

（3）当采用平吊时，I 形截面可简化为宽度为 $2h_f$、高度为 b_f 的矩形截面，受力钢筋只考虑两翼缘最外边的一排钢筋参与工作；当采用翻身起吊时，截面的受力方式与使用阶段一致，可按矩形或 I 形截面进行受弯承载力计算，一般均可满足要求。

（4）当吊装验算不满足要求时，应优先采用调整或增设吊点以减小弯矩的方法或采取临时加固措施来解决；当变截面处配筋不足时，可在该局部区段加配短钢筋。

3.7 基础的设计

Design of Foundations

单层厂房柱下基础的类型和基础尺寸的初步确定见 3.4.4 所述。柱下独立基础根据其受力性能可分为轴心受压基础和偏心受压基础两类。

在基础的形式、初步尺寸和埋置深度确定后，基础设计的主要内容还包括确定基础底面尺寸、确定基础高度、基础底板的配筋计算及采取构造措施等；另外，对一些重要的建筑物或土质较为复杂的地基，尚应进行变形或稳定性验算。

3.7.1 基础底面尺寸的确定

Calculation of Bottom Size of Foundation

基础底面尺寸是根据地基承载力条件、上部结构荷载等条件确定的。由于独立基础的刚度较大，可假定基础底面的压力为线性分布。

由于柱有轴心受压柱和偏心受压柱两类，相应基础也分轴心受压柱下基础和偏心受压柱下基础两类。

（1）轴心受压柱下基础。

基础轴心受压时，其底面的压应力为均匀分布，如图 3-61 所示。设计时应满足：

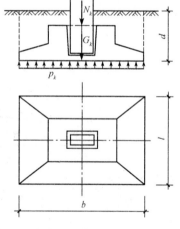

图 3-61 轴心受压基础

$$p_k = \frac{N_k + G_k}{A} \leqslant f_a \tag{3-39}$$

式中 p_k——相应于荷载效应标准组合时，基础底面处的压应力标准值；

         N_k——相应于荷载效应标准组合时，上部结构传至基础顶面的竖向力标准值；

         G_k——基础自重和基础上的土重，取 $G_k = \gamma_m dA$；其中 γ_m 为基础及其上填土的平均重度（一般可近似取 $\gamma_m = 20$ kN/m²），d 为基础的埋置深度；

         A——基础底面面积，$A = b \times l$，b 为基础底面的长度，l 为基础底面的宽度；

         f_a——经过深度和宽度修正后的地基承载力特征值。

将 $G_k = \gamma_m dA$ 代入式(3-39)，可得基础底面面积为：

$$A \geqslant \frac{N_k}{f_a - \gamma_m d} \qquad (3-40)$$

由于基础底面一般为矩形或正方形，故根据式(3-40)算得的 A 值，先确定基础底面的长度 b，再求得宽度 l。

(2)偏心受压柱下基础。

基础在偏心荷载作用下或同时有轴力和弯矩作用时，假定其底面的压应力为线性分布(图3-62)，这时基础底面两端的压应力可按下式计算：

$$\frac{p_{k,max}}{p_{k,min}} = \frac{N_{bk}}{A} \pm \frac{M_{bk}}{W} \qquad (3-41)$$

式中　$p_{k,max}$、$p_{k,min}$——面分别为相应于荷载效应标准组合时基础底面两端的最大和最小压应力值；

　　　W——基础底面的抵抗矩，$W = lb^2/6$；其中 l 为垂直于力矩作用方向的基础底面边长；

　　　N_{bk}、M_{bk}——分别为相应于荷载效应标准组合时，作用于基础底面的竖向压力标准值和力矩标准值，按下式计算：

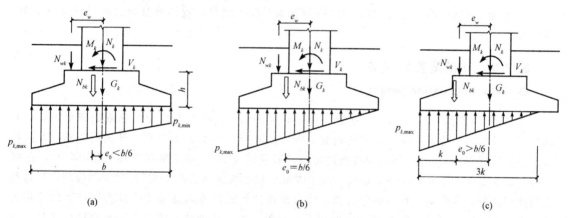

(a)　　　　　　　　　　(b)　　　　　　　　　　(c)

图3-62　偏心受压基础

$$N_{bk} = N_k + G_k + N_{wk} \qquad (3-42)$$
$$M_{bk} = M_k \pm V_k h \pm N_{wk} e_w \qquad (3-43)$$

式中　N_k、M_k、V_k——分别为按荷载效应标准组合时作用于基础顶面处的轴力、弯矩和剪力的标准值；在选择排架柱Ⅲ—Ⅲ截面的内力组合值时，当轴力 N_k 值相近时，应取弯矩绝对值较大的一组，一般还需考虑 $N_{k,max}$ 及相应的 M_k、V_k 这一组不利内力组合；

　　　N_w——相应于荷载效应标准组合时基础梁传来的竖向力标准值；

　　　e_w——基础梁中心线至基础底面中心线的距离；

　　　h——按经验初步拟定的基础高度。

令 $e_0 = M_{bk}/N_{bk}$，并将 $W = lb^2/6$ 代入式(3-41)，则可将基础底面两端的压应力值表达为：

$$\frac{p_{k,max}}{p_{k,min}} = \frac{N_{bk}}{bl}\left(1 \pm \frac{6e_0}{b}\right) \qquad (3-44)$$

由上式可知，当 $e_0 < b/6$ 时，$p_{k,min} > 0$，地基反力呈梯形分布，表示基底全部受压[图3-62(a)]；

当 $e_0 = b/6$ 时，$p_{k,min} = 0$，地基反力呈三角形分布，基底亦为全部受压[图3-62(b)]；

当 $e_0>b/6$ 时，$p_{k,\min}<0$，由于基础底面与地基土的接触面间不能承受拉力，故基础底面的一部分与地基土脱离，而基础底面与地基土接触的部分其反力仍呈三角形分布[图 3-62(c)]。根据力的平衡条件，可求得基础底面端部的最大压应力值为：

$$p_{k,\max}=\frac{2N_{bk}}{3kl} \tag{3-45}$$

式中　k——基础底面竖向压力 N_{bk} 作用点至基础底面最大压力边缘的距离，$k=b/2-e_0$。

在偏心荷载作用下，基础底面的压应力值应满足下式要求：

$$p_k=\frac{p_{k,\max}+p_{k,\min}}{2}\leqslant f_a \tag{3-46}$$

$$p_{k,\max}\leqslant 1.2f_a \tag{3-47}$$

总结偏心受压柱下基础底面尺寸的计算步骤：

(1)按轴心受压柱下基础底面面积公式(3-40)初步估算基础的底面面积。

(2)考虑基础底面弯矩的影响，将基础底面面积适当增加 10%~40%，初步选定基础底面的边长 b 和 l，对于底面，长短边之比常取 1.5~2。

(3)按式(3-42)~式(3-45)计算偏心荷载作用下基础底面的压应力值。

(4)验算是否满足式(3-46)和式(3-47)的要求；如不满足，应调整基础底面尺寸重新验算，直至满足为止。

3.7.2 基础高度的验算
Check of Foundation Height

基础高度的初步确定见 3.4.4 所述。试验研究表明，当柱与基础交接处或基础变阶处的基础高度不足时，柱传来的荷载将使基础发生冲切破坏[图 3-63(a)]，这种破坏表现为基础在沿柱周边或变阶处周边沿约 45°方向的截面被切开，形成图 3-63(b)所示的角锥体(阴影部分)。基础的冲切破坏是由于沿冲切面的主拉应力超过混凝土轴心抗拉强度而引起的[图 3-63(c)]。为避免发生冲切破坏，基础应具有足够的高度，使角锥体冲切面以外由地基土净反力所产生的冲切力不应大于冲切面上混凝土所能承受的冲切力。因此，独立基础的高度除应满足构造要求外，还应满足柱与基础交接处以及基础变阶处的混凝土受冲切承载力要求，即：

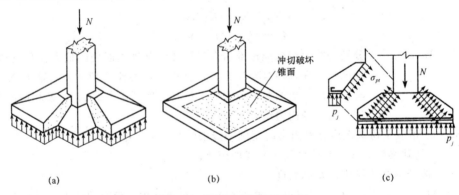

(a)　　　　　　　　(b)　　　　　　　　(c)

图 3-63　基础冲切破坏示意图

$$F_l\leqslant 0.7\beta_{hp}f_ta_mh_0 \tag{3-48}$$

$$F_l=p_jA_l \tag{3-49}$$

$$a_m = \frac{a_t + a_b}{2} \qquad (3\text{-}50)$$

式中　F_l——相应于荷载效应基本组合时作用在 A_l 上的地基土净反力设计值；

　　　A_l——冲切验算时取用的部分基底面积[图 3-64(a)、(b)中的阴影面积 $ABCDEF$，或图 3-64(c)中的阴影面积 $ABCD$]；

　　　p_j——扣除基础自重及其上土重后相应于荷载效应基本组合时的地基净反力，对偏心受压基础可取基础边缘处最大地基土单位面积净反力；

　　　β_{hp}——受冲切承载力截面高度影响系数，当 $h \leqslant 800$ mm 时，取 1.0；当 $h \geqslant 2\,000$ mm 时，取 0.9；其间按线性内插法取用；当验算柱与基础交接处时，h 为基础高度，当验算基础变阶处时，h 为验算处的台阶高度；

　　　f_t——混凝土轴心抗拉强度设计值；

　　　a_m——冲切破坏锥体最不利一侧的计算长度；

　　　a_t——冲切破坏锥体最不利一侧斜截面的上边长，当计算柱与基础交接处的受冲切承载力时，取柱宽；当计算基础变阶处的受冲切承载力时，取上阶宽；

　　　a_b——冲切破坏锥体最不利一侧斜截面在基础底面积范围内的下边长，当冲切破坏锥体的底面落在基础底面以内[图 3-64(a)、(b)]，计算柱与基础交接处的受冲切承载力时，取柱宽加两倍基础有效高度；当计算基础变阶处的受冲切承载力时，取上阶宽加两倍该处的台阶有效高度；当冲切破坏锥体的底面在 l 方向落在基础底面以外，即 $a_t + 2h_0 \geqslant l$ 时[图 3-64(c)]，取 $a_b = l$；

　　　h_0——基础冲切破坏锥体的有效高度。

若基础高度不满足受冲切承载力验算要求，则应增大基础高度或调整台阶尺寸重新进行验算，直至满足要求为止。当基础底面落在 45°线（即冲切破坏角锥体）以内时，可不必进行受冲切承载力验算。

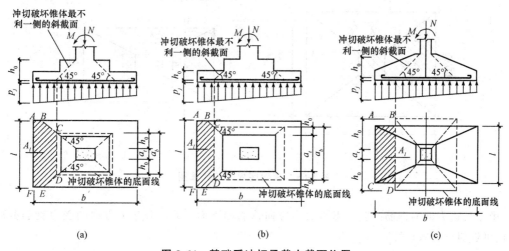

图 3-64　基础受冲切承载力截面位置

3.7.3　基础底板配筋

Calculation of Bottom Bars of Foundation

基础在上部结构传来的荷载及地基土反力作用下，其受力状态可看作在地基土反力作用下支承于柱上倒置的变截面悬臂板，基础底板将在两个方向产生弯曲，故需在底板两个方向都配置受力钢筋。由于由基础自重及其上土重产生的地基土反力不会使基础各截面产生弯矩和剪力，故基础底板配筋计算采用地基土净反力 p_j。配筋计算的控制截面，一般取在柱与基础交接处及变阶处(对阶形基础)。

根据《建筑地基基础设计规范》(GB 50007—2011)规定，对于矩形基础，当台阶的宽高比小于或等于 2.5 时，底板配筋可按下述方法计算。

(1)轴心受压柱下基础。

为简化计算，将基础底板划分为四个区块，每个区块都可看作是固定于柱边的悬臂板，且假定各区块之间无联系，如图 3-65 所示。柱边处截面 Ⅰ—Ⅰ 和截面 Ⅱ—Ⅱ 的弯矩设计值，分别等于作用在梯形 $ABCD$ 和 $BEFC$ 上的总地基净反力乘以其面积形心至柱边截面的距离 [图 3-65(a)]，即

$$M_{\mathrm{I}} = \frac{p_j}{24}(b-b_t)^2(2l+a_t) \tag{3-51}$$

$$M_{\mathrm{II}} = \frac{p_j}{24}(l-a_t)^2(2b+b_t) \tag{3-52}$$

式中各符号意义同前。

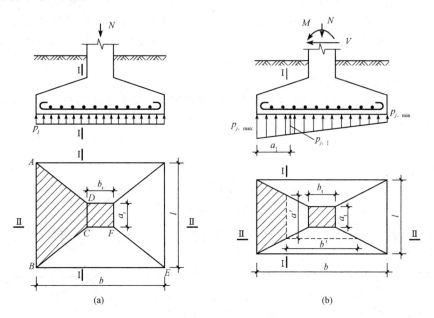

图 3-65　基础底板配筋计算图

由于长边方向的钢筋一般置于沿短边方向钢筋的下面，故沿长边 b 方向的受力钢筋截面面积 $A_{s\mathrm{I}}$ 可近似按下式计算：

$$A_{s\mathrm{I}} = \frac{M_{\mathrm{I}}}{0.9 h_0 f_y} \tag{3-53}$$

如果基础底板两个方向受力钢筋直径均为 d，则截面 Ⅱ—Ⅱ 的有效高度为 $h_0 - d$，故沿短边 l 方向的受力钢筋截面面积 $A_{s\mathrm{II}}$ 为：

$$A_{s\mathrm{II}} = \frac{M_{\mathrm{II}}}{0.9(h_0 - d) f_y} \tag{3-54}$$

式中　$0.9h_0$——由经验确定的内力偶臂；

h_0——截面Ⅰ—Ⅰ处底板的有效高度，$h_0 = h - a_s$，$a_s = c + d/2$，c 为混凝土保护层厚度；

f_y——基础底板钢筋抗拉强度设计值；

d——钢筋直径。

（2）偏心受压柱下基础。

当偏心距小于或等于 1/6 基础长度 b 时，沿弯矩作用方向在任意截面Ⅰ—Ⅰ处及垂直于弯矩作用方向在任意截面Ⅱ—Ⅱ处［图3-65(b)］相应于荷载效应基本组合时的弯矩设计值 $M_Ⅰ$、$M_Ⅱ$，可分别按下列公式计算，即：

$$M_Ⅰ = \frac{1}{12} a_1^2 \left[(2l + a')(p_{j,\max} + p_{j,1}) + (p_{j,\max} - p_{j,1})l \right] \tag{3-55}$$

$$M_Ⅱ = \frac{1}{48}(l - a')^2 (2b + b')(p_{j,\max} + p_{j,\min}) \tag{3-56}$$

式中　a_1——任意截面Ⅰ—Ⅰ至基底边缘最大反力处的距离；

$p_{j,\max}$、$p_{j,\min}$——分别为相应于荷载效应基本组合时，基础底面边缘的最大和最小地基净反力设计值；

$p_{j,1}$——相应于荷载效应基本组合时，在任意截面Ⅰ—Ⅰ处基础底面地基净反力设计值。

其他符号意义见图3-65。

当偏心距大于 1/6 基础长度 b 时，沿弯矩作用方向，基础底面一部分将出现零应力，其反力呈三角形分布［图3-62(c)］。在沿弯矩作用方向上，任意截面Ⅰ—Ⅰ处相应于荷载效应基本组合时的弯矩设计值 $M_Ⅰ$ 仍可按式（3-55）计算；在垂直于弯矩作用方向上，任意截面Ⅱ—Ⅱ处相应于荷载效应基本组合时的弯矩设计值 $M_Ⅱ$ 应按实际应力分布计算。在设计时，为简化计算，也可偏安全取 $p_{j,\min} = 0$，然后按式（3-56）计算。

当按上式求得弯矩设计值 $M_Ⅰ$、$M_Ⅱ$ 后，其相应的基础底板受力钢筋截面面积可近似地按式（3-53）和式（3-54）进行计算。

对于阶形基础，还应进行变阶截面处的配筋计算，并比较由上述所计算的配筋及变阶截面处的配筋，取两者较大者作为基础底板的最后配筋。

3.7.4　基础构造要求
Detailing Requirements of Foundation

基础的混凝土强度等级不宜低于 C20。垫层的混凝土强度等级应为 C15，垫层厚度不宜小于 70 mm，一般为 100 mm，周边伸出基础边缘宜为 100 mm。

基础底板受力钢筋的最小直径不应小于 10 mm，间距不宜大于 200 mm，也不宜小于 100 mm。当基础底面边长大于或等于 2.5 m 时，底板受力钢筋的长度可取边长的 0.9 倍，并宜交错布置。长边方向钢筋应置于短边方向的钢筋之下。当有垫层时，混凝土保护层厚度不应小于 40 mm；无垫层时，不宜小于 70 mm。

其余构造要求见 3.4.4 节。

当柱为轴心受压或小偏心受压且 $t/h_2 \geq 0.65$ 时，或大偏心受压且 $t/h_2 \geq 0.75$ 时，杯壁可不配筋；当柱为轴心受压或小偏心受压且 $0.5 \leq t/h_2 \leq 0.65$ 时，杯壁可按表 3-13 构造配筋；其他情况下，应按计算配筋。杯口配筋构造如图 3-66 所示。

表 3-13　杯壁构造配筋

柱截面长边尺寸/mm	$h<1\ 000$	$1\ 000 \leqslant h \leqslant 1\ 500$	$1\ 500 \leqslant h \leqslant 2\ 000$
钢筋直径/mm	$8 \sim 10$	$10 \sim 12$	$12 \sim 16$
注：表中钢筋置于杯口顶部，每边两根。			

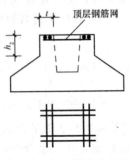

图 3-66　杯口配筋构造图

3.8　吊车梁的设计

Design of Crane Girders

吊车梁是厂房的纵向承重构件，主要承受吊车在起重、运行时产生的各类移动荷载，对传递纵向水平荷载、加强厂房纵向刚度起重要作用。

3.8.1　拟定截面尺寸

Estimation of Section Dimensions

吊车梁的混凝土强度等级可采用 C30～C50；预应力钢筋宜采用预应力钢丝、钢绞线和预应力螺纹钢筋；普通钢筋应采用 HRB400、HRB500 级钢筋。

吊车梁的截面一般设计成工字形或 T 形，以减轻自重。截面高度与吊车起重量有关，一般取 $h = (1/10 \sim 1/5)l$，l 为吊车梁的跨度。吊车梁的上翼缘承受横向制动力产生的水平弯矩，翼缘宽度取 $b'_f = (1/15 \sim 1/10)l$，翼缘厚度取 $b'_f = (1/10 \sim 1/7)h$。腹板厚度由抗剪和配筋构造要求确定，一般取腹板高度的 $1/7 \sim 1/4$。工字形截面的下翼缘宜小于上翼缘，由布置预应力筋的构造决定。

3.8.2　吊车荷载的特点及吊车梁验算项目

Feature of Crane loads and Checking Items for Design of Crane Girders

1. 吊车荷载的特点

(1)吊车荷载是两组移动的集中荷载，分别为吊车的竖向轮压和横向水平制动力。为此需要用影响线原理求出任一指定截面的最大内力，并分别进行这两组移动荷载作用下的正截面受弯和斜截面受剪承载力计算。

按影响线法计算吊车梁中某一截面(如Ⅰ—Ⅰ截面)的最大弯矩[图 3-67(a)]，通常可根据该截面的弯矩影响线[图 3-67(b)]，考虑四种可能出现的荷载最不利位置，如图 3-67(c)～(f)所示，求出其最大的弯矩值。将各截面的最大弯矩值用连线连接起来，即得到吊车梁的弯矩包络图，如图 3-68 所示。同理，可得吊车梁的剪力包络图，如图 3-69 所示。

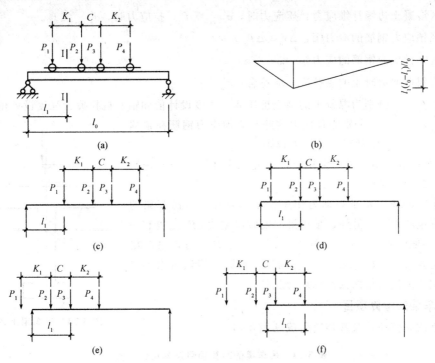

图 3-67　用影响线法求吊车内力图

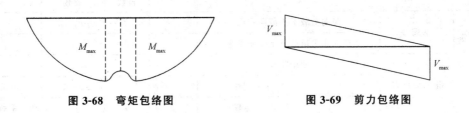

图 3-68　弯矩包络图　　　　图 3-69　剪力包络图

(2)吊车荷载具有冲击和振动作用。因此，设计吊车梁时相应的荷载应乘以动力系数 μ。A1～A5 级吊车，$\mu=1.05$；A6～A8 级吊车、硬钩吊车、特种(如磁力)吊车，$\mu=1.1$。

(3)吊车荷载是重复荷载。为此应对吊车梁的相应截面进行疲劳验算。

当材料的应力不断地由最小值 σ_{min}^f 升到最大值 σ_{max}^f，又退回到最小值，经过 200 万次等幅加载卸载后，尽管材料的最大应力始终低于一次受力时的强度，材料也会破坏，此为疲劳破坏。σ_{max}^f 称为材料的疲劳强度，$\Delta\sigma^f=\sigma_{max}^f-\sigma_{max}^f$ 称为疲劳应力幅限值。混凝土以疲劳强度作为疲劳指标；钢筋以疲劳应力幅限值作为疲劳指标。疲劳指标的取值参加《规范》的有关规定。

吊车梁进行疲劳验算时常作如下假定：

①梁截面保持为平面。

②受压区、受拉区混凝土的法向应力分布图形均为三角形。

③采用换算截面进行计算。

荷载取用标准值，对吊车荷载应乘以动力系数。跨度小于 12 m 的吊车梁，可取用一台吊车计算最大吊车荷载。

吊车梁的正截面疲劳应符合下列规定：

受拉区混凝土边缘纤维应力：$\sigma_{ct,max}^f \leqslant f_c^f$。

受压区混凝土边缘纤维应力：压应力时，$\sigma_{cc,max}^f \leqslant f_c^f$；拉应力时，$\sigma_{ct,max}^f \leqslant f_c^f$。

受拉区预应力钢筋的应力幅：$\Delta\sigma_p^f \leqslant \Delta f_{py}^f$。

受拉区非预应力钢筋的应力幅：$\Delta\sigma_s^f \leqslant \Delta f_{sy}^f$。

吊车梁斜截面混凝土的主拉应力应符合：$\sigma_{tp}^f \leqslant f_t^f$。

式中 f_c^f，f_t^f——分别为混凝土的轴心抗压疲劳强度设计值和轴心抗拉疲劳强度设计值；

Δf_{py}^f，Δf_{sy}^f——分别为预应力钢筋和非预应力钢筋在常幅疲劳下的应力幅限值。

(4)吊车荷载使吊车梁产生扭矩，为此，应计算扭矩并进行扭曲截面承载力验算。

吊车梁上的横向水平制动力作用在吊车轨顶，对吊车梁的弯曲中心有偏心距 e_z；另外，吊车梁的安装误差使 $\mu F_{p,max}$ 也有一偏心距 e_1(一般$\leqslant$20 mm)，如图 3-70 所示。于是，可得吊车梁上的偏心力矩 $T_l = \mu F_{p,max}e_1 + Te_z$。同理，按影响线法可求得吊车梁的最大扭矩进行扭曲截面承载力验算。

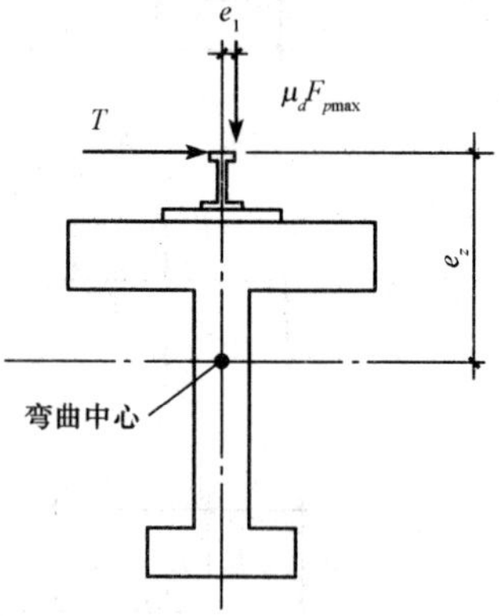

图 3-70 吊车梁上的荷载

2. 吊车梁的验算项目

吊车梁的验算项目及其相应荷载见表 3-14。

表 3-14 吊车梁的验算项目及其相应荷载

序号	验算项目			恒载	吊车		附注
					台数	荷载	
1	受弯	承载力	竖向荷载下正截面受弯	g	2	$\mu F_{p,max}$	
2			横向水平荷载下正截面受弯	—	2	T	
3		正截面抗裂	使用阶段	g	2	$\mu F_{p,max}$	
4			施工阶段 制作	—	—	—	①
5			施工阶段 运输	g	—	—	动力系数取 1.5
6	受剪扭	承载力	斜截面	g	2	$\mu F_{p,max}$	
7			扭曲截面		2	$\mu F_{p,max}$，T	
8		斜截面抗裂		g	2	$\mu F_{p,max}$	
9	疲劳		正截面	g	1	$\mu F_{p,max}$	
10			斜截面	g	1	$\mu F_{p,max}$	
11	裂缝宽度			g	2	$F_{p,max}$	
12	挠度			g	2	$F_{p,max}$	

注：1. g 为恒载，包括吊车梁及轨道连接件的重力荷载；$F_{p,max}$ 为吊车最大轮压；T 为吊车横向水平制动力；μ 为动力系数。

2. ①当为预应力混凝土吊车梁时，要进行预应力混凝土构件制作时相应的验算。

3.9 预埋件的设计

Design of Embedded Parts

装配式钢筋混凝土单层厂房结构中各构件是通过预埋件连接的，连接的构造及受力如图 3-71～图 3-75 所示。

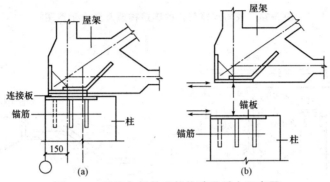

图 3-71 屋架与柱的连接构造及受力示意图

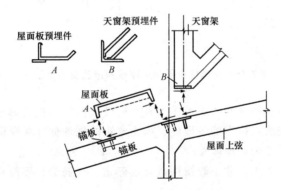

图 3-72 屋面板、天窗架与屋架
上弦的连接构造及受力示意图

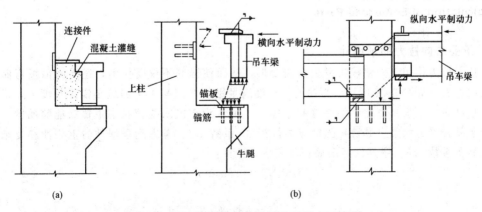

图 3-73 吊车梁与柱的连接构造及受力示意图

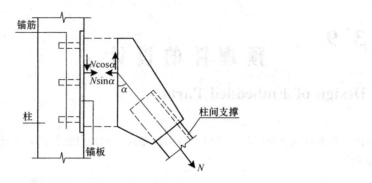

图 3-74　柱间支撑与柱的连接构造及受力示意图

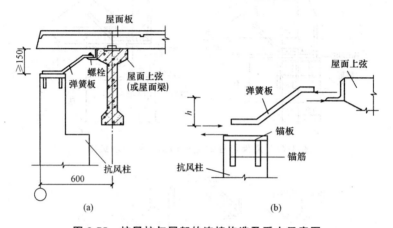

图 3-75　抗风柱与屋架的连接构造及受力示意图

预埋件由埋入混凝土中的锚筋和外露在混凝土构件表面的锚板两部分组成。按受力性质的不同，预埋件可分为承受法向拉力的预埋件、承受弯矩的预埋件、承受剪力的预埋件与承受剪力、法向拉力和弯矩共同作用的预埋件。

预埋件锚板的厚度和大小尺寸一般按构造要求确定；锚筋的长度按构造要求确定，截面面积按计算确定。

3.9.1　预埋件计算
Calculation of Embedded Parts

1. 承受法向拉力的预埋件

在法向拉力作用下，锚板将发生弯曲变形，从而使锚筋不仅受拉力，还受因锚板弯曲变形而引起的剪力，如图 3-76 所示。当锚筋的长度满足钢筋在混凝土中的最小锚固长度 l_a，锚筋和锚板连接可靠，锚板具有足够的厚度和强度时，可认为在极限受拉状态下锚筋能够屈服。由于锚筋处于复合受力状态，其抗拉强度应进行折减（系数 α_b）；考虑到预埋件的重要性和复杂性引入安全储备系数 0.8。锚筋的截面面积可按下式计算：

$$N \leqslant N_{u0} = 0.8\alpha_b A_s f_y$$

$$A_s \geqslant \frac{N}{0.8\alpha_b f_y} \tag{3-57}$$

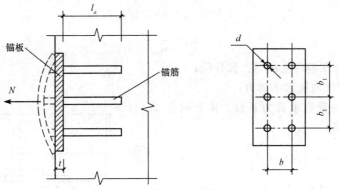

图 3-76 法向拉力作用下的预埋件

式中　N——作用在预埋件上的法向拉力设计值；

　　　　N_{u0}——预埋件的抗拉承载力；

　　　　A_s——锚筋的截面面积；

　　　　f_y——锚筋的屈服强度设计值，不应大于 300 N/mm²；

　　　　α_b——考虑锚板变形引起锚筋内剪力使其复合受力的锚筋强度折减系数，与锚板厚度 t 和锚筋直径 d 有关，可取

$$\alpha_b = 0.6 + 0.25\frac{t}{d} \tag{3-58}$$

当采用可靠的措施防止锚板变形时，可取 $\alpha_b = 1.0$。

2. 承受弯矩的预埋件

如图 3-77 所示，在弯矩作用下预埋件的下部受拉，上部受压。由于各排锚筋中心至压力合力处的距离不同，故应力不同。试验表明，受压区合力点往往超过受压区边排锚筋以外。为便于计算，取锚筋的拉力合力为 $0.5A_s f_y$，力臂取为 $\alpha_r z$，考虑锚板的变形引入修正系数 α_b，考虑到预埋件的重要性和复杂性引入安全储备系数 0.8，则锚筋的截面面积按下式计算：

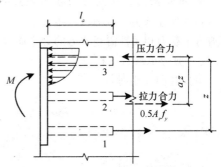

图 3-77 弯矩作用下的预埋件

$$M \leqslant M_{u0} = 0.8\alpha_b \times 0.5A_s f_y \times \alpha_r z$$

$$A_s \geqslant \frac{M}{0.4\alpha_b\alpha_r f_y z} \tag{3-59}$$

式中　M——作用在预埋件上的弯矩设计值；

　　　　M_{u0}——预埋件的抗弯承载力；

　　　　α_r——锚筋排数的影响系数，当等间距配置锚筋时，二排取 $\alpha_r = 1.0$，三排取 $\alpha_r = 0.9$，四排取 $\alpha_r = 0.85$；

　　　　z——沿弯矩作用方向预埋件两端最外排锚筋中心线间的距离；

其余同上。

3. 承受剪力的预埋件

预埋件的受剪承载力与混凝土强度等级、锚筋抗拉强度、锚筋截面面积和直径等有关。在保证锚筋锚固长度和锚筋到构件边缘合理距离的前提下，根据试验结果提出了半理论半经验计算公式：

$$V \leqslant V_{u0} = \alpha_r \alpha_v A_s f_y$$

$$A_s \geqslant \frac{V}{\alpha_r \alpha_v f_y} \tag{3-60}$$

式中　V——作用在预埋件上的剪力设计值；

　　　V_{u0}——预埋件的抗剪承载力；

　　　α_v——锚筋的受剪承载力系数，按下列公式计算：

$$\alpha_v = (4.0 - 0.08d)\sqrt{\frac{f_c}{f_y}} \tag{3-61}$$

当 $\alpha_v > 0.7$ 时，取 $\alpha_v = 0.7$；

　　　f_c——混凝土轴心抗压强度；

其他符号意义同前。

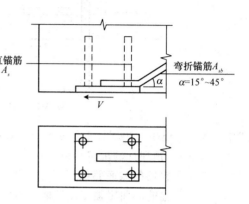

图 3-78　由锚板与弯折锚筋和直锚筋组成的预埋件

由锚板和对称配筋的弯折锚筋及直锚筋共同承受剪力的预埋件(图 3-78)，其弯折锚筋的截面面积 A_{sb} 应按下列公式计算：

$$A_{sb} \geqslant 1.4\frac{V}{f_y} - 1.25\alpha_v A_s \tag{3-62}$$

当直锚筋按构造要求设置时，取 $A_s = 0$。

4. 承受剪力、法向拉力和弯矩共同作用时的预埋件

预埋件在剪力、拉力、弯矩作用下，锚筋的剪拉承载力和拉弯承载力均存在线性相关关系。而剪弯承载力相关性需视剪力的大小而言，当 $V/V_{u0} > 0.7$ 时，剪弯承载力线性相关；当 $V/V_{u0} \leqslant 0.7$ 时，剪弯承载力不相关。

剪拉共同作用时：

$$\frac{V}{V_{u0}} + \frac{N}{N_{u0}} = 1$$

$$A_s \geqslant \frac{V}{\alpha_r \alpha_v f_y} + \frac{N}{0.8\alpha_b f_y} \tag{3-63}$$

拉弯共同作用时：

$$\frac{N}{N_{u0}} + \frac{M}{M_{u0}} = 1$$

$$A_s \geqslant \frac{N}{0.8\alpha_b f_y} + \frac{M}{0.4\alpha_b \alpha_r f_y z} \tag{3-64}$$

剪弯共同作用($V/V_{u0} > 0.7$)时：

$$\frac{V}{V_{u0}} + \frac{0.3M}{M_{u0}} = 1$$

$$A_s \geqslant \frac{V}{\alpha_r \alpha_v f_y} + \frac{0.3M}{0.4\alpha_b \alpha_r f_y z} \tag{3-65}$$

若剪弯无相关性，则按式(3-59)计算 A_s。

根据上述结果，剪、拉、弯共同作用时锚筋的截面面积按剪弯是否相关取下列剪、拉、弯和拉、弯两式中的较大值：

$$\begin{cases} A_s \geqslant \dfrac{V}{\alpha_r \alpha_v f_y} + \dfrac{N}{0.8\alpha_b f_y} + \dfrac{M}{1.3\alpha_b \alpha_r f_y z} \\[2mm] A_s \geqslant \dfrac{N}{0.8\alpha_b f_y} + \dfrac{M}{0.4\alpha_b \alpha_r f_y z} \end{cases} \tag{3-66}$$

5. 承受剪力、法向压力和弯矩共同作用时的预埋件

在剪力、法向压力和弯矩共同作用下，锚筋截面面积应按下列两个公式计算，并取其较大值：

$$\begin{cases} A_s \geqslant \dfrac{V - 0.3N}{\alpha_r \alpha_v f_y} + \dfrac{M - 0.4NZ}{1.3\alpha_b \alpha_r f_y z} \\[3mm] A_s \geqslant \dfrac{M - 0.4MZ}{0.4\alpha_b \alpha_r f_y z} \end{cases} \tag{3-67}$$

当 $M < 0.4Nz$ 时，取 $M = 0.4Nz$。式中法向压力设计值 N 不应大于 $0.5f_cA$，A 为锚板的面积。

3.9.2 预埋件构造
Detailing Requirements of Embedded Parts

受力锚筋一般采用直锚筋（与锚板垂直），有时也采用斜锚筋和平锚筋。锚筋应采用 HPB300 级或 HRB400 级钢筋，不应采用冷加工钢筋。锚筋直径不宜小于 8 mm，且不宜大于 25 mm；根数不宜少于 4 根，且不宜多于 4 排；受剪预埋件的直锚筋可采用 2 根；锚筋应放置于构件的外层主筋内侧。

受拉直锚筋和弯折锚筋的锚固长度不应小于受拉钢筋的锚固长度 l_a。当锚筋采用 HPB300 级钢筋时，末端应做弯钩。当无法满足锚固长度的要求时，应采取其他有效的锚固措施。受剪和受压直锚筋的锚固长度不应小于 $15d$，d 为锚筋的直径。

锚板宜采用 Q235、Q345 级钢板，厚度不宜小于锚筋直径的 60%；受拉和受弯预埋件的锚板厚度尚宜大于 $b/8$，b 为锚筋的间距。锚筋中心至锚板边缘的距离不应小于 $2d$ 和 20 mm。对受拉和受弯预埋件，锚筋的间距 b、b_1 和锚筋至构件边缘的距离 c、c_1，均不应小于 $3d$ 和 45 mm。对受剪预埋件，锚筋的间距 b、b_1 不应大于 300 mm，且 b_1 不应小于 $6d$ 和 70 mm；锚筋至构件边缘的距离 c_1 不应小于 $6d$ 和 70 mm；b、c 均不应小于 $3d$ 和 45 mm，如图 3-79 所示。

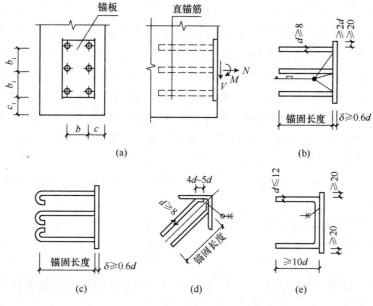

图 3-79 预埋件构造图

3.9.3 吊环设计

Design of Flying Rings

吊环应采用 HPB300 级(Ⅰ级)钢筋制作,严禁使用冷加工钢筋,以防脆断。吊环埋入混凝土构件的深度不小于 $30d$(d 为吊环钢筋直径),并应焊接或绑扎在构件的钢筋骨架上。

考虑到 HPB300 级钢筋的强度设计值是 270 N/mm²,取吊装时自重分项系数为 1.2,吸附作用引起的超载系数为 1.2,动力系数为 1.5,钢筋弯折后的应力集中对强度的折减系数为 1.4,钢丝绳角度对吊环承载力的影响系数为 1.4,于是有吊环钢筋的容许应力 $[\sigma_s]=270/(1.2\times1.2\times1.5\times1.4\times1.4)=64$ N/mm²。因此,《规范》取 $[\sigma_s]=65$ N/mm²。

在构件自重标准值 G_k(不考虑动力系数)作用下,每个吊环按两个截面计算,则吊环钢筋的截面面积 A_s 可按下式计算:

$$A_s=\frac{G_k}{2n[\sigma_s]} \tag{3-68}$$

当一个构件上设有 4 个吊环时,最多只考虑 3 个吊环同时发挥作用,故上式中的 n 取 3。

3.10 单层厂房排架结构设计实例

A Design Example for Mill Bents of One-story Industrial Workshops

3.10.1 设计资料

Design Data

(1)工程概况。

南天公司金工车间为单跨混凝土排架结构厂房,跨度为 24 m,柱距为 6 m,车间总长度为 60 m。设有 15 t 吊车两台,工作级别为 A5,轨顶标高为 12.200 m,柱顶标高 14.400 m。屋面构造由下至上分别为:1.5 m×6 m 预应力钢筋混凝土屋面板(自重为 1.5 kN/m²,含嵌缝),20 mm 厚水泥砂浆找平层(自重为 0.4 kN/m²),80 mm 厚聚苯板保温层(自重不计),20 mm 厚水泥砂浆找平层,4 mm 厚 SBS 带铝箔防水层(自重为 0.04 kN/m²),墙体为 240 mm 厚混凝土空心砖墙(11.8 kN/m³),双面 20 mm 厚混合砂浆抹灰、涂料饰面。窗为铝合金窗(自重为 0.2 kN/m²)。

(2)结构设计原始资料。

自然条件:基本风压为 0.4 kN/m²,基本雪压为 0.35 kN/m²,屋面均布活载标准值为 0.5 kN/m²。

地质条件:原始地面绝对标高为 +5.000 m,常年地下水位低于 −1.500 m,原始地面下 5 m 深度内地基承载力为 $f_{ak}=190$ kPa。

(3)设计要求。

按非抗震设计计算荷载、分析内力,进行排架柱和基础的设计并绘制柱和基础的结构施工图。

荷载、内力等计算中小数均保留两位。

3.10.2 结构布置

Arrangement of the Structures

建筑平面图、剖面图及定位轴线如图 3-80、图 3-81 所示。

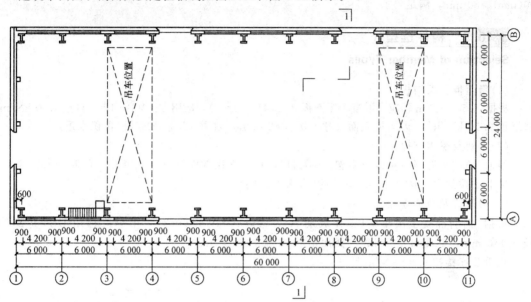

图 3-80 建筑平面图

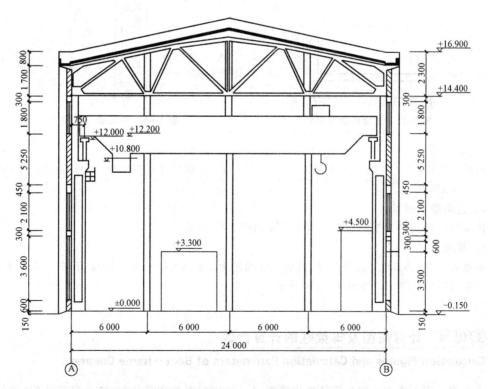

图 3-81 1—1 剖面图

横向定位轴线除端柱为山墙内边缘外，其余均通过柱截面几何中心。

纵向定位轴线取封闭式定位轴线，即与外纵墙内边缘重合。对起重量为 15 t、工作级别为 A5 的桥式起重机，由附表 5-2 查得轨道中心至端部距离 $B_1 = 260$ mm，设上柱截面高度为 400 mm，轨道中心线至纵向定位轴线距离为 750 mm，则起重机端部距离上柱内侧净宽为 $750 - 400 - 260 = 90$(mm)> 80 mm，满足要求。

3.10.3　构件选型
Selection of Member Types

(1)屋面板、天沟板。

根据《1.5 m×6 m 预应力混凝土屋面板》(04G410-1～2)，选用 Y-WB-1Ⅲ，自重 1.40 kN/m²，嵌缝重 0.10 kN/m²；天沟板截面尺寸如图 3-82 所示，自重 17.40 kN/块(含积水重)。

(2)屋架及屋盖支撑。

根据《预应力混凝土折线形屋架》(04G415-1)，选用 YWJ24-1 B 屋架，自重 112.75 kN。

屋盖支撑的自重按 0.05 kN/m² 计(沿水平方向)。

(3)吊车梁及轨道连接。

根据《钢筋混凝土吊车梁(工作级别 A4、A5)》(04G323-2)，吊车梁选用 DL-9 Z，总长 5 950 mm，总重 39.50 kN。截面形状如图 3-83 所示。

轨道及连接按 0.80 kN/m 计。

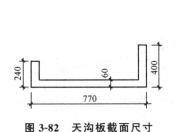

图 3-82　天沟板截面尺寸　　　　图 3-83　吊车梁截面尺寸

(4)基础梁。

根据《钢筋混凝土基础梁》(04G320)，选用 JL-1，截面尺寸 $b×h = 240×450$，总长 5 950 mm，总重 16.10 kN。

(5)连系梁、过梁。

连系梁、过梁均为矩形截面，截面尺寸如图 3-81 所示。

(6)排架柱。

根据表 3-4、表 3-5、表 3-6，柱截面尺寸确定为上柱 $b×h = 500×400$，下柱 $b_f×b×h×h_f = 500×120×1 000×200$。如图 3-84(b)所示。

3.10.4　计算简图及排架柱的计算参数
Calculation Figures and Calculation Parameters of Bent-frame Column

由于本工程为金工车间，无特殊工艺要求，结构布置和荷载分布(除吊车荷载外)均匀，故可取一榀横向排架作为计算单元，计算单元宽度为相邻柱间中心线之间的距离，即 $B=6$ m，如图 3-84(a)所示，计算简图如图 3-84(b)所示。

由设计资料可知：轨顶标高为 12.200 m，由附表 5-2 可知，15 t 桥式起重机要求轨顶以上高度 2 140 mm，而柱顶标高为 14.400 m，故满足要求。

吊车梁高度为 1.2 m，暂取轨道高度为 0.2 m，则牛腿顶面标高为 10.800 m。设基础顶面至室内地坪的距离为 0.6 m，则柱高 $H=15.0$ m，其中，上柱高 $H_u=3.6$ m，下柱高 $H_l=11.4$ m。

排架柱上柱截面面积 $A=2.0×10^5$（mm²），截面惯性矩 $I_x=2.67×10^9$（mm⁴），$I_y=4.17×10^9$（mm⁴）；$i_x=\sqrt{I_x/A}=115.54$（mm）；下柱截面面积 $A=2\ 815×10^2$（mm²），截面惯性矩 $I_x=356.37×10^8$（mm⁴），$I_y=44.17×10^8$（mm⁴），$i_x=\sqrt{I_x/A}=355.80$（mm）。

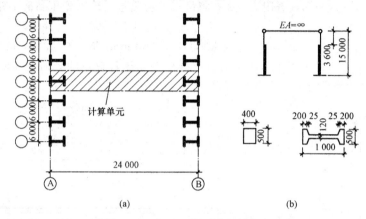

图 3-84　计算单元和计算简图

3.10.5　荷载计算
Calculation of Loads

（1）恒载。

①屋盖恒载。

为简化计算，天沟板及其上构造的恒载按一般屋面板及其上构造恒载计算。

4 mm 厚 SBS 带铝箔防水层	0.04 kN/m²
20 mm 厚水泥砂浆找平层	0.40 kN/m²
80 mm 厚聚苯板保温层自重不计	
20 mm 厚水泥砂浆找平层	0.40 kN/m²
1.5 m×6 m 预应力钢筋混凝土屋面板（含嵌缝）	1.50 kN/m²
屋盖支撑	0.05 kN/m²

2.39 kN/m²

一榀屋架自重 112.75 kN，则作用于柱顶的屋盖结构自重标准值为：
$$G_1=(2.39×24×6+112.75)/2=228.46(\text{kN})$$

②吊车梁、轨道及连接自重标准值。
$$G_3=39.5+0.8×6=44.30(\text{kN})$$

③柱自重标准值。

上柱：$G_4 = 0.2 \times 3.6 \times 25 = 18(kN)$

下柱：$G_5 = 0.281\ 5 \times 11.4 \times 25 = 80.23(kN)$

各项恒载作用位置如图 3-85 所示。

(2)屋面活载。

由《荷载规范》查得，屋面均布活载标准值为 0.5 kN/m²，屋面雪荷载标准值为 0.35 kN/m²，由于后者小于前者，故仅按屋面均布活载计算。作用于柱顶的屋面活载标准值为：

$$Q_1 = 0.5 \times 6 \times 24/2 = 36(kN)$$

Q_1 的作用位置与 G_1 的作用位置相同，如图 3-85 所示。

(3)吊车荷载。

对起重量为 15 t 的吊车，查附表 5-2 并将吊车的起重量、最大轮压和最小轮压进行单位换算，可得：

$Q = 150\ kN$，$P_{max} = 185\ kN$，$P_{min} = 58\ kN$，$B = 5\ 550\ mm$，$K = 4\ 400\ m$，$Q_1 = 53\ kN$。

根据 B 及 K，可算得吊车梁支座反力影响线中各轮压对应点的竖向坐标值，如图 3-86 所示，据此可求得吊车作用于柱上的吊车荷载。

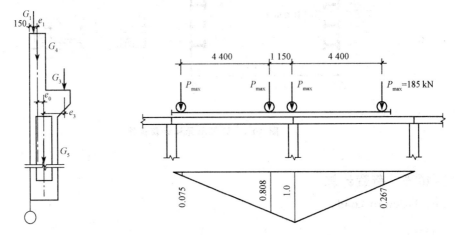

图 3-85　恒载作用位置图　　　　图 3-86　吊车荷载作用下支座反力影响线

①吊车竖向荷载。

由式(3-9)和式(3-10)可得吊车竖向荷载标准值为：

$$D_{max} = P_{max} \sum y_i = 185 \times (1 + 0.808 + 0.267 + 0.075) = 397.75(kN)$$

$$D_{min} = P_{min} \sum y_i = 58 \times (1 + 0.808 + 0.267 + 0.075) = 124.70(kN)$$

②吊车横向水平荷载。

作用于每一个轮子上的吊车横向水平制动力按式(3-11)计算，即

$$T = \alpha(Q_1 + Q)/4 = 0.12 \times (150 + 53)/4 = 6.09(kN)$$

同时作用于吊车两端每个排架柱上的吊车横向水平荷载标准值按式(3-12)计算，即

$$T_{max} = \sum T_i y_i = 6.09 \times (1 + 0.808 + 0.267 + 0.075) = 13.09(kN)$$

(4)风荷载。

风荷载标准值按式(3-14)计算，其中基本风压 $w_0 = 0.40\ kN/m^2$，$\beta_z = 1.0$，按 B 类地面粗糙度，根据厂房各部分标高，室内外高差 0.150 m，由附表 4-2 可查得风压高度变化系数 μ_z 为：

柱顶(标高 14.400 m，离地高度 14.55 m)，$\mu_{z1} = 1.127$；

檐口(标高 16.500 m，离地高度 16.65 m)，$\mu_{z2}=1.176$；

屋顶(标高 18.200 m，离地高度 18.35 m)，$\mu_{z3}=1.214$。

风荷载体型系数 μ_s 如图 3-87 所示，$\alpha<15°$，则由式(3-15)、式(3-16)、式(3-17)可得排架迎风面及背风面的风荷载标准值分别为：

$q_{1k}=\beta_z\mu_{s1}\mu_{z1}w_0B=1.0\times0.8\times1.127\times0.4\times6=2.16(\text{kN/m})$

$q_{2k}=\beta_z\mu_{s2}\mu_{z1}w_0B=1.0\times0.5\times1.127\times0.4\times6=1.35(\text{kN/m})$

$F_{wk}=[(\mu_{s1}+\mu_{s2})\mu_{z2}h_1+(-\mu_{s3}+\mu_{s4})\mu_{z3}h_2]w_0B$

$\qquad=[(0.8+0.5)\times1.176\times2.1+(-0.6+0.5)\times1.214\times1.7]\times0.4\times6$

$\qquad=7.21(\text{kN})$

风荷载作用下排架计算简图如图 3-88 所示。

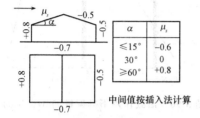

图 3-87 风荷载体型系数图

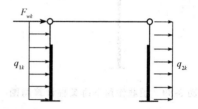

图 3-88 风荷载作用下排架计算简图

3.10.6 内力分析

Internal Forces Analysis

(1)恒载作用下排架内力分析。

①恒载产生的排架柱轴向力。

上柱柱顶：$N_1=G_1=228.46(\text{kN})$；

上柱柱底Ⅰ—Ⅰ截面：$N_{Ⅰ-Ⅰ}=G_1+G_4=228.46+18=246.46(\text{kN})$；

下柱柱顶Ⅱ—Ⅱ截面：$N_{Ⅱ-Ⅱ}=G_1+G_4+G_3=246.46+44.30=290.76(\text{kN})$；

下柱柱底Ⅲ—Ⅲ截面：$N_{Ⅲ-Ⅲ}=G_1+G_3+G_4+G_5=290.76+80.23=370.99(\text{kN})$

②恒载产生的弯矩和剪力。

根据图 3-85 恒载的作用位置，可算得：

G_1 在柱顶产生的力矩为：

$$M_1=G_1\cdot e_1=228.46\times(0.20-0.15)=11.42(\text{kN}\cdot\text{m})(\curvearrowright)$$

G_1、G_4、G_3 在下柱柱顶产生的力矩为：

$M_2=(G_1+G_4)\cdot e_0+G_3\cdot e_3=246.46\times(1.0/2-0.4/2)-44.30\times(0.75-0.50)$

$\qquad=62.86(\text{kN}\cdot\text{m})(\curvearrowright)$

由于为单跨，结构对称，故计算一根排架柱。计算简图如图 3-89 所示。

由表 3-10 计算 R。

$$n=\frac{I_u}{I_l}=\frac{2.67\times10^9}{356.37\times10^8}=0.075,\quad \lambda=\frac{H_u}{H}=\frac{3.6}{15}=0.24;$$

$$C_1=\frac{3}{2}\frac{1-\lambda^2\left(1-\dfrac{1}{n}\right)}{1+\lambda^3\left(\dfrac{1}{n}-1\right)}=2.192,\quad R_1=\frac{M_1}{H}C_1=1.67(\text{kN})(\rightarrow);$$

$$C_3 = \frac{3}{2}\frac{1-\lambda^2}{1+\lambda^3\left(\frac{1}{n}-1\right)} = 1.208, \quad R_2 = \frac{M_2}{H}C_3 = 5.06(\text{kN})(\rightarrow);$$

$$R = R_1 + R_2 = 6.73(\text{kN})(\rightarrow), \quad V = R = 6.73(\text{kN})(\rightarrow)$$

（2）屋面活载作用下排架内力分析。

屋面活载 Q_1 的作用位置与 G_1 的作用位置相同，计算简图参见图 3-90。

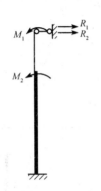

图 3-89　恒载作用下排架柱计算简图

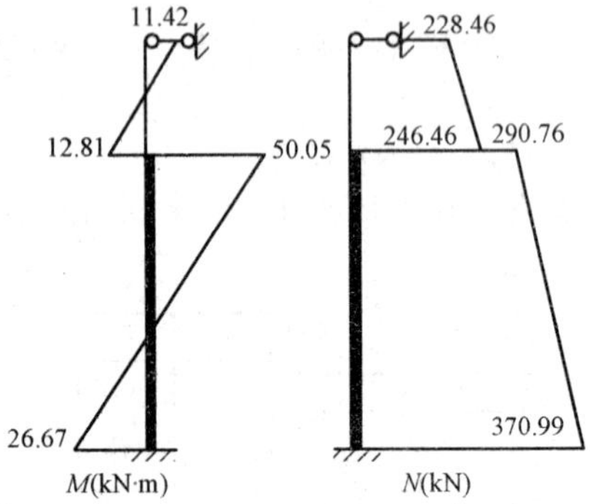

图 3-90　活载作用下排架柱的 M、N 图

轴向力为：$N = Q_1 = 36$ kN。

柱顶及牛腿顶面的偏心力矩及柱顶反力分别为：

$$M_1 = Q_1 \cdot e_1 = 36 \times (0.20 - 0.15) = 1.80(\text{kN} \cdot \text{m})(\cap), \quad R_1 = \frac{M_1}{H}C_1 = 0.26(\text{kN})(\rightarrow)$$

$$M_2 = Q_1 \cdot e_0 = 36 \times (1.0/2 - 0.4/2) = 10.80\ (\text{kN} \cdot \text{m})(\cap), \quad R_2 = \frac{M_2}{H}C_3 = 0.87(\text{kN})(\rightarrow)$$

$$R = R_1 + R_2 = 1.13(\text{kN})(\rightarrow), \quad V = R = 1.13(\text{kN})(\rightarrow)$$

屋面恒载作用下的内力图如图 3-91 所示。

（3）吊车荷载作用下排架内力分析。

①竖向吊车荷载作用下的排架内力。

$D_{\max}$ 作用于 A 柱，计算简图如图 3-92 所示。

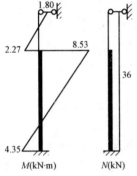

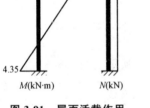

图 3-91　屋面活载作用
下排架柱的 M、N 图

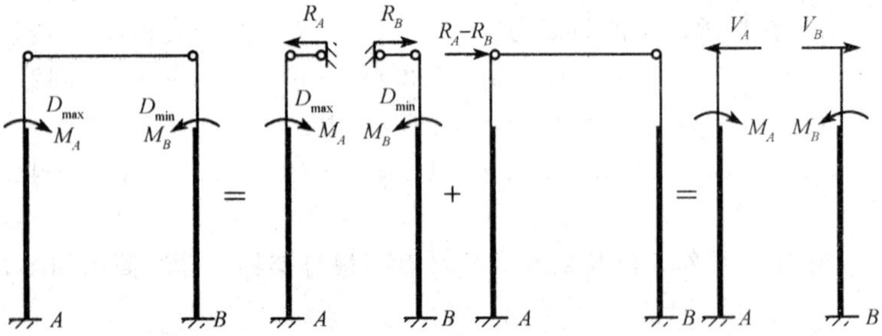

图 3-92　竖向吊车荷载作用下（$D_{\max}$ 在 A 柱）排架的计算简图

$D_{\max}$、$D_{\min}$ 的作用位置同 G_3（图 3-85）。

$$M_A = D_{\max} \cdot e_3 = 397.75 \times 0.25 = 99.44(\text{kN} \cdot \text{m})(\cap)$$

$$M_B = D_{min} \cdot e_3 = 124.70 \times 0.25 = 31.18 (\text{kN} \cdot \text{m}) (\curvearrowright)$$

与恒载的计算法相同，$C_3 = 1.208$

$$R_A = \frac{M_A}{H} C_3 = 8.01 (\text{kN}) (\leftarrow)$$

$$R_B = \frac{M_B}{H} C_3 = 2.51 (\text{kN}) (\rightarrow)$$

A 柱与 B 柱相同，剪力分配系数取 $\eta_A = \eta_B = 0.5$，则 A 柱与 B 柱柱顶的剪力为：

$$V_A = R_A - 0.5 \times (R_A - R_B) = 5.26 (\text{kN}) (\leftarrow)$$

$$V_B = R_B + 0.5 \times (R_A - R_B) = 5.26 (\text{k}) \text{N} (\rightarrow)$$

内力图如图 3-93 所示。

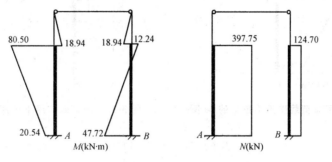

图 3-93　竖向吊车荷载作用下排架的 M、N 图

D_{max} 作用于 B 柱，此时，由于结构的对称性，A 柱同①中 B 柱的情况，B 柱同①中 A 柱的情况。M、N 图可以参照图 3-93。

②水平吊车荷载作用下的排架内力。

T_{max} 向左作用，计算简图如图 3-94 所示。

$$T_A = T_B = T_{max} = 13.09 \text{ kN}$$

由表 3-10 可知：$a = \dfrac{15 - 0.6 - 12}{H_u} = \dfrac{2.4}{3.6} = 0.667$，则：

$$C_5 = \left\{ 2 - 3a\lambda + \lambda^3 \left[\frac{(2+a)(1-a)^2}{n} - (2-3a) \right] \right\} \div 2 \left[1 + \lambda^3 \left(\frac{1}{n} - 1 \right) \right] = 0.672$$

$$R_A = R_B = T_{max} \cdot C_5 = 8.80 (\text{kN}) (\rightarrow)$$

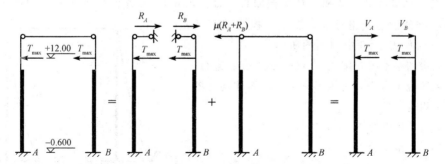

图 3-94　水平吊车荷载作用下排架的计算简图

A 柱与 B 柱相同，剪力分配系数取 $\eta_A = \eta_B = 0.5$，空间作用分配系数 $\mu = 0.80$，则 A 柱与 B 柱柱顶的剪力为：

$$V_A = V_B = R_A - 0.5 \times 0.8 \times (R_A + R_B) = 1.76(\text{kN})(\rightarrow)$$

M 内力图如图 3-95 中实线所示；$N=0$。

$T_{\max}$ 向右作用，由于结构对称，M 图可见图 3-95 中的虚线所示。

(4)风荷载作用下排架内力分析。

① 左来风。

计算简图如图 3-96 所示。

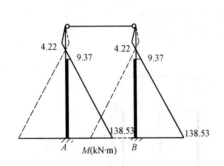

图 3-95 水平吊车荷载作用下排架的 M 图

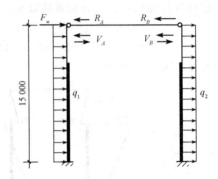

图 3-96 风荷载作用下排架的内力计算简图

$$C_{11} = \frac{3\left[1 + \lambda^4 \left(\dfrac{1}{n} - 1\right)\right]}{8\left[1 + \lambda^3 \left(\dfrac{1}{n} - 1\right)\right]} = 0.333$$

$$R_A = q_1 H C_{11} = 2.16 \times 15 \times 0.333 = 10.79(\text{kN})(\leftarrow)$$

$$R_B = q_2 H C_{11} = 1.35 \times 15 \times 0.333 = 6.74(\text{kN})(\leftarrow)$$

$$V_A = R_A - 0.5 \times (R_A + R_B + F_w) = -1.58(\text{kN})(\rightarrow)$$

$$V_B = R_B - 0.5 \times (R_A + R_B + F_w) = -6.42(\text{kN})(\rightarrow)$$

M 内力图如图 3-97 中实线所示；$N=0$。

② 右来风。

由于结构对称，M 图如图 3-97 中虚线所示。

(5)内力组合。

排架单元为对称结构，可仅考虑 A 柱进行内力组合，控制截面分别取上柱底部截面 Ⅰ—Ⅰ、牛腿顶截面 Ⅱ—Ⅱ 和下柱底截面 Ⅲ—Ⅲ。表 3-15 为各种荷载作用下 A 柱各控制截面的内力标准值汇总及组合表。表中，控制截面及正号内力方向如表 3-15 中的例图所示。

荷载效应的基本组合按式(3-32)、式(3-33)进行。在每种荷载效应组合中，对矩形和 I 形截面柱均应考虑以下四种组合，即

① $+M_{\max}$ 及相应的 N、V；

② $-M_{\max}$ 及相应的 N、V；

③ $N_{\max}$ 及相应的 M、V；

④ $N_{\min}$ 及相应的 M、V。

由于本例不考虑抗震设防，故除下柱底截面 Ⅲ—Ⅲ 外，其他截面的不利内力组合未给出所对应的剪力值。

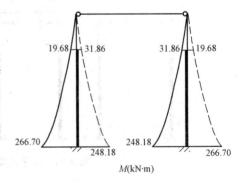

**图 3-97 风荷载作用下
排架的 M 图(kN·m)**

对柱进行裂缝宽度验算和基础下地基的承载力计算时，需采用荷载效应的标准组合。为简化计算并考虑偏安全，在荷载效应标准组合时，可参照按承载能力极限状态的基本组合，即按式(3-32)、式(3-33)进行，但取荷载分项系数1.0。

3.10.7 排架柱截面设计
Design of Bent-frame Column Sections

以Ⓐ轴柱为例进行设计计算。由于结构对称，故Ⓑ轴柱与Ⓐ轴柱相同。

截面尺寸：上柱 $b \times h = 500$ mm$\times 400$ mm 的矩形截面，下柱工字形截面下柱 $b_f \times b \times h \times h_f = 500$ mm$\times 120$ mm$\times 1\,000$ mm$\times 200$ mm。上、下柱均采用对称配筋。

材料等级：混凝土 C30，$f_c = 14.3$ N/mm^2；钢筋：受力筋为 HRB400 级钢筋，$f_y = f'_y = 360$ N/mm^2，$\xi_b = 0.518$；箍筋、预埋件和吊钩为 HPB300 级钢筋，$f_y = 270$ N/mm^2。

计算长度：排架平面内上柱 $l_{0u} = 2H_u = 2 \times 3.6 = 7.2$(m)；下柱：$l_{01} = 1.0H_1 = 1 \times 11.4 = 11.4$(m)。

排架平面外上柱：$l'_{0u} = 1.25H_u = 1.25 \times 3.6 = 4.5$(m)；下柱：$l'_{01} = 0.8H_1 = 0.8 \times 11.4 = 9.12$(m)。

(1)控制截面最不利内力选取。

①上柱。

取 $a_s = a'_s = 40$ mm，截面有效高度 $h_0 = 400 - 40 = 360$(mm)，则大偏心受压和小偏心受压界限破坏时对应的轴向压力为 $N_b = \alpha_1 f_c b h_0 \xi_b = 1.0 \times 14.3 \times 500 \times 360 \times 0.518 \times 10^{-3} = 1\,333.33$(kN)。

当 $N \leqslant N_b = 1\,333.33$ kN 时，为大偏心受压；由表 3-15 可见，上柱 Ⅰ—Ⅰ 截面共有 8 组不利内力，均为大偏心受压，故按照"弯矩相差不多时，轴力越小越不利；轴力相差不多时，弯矩越大越不利"的原则，可确定上柱的最不利内力为弯矩较大而轴力较小的情况，即

$$\begin{cases} M = 54.2 \text{ kN} \cdot \text{m} \\ N = 295.75 \text{ kN} \end{cases}$$

②下柱。

截面有效高度取 $h_0 = 1\,000 - 40 = 960$(mm)。由于下柱在长度范围内配筋相同，比较 Ⅱ—Ⅱ 截面及 Ⅲ—Ⅲ 截面的控制内力，可以看出 Ⅲ—Ⅲ 截面起控制作用。则大偏心受压和小偏心受压界限破坏时对应的轴向压力为：

$N_b = \alpha_1 f_c [b h_0 \xi_b + (b'_f - b) h'_f] = 1.0 \times 14.3 \times [120 \times 960 \times 0.518 + (500 - 120) \times 200] \times 10^{-3} = 1\,940.13$(kN)。

从内力组合表 3-15 中可知 Ⅲ—Ⅲ 截面的控制内力 N 均小于 N_b，则都属于大偏心受压，故按照"弯矩相差不多时，轴力越小越不利；轴力相差不多时，弯矩越大越不利"的原则，经比较可确定下柱的最不利内力为：

(a) $\begin{cases} M = 549.95 \text{ kN} \cdot \text{m} \\ N = 831.28 \text{ kN} \end{cases}$ (b) $\begin{cases} M = 405.38 \text{ kN} \cdot \text{m} \\ N = 445.19 \text{ kN} \end{cases}$ (c) $\begin{cases} M = -479.72 \text{ kN} \cdot \text{m} \\ N = 555.17 \text{ kN} \end{cases}$

(2)配筋计算。

排架柱上柱截面面积 $A = 2.0 \times 10^5$(mm^2)；$i_x = \sqrt{I_x/A} = 115.54$(mm)；下柱截面面积 $A = 2\,815 \times 10^2$(mm^2)，$i_x = \sqrt{I_x/A} = 355.80$(mm)。

表3-15　A柱内力组合表

控制截面及正向内力	效应类别/序号	恒荷载效应 ①	屋面活荷载效应 ②	竖向吊车荷载效应 D_{max}作用于 A柱 ③	B柱 ④	水平吊车荷载效应 方向 向左 ⑤	向右 ⑥	风荷载效应 左来风 ⑦	右来风 ⑧	永久荷载效应控制 $S=1.35S_{Gk}+1.4\sum_{j\geq1}\psi_{cj}S_{Qjk}$ +M_{max}应的N,V 组合项	内力	−M_{max}应的N,V 组合项	内力	N_{max}应的M,V 组合项	内力	N_{min}应的M,V 组合项	内力	可变荷载效应控制 $S=1.2S_{Gk}+1.4S_{Q1k}+1.4\sum_{j>1}\psi_{cj}S_{Qjk}$ +M_{max}应的N,V 组合项	内力	−M_{max}应的N,V 组合项	内力	N_{max}应的M,V 组合项	内力	N_{min}应的M,V 组合项	内力
Ⅰ—Ⅰ	M	12.81	2.27	−18.94	−18.94	−9.37	9.37	19.68	−31.86	①②⑦	36.05	①⑤⑧	−34.44	①②③⑤⑧	−32.21	①⑤⑧	−34.44	①②⑦	45.15	①⑤⑧	−54.20	①②③⑤⑧	−51.98	①⑧	−54.20
	N	246.46	36	0	0	0	0	0	0		368.00		332.72		368.00		332.72		331.03		295.75		331.03		295.75
Ⅱ—Ⅱ	M	−50.05	−8.53	80.50	12.24	−9.37	9.37	19.68	−31.86	①③⑦	28.23	①②⑧	−102.69	①②③⑤⑧	−39.95	①⑧	−94.33	①③⑦	66.17	①②⑧	−113.02	①②③⑤⑧	57.81	①⑧	−104.66
	N	290.76	36	397.75	124.70	0	0	0	0		743.34		427.81		778.62		392.53		850.08		384.19		885.36		348.91
Ⅲ—Ⅲ	M	26.67	4.35	20.54	−47.72	−138.53	138.53	266.70	−248.18	①②③⑥⑦	404.60	①④⑤⑧	−336.74	①②③⑥⑦	404.60	①⑦	37.63	①②③⑥⑦	549.95	①④⑤⑧	−479.72	①②③⑥⑦	549.95	①⑦	405.38
	N	370.99	36	397.75	124.70	0	0	0	0		886.93		610.82		886.93		500.84		831.28		555.17		831.28		445.19
	V	6.73	1.13	20.54	−5.26	−11.33	11.33	33.98	−26.67		44.09		−27.95		44.09		37.63		62.11		−43.89		62.11		−29.26
	M_k	26.67	4.35	397.75	124.70	−138.53	138.53	266.70	−248.18		289.95		−239.58		289.95		186.69		396.63		−338.85		396.63		293.37
	N_k	370.99	36	397.75	124.70	0	0	0	0		646.77		449.55		646.77		370.99		646.77		449.55		646.77		370.99
	V_k	6.73	1.13	−5.26	−5.26	−11.33	11.33	33.98	−26.67		31.73		−19.72		31.73		27.12		45.33		−30.39		45.33		40.71

注：由于一跨考虑两台吊车，所以在组合竖向、水平吊车荷载效应时应乘以折减系数 0.9。　单位：M—kN·m；N—kN；V—kN。

· 160 ·

①上柱。

$M_0 = 54.2$ kN·m，$N = 295.75$ kN。$l_0/h = 7\,200/400 = 18$，$e_0 = M_0/N = (54.2 \times 10^3)/295.75 = 183$ mm，$e_a = h/30 = 400/30 = 13$ mm < 20 mm，取 $e_a = 20$ mm，$e_i = e_0 + e_a = 203$ mm。

经计算，$l_0/i_x = 7\,200/115.54 = 62.32 > 34 - 12(M_1/M_2) = 34$，因此应考虑附加弯矩的影响。

$$\zeta_c = \frac{0.5 f_c A}{N} = \frac{0.5 \times 14.3 \times 200\,000}{295\,750} = 4.835 > 1.0，取 \zeta_c = 1.0。$$

$$\eta_s = 1 + \frac{1}{1\,500 e_i/h_0}\left(\frac{l_0}{h}\right)^2 \zeta_c = 1 + \frac{1}{1\,500 \times 203/360} \times 18^2 \times 1.0 = 1.383$$

$$M = \eta_s M_0 = 1.383 \times 54.2 = 74.96 (\text{kN·m})$$

由大偏心受压对称配筋承载力计算公式，有：

$$x = \frac{N}{\alpha_1 f_c b} = \frac{295\,750}{1.0 \times 14.3 \times 500} = 41.36 (\text{mm}) < 2a_s' = 80 (\text{mm})，取 x = 80 \text{ mm}。$$

$$e_0 = \frac{M}{N} = \frac{74.96}{295.75} \times 10^3 = 253.46 (\text{mm})$$

$$e_i = e_0 + e_a = 253.46 + 20 = 273.46 (\text{mm})$$

$$e = e_i + \frac{h}{2} - a_s = 273.46 + 200 - 40 = 433.46 (\text{mm})$$

$$e' = e_i - \frac{h}{2} + a_s' = 273.46 - 200 + 40 = 113.46 (\text{mm})$$

$$A_s = A_s' = \frac{Ne'}{f_y(h_0 - a_s')} = \frac{295\,750 \times 113.46}{360 \times 320}$$

$$= 291.28 \text{ mm}^2 < \rho_{min} bh = 0.2\% \times 500 \times 400 = 400 (\text{mm}^2)$$

取 $A_s = A_s' = 400$ mm²，选用 2Φ20（$A_s = A_s' = 628$ mm²），满足最小总配筋率 0.55%（$A_s + A_s' = 1\,256$ mm² $> 0.55\% \times 400 \times 500 = 1\,110$ mm²）的要求。

由于 $b > h$，所以不会发生垂直于排架方向上柱按轴心受压的破坏。

箍筋根据直径不应小于 $d/4$，且不应小于 6 mm，d 为纵向钢筋的最大直径；箍筋间距不应大于 400 mm 及构件截面的短边尺寸，且不应大于 $15d$，d 为纵向钢筋的最小直径。故箍筋选用 $\Phi6@200$。

②下柱。

内力组合(a)：Ⅲ—Ⅲ截面 $\begin{cases} M = 549.95 \text{ kN·m} \\ N = 831.28 \text{ kN} \end{cases}$

Ⅱ—Ⅱ截面 $\begin{cases} M = 66.17 \text{ kN·m} \\ N = 850.08 \text{ kN} \end{cases}$

设 $M_1 = 66.17$ kN·m，$M_2 = 549.95$ kN·m，$N = 850.08$ kN，则 $M_1/M_2 = 0.12 < 0.9$（满足），轴压比 $N/f_c A = 0.21 < 0.9$（满足），$l_c/i_x = 11\,400/355.80 = 32.04 < 34 - 12(M_1/M_2) = 32.56$（满足），故不需考虑附加弯矩的影响。

$e_a = h/30 = 1\,000/30 = 33.33 (\text{mm}) > 20 (\text{mm})$，故取 $e_a = 33.33 (\text{mm})$。

$$e_0 = \frac{M}{N} = \frac{549.95}{831.28} \times 10^3 = 661.57 (\text{mm})$$

$$e_i = e_0 + e_a = 661.57 + 33.33 = 694.90 (\text{mm})$$

$$e = e_i + \frac{h}{2} - a_s = 694.90 + 500 - 40 = 1\,154.90 (\text{mm})$$

$$N_f' = \alpha_1 f_c b_f' h_f' = 1.0 \times 14.3 \times 500 \times 200 = 1\,430 (\text{kN}) > N = 831.28 (\text{kN})$$

故中和轴在翼缘内。

$$x=\frac{N}{\alpha_1 f_c b_f'}=\frac{831\ 280}{1.0\times14.3\times500}=116.26(\text{mm})<\xi_b h_0=0.518\times960=497.28(\text{mm})$$

$$>2a_s'=80(\text{mm})$$

$$A_s=A_s'=\frac{Ne-\alpha_1 f_c b_f' x(h_0-0.5x)}{f_y(h_0-a_s')}$$

$$=\frac{831\ 280\times1\ 154.90-1.0\times14.3\times500\times116.26\times(960-0.5\times116.26)}{360\times920}$$

$$=635.14(\text{mm}^2)$$

$$>\rho_{\min}A=0.2\%\times281\ 500=563(\text{mm}^2)$$

内力组合（b）：Ⅲ—Ⅲ截面 $\begin{cases}M=405.38\ \text{kN}\cdot\text{m}\\N=445.19\ \text{kN}\end{cases}$

Ⅱ—Ⅱ截面 $\begin{cases}M=-104.66\ \text{kN}\cdot\text{m}\\N=348.91\ \text{kN}\end{cases}$

设 $M_1=-104.66\ \text{kN}\cdot\text{m}$，$M_2=405.38\ \text{kN}\cdot\text{m}$，$N=445.19\ \text{kN}$，则 $M_1/M_2=0.26<0.9$（满足），轴压比 $N/f_cA=0.11<0.9$（满足），$l_c/i_x=11\ 400/355.80=32.04<34+12(M_1/M_2)=37.10$（满足），故不需考虑附加弯矩的影响。

$$e_0=\frac{M}{N}=\frac{405.38}{445.19}\times10^3=910.58(\text{mm})$$

$$e_i=e_0+e_a=910.58+33.33=943.91(\text{mm})$$

$$e=e_i+\frac{h}{2}-a_s=943.91+500-40=1\ 403.91(\text{mm})$$

$$e'=e_i-\frac{h}{2}+a_s'=943.91-500+40=483.91(\text{mm})$$

$$N_f'=\alpha_1 f_c b_f' h_f'=1.0\times14.3\times500\times200=1\ 430(\text{kN})>N=405.38(\text{kN})$$

故中和轴在翼缘内。

$$x=\frac{N}{\alpha_1 f_c b_f'}=\frac{445\ 190}{1.0\times14.3\times500}=62.26(\text{mm})<2a_s'=80\ \text{mm}，\text{取}\ x=80\ \text{mm}。$$

$$A_s=A_s'=\frac{Ne'}{f_y(h_0-a_s')}=\frac{445\ 190\times483.91}{360\times920}=650.46(\text{mm}^2)$$

$$>\rho_{\min}A=0.2\%\times281\ 500=563(\text{mm}^2)$$

内力组合（c）：Ⅲ—Ⅲ截面 $\begin{cases}M=-479.72\ \text{kN}\cdot\text{m}\\N=555.17\ \text{kN}\end{cases}$

Ⅱ—Ⅱ截面 $\begin{cases}M=-113.02\ \text{kN}\cdot\text{m}\\N=384.19\ \text{kN}\end{cases}$

设 $M_1=-113.02\ \text{kN}\cdot\text{m}$，$M_2=-479.72\ \text{kN}\cdot\text{m}$，$N=555.17\ \text{kN}$，则 $M_1/M_2=0.24<0.9$（满足），轴压比 $N/f_cA=0.14<0.9$（满足），$l_c/i_x=11\ 400/355.80=32.04>34-12(M_1/M_2)=31.12$（不满足），故应考虑附加弯矩的影响。

$M_0=479.72\ \text{kN}\cdot\text{m}$，$l_0/h=11\ 400/1\ 000=11.4$，$e_0=M_0/N=(479.72\times10^3)/555.17=864.10(\text{mm})$，$e_a=h/30=1\ 000/30=33.33(\text{mm})>20\ \text{mm}$，$e_i=e_0+e_a=864.10+33.33=897.43(\text{mm})$。

$$\zeta_c=\frac{0.5f_cA}{N}=\frac{0.5\times14.3\times281\ 500}{555\ 170}=3.63>1.0，\text{取}\ \zeta_c=1.0。$$

$$\eta_s = 1 + \frac{1}{1\,500 e_i/h_0}\left(\frac{l_0}{h}\right)^2 \zeta_c = 1 + \frac{1}{1\,500 \times 897.43/960} \times 11.4^2 \times 1.0 = 1.09$$

$$M = \eta_s M_0 = 1.09 \times 479.72 = 522.89 (\text{kN} \cdot \text{m})$$

$$e_0 = \frac{M}{N} = \frac{522.89}{555.17} \times 10^3 = 941.86 (\text{mm})$$

$$e_i = e_0 + e_a = 941.86 + 33.33 = 975.19 (\text{mm})$$

$$e = e_i + \frac{h}{2} - a_s = 975.19 + 500 - 40 = 1\,435.19 (\text{mm})$$

$$e' = e_i - \frac{h}{2} + a'_s = 975.19 - 500 + 40 = 515.19 (\text{mm})$$

$$N'_f = \alpha_1 f_c b'_f h'_f = 1.0 \times 14.3 \times 500 \times 200 = 1\,430 (\text{kN}) > N = 555.17 (\text{kN})$$

故中和轴在翼缘内。

$$x = \frac{N}{\alpha_1 f_c b'_f} = \frac{555\,170}{1.0 \times 14.3 \times 500} = 77.65\,(\text{mm}) < 2a'_s = 80\,\text{mm}, \text{ 取 } x = 80\,\text{mm}。$$

$$A_s = A'_s = \frac{Ne'}{f_y(h_0 - a'_s)} = \frac{555\,170 \times 515.19}{360 \times 920} = 863.58 (\text{mm}^2) > \rho_{\min} A = 0.2\% \times 281\,500$$

$$= 563 (\text{mm}^2)$$

选用 4Φ18($A_s = A'_s = 1\,017\,\text{mm}^2$),满足最小总配筋率 0.55%[$A_s + A'_s = 2\,034\,\text{mm}^2 > 0.55\% \times 281\,500 = 1\,548.25 (\text{mm}^2)$]的要求。

全部纵筋的配筋率 $\rho = (A_s + A'_s)/A = 2\,034/281\,500 = 0.72\% < 3\%$,根据箍筋直径不应小于 $d/4$,且不应小于 6 mm,d 为纵向钢筋的最大直径;箍筋间距不应大于 400 mm 及构件截面的短边尺寸,且不应大于 15d,d 为纵向钢筋的最小直径。故箍筋选用 Φ6@200。

(3)垂直弯矩平面的承载力验算。

$A = 281\,500\,\text{mm}^2$,$I_y = 44.17 \times 10^8\,\text{mm}^4$,$i_y = 125.26\,\text{mm}$,$l_0/i_y = 11\,400/125.26 = 91$,$\varphi = 0.594$,$N_c = 0.9\varphi(A'_s f'_y + f_c A) = 0.9 \times 0.594 \times (360 \times 2\,034 + 14.3 \times 281\,500) \times 10^{-3} = 2\,543.46 (\text{kN}) > N = 831.28\,\text{kN}$。

满足要求。

(4)裂缝宽度验算。

《规范》规定,对钢筋混凝土构件,应采用荷载效应的准永久组合进行裂缝宽度验算;对 $e_0/h_0 \leq 0.55$ 的偏心受压构件,可不验算裂缝宽度。

查现行《荷载规范》有:不上人屋面活荷载与风荷载的准永久系数均为 0;A5 级吊车荷载的准永久系数为 0.6。因此,在进行准永久组合时,只需组合恒载效应与吊车荷载效应(竖向与水平),并考虑组合后的弯矩相对较大,轴力相对较小的效应组合。经计算、比较,对上柱和下柱,所选取的内力如下:

上柱:$\begin{cases} M_q = -20.659\,8 \\ N_q = 246.46 \end{cases}$ 下柱:$\begin{cases} M_q = 112.567\,8 \\ N_q = 585.775 \end{cases}$

$$e_0 = \frac{M_q}{N_q} = \begin{cases} 83.83\,\text{mm} < 0.55 h_0 = 0.55 \times 360 = 198 (\text{mm}) \\ 192.17\,\text{mm} < 0.55 h_0 = 0.55 \times 960 = 528 (\text{mm}) \end{cases}$$

故可不进行裂缝宽度验算。

(5)牛腿设计。

根据吊车梁支承位置、截面尺寸及构造要求,初步拟定牛腿尺寸如图 3-98 所示,其中牛腿截面宽度 $b = 500\,\text{mm}$,高度 $h = 600\,\text{mm}$,$h_0 = 560\,\text{mm}$。

①牛腿高度的验算。

牛腿面上没有水平力，作用在牛腿面的竖向荷载：

$$F_{vk}=G_3+D_{max}=44.33+397.75=442.08(\text{kN})$$

$$F_v=1.2G_3+1.4D_{max}=53.20+556.85=610.05(\text{kN})$$

对支承吊车梁的牛腿，裂缝控制系数 $\beta=0.65$，$f_{tk}=2.01$ N/mm²；$a=-250+20=-230$ mm<0，取 $a=0$。

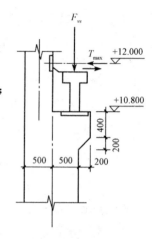

$$\beta\left(1-0.5\frac{F_{hk}}{F_{vk}}\right)\frac{f_{tk}bh_0}{0.5+\dfrac{a}{h_0}}=0.65\times\frac{2.01\times500\times560}{0.5}\times10^{-3}$$

$$=731.64(\text{kN})>F_{vk}=442.08\text{ kN}$$

故牛腿截面高度满足要求。

图 3-98　牛腿尺寸

②牛腿配筋计算。

由于 $a<0$，因而该牛腿可按构造要求配筋。

$0.45f_t/f_y=0.45\times1.43/360\times100\%=0.18\%<\rho_{min}=0.2\%$，根据构造要求，$A_s\geqslant\rho_{min}bh=0.002\times500\times600=600(\text{mm}^2)$。

纵筋不应少于 4 根，直径不应小于 12 mm，所以选用实际选用 4Φ14（$A_s=616$ mm²）。

由于 $a/h_0<0.3$，则可以不设置弯起钢筋。

箍筋按构造配置，牛腿上部 $2h_0/3$ 范围内水平箍筋的总截面面积不应小于承受 F_v 的受拉纵筋总面积的 $1/2$，箍筋选用 Φ8@100。

③局部承压验算。

局部承压面积应为牛腿顶面预埋钢板的面积，本设计近似按柱宽乘以吊车梁端宽度偏安全取用：$A_{ln}=500\times300=150\,000(\text{mm}^2)$，且取混凝土局部受压强度提高系数 $\beta_l=1.0$。

$$0.9\beta_c\beta_l f_cA_{ln}=0.9\times1.0\times1.0\times14.3\times150\,000\times10^{-3}=1\,930.50(\text{kN})>F_v$$

满足要求。

(6)吊装验算。

采用翻身起吊，吊点设在牛腿下部，混凝土达到设计强度后起吊。由表 3-8 可得柱插入杯口深度为 $h_1=0.9\times1\,000=900(\text{mm})$，取 $h_1=1\,000$ mm，则柱吊装时总长度为 $15+1=16(\text{m})$，计算简图如图 3-99 所示。

①荷载计算。

柱吊装阶段的荷载为柱自重重力荷载，分项系数 $\gamma_G=1.35$，且应考虑动力系数 $\mu=1.5$，结构重要性系数 $\gamma_0=0.9$，则：

$$q_{1k}=25\times0.4\times0.5\times0.9\times1.5=6.75(\text{kN/m})$$

$$q_{2k}=25\times0.5\times1.2\times0.9\times1.5=20.25(\text{kN/m})$$

$$q_{3k}=25\times0.281\,5\times0.9\times1.5=9.50(\text{kN/m})$$

$$q_{4k}=25\times0.5\times1.0\times0.9\times1.5=16.88(\text{kN/m})$$

$$q_1=\gamma_Gq_{1k}=1.35\times6.75=9.11(\text{kN/m})$$

$$q_2=\gamma_Gq_{2k}=1.35\times20.25=27.34(\text{kN/m})$$

$$q_3=\gamma_Gq_{3k}=1.35\times9.50=12.83(\text{kN/m})$$

$$q_4=\gamma_Gq_{4k}=1.35\times16.88=22.78(\text{kN/m})$$

②内力计算。

$$R_{Ak}=\frac{1}{11.8}(q_{1k}\times2\times10.8+q_{3k}\times9.8\times4.9-q_{2k}\times0.6\times0.3-q_{1k}\times3.6\times2.4)=64.31(\text{kN})$$

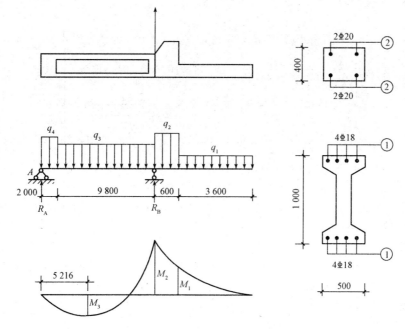

图 3-99 柱吊装计算简图

$$R_{Bk}=q_{4k}\times2+q_{3k}\times9.8+q_{2k}\times0.6+q_{1k}\times3.6-R_{Ak}=99.00(\text{kN})$$

$$R_A=\gamma_G R_{Ak}=1.35\times64.31=86.82(\text{kN})$$

$$R_B=\gamma_G R_{Bk}=1.35\times99=133.65(\text{kN})$$

设 M_1 在距 A 支座为 x 处，则有：

$$M_{3k}(x)=R_{Ak}x-2\times q_{4k}\times(x-1)-\frac{1}{2}q_{3k}(x-2)^2$$

$$\frac{\mathrm{d}M_{3k}(x)}{dx}=0,\ \text{则}\ x=5.216\ \text{m}$$

$$M_{1k}=q_{1k}\times3.6\times1.8=43.74(\text{kN}\cdot\text{m})$$

$$M_{2k}=q_{1k}\times3.6\times2.4+q_{2k}\times0.6\times0.3=61.97(\text{kN}\cdot\text{m})$$

$$M_{3k}=R_{Ak}\times5.216-q_{4k}\times2\times(5.216-1)-\frac{1}{2}q_{3k}\times(5.216-2)^2=143.98(\text{kN}\cdot\text{m})$$

$$M_1=\gamma_G M_{1k}=1.35\times43.74=59.05(\text{kN}\cdot\text{m})$$

$$M_2=\gamma_G M_{2k}=1.35\times61.97=83.66(\text{kN}\cdot\text{m})$$

$$M_3=\gamma_G M_{3k}=1.35\times143.98=194.37(\text{kN}\cdot\text{m})$$

③承载力和裂缝宽度验算。

a. 上柱牛腿顶面。

纵筋选用 2Φ20，$A_s=A_s'=628\ \text{mm}^2$。

受弯承载力验算：

$M_u=f_y'A_s'(h_0-a_s')=360\times628\times(360-40)\times10^{-6}=72.35(\text{kN}\cdot\text{m})>M_1=59.05\ \text{kN}\cdot\text{m}$

满足要求。

裂缝宽度验算：

$$w_{\max}=\alpha_{cr}\psi\frac{\sigma_s}{E_s}\left(1.9c_s+0.08\frac{d_{eq}}{\rho_{te}}\right)$$

$$\alpha_{cr}=0.9$$

$$\sigma_s=\frac{M_q}{0.87A_sh_0}=\frac{43.74\times10^6}{0.87\times628\times360}=222.38(\text{N/mm}^2)$$

$$\rho_{te}=\frac{A_s}{A_{te}}=\frac{628}{0.5\times500\times400}=6.28\times10^{-3}<0.01,\ \text{取}\ \rho_{te}=0.01$$

$$\psi=1.1-0.65\frac{f_{tk}}{\rho_{te}\sigma_s}=1.1-0.65\times\frac{2.01}{0.01\times222.38}=0.512$$

$$w_{max}=\alpha_{cr}\psi\frac{\sigma_s}{E_s}\left(1.9c_s+0.08\frac{d_{eq}}{\rho_{te}}\right)=0.9\times0.512\times\frac{222.38}{2\times10^5}\times\left(1.9\times25+0.08\times\frac{20}{0.01}\right)$$

$$=0.11(\text{mm})<w_{\lim}=0.3\ \text{mm}$$

满足要求。

b. 下柱牛腿底面。

纵筋选用 4Φ18，$A_s=A_s'=1\ 017\ \text{mm}^2$。

受弯承载力验算：

$$M_u=f_y'A_s'(h_0-a_s')=360\times1\ 017\times(960-40)\times10^{-6}=336.83(\text{kN}\cdot\text{m})>M_2$$
$$=83.66\ \text{kN}\cdot\text{m}$$

满足要求。

裂缝宽度验算：

$$\sigma_s=\frac{M_q}{0.87A_sh_0}=\frac{61.97\times10^6}{0.87\times1\ 017\times960}=72.96(\text{N/mm}^2)$$

$$\rho_{te}=\frac{A_s}{A_{te}}=\frac{1\ 017}{0.5\times120\times1\ 000+(500-120)\times200}=7.48\times10^{-3}<0.01,\ \text{取}\ \rho_{te}=0.01。$$

$$\psi=1.1-0.65\frac{f_{tk}}{\rho_{te}\sigma_s}=1.1-0.65\times\frac{2.01}{0.01\times72.96}=-0.691<0.2,\ \text{取}\ \psi=0.2。$$

$$w_{max}=\alpha_{cr}\psi\frac{\sigma_s}{E_s}\left(1.9c_s+0.08\frac{d_{eq}}{\rho_{te}}\right)=0.9\times0.2\times\frac{72.96}{2\times10^5}\left(1.9\times25+0.08\times\frac{18}{0.01}\right)$$

$$=0.01(\text{mm})<w_{\lim}=0.3\ \text{mm}$$

满足要求。

c. 下柱跨中。

纵筋选用 4Φ18，$A_s=A_s'=1\ 017\ \text{mm}^2$。

$$M_{3k}=R_{Ak}\times5.216-q_{4k}\times2\times(5.216-1)-\frac{1}{2}q_{3k}\times(5.216-2)^2=143.98(\text{kN}\cdot\text{m})$$

$$M_3=\gamma_GM_{3k}=1.35\times143.98=194.37(\text{kN}\cdot\text{m})$$

受弯承载力验算：

$$M_u=f_y'A_s'(h_0-a_s')=360\times1\ 017\times(960-40)\times10^{-6}$$
$$=336.83(\text{kN}\cdot\text{m})>M_3=194.37\ \text{kN}\cdot\text{m}$$

满足要求。

裂缝宽度验算：

$$\sigma_s=\frac{M_q}{0.87A_sh_0}=\frac{143.98\times10^6}{0.87\times1\ 017\times960}=169.51(\text{N/mm}^2)$$

$$\rho_{te}=\frac{A_s}{A_{te}}=\frac{1\ 017}{0.5\times120\times1\ 000+(500-120)\times200}=7.48\times10^{-3}<0.01,\ \text{取}\ \rho_{te}=0.01。$$

$$\psi=1.1-0.65\frac{f_{tk}}{\rho_{te}\sigma_s}=1.1-0.65\times\frac{2.01}{0.01\times169.51}=0.329$$

$$w_{max} = \alpha_{cr}\psi\frac{\sigma_s}{E_s}\left(1.9c_s + 0.08\frac{d_{eq}}{\rho_{te}}\right) = 0.9 \times 0.329 \times \frac{169.51}{2 \times 10^5} \times \left(1.9 \times 25 + 0.08 \times \frac{18}{0.01}\right)$$
$$= 0.05(\text{mm}) < w_{\lim} = 0.3 \text{ mm}$$

满足要求。

A 柱模板及配筋图如图 3-103 所示。

3.10.8 基础设计
Design of Foundations

根据《建筑地基基础设计规范》(GB 50007—2011)规定，对于 6 m 柱距单层排架结构多跨厂房，当地基承载力特征值 160 N/mm² ≤ f_{ak} = 190 N/mm² < 200 N/mm²，厂房跨度 l≤30 m，吊车额定起重量不超过 30 t，以及设计等级为丙级时，设计时可不作地基变形验算。本例符合上述条件，故不需进行地基变形验算。下面以 A 柱为例进行基础设计。

基础材料：混凝土强度等级取 C20，f_c = 9.6 N/mm²，f_t = 1.10 N/mm²；钢筋采用 HRB335 级，f_y = 300 N/mm²；基础垫层采用 C15 素混凝土。

(1)不利内力的选取。

作用于基础顶面上的荷载包括柱底(Ⅲ—Ⅲ截面)传给基础的 M、N、V 以及围护墙自重重力荷载两部分。按照《建筑地基基础设计规范》(GB 50007—2011)的规定，基础的地基承载力验算取用荷载效应标准组合，基础的受冲切承载力验算和底板配筋计算取用荷载效应基本组合。由于围护墙自重重力荷载大小、方向和作用位置均不变，故基础最不利内力主要取决于柱底(Ⅲ—Ⅲ截面)的不利内力，应选取轴力为最大的不利内力组合以及正负弯矩为最大的不利内力组合。经对表 3-15 中的柱底截面不利内力进行分析可知，基础设计时的不利内力见表 3-16。

表 3-16　基础设计时的不利内力组合

组别	荷载效应标准组合			荷载效应基本组合		
	M_k/(kN·m)	N_k/kN	V_k/kN	M/(kN·m)	N/kN	V/kN
第一组	396.63	646.77	45.33	549.95	831.28	62.11
第二组	−338.85	449.55	−30.39	−479.72	555.17	−43.89
第三组	289.95	646.77	31.73	404.60	886.93	44.09

(2)围护墙自重。

如图 3-80、图 3-81 所示，每个基础承受的围护墙总宽度为 6.0 m，总高度为 15+1.7−0.45× 2−0.3×2=15.2 m，墙体为 240 mm 厚空心混凝土砖砌筑，自重为 11.8×0.24=2.832 kN/m²；墙上设置铝合金窗，按 0.2 kN/m² 计算；每根基础梁自重为 16.10 kN；连系梁、过梁均为矩形截面，截面尺寸分别为 300 mm×240 mm、450 mm×240 mm，重力密度 25 kN/m³。

则每个基础承受的由围护墙传来的自重标准值为：

墙体自重：　　　　　　　　　　[15.2×6−(1.8+2.1+3.6)×4.2]×2.832=169.07(kN)

窗自重：　　　　　　　　　　　(1.8+2.1+3.6)×4.2×0.2=6.3(kN)

基础梁自重：　　　　　　　　　16.10(kN)

连系梁、过梁自重：　　　　　　(0.3×0.24×6×2+0.45×0.24×6)×25=37.8(kN)

$$N_{wk} = 229.27(\text{kN})$$

围护墙对基础产生的偏心距为(图 3-100):

$$e_w = 120 + 500 = 620 \text{(mm)}$$

(3)基础底面尺寸确定及地基承载力验算。

①基础高度与埋置深度确定。

由构造要求可知,基础高度为 $h = h_1 + a_1 + 50$,其中 h_1 为柱插入杯口深度,由前述取为 1 000 mm;a_1 为杯底厚度,由表 3-9 可知,$a_1 \geqslant 250$ mm,取 $a_1 = 250$ mm,故基础高度为:

$$h = 1\,000 + 250 + 50 = 1\,300 \text{(mm)}$$

基础顶面标高为 -0.600 m,室内外高差为 150 mm,则基础埋置深度为:

$$d = 1\,300 + 600 - 150 = 1\,750 \text{(mm)}$$

②基础底面尺寸确定。

基础底面尺寸按地基承载力计算确定。计算时取荷载效应标准组合。原始地面下 5 m 深度内地基承载力为 $f_{ak} = 190$ kPa,则由《建筑地基基础设计规范》(GB 50007—2011)可查得修正后的地基承载力特征值为:

$$f_a = f_{ak} + \eta_b \gamma (b - 3) + \eta_d \gamma_m (d - 0.5)$$

其中 $\eta_b = 0$、$\eta_d = 1.0$、$\gamma_m = 20$ kN/m³,则

$$f_a = 190 + 1.0 \times 20 \times (1.75 - 0.5) = 215 \text{(kN/m}^2\text{)}$$

$$N_k = N_{k.\max} + N_{wk} = 646.77 + 229.27 = 876.04 \text{(kN)}$$

按轴心受压基础估算基底尺寸:

$$A = \frac{N_k}{f_a - \gamma_m d} = \frac{876.04}{215 - 20 \times 1.75} = 4.867 \text{(m}^2\text{)}$$

考虑偏心的影响将基础底面面积增大 30%,有 $A = 1.3 \times 4.867 = 6.327 \text{(m}^2\text{)}$。

取 $A = l \times b = 2.4 \times 3.6 = 8.64 \text{(m}^2\text{)}$。

基础外形尺寸如图 3-100 所示。

基础底面偏心方向的弹性抵抗矩为:

$$W = \frac{1}{6} l b^2 = \frac{1}{6} \times 2.4 \times 3.6^2 = 5.184 \text{(m}^3\text{)}$$

③地基承载力验算。

$$G_k = \gamma_m A d = 20 \times 8.64 \times 1.75 = 302.4 \text{(kN)}$$

按第一组不利内力计算

$M_k = 396.63$ kN・m;$N_k = 646.77$ kN;$V_k = 45.33$ kN。如图 3-101(a)所示。

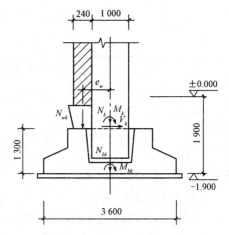

图 3-100 基础外形尺寸图

基础底面相应于荷载效应标准组合时的竖向压力值和力矩值分别为:

$$N_{bk} = N_k + G_k + N_{wk} = 646.77 + 302.4 + 229.27 = 1\,178.44 \text{(kN)}$$

$$M_{bk} = M_k + V_k h \pm N_{wk} e_w = 396.63 + 45.33 \times 1.3 - 229.27 \times 0.62 = 313.41 \text{(kN・m)}$$

$$e_0 = \frac{M_{bk}}{N_{bk}} = 0.266 \text{ m} < \frac{b}{6} = 0.6 \text{ m}$$

基础底面边缘的压力为:

$$\begin{array}{l} p_{k,\max} \\ p_{k,\min} \end{array} = \frac{N_{bk}}{A} \pm \frac{M_{bk}}{W} = \frac{1\,178.44}{8.64} \pm \frac{313.41}{5.184} = \begin{array}{l} 196.85 \text{(kN/m}^2\text{)} \\ 75.94 \text{(kN/m}^2\text{)} \end{array}, \text{则}$$

$$p_k = \frac{p_{k,\max} + p_{k,\min}}{2} = 136.4 \text{ kN/m}^2 < f_a$$

$$p_{k,\max} = 196.85 \text{ kN/m}^2 < 1.2 f_a = 1.2 \times 215 = 258 (\text{kN/m}^2)$$

满足要求。

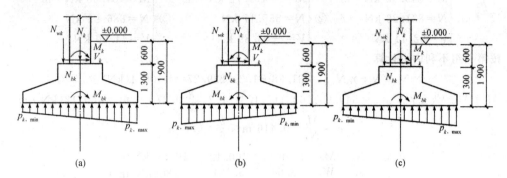

图 3-101 基础底面压应力分布图

按第二组不利内力计算

$M_k = -338.85 \text{ kN·m}$；$N_k = 449.55 \text{ kN}$；$V_k = -30.39 \text{ kN}$。如图 3-101(b)所示。

基础底面相应于荷载效应标准组合时的竖向压力值和力矩值分别为：

$$N_{bk} = N_k + G_k + N_{wk} = 449.55 + 302.4 + 229.27 = 981.22 (\text{kN})$$

$$M_{bk} = M_k + V_k h \pm N_{wk} e_w = -338.85 - 30.39 \times 1.3 - 229.27 \times 0.62 = -520.50 (\text{kN·m})$$

$$e_0 = \frac{M_{bk}}{N_{bk}} = 0.53 \text{ m} < \frac{b}{6} = 0.6 \text{ m}$$

基础底面边缘的压力为：

$$\begin{array}{l} p_{k,\max} \\ p_{k,\min} \end{array} = \frac{N_{bk}}{A} \pm \frac{M_{bk}}{W} = \frac{981.22}{8.64} \pm \frac{520.50}{5.184} = \begin{array}{l} 213.97 (\text{kN/m}^2) \\ 13.16 (\text{kN/m}^2) \end{array}，则$$

$$p_k = \frac{p_{k,\max} + p_{k,\min}}{2} = 113.57 \text{ kN/m}^2 < f_a = 215 \text{ kN/m}^2$$

$$p_{k,\max} = 213.97 \text{ kN/m}^2 < 1.2 f_a = 1.2 \times 215 = 258 (\text{kN/m}^2)$$

满足要求。

按第三组不利内力计算

$M_k = 289.95 \text{ kN·m}$；$N_k = 646.77 \text{ kN}$；$V_k = 31.73 \text{ kN}$。如图 3-101(c)所示。

基础底面相应于荷载效应标准组合时的竖向压力值和力矩值分别为：

$$N_{bk} = N_k + G_k + N_{wk} = 646.77 + 302.4 + 229.27 = 1\,178.44 (\text{kN})$$

$$M_{bk} = M_k + V_k h \pm N_{wk} e_w = 289.95 + 31.73 \times 1.3 - 229.27 \times 0.62 = 189.05 (\text{kN·m})$$

$$e_0 = \frac{M_{bk}}{N_{bk}} = 0.16 \text{ m} < \frac{b}{6} = 0.6 \text{ m}$$

基础底面边缘的压力为：

$$\begin{array}{l} p_{k,\max} \\ p_{k,\min} \end{array} = \frac{N_{bk}}{A} \pm \frac{M_{bk}}{W} = \frac{1\,178.44}{8.64} \pm \frac{189.05}{5.184} = \begin{array}{l} 172.86 (\text{kN/m}^2) \\ 99.93 (\text{kN/m}^2) \end{array}，则$$

$$p_k = \frac{p_{k,\max} + p_{k,\min}}{2} = 136.4 \text{ kN/m}^2 < f_a$$

$$p_{k,\max} = 172.86 \text{ kN/m}^2 < 1.2 f_a = 1.2 \times 215 = 258 (\text{kN/m}^2)$$

满足要求。

(4)基础受冲切承载力验算。

基础受冲切承载力计算时采用荷载效应的基本组合，并采用基底净反力。由表 3-15 可选取下列三组不利内力：

$$① \begin{cases} M=549.95 \text{ kN} \cdot \text{m} \\ N=831.28 \text{ kN} \\ V=62.11 \text{ kN} \end{cases} \quad ② \begin{cases} M=-479.72 \text{ kN} \cdot \text{m} \\ N=555.17 \text{ kN} \\ V=-43.89 \text{ kN} \end{cases} \quad ③ \begin{cases} M=404.60 \text{ kN} \cdot \text{m} \\ N=886.93 \text{ kN} \\ V=44.09 \text{ kN} \end{cases}$$

按第一组不利内力计算

$$N_b=N+\gamma_G N_{wk}=831.28+1.2\times229.27=1\,106.4(\text{kN})$$

$$M_b=M+Vh\pm\gamma_G N_{wk}e_w=549.95+62.11\times1.3-1.2\times229.27\times0.62=460.12(\text{kN}\cdot\text{m})$$

$$e_0=\frac{M_b}{N_b}=0.416 \text{ m}<\frac{b}{6}=0.6 \text{ m}$$

$$\frac{p_{j,\max}}{p_{j,\min}}=\frac{N_b}{A}\pm\frac{M_b}{W}=\frac{1\,106.4}{8.64}\pm\frac{460.12}{5.184}=\frac{216.81(\text{kN/m}^2)}{39.30(\text{kN/m}^2)}$$

基础冲切破坏面位置及地基净反力如图 3-102(b)所示。

按第二组不利内力计算

$$N_b=N+\gamma_G N_{wk}=555.17+1.2\times229.27=830.29(\text{kN})$$

$$M_b=M+Vh\pm\gamma_G N_{wk}e_w=-479.72-43.89\times1.3-1.2\times229.27\times0.62=-707.35(\text{kN}\cdot\text{m})$$

$$e_0=\frac{M_b}{N_b}=0.852 \text{ m}>\frac{b}{6}=0.6 \text{ m}$$

$$k=\frac{b}{2}-e_0=1.8-0.852=0.948(\text{m})$$

$$p_{j,\max}=\frac{2N_b}{3kl}=\frac{2\times830.29}{3\times0.948\times2.4}=243.29(\text{kN/m}^2)$$

如图 3-102(c)所示。

按第三组不利内力计算

$$N_b=N+\gamma_G N_{wk}=886.93+1.2\times229.27=1\,162.05(\text{kN})$$

$$M_b=M+Vh\pm\gamma_G N_{wk}e_w=404.6+44.09\times1.3-1.2\times229.27\times0.62=291.34(\text{kN}\cdot\text{m})$$

$$e_0=\frac{M_b}{N_b}=0.251 \text{ m}<\frac{b}{6}=0.6 \text{ m}$$

$$\frac{p_{j,\max}}{p_{j,\min}}=\frac{N_b}{A}\pm\frac{M_b}{W}=\frac{1\,162.05}{8.64}\pm\frac{291.34}{5.184}=\frac{190.70(\text{kN/m}^2)}{78.30(\text{kN/m}^2)}$$

如图 3-102(d)所示。

基础各细部尺寸如图 3-102(a)、(e)所示。其中，基础顶面突出柱边的宽度主要取决于杯壁厚度 t。由表 3-9 查得 $t\geqslant350$ mm，取 $t=350$ mm，则基础顶面突出柱边的宽度为 $t+50=400(\text{mm})$。锥形基础的边缘高度一般 $a_2\geqslant200$ mm，且 $a_2\geqslant a_1$，同时 $a_2\geqslant h_c/4(h_c$ 为预制柱的截面高度)，故取 $a_2=300$ mm。根据所确定的尺寸可知，变阶处的冲切破坏锥面比较危险，故只需对变阶处进行受冲切承载力验算。冲切破坏锥面如图 3-102(a)、(e)中的虚线所示。取保护层厚度为 40 mm，则基础变阶处截面的有效高度为：

$$h_0=h-45=650-45=605(\text{mm})$$

$$b_t=0.5+0.4\times2=1.3(\text{m})$$

$$b_b=l=2.4 \text{ m}$$

$$b_m=(b_t+b_b)/2=1.85 \text{ m}$$

$$A_l = l\left(\frac{b}{2} - \frac{h_c}{2} - 0.4 - h_0\right) = 2.4 \times (1.8 - 0.5 - 0.4 - 0.605) = 0.708 (\text{m}^2)$$

$$F_l = p_{j,\max} A_l = 243.29 \times 0.708 = 172.25 (\text{kN})$$

$$0.7\beta_{hp} f_t b_m h_0 = 0.7 \times 1.0 \times 1.1 \times 1\,850 \times 605 \times 10^{-3} = 861.82 (\text{kN}) > F_l$$

基础高度满足要求。

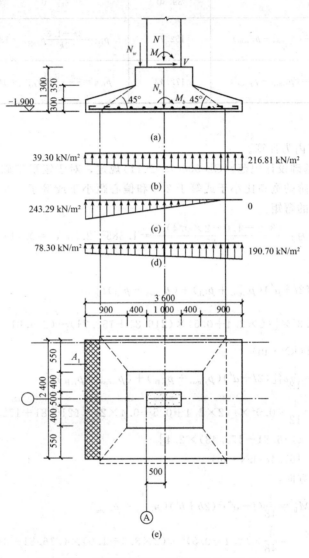

图 3-102　基础冲切破坏面位置及地基净反力

（5）基础底板配筋计算。

三组内力情况下的基底净反力 $p_{j,\max}$、$p_{j,\min}$、$p_{j,1}$、$p_{j,\text{Ⅲ}}$ 汇总见表 3-17，Ⅰ－Ⅰ截面为弯矩作用方向柱边截面，Ⅲ－Ⅲ截面为弯矩作用方向基础变阶处截面，Ⅱ－Ⅱ截面为垂直于弯矩作用方向柱边截面，Ⅳ－Ⅳ截面为垂直于弯矩作用方向基础变阶处截面。

表 3-17 基底净反力汇总表

基底净反力/(kN·m^{-2})	第一组内力下	第二组内力下	第三组内力下
$p_{j,\max}$	216.81	243.29	190.70
$p_{j,\min}$	39.30	0	78.30
$p_{j,\mathrm{I}}=p_{j,\min}+\dfrac{3.6-1.3}{3.6}(p_{j,\max}-p_{j,\min})$	152.71	$p_{j,\mathrm{I}}=\dfrac{3k-1.3}{3k}p_{j,\max}=132.08$	150.11
$p_{j,\mathrm{III}}=p_{j,\min}+\dfrac{3.6-0.9}{3.6}(p_{j,\max}-p_{j,\min})$	172.43	$p_{j,\mathrm{III}}=\dfrac{3k-0.9}{3k}p_{j,\max}=166.30$	162.6

①截面弯矩计算。

a. 按第一组不利内力计算。

现行《建筑地基基础设计规范》(GB 50007—2011)规定,对于矩形基础在轴心荷载或单向偏心荷载作用下,当台阶的宽高比小于或等于 2.5 和偏心距小于或等于 1/6 基础宽度时,可按简化方法计算任意截面的弯矩。

按基础的宽高比:$\dfrac{(3.6-1.0-2\times0.4)/2}{0.65}=1.385<2.5$,$e_0=0.416$ m$<\dfrac{b}{6}=0.6$ m

弯矩作用方向:

$$M_{\mathrm{I}}=\frac{1}{12}a_1^2[(2l+a')(p_{j,\max}+p_{j,\mathrm{I}})+(p_{j,\max}-p_{j,\mathrm{I}})l]$$

$$=\frac{1}{12}\times1.3^2\times[(2\times2.4+0.5)\times(216.81+152.71)+(216.81-152.71)\times2.4]$$

$$=297.48(\mathrm{kN\cdot m})$$

$$M_{\mathrm{III}}=\frac{1}{12}a_1^2[(2l+a')(p_{j,\max}+p_{j,\mathrm{III}})+(p_{j,\max}-p_{j,\mathrm{III}})l]$$

$$=\frac{1}{12}\times0.9^2\times[(2\times2.4+0.5+0.4\times2)\times(216.81+172.43)+$$

$$(216.81-172.43)\times2.4]$$

$$=167.46(\mathrm{kN\cdot m})$$

垂直于弯矩作用方向:

$$M_{\mathrm{II}}=\frac{1}{48}(l-a')^2(2b+b')(p_{j,\max}+p_{j,\min})$$

$$=\frac{1}{48}\times(2.4-0.5)^2\times(2\times3.6+1.0)\times(216.81+39.30)$$

$$=157.95(\mathrm{kN\cdot m})$$

$$M_{\mathrm{IV}}=\frac{1}{48}(l-a')^2(2b+b')(p_{j,\max}+p_{j,\min})$$

$$=\frac{1}{48}\times(2.4-1.3)^2\times(2\times3.6+1.8)\times(216.81+39.30)$$

$$=58.10(\mathrm{kN\cdot m})$$

b. 按第二组不利内力计算。

$e_0=0.852$ m$>\dfrac{b}{6}=0.6$ m,基础偏心距大于 1/6 基础宽度,在沿弯矩作用方向上任意截面及垂直于弯矩作用方向上柱边截面或截面变高度处相应于荷载效应基本组合时的弯矩设计值仍按简化方法计算。

弯矩作用方向：

$$M_{\mathrm{I}} = \frac{1}{12}a_1^2\left[(2l+a')(p_{j,\max}+p_{j,\mathrm{I}})+(p_{j,\max}-p_{j,\mathrm{I}})l\right]$$

$$= \frac{1}{12}\times 1.3^2 \times\left[(2\times 2.4+0.5)(243.29+132.08)+(243.29-132.08)\times 2.4\right]$$

$$= 317.77(\mathrm{kN\cdot m})$$

$$M_{\mathrm{III}} = \frac{1}{12}a_1^2\left[(2l+a')(p_{j,\max}+p_{j,\mathrm{III}})+(p_{j,\max}-p_{j,\mathrm{III}})l\right]$$

$$= \frac{1}{12}\times 0.9^2 \times\left[(2\times 2.4+0.5+0.4\times 2)(243.29+132.08)+(243.29-132.08)\times 2.4\right]$$

$$= 172.57(\mathrm{kN\cdot m})$$

垂直于弯矩作用方向：

$$M_{\mathrm{II}} = \frac{1}{48}(l-a')^2(2b+b')(p_{j,\max}+p_{j,\min})$$

$$= \frac{1}{48}\times(2.4-0.5)^2\times(2\times 3.6+1.0)\times(243.29+0)$$

$$= 150.04(\mathrm{kN\cdot m})$$

$$M_{\mathrm{IV}} = \frac{1}{48}(l-a')^2(2b+b')(p_{j,\max}+p_{j,\min})$$

$$= \frac{1}{48}\times(2.4-1.3)^2\times(2\times 3.6+1.8)\times(243.29+0)$$

$$= 55.20(\mathrm{kN\cdot m})$$

c. 按第三组不利内力计算。

弯矩作用方向：

$$M_{\mathrm{I}} = \frac{1}{12}a_1^2\left[(2l+a')(p_{j,\max}+p_{j,\mathrm{I}})+(p_{j,\max}-p_{j,\mathrm{I}})l\right]$$

$$= \frac{1}{12}\times 1.3^2 \times\left[(2\times 2.4+0.5)(190.70+150.11)+(190.70-150.11)\times 2.4\right]$$

$$= 268.11(\mathrm{kN\cdot m})$$

$$M_{\mathrm{III}} = \frac{1}{12}a_1^2\left[(2l+a')(p_{j,\max}+p_{j,\mathrm{III}})+(p_{j,\max}-p_{j,\mathrm{III}})l\right]$$

$$= \frac{1}{12}\times 0.9^2 \times\left[(2\times 2.4+0.5+0.4\times 2)(190.70+162.60)+(190.70-162.60)\times 2.4\right]$$

$$= 150.02(\mathrm{kN\cdot m})$$

垂直于弯矩作用方向：

$$M_{\mathrm{II}} = \frac{1}{48}(l-a')^2(2b+b')(p_{j,\max}+p_{j,\min})$$

$$= \frac{1}{48}\times(2.4-0.5)^2\times(2\times 3.6+1.0)\times(190.70+78.30)$$

$$= 165.89(\mathrm{kN\cdot m})$$

$$M_{\mathrm{IV}} = \frac{1}{48}(l-a')^2(2b+b')(p_{j,\max}+p_{j,\min})$$

$$=\frac{1}{48}\times(2.4-1.3)^2\times(2\times3.6+1.8)\times(190.70+78.30)$$
$$=61.03(kN\cdot m)$$

②配筋计算。

综上，各截面最不利弯矩为：$M_I=317.77\ kN\cdot m$，$M_{III}=181.12\ kN\cdot m$，$M_{II}=165.89\ kN\cdot m$，$M_{IV}=61.03\ kN\cdot m$。

基础底板受力钢筋采用 HRB335 级（$f_y=300\ N/mm^2$），则基础底板沿弯矩作用方向（长边 b 方向）I—I 截面的有效高度 $h_{0I}=h_I-45=1\ 300-45=1\ 255(mm)$，III—III 截面的有效高度 $h_{0III}=h_{III}-45=650-45=605(mm)$，则受力钢筋截面面积为：

$$A_{sI}=\frac{M_I}{0.9h_{0I}f_y}=\frac{317.77\times10^6}{0.9\times1\ 255\times300}=937.79(mm^2)$$

$$A_{sIII}=\frac{M_{III}}{0.9h_{0III}f_y}=\frac{172.57\times10^6}{0.9\times605\times300}=1\ 056.44(mm^2)$$

选取 14Φ10@175（$A_s=1\ 099\ mm^2$）。

基础底板沿垂直于弯矩作用方向（长边 l 方向）II—II 截面的有效高度 $h_{0II}=h_{II}-45=1\ 300-45=1\ 255(mm)$，IV—IV 截面的有效高度 $h_{0IV}=h_{IV}-45=650-45=605(mm)$，则受力钢筋截面面积为：

$$A_{sII}=\frac{M_{II}}{0.9(h_{0II}-d)f_y}=\frac{165.89\times10^6}{0.9\times(1\ 255-10)\times300}=493.50(mm^2)$$

$$A_{sIV}=\frac{M_{IV}}{0.9(h_{0IV}-d)f_y}=\frac{61.03\times10^6}{0.9\times(605-10)\times300}=379.89(mm^2)$$

选取 18Φ6@195（$A_s=509.4\ mm^2$）。

③其他。

排架柱为大偏心受压且 $t/h_2=375/650=0.58\leqslant0.75$ 时，杯壁应按计算配筋，此处略去。

当扩展基础的混凝土强度等级小于柱的混凝土强度等级时尚应验算柱下扩展基础顶面的局部受压承载力，此处略去。

基础配筋图如图 3-104 所示。

3.10.9 柱、基础施工图
Construction Drawing of Column and Foundation

（1）柱施工图。

如图 3-103 所示。图中所示排架柱为柱间支撑两边的柱，其余排架柱预埋件 M—4、M—5 取消。

（2）基础施工图。

如图 3-104 所示。

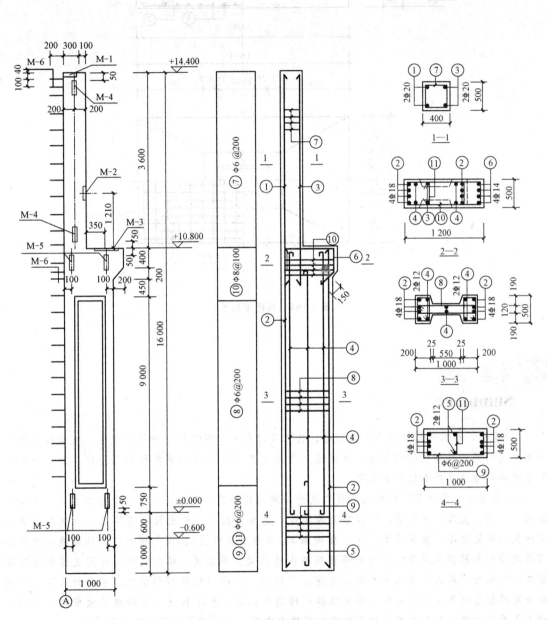

图 3-103 排架柱模板及配筋图

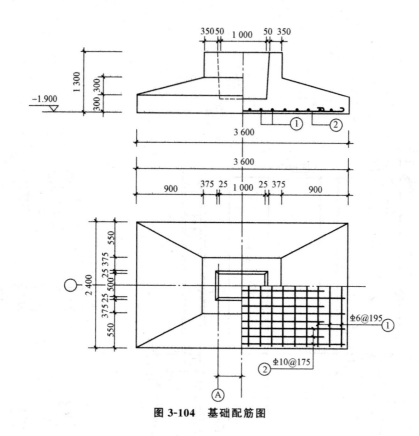

图 3-104　基础配筋图

本章小结

Summary

（1）单层厂房结构设计可按方案设计、技术设计和施工图绘制三个阶段进行。方案设计阶段主要是进行结构选型和结构布置，技术设计阶段主要是进行结构分析和构件设计，最后根据计算结果和构造要求绘制结构施工图。

（2）排架结构是单层厂房中应用最广泛的一种结构形式。它是一个空间受力体系，主要由屋面板、屋架、支撑、吊车梁、柱和基础等组成，结构分析时一般近似地将其简化为横向平面排架和纵向平面排架。横向平面排架主要由横梁（屋架或屋面梁）、横向柱列、基础组成，承受全部竖向荷载和横向水平荷载；纵向平面排架由连系梁、吊车梁、纵向柱列、柱间支撑和基础等组成，它承受厂房的纵向水平荷载，并保证厂房结构的纵向刚度和稳定性。在非地震区，对纵向平面排架往往不必进行计算，而是根据厂房的具体情况和工程设计经验通过设置柱间支撑从构造上予以加强；只有在考虑地震作用或温度内力时，才进行纵向结构体系的计算。

（3）单层厂房结构布置包括柱网布置和剖面布置、支撑布置和围护结构布置等。柱网布置包括建筑模数、定位轴线、变形缝；支撑系统包括屋盖支撑和柱间支撑，其虽非主要受力构件，但却是连系主要受力构件以保证厂房整体刚度和稳定性的重要组成部分，并能有效地传递水平荷载。

（4）根据国家标准图集进行厂房构件的选型是单层厂房结构设计中的一个重要内容。对屋面板、檩条、屋面梁或屋架、天窗架、托架、吊车梁、连系梁和基础梁等构件，可按标准图选用，一般不必另行设计。柱的截面设计受厂房高度、吊车起重量及承载力和刚度等条件的影响，而基础受柱等上部结构的影响，故柱和基础应进行具体设计，通常先按构造要求及经验初步确定截面形式和尺寸，再进行承载力计算，修正或确定截面尺寸。

(5)横向平面排架内力分析的内容主要包括：确定计算简图、荷载计算、内力计算和内力组合。其目的是求出柱控制截面可能产生的最不利内力，以作为柱和基础设计的依据。

(6)横向平面排架结构一般采用力法进行结构内力计算。对于等高排架，还可采用剪力分配法计算内力，即按柱的抗剪刚度比例分配水平力。对承受任意荷载的等高排架，先在排架柱顶部附加不动铰支座并求出相应的支座反力，然后用剪力分配法进行计算。

(7)单层厂房是空间结构，当各榀抗侧力结构(排架或山墙)的刚度不同或者承受的外荷载不同时，排架与排架、排架与山墙之间存在相互制约作用，将其称为厂房的整体空间作用。厂房空间作用的大小主要取决于屋盖刚度、山墙刚度、山墙间距、荷载类型等。吊车荷载作用下可考虑厂房整体空间作用。

(8)作用于排架上的各单项可变荷载同时出现的可能性较大，但它们都同时达到最大值的可能性却较小。通常将各单项可变荷载作用下排架的内力分别计算出来，再按一定的组合原则确定柱控制截面的最不利内力，即内力组合。

(9)对于钢筋混凝土排架柱，除按偏心受压构件计算以保证使用阶段的承载力要求和裂缝宽度限值外，还要按受弯构件进行验算以保证满足施工阶段(吊装、运输)的承载力和裂缝宽度限值要求。抗风柱主要承受风荷载，可按变截面受弯构件进行设计。

(10)柱牛腿分为长牛腿和短牛腿。长牛腿为悬臂受弯构件，按悬臂梁设计；短牛腿为变截面悬臂深梁，其截面高度一般以不出现斜裂缝作为控制条件来确定，其纵向受力钢筋一般由计算确定，水平箍筋和弯起钢筋按构造要求设置。

(11)柱下独立基础根据受力可分为轴心受压基础和偏心受压基础，根据基础的形状可分为阶形基础和锥形基础。独立基础的底面尺寸可按地基承载力要求确定，基础高度由构造要求和抗冲切承载力要求确定，底板配筋按固定在柱边的倒置悬臂板计算。

(12)吊车梁是厂房的纵向承重构件，主要承受吊车在起重、运行时产生的各类移动荷载，对传递纵向水平荷载、加强厂房纵向刚度起重要作用。

(13)吊车荷载是移动的集中荷载，具有冲击和振动作用，吊车荷载是重复荷载，会使吊车梁产生扭矩，因此除了要进行正截面受弯和斜截面受剪承载力计算外，还应计算扭矩并进行扭曲截面承载力验算，并且还需考虑动力系数，应对吊车梁的相应截面进行疲劳验算。

(14)装配式钢筋混凝土单层厂房结构中各构件是通过预埋件连接的，预埋件由埋入混凝土中的锚筋和外露在混凝土构件表面的锚板两部分组成。按受力性质的不同，预埋件可分为承受法向拉力的预埋件、承受弯矩的预埋件、承受剪力的预埋件和承受剪力、法向拉力和弯矩共同作用的预埋件。

思考题与习题

Questions and Exercises

3.1 单层厂房结构如何分类？

3.2 简述装配式钢筋混凝土单层厂房排架结构的结构组成及荷载传递路线。

3.3 装配式钢筋混凝土排架结构单层厂房中一般应设置哪些支撑？简述这些支撑的作用和

设置原则。

3.4 变形缝包括哪几种？设置原则是什么？

3.5 抗风柱与屋架的连接应满足哪些要求？连系梁、圈梁、基础梁的作用各是什么？它们与柱或基础是如何连接的？

3.6 如何确定单层厂房排架结构的计算简图？

3.7 作用于横向平面排架上的荷载有哪些？这些荷载的大小和作用位置如何确定？

3.8 什么是等高排架？如何用剪力分配法计算等高排架的内力？试述在任意荷载作用下等高排架内力计算步骤。

3.9 什么是单层厂房的整体空间作用？影响单层厂房整体空间作用的因素有哪些？考虑整体空间作用对柱内力有何影响？

3.10 单阶排架柱应选取哪些控制截面进行内力组合？简述内力组合原则、组合项目及注意事项。

3.11 如何从对称配筋柱同一截面的各组内力中选取最不利内力？排架柱的计算长度如何确定？为什么要对柱进行吊装阶段验算？如何验算？

3.12 简述柱牛腿的三种主要破坏形态及牛腿设计的主要内容。

3.13 说明抗风柱的设计计算方法。

3.14 对柱下独立基础，基础底面尺寸和基础高度如何确定？基础底板配筋如何计算？

3.15 已知某单层单跨厂房，跨度为 30 m，柱距为 6 m，内设两台中级工作制吊车，软钩桥式吊车的起重量一台为 200/50 kN，另一台为 150/30 kN，吊车桥架跨度为 28.5 m，求 D_{max}、D_{min} 及 $T_{max}(\alpha=0.1$，吊车其他数据查附表 5-2)。

3.16 如图 3-105 所示，已知基本风压 $w_0=0.35$ kN/m²，地面粗糙度为 C 类，柱距 6 m，柱截面惯性矩为：上柱 $I_u=2.13\times10^9$ mm⁴，下柱 $I_l=17.48\times10^9$ mm⁴，基础顶面至室外地坪高度为 1.5 m，上柱高 3 m。试计算风载并用剪力分配法求排架柱的内力，画出内力图。

3.17 图 3-106 所示两跨等高排架结构，作用吊车横向水平荷载 $T_{max}=20.69$ kN。已知三根柱的剪力分配系数分别为 $\eta_A=\eta_C=0.285$，$\eta_B=0.430$，A 柱 $C_5=0.559$，B 柱 $C_5=0.650$，空间作用分配系数 $\mu=0.90$，求各柱内力并与不考虑空间作用的计算结果进行比较(图中尺寸的单位为 mm)。

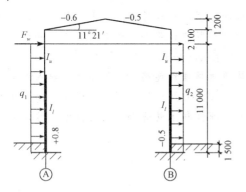

图 3-105 习题 3.16 图

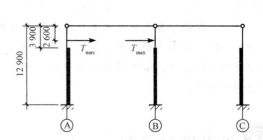

图 3-106 习题 3.17 图

3.18 某单跨厂房，在各种荷载标准值作用下 A 柱Ⅲ—Ⅲ截面内力见表 3-18，有两台吊车，吊车工作级别为 A4 级，试对该截面进行内力组合。

表 3-18　A 柱 Ⅲ—Ⅲ 截面内力标准值

简图及正负号规定	荷载类型		序号	$M/\text{kN}\cdot\text{m}$	N/kN	V/kN
	永久荷载		①	31.22	350.78	6.15
	屋面可变荷载		②	7.80	53.82	1.68
	吊车竖向荷载	$D_{\max}$ 在 A 柱	③	16.80	288.45	−3.85
		$D_{\max}$ 在 B 柱	④	−44.25	55.68	−3.85
	吊车水平荷载		⑤、⑥	±112.46	0	±9.04
	风荷载	左吹风	⑦	462.88	0	53.35
		右吹风	⑧	−425.84	0	−42.50

3.19　如图 3-107 所示的牛腿，已知竖向力设计值 $F_v=450$ kN，采用 C30 混凝土，HRB400 级钢筋，柱截面宽度为 300 mm。试确定牛腿的纵向受力钢筋，并考虑构造要求设置水平箍筋和弯筋绘制配筋图。

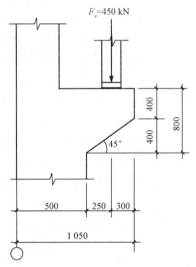

图 3-107　习题 3.19 图

第4章 多层和高层框架结构
Multi-story Frame Structures and Tall Frame Structures

本章介绍了框架梁、柱截面尺寸和框架计算简图的确定方法、框架结构在竖向和水平荷载作用下的内力计算方法以及内力组合原则、框架结构在水平荷载作用下的侧移验算方法、框架结构抗震设计的一般概念和要求及框架结构抗震构造要求等。要求熟悉框架结构的布置原则与方法；熟悉梁、柱截面尺寸及框架计算简图的确定方法；掌握框架结构在竖向和水平荷载作用下的内力计算方法及内力组合原则和方法；熟悉框架结构在水平荷载作用下的侧移验算方法；了解框架结构的重力二阶效应；了解框架结构抗震设计一般概念和要求；熟悉框架结构的抗震构造要求。

4.1 概 述

Introduction

4.1.1 多层和高层建筑结构
Multi-story and Tall Constructions

我国现行行业标准《高层建筑混凝土结构技术规程》(JGJ 3—2010)(以下简称为《高规》)规定10层及10层以上或房屋高度大于28 m的住宅建筑结构以及房屋高度大于24 m的其他高层民用建筑混凝土结构为高层建筑结构，上述规定以外的为多层和低层(1～2层)建筑结构。

无论单层、多层还是高层建筑结构都要抵抗竖向和水平荷载作用，对于单层或两层建筑，往往竖向荷载起控制作用；对于多层建筑，竖向荷载、水平荷载共同起控制作用；当建筑高度增加时，水平荷载对结构起的作用将越来越大，使得高层建筑结构设计中的结构既要具有足够的承载能力（强度），又要有足够的抗侧移能力（刚度），以将结构在水平荷载作用下产生的水平位移限制在规定的范围内，保证建筑结构的正常使用功能要求。所以，抗侧力结构成为高层建筑结构设计的主要问题，设计时要满足更多要求，常采用框架结构、剪力墙结构、简体结构及它们的组合结构等，如图 4-1 所示。

基于框架结构的抗侧移刚度相对较小的特点，使其在高层建筑结构中的整体性要求比对多层建筑结构中要高，且使用受到限制，《抗震规范》规定了不同设防烈度下框架结构适用的最大高度，见表 4-1。《高规》规定，在非地震区，现浇钢筋混凝土框架结构房屋适用的最大高度为 70 m。当房屋高度超过上述规定时，设计应有可靠依据并采取有效措施。对于位于软弱场地的建筑或不规则建筑，上述高度应适当降低。

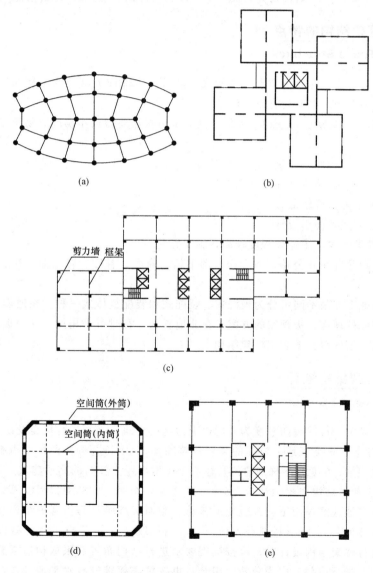

图 4-1　高层建筑结构体系

(a)框架结构；(b)剪力墙结构；(c)框架－剪力墙结构；

(d)简体结构(简中简)；(e)框架－核心简结构

表 4-1 现浇钢筋混凝土框架结构房屋适用的最大高度

地震设防烈度	6	7	8(0.2 g)	8(0.3 g)	9
最大高度/m	60	50	40	35	24
注：房屋高度指室外地面到主要屋面板板顶的高度(不包括局部凸出屋顶部分)。					

但是，从设计计算而言，高层框架结构除风荷载取值、楼面活荷载布置等与多层框架结构略有不同，水平荷载下应补充侧移验算外，在结构布置、计算简图的确定、竖向和水平荷载下的内力计算方法、内力组合原则、截面配筋计算及构造要求等方面，二者基本相同。故本章主要介绍钢筋混凝土多层框架结构设计，高层框架结构设计的有关内容参见《高规》。

4.1.2 框架结构的特点
Feature of Frame Structures

框架结构由梁、柱构件通过节点连接构成，其节点全部或大部分为刚性连接。框架结构是最常见的竖向承重结构，主要具有以下优点：

(1)建筑平面布置灵活，可获得较大的空间，也可按需要做成小房间，易于满足生产工艺和使用的要求。

(2)外墙为非承重构件，建筑立面设计灵活。

(3)结构自重较轻，整体性和抗震性能较好。

(4)在一定范围内造价较低。

(5)计算理论成熟，便于设计。

(6)结构构件类型少，工业化程度较高，施工方便。

框架结构特别适合在办公楼、教学楼、图书馆、商场、餐厅、轻工业厂房、公寓及住宅等建筑中采用。

框架结构按施工方法不同可分为现浇式、装配式和装配整体式三种。在地震区，多采用梁、柱、板全现浇或梁柱现浇、板预制的方案；在非地震区，有时可采用梁、柱、板均预制的方案。本章主要讨论现浇钢筋混凝土多层框架结构。

4.1.3 框架结构设计
Design of Frame Structures

《抗震规范》规定，抗震设防烈度为 6 度以上地区的建筑，必须进行抗震设计；6 度时的建筑(不规则建筑及建造于Ⅳ类场地上较高的高层建筑除外)，应符合有关的抗震措施要求，但允许不进行截面抗震验算；6 度时不规则建筑及建造于Ⅳ类场地上较高的高层建筑，7 度和 7 度以上的建筑结构(生土和木结构房屋除外)，应进行多遇地震作用下的截面抗震验算；钢筋混凝土框架结构还需进行多遇地震作用下的抗震变形验算。截面抗震验算是指考虑结构构件控制截面的地震作用效应和其他荷载效应(风荷载效应，一般结构取为 0)的组合进行的截面承载力抗震验算。因此，在进行框架结构设计时，可按抗震要求进行结构布置和采取构造措施；按非抗震情形确定计算简图，进行荷载、内力分析、组合；再按抗震要求进行水平地震作用、竖向地震作用(必要时)计算、内力分析、组合(考虑承载力抗震调整系数 γ_{RE})；综合以上内力组合结果得出控制截面最不利内力组合，考虑抗震要求调整组合内力设计值后进行构件截面承载力计算、抗震变形验算。

本章主要介绍非抗震情况下的框架结构内力分析、框架结构构件抗震设计要求、抗震构造措施。有关地震作用及其效应基本组合等内容可参考《抗震规范》，并在《建筑结构抗震设计》课程中具体学习；框架结构非抗震构造措施可参考《混凝土结构设计原理》及《规范》中相应构件的构造要求。

4.2 结 构 布 置

Arrangement of the Structures

在建筑结构体系确定后应进行结构布置。框架结构结构布置包括结构平面、竖向布置和构件选型。框架结构平面布置主要是确定柱在平面上的排列方式（柱网布置）、选择结构承重方案、考虑变形缝的设置；竖向布置是指结构沿竖向的变化情况。在进行结构布置时，应综合考虑房屋的使用要求、建筑美观、结构合理以及便于施工等因素。

结构布置情况是用图纸来表达的。结构布置图上要将房屋中每一结构构件的类型、编号、平面和空间的位置等明确地表示出来，它不但是结构设计人员用以进行设计计算的依据，而且是施工人员进行施工时必不可少的。

结构布置图主要包括基础平面图、各层结构平面布置图及屋面结构平面布置图。进行结构构件设计计算之前，先要将结构布置简图绘出。只有在结构布置简图绘出之后，才能了解有多少结构构件需要设计计算、各结构构件的相互关系如何等。

4.2.1 结构布置原则
Arrangement Principal of Structures

框架结构结构布置，应满足以下一般原则：

(1)满足使用要求，并尽可能地与建筑的平、立、剖面划分相一致。

(2)满足人防、消防要求，使各专业的布置能有效地进行。

(3)结构应尽可能简单、规则、均匀、对称，构件传力明确。

(4)妥善处理温度、地基不均匀沉降以及地震等因素对建筑的影响。

(5)施工简便，经济合理。

对于质量和侧向刚度沿高度分布比较均匀的结构，只需进行结构平面布置；对于竖向分布不规则的结构，除应进行结构平面布置外，还应进行结构的竖向布置。

为了有利于结构受力，通常在平面上，框架梁宜拉通对直；在竖向，框架柱宜上下对中，梁柱轴线宜在同一竖向平面内。但有时由于建筑功能的要求，也会出现抽梁、抽柱的情况。

4.2.2 结构平面布置
Plane Arrangement of Structures

(1)柱网布置。

结构平面布置首先是确定柱网。所谓柱网，就是柱在平面图上的位置，常形成矩形网格。柱网的布置除应满足建筑功能和生产工艺要求外，应使结构受力合理。所以，柱网应规则、整齐、传力体系明确。平面布置宜均匀、对称，具有良好的整体性。

柱网尺寸以柱距(开间)和跨度(梁跨,进深)表示,一般以 3 M 为模数。

民用建筑常用的柱距为 3.3～7.5 m。目前,住宅、宾馆和办公楼柱网可划分为小柱网和大柱网两类。小柱网是指一个开间为一个柱距[图 4-2(a)、(b)],柱距一般为 3.3 m、3.6 m、4.0 m等;大柱网指两个开间为一个柱距[图 4-2(c)],柱距通常为 6.0 m、6.6 m、7.2 m、7.5 m 等。常用的跨度为 4.8 m、5.4 m、6.0 m、6.6 m、7.2 m、7.5 m 等。

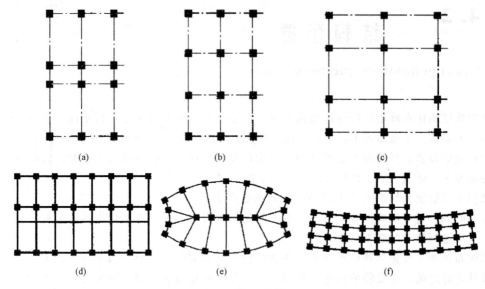

图 4-2　柱网布置图

宾馆建筑多采用三跨框架布置方案,中间跨为走廊或将走廊卫生间并入该跨,两边跨为房间[图 4-2(a)、(b)]。

办公楼常采用三跨内廊式、两跨不等跨或多跨等跨框架布置方案。采用不等跨布置时,大跨内宜布置一道纵梁,以承托走道非承重隔墙的重量[图 4-2(d)]。

近年来,由于建筑体型的多样化,出现了一些非矩形的平面形状,如图 4-2(e)、(f)所示。这使柱网布置更复杂一些。

工业建筑柱网尺寸根据生产工艺要求确定。常用的柱网有内廊式和等跨式两种。内廊式的边跨跨度一般为 6～8 m,中间跨跨度为 2～4 m;等跨式的跨度一般为 6～12 m;柱距通常为6 m。

(2)承重方案。

框架结构平面长边方向称为纵向框架,短边方向称为横向框架。

框架结构是竖向承重结构,同时也是水平抗侧力结构。它可能承受在纵、横两个方向的水平荷载(如风荷载和水平地震作用),这就要求在结构布置时将框架结构设计成双向梁柱抗侧力体系,使框架纵、横两个方向均具有一定的侧向刚度和水平承载力。主体结构除个别部位外,不应采用铰接。

竖向荷载作用下,当采用单向板楼盖时,荷载主要传递到纵横框架的其中之一;采用双向板楼盖时,荷载同时传递到纵向、横向框架。因此就竖向荷载的传递而言,框架的布置方案可分为横向框架承重、纵向框架承重和纵横向框架混合承重等几种方案。

①横向框架承重方案。

主梁结构沿横向布置,板或次梁、连系梁沿结构纵向布置,如图 4-3(a)所示。

房屋平面一般横向尺寸较短,纵向尺寸较长,横向刚度比纵向刚度弱。由于竖向荷载主要由横向框架承受,横梁截面高度较大,故主梁沿横向布置有利于提高结构的横向抗侧刚度;而且由于纵向连系梁的截面高度一般比主梁小,窗户尺寸可以设计得大一些,室内采光、通风较好。因此,这种承重方案在实际结构中应用较多。

②纵向框架承重方案。

主梁沿房屋纵向布置,板或次梁、连系梁沿房屋横向布置,如图4-3(b)所示。

这种方案对于地基较差的狭长房屋较为有利,利用纵向框架的刚度也可调整该方向的不均匀沉降;且因横向只设置截面高度较小的次梁或连系梁,可获得较高的室内净高,有利于设备管线的穿行。但房屋横向刚度较差,实际结构中很少采用这种结构承重方案。

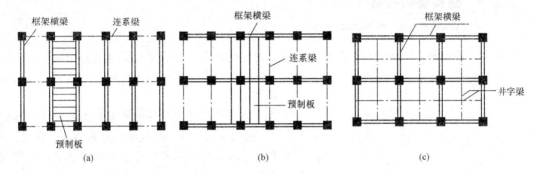

图 4-3 框架结构承重方案

(a)横向框架承重方案;(b)纵向框架承重方案;(c)纵横向框架承重方案

③纵横向框架承重方案。

在纵横两个方向上均布置主梁,楼盖常采用现浇双向板或井字梁楼盖,如图4-3(c)所示。

该承重方案具有较好的整体工作性能。当楼面上作用有较大荷载,或楼面有较大开洞,或当柱网布置为正方形或接近正方形时,常采用这种承重方案。

需要重视的是,若在地震设防区建造钢筋混凝土多层框架结构房屋,则无论竖向荷载如何传递都应采用纵横向框架承重方案。

(3)变形缝。

如第3章中所述,变形缝有伸缩缝、沉降缝、防震缝三种。平面面积较大的框架结构或形状不规则的结构,应根据有关规定适当设缝。但对于多层和高层结构,则应尽量少设缝或不设缝,这可简化构造、方便施工、降低造价、增强结构的整体性和空间刚度。应从设计方面采取调整平面形状、尺寸、体形、选择节点连接方式、配置构造钢筋、设置刚性层等措施,施工方面采取分阶段施工、设置后浇带、做好保温隔热层等措施,来防止由于温度变化、不均匀沉降、地震作用等因素引起的结构或非结构的损坏。

由于温度变化对建筑物造成的危害在其底部数层和顶部数层较为明显,但基础却基本不受温度变化的影响,故当建筑物较长时,就会产生一定的温度应力,宜用伸缩缝将上部结构从顶到基础顶面断开,分成独立的温度区段。规范对钢筋混凝土结构伸缩缝的最大间距的规定见附录9,设计时应按此规定设置伸缩缝。

当上部结构不同部位的竖向荷载差异较大,或同一建筑物不同部位的地基承载力差异较大时,应设沉降缝将其分成若干独立的结构单元,使各部分自由沉降。沉降缝应将建筑物从顶部到基础底面完全分开。

伸缩缝与沉降缝的宽度一般不宜小于 50 mm。

当位于地震区的框架结构房屋体型复杂时，宜设置防震缝。防震缝的设置主要与建筑平面的形状、高差、质量分布等因素有关。为避免在振动时各单元之间互相碰撞，防震，要有足够的宽度，当高度不超过 15 m 时不应小于 100 mm；高度超过 15 m 时，6 度、7 度、8 度和 9 度设防烈度分别每增加高度 5 m、4 m、3 m 和 2 m，宜加宽 20 mm。对于 8、9 度框架结构防震缝两侧结构层高相差较大时，防震缝两侧框架柱的箍筋应沿房屋全高加密，并可根据需要在缝两侧沿房屋全高各设置不少于两道垂直于防震缝的抗震墙。抗震墙的设置需符合《抗震规范》的要求。

沉降缝可兼作伸缩缝。在地震区如设伸缩缝或沉降缝，可三缝合一，缝宽应符合防震缝的要求。当仅需设防震缝时，基础可不分开，但在防震缝处基础应加强构造和连接。

4.2.3　结构竖向布置
Vertical Arrangement of Structures

竖向布置是指确定结构层高以及结构沿竖向的变化情况。在满足建筑功能要求的同时，应尽可能使结构的竖向规则、简单。但作为结构工程师，也要有对结构进行创新的意识，在符合科学原理的条件下，设计出新颖的框架结构房屋。

从结构受力及对抗震性能要求而言，多、高层建筑结构竖向布置的基本原则是要求结构的侧向刚度和承载力自下而上逐渐减小，变化均匀、连续，不突变，避免出现柔软层或薄弱层。

常见的结构沿竖向的变化有：沿竖向基本不变化，这是常用的且受力合理的形式；底层大空间，如底层为商场等；顶层大空间，如顶层为观光室、会议室、餐饮场所等；其他，例如上部（逐层）收进或挑出等。

4.2.4　构件选型
Selection of Member Types

构件选型包括确定构件的形式和尺寸。

框架结构为高次超静定结构，在进行构件承载力计算设计截面时，必须先计算荷载和内力，而荷载和内力的大小与构件的截面尺寸、刚度有关，因此要先估算构件的截面尺寸，待进行承载能力极限状态和正常使用极限状态设计计算时，若有必要再做适当调整。

截面尺寸的估算通常根据实际工程经验及结构构件最小刚度条件、轴压比等因素确定。

（1）梁截面尺寸。

框架梁的截面尺寸框与竖向荷载的大小、梁的跨度、破坏形式、是否考虑抗震设防及选用的混凝土材料强度等因素有关，一般按下式初步确定：

$$h_b = \left(\frac{1}{18} \sim \frac{1}{10}\right) l_b \tag{4-1}$$

$$b_b = \left(\frac{1}{4} \sim \frac{1}{2}\right) h_b \tag{4-2}$$

式中　l_b——梁的计算跨度；

　　　h_b——梁的截面高度；

　　　b_b——梁的截面宽度。

为了防止梁发生剪切脆性破坏，h_b 不宜大于 1/4 梁净跨。b_b 不宜小于 200 mm。为了保证梁的侧向稳定性，梁截面的高宽比（h_b/b_b）不宜大于 4。

为了降低楼层高度，可将梁设计成宽度较大而高度较小的扁梁，但不宜用于抗震等级为一级的框架结构。扁梁的截面高度 h_b 可按（1/18～1/15）l_b 估算。扁梁的截面宽度与其高度的比值

(b_b/h_b)不宜超过 3。

设计中，如果梁上作用的荷载较大，可选择较大的高跨比 h_b/l_b。当梁高较小或采用扁梁时，除应验算其承载力和受剪截面要求外，尚应验算竖向荷载作用下梁的挠度和裂缝宽度，以保证其正常使用要求。在挠度计算时，可扣除梁的合理起拱值；对现浇梁板结构，宜考虑梁受压翼缘的有利影响。

当梁跨度较大时，为了节省材料和有利于建筑空间，可将梁设计成加腋形式(图 4-4)。

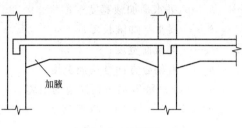

图 4-4　加腋梁

(2)柱截面尺寸。

框架柱的截面形式常为矩形或正方形。有时由于建筑上的需要，也可设计成圆形、八角形、T 形等。柱截面尺寸一般先根据其所受轴力按轴心受压构件估算，再乘以适当的放大系数以考虑弯矩的影响，即

$$A_c \geqslant \frac{(1.1 \sim 1.2)N}{f_c} \qquad (4\text{-}3)$$

式中　A_c——柱截面面积；

N——柱所承受的轴向压力设计值，取 $N = 1.25N_v$。其中 N_v 为柱支承的楼面面积计算由重力荷载产生的轴向压力标准值；1.25 为重力荷载的荷载分项系数平均值；重力荷载标准值可根据实际荷载取值，也可近似按 $12 \sim 14$ kN/m^2 计算；

f_c——混凝土轴心抗压强度设计值。

矩形截面柱，抗震等级为四级或层数不超过 2 层时，其最小截面尺寸不宜小于 300 mm，一、二、三级抗震等级且层数超过 2 层时不宜小于 400 mm；圆柱的截面直径，抗震等级为四级或层数不超过 2 层时不宜小于 350 mm，一、二、三级抗震等级且层数超过 2 层时不宜小于 450 mm。

柱截面长边与短边的边长比不宜大于 3；柱的剪跨比宜大于 2。

(3)梁截面惯性矩。

对现浇楼盖和装配整体式楼盖，宜考虑楼板作为翼缘使梁的惯性矩增大的有利影响。设计中，为简化计算，也可按下式近似确定梁截面惯性矩 I：

$$I = \beta I_0 \qquad (4\text{-}4)$$

式中　I——考虑楼板作为翼缘使梁的惯性矩增大的有利影响后矩形截面梁的截面惯性矩；

β——楼面梁刚度增大系数，应根据梁翼缘尺寸与梁截面尺寸的比例确定，当框架梁截面较小楼板较厚时，宜取较大值；而梁截面较大楼板较薄时，宜取较小值。β 的取值：

①现浇楼盖结构，框架梁两边有楼板时，取 2.0；一边有楼板时，取 1.5。

②装配整体式楼盖，楼面梁两边有楼板时，取 1.5；一边有楼板时，取 1.2。

③装配式楼盖，不考虑楼板的作用，取 1.0。

I_0——按梁实际截面尺寸计算所得的截面惯性矩。$I_0 = \dfrac{bh^3}{12}$(b、h 分别为梁的截面宽度、高度)。

(4)梁柱相交位置。

在框架结构布置中，梁、柱中心线宜重合。当梁、柱轴线不能重合时，梁、柱轴线间偏心距不宜大于柱截面在该方向边长的 1/4。如偏心距大于该方向柱宽的 1/4 时，可采取增设梁的水平加腋(图 4-5)等措施。设置水平加腋后，仍须考虑梁柱偏心的不利影响。

①梁的水平加腋厚度可取梁截面高度，其水平尺寸宜满足下列要求：

$$b_x/l_x \leqslant 1/2 \tag{4-5}$$

$$b_x/b_b \leqslant 2/3 \tag{4-6}$$

$$b_b + b_x + x \geqslant b_c/2 \tag{4-7}$$

式中 b_x——梁水平加腋宽度；

l_x——梁水平加腋长度；

b_b——梁截面宽度；

b_c——沿偏心方向柱截面宽度；

x——非加腋侧梁边到柱边的距离。

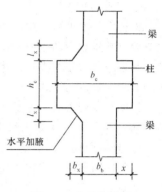

图 4-5 水平加腋梁

②梁采用水平加腋时，框架节点有效宽度 b_j 宜符合下式要求：

当 $x=0$ 时，b_j 按下式计算：

$$b_j \leqslant b_b + b_x \tag{4-8}$$

当 $x \neq 0$ 时，b_j 取式（4-9）和式（4-10）计算的较大值，且应满足式（4-11）的要求：

$$b_j \leqslant b_b + b_x + x \tag{4-9}$$

$$b_j \leqslant b_b + 2x \tag{4-10}$$

$$b_j \leqslant b_b + 0.5h_c \tag{4-11}$$

式中 h_c——柱截面高度。

为了减少构件类型，以简化施工，多层房屋中柱截面沿房屋高度不宜改变。高层建筑中柱截面沿房屋高度可根据房屋层数、高度、荷载等情况保持不变或作 1～2 次改变。当柱截面沿房屋高度变化时，中间柱宜使上、下轴线重合，边柱和角柱宜使截面外边线重合。

4.3 计 算 简 图 和 荷 载 计 算

Calculation Figures and Calculation of Loads

实际的框架结构处于空间受力状态，应采用空间框架的分析方法进行框架结构的内力计算，有很多计算机软件可进行空间的内力分析。但对于平面布置和竖向布置较规则的框架结构，为了简化计算，通常将实际的空间结构简化为若干个横向或纵向平面框架进行分析，如图 4-6（a）、（b）所示。

4.3.1 计算单元

Calculation Unit

如图 4-6（b）所示，经过简化以后，结构由 7 片横向平面框架和 3 片纵向平面框架通过楼板连接在一起。每榀平面框架为一计算单元，计算单元宽度取相邻跨中线之间的距离。

在竖向荷载作用下，根据承重方案的不同，当横向（或纵向）框架承重，全部楼面竖向荷载由横向（或纵向）框架承担，不考虑纵向（或横向）框架的作用。当纵、横向框架混合承重时，应根据结构的不同特点进行分析，并对楼面竖向荷载按楼盖的实际支承情况进行传递，这时楼面竖向荷载通常由纵、横向框架共用承担。墙体重量等重力荷载，由纵、横向框架各自取其所承

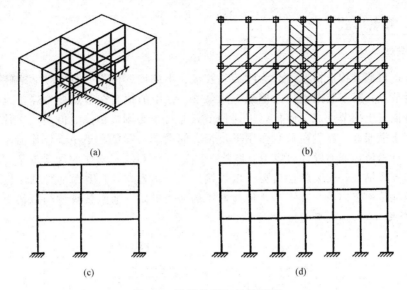

(a)

(b)

(c)

(d)

图 4-6　计算单元和计算简图

受的竖向荷载而分别计算。

在某一方向水平荷载作用下，整个框架结构体系该方向平面框架，共同抵抗与之平行的水平荷载，与该方向正交的结构不参与该方向受力。一般假定楼盖刚性，则每榀平面框架所抵抗的水平荷载，为该方向按各平面框架的侧向刚度比例所分配到的水平力。当为风荷载时，为简化计算可近似取计算单元范围内的风荷载。

4.3.2　计算简图
Calculation Figures

框架各构件在计算简图中均用单线条代表[图 4-6(c)、(d)]。各单线条代表各构件形心轴所在位置线。

梁的跨度等于该跨左、右两边柱截面形心轴线之间的距离，框架柱的高度为各横梁形心轴线间的距离。为简化起见，框架柱的高度可按层高取值，即顶层柱高可从顶层楼面标高算至屋面标高，中间层柱高可从下一层楼面标高算至上一层楼面标高，底层柱高可从基础顶面算至楼面标高处。当设有整体刚度很大的地下室，且地下室结构的楼层侧向刚度不小于相邻上部结构楼层侧向刚度的 2 倍时，柱底嵌固端可取至地下室结构的顶板处。

当上、下柱截面发生改变时，柱形心轴一般不重合(通常为边柱、角柱)，取截面较小(通常为顶层柱)的截面形心轴线作为计算简图上的柱轴线。但是必须注意，在框架结构的内力和变形分析中，各层梁的跨度及线刚度仍应按实际长度取值；另外，尚应考虑上、下层柱轴线不重合，由上层柱传来的轴力在变截面处所产生的力矩。此力矩应视为外荷载，与其他竖向荷载一起进行框架内力分析。

对斜梁和折线形横梁，当坡度 $i \leqslant 1/8$ 时，可近似按水平梁计算。

当各跨跨度相差不大于 10% 时，可近似按等跨框架计算。

当梁在端部加腋，且端部截面高度与跨中截面高度之比小于 1.6 时，可不考虑加腋的影响，按等截面梁计算。

4.3.3 节点形式
Joint Types

框架节点可根据其构造情况可分为刚接、铰接、半铰接三种。一般情况下梁柱节点为整体浇筑，为刚性节点；对于装配整体式框架，如果梁、柱中的钢筋在节点处为焊接或搭接，并在现场浇筑部分混凝土使节点成为整体，则这种节点亦可视为刚接节点。但是，这种节点的刚性不如现浇混凝土框架好，在竖向荷载作用下，相应的梁端实际负弯矩小于计算值，而跨中实际正弯矩则大于计算值，截面设计时应予以调整[图 4-7(a)、(b)]；对于装配式框架，一般是在构件的适当部位预埋钢板，安装就位后再予以焊接。由于钢板在其自身平面外的刚度很小，故这种节点可有效地传递竖向力和水平力，传递弯矩的能力有限。通常视具体构造情况，将这种节点模拟为铰接[图 4-7(c)]或半铰接[图 4-7(d)]。

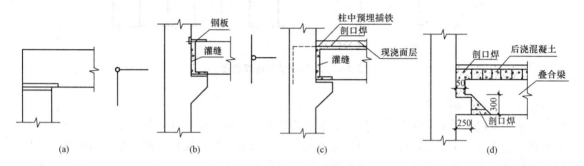

图 4-7 梁柱节点形式

框架柱与基础的连接亦有刚接和铰接两种。当框架柱与基础现浇为整体[图 4-8(a)]，且基础具有足够的转动约束作用时，柱与基础的连接应视为刚接，相应的支座为固定支座。对于装配式框架，如果柱插入基础杯口有一定的深度，并用细石混凝土与基础浇捣成整体，则柱与基础的连接可视为刚接[图 4-8(b)]；如用沥青麻丝填实，则预制柱与基础的连接可视为铰接[图 4-8(c)]。

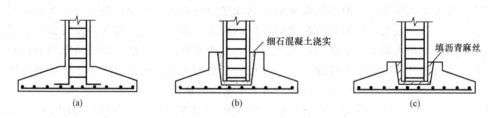

图 4-8 框架柱与基础的连接

4.3.4 荷载计算
Calculation of Loads

作用在多、高层建筑结构上的荷载有竖向荷载和水平荷载。竖向荷载包括恒载、楼（屋）面活载和雪荷载等；水平荷载包括风荷载和水平地震作用。除水平地震作用外，上述荷载在第 1、2 章中均有阐述。现结合多、高层框架结构房屋的特点，作一些补充说明。

(1)恒载。

恒载包括结构自重、结构表面的构造层、土压力、预加应力等。恒载的标准值可按构件设计尺寸与材料自重标准值计算。常见材料的自重标准值可由《荷载规范》查得。对于自重变异较大的材料或结构构件(如现场制作的保温材料、混凝土薄壁构件等),自重的标准值应根据对结构的不利状态,取上限值或下限值。

(2)雪荷载。

屋面水平投影上的雪荷载标准值按第 3 章式(3-7)计算。

(3)屋面活荷载。

屋面均布活荷载按照附录 3.3 取值。

(4)楼面活荷载。

作用在多、高层框架结构上的楼面活荷载,可根据房屋及房间的不同用途按《荷载规范》取用。《荷载规范》规定的楼面活荷载值,是根据大量调查资料所得到的等效均布活荷载标准值,且是以楼板的等效均布活荷载作为楼面活荷载。因此,在设计楼板时可以直接取用;而在计算梁、墙、柱及基础时,应将其乘以折减系数,以考虑所给楼面活荷载在楼面上满布的程度。对于楼面梁来说,主要考虑梁的承载面积,承载面积越大,荷载满布的可能性越小。对于多、高层房屋的墙、柱和基础,应考虑计算截面以上各楼层活荷载的满布程度,楼层数越多,满布的可能性越小。

民用建筑、工业建筑楼面均布活荷载、屋面活荷载及在设计梁、墙、柱及基础时楼面活荷载标准值的折减系数参见附录 3 楼面和屋面活荷载。

(5)风荷载。

当对框架结构进行计算时,垂直于建筑物表面的风荷载标准值仍按第 3 章式(3-14)计算,对于多、高层框架结构房屋,式中的计算参数应参考《荷载规范》和《高规》按下列规定采用。

①基本风压 w_0 应按《荷载规范》的规定采用。对于风荷载比较敏感的高层建筑,承载力设计时应按基本风压的 1.1 倍采用。

②计算主体结构的风荷载效应时,风载体型系数 u_s 可按下列规定采用:

a. 圆形平面建筑取 0.8。

b. 高宽比 H/B 不大于 4 的矩形、方形、十字形平面建筑取 1.3。

c. V 形、Y 形、弧形、双十字形、井字形平面建筑,L 形、槽形和高宽比 H/B 大于 4 的十字形平面建筑,以及高宽比 H/B 大于 4、长宽比 L/B 不大于 1.5 的矩形、鼓形平面建筑,均取 1.4。

d. 正多边形及截角三角形平面建筑,由下式计算:

$$\mu_s = 0.8 + \frac{1.2}{\sqrt{n}} \tag{4-12}$$

式中　n——为多边形的边数。

注意,上述风载体型系数值,均指迎风面与背风面风载体型系数之和(绝对值)。

e. 在需要更细致地进行风荷载计算的场合,风载体型系数可按附表 4-3 采用,或进行风洞试验确定。

③当多栋或群集的高层建筑相互间距较近时,由于旋涡的相互干扰,房屋某些部位的局部风压会显著增大,这时宜考虑风力相互干扰的群体效应。一般可将单栋建筑的体型系数 u_s 乘以相互干扰增大系数,该系数可参考类似条件的试验资料确定;必要时宜通过风洞试验确定。

④对于高度大于 30 m 且高宽比大于 1.5 的房屋以及基本自振周期 T_1 大于 0.25 s 的各种高耸结构，应考虑风压脉动对结构产生顺风向风振的影响。结构顺风向风振响应计算应按结构随机振动理论进行，也可采用风振系数进行计算。具体参见附录 4.4。

⑤对于横风向风振作用效应明显的高层建筑以及细长圆形截面构筑物，宜考虑横风向风振的影响；对于扭转风振作用效应明显的高层建筑及高耸结构，宜考虑扭转风振的影响。

⑥当计算围护结构时，垂直于围护结构表面上的风荷载标准值，应按下式计算：

$$w_k = \beta_{gz} \mu_{sl} \mu_z w_0 \tag{4-13}$$

式中　β_{gz}——高度 z 处的阵风系数，按附表 4-7 确定；

　　　　μ_{sl}——风荷载局部体型系数，按附录 4-3 确定。

4.4　框架结构的内力计算

Internal Forces Calculation of Frame Structures

框架结构的内力计算可分为竖向荷载(作用)下的内力计算和水平荷载(作用)下的内力计算。

4.4.1　竖向荷载作用下的内力计算
Internal Forces Calculation under Vertical Loads

在竖向荷载作用下，框架结构的内力可用力法、位移法等结构力学方法计算。工程设计中，如采用手算，可采用分层法、弯矩二次分配法、迭代法、系数法等近似方法计算。

竖向荷载包括恒载和活载，永久荷载是长期作用于结构上的竖向荷载，结构内力分析时应按荷载的实际分布和数值作用于结构上，计算其效应。而楼面活荷载是随机作用的竖向荷载，应通过活荷载的不利布置确定其支座截面或跨中截面的最不利内力(弯矩或剪力)。

如第 2 章所述，楼面荷载的分配和传递按楼盖的构造(单向板或双向板)沿单向或双向传递给支承梁。

1. 楼面活荷载最不利布置

对于框架结构，楼面活荷载的不利布置方式比连续梁更为复杂。一般来说，结构构件的不同截面或同一截面的不同种类的最不利内力，有不同的活荷载最不利布置。因此，活荷载的最不利布置需要根据截面位置及最不利内力种类分别确定。设计中，一般按下述方法确定框架结构楼面活荷载的最不利布置。

(1)逐跨布置法。

逐跨布置法是将楼面活荷载逐层逐跨单独作用在框架结构上，分别计算出结构的内力，然后再对结构上的各控制截面去组合其可能出现的最大内力。这种方法的计算工作量很大，适用于计算机求解。

(2)最不利荷载布置法。

对某一指定截面的某种最不利内力，可直接根据影响线原理确定产生此最不利内力的活荷载布置情况，然后计算结构内力。如图 4-9 所示，由一无侧移的多层多跨框架在某跨作用有活载时各杆的变形曲线可见，如果某跨有活荷载作用，则该跨跨中产生正弯矩，并使沿横向隔跨、竖向隔层然后隔跨隔层的各跨跨中引起正弯矩，还使横向邻跨、竖向邻层然后隔跨隔层的各跨跨中产生负弯矩。由此可知，如果要求某跨跨中产生最大正弯矩，则应在该跨布置活荷载，然后沿横向隔跨、沿竖向隔层的各跨也布置活荷载，形成棋盘形间隔布置(图 4-10)；如果要求某跨跨中产生最大负弯矩(绝对值)，则活荷载布置恰与上述相反。可以看出，当某跨达到跨中弯矩最大时的活荷载最不利布置，也正好使其他布置活荷载的跨中弯矩达到最大值。因此，只要进行两次棋盘形活荷载布置，便可求得整个框架中所有梁的跨中最大正弯矩。

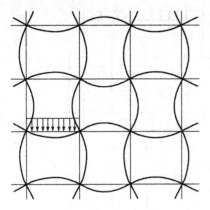

图 4-9 框架杆件的变形曲线

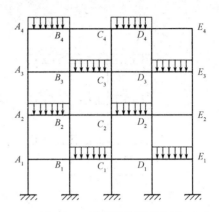

图 4-10 活荷载的不利布置

梁端取最大负弯矩或柱端最大弯矩的活荷载最不利布置，亦可用影响线方法得到。但对于各跨各层梁柱线刚度均不一致的多层多跨框架结构，要准确地作出其影响线比较困难。

柱最大轴向力的活荷载最不利布置，是在该柱以上的各层中，与该柱相邻的梁跨内都布满活荷载。

用最不利荷载布置法计算内力计算工作量很大，不适于用手算方法进行计算。

(3)分层布置法或分跨布置法。

为了简化计算，可近似地将活荷载一层做一次布置，有多少层便布置多少次；或一跨做一次布置，有多少跨便布置多少次，分别进行计算，然后进行最不利内力组合。

(4)满布荷载法。

当楼面活荷载占总荷载的比例不大时，活荷载最不利布置的影响较小。因此，一般情况下，可以不考虑楼面活荷载不利布置的影响，而按活荷载满布各层各跨的一种情况计算内力。为了安全起见，实用上可将这样求得的梁跨中截面弯矩及支座截面弯矩乘以 $1.1 \sim 1.3$ 的放大系数，活荷载大时可选用较大的数值。近似考虑活荷载最不利布置影响时，梁正、负弯矩应同时予以放大。但是，当楼面活荷载较大(大于 4 kN/m^2)时，应考虑楼面活荷载不利布置引起的梁弯矩的增大。

2. 分层法

(1)假定。

力法或位移法的精确计算结果表明，在竖向荷载作用下，框架结构的侧移对其内力的影响较小；另外，由影响线理论及精确计算结果可知，框架各层横梁上的竖向荷载只对本层横梁及与之相连的上、下层柱的弯矩影响较大，对其他各层梁、柱的弯矩影响较小。计算竖向荷载作用下框架结构内力时，可采用以下两个简化假定：

①在竖向荷载作用下，框架侧移较小，因而忽略不计。

②每层梁上的荷载仅对本层梁及其上、下柱的弯矩和剪力产生影响，对其他各层梁、柱弯矩和剪力的影响可忽略不计。

上述假定不包括柱轴力,因为某层梁上的荷载对下部各层柱的轴力均有较大影响,不能忽略。

(2)计算步骤。

①将多层框架沿高度分成若干单层无侧移的敞口框架,每个敞口框架包括本层梁和与之相连的上、下层柱。梁上作用的荷载、各层柱高及梁跨度均与原结构相同,如图4-11所示。

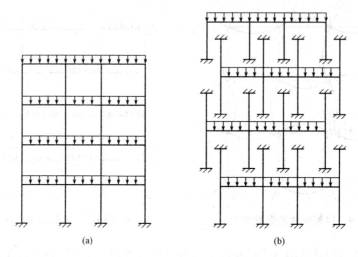

(a)   (b)

图4-11　分层法计算简图

②除底层柱的下端外,其他各柱的柱端应为弹性约束。为便于计算,均将其处理为固定端。这样将使柱的弯曲变形有所减小,为消除这种影响,可把除底层柱以外的其他各层柱的线刚度乘以修正系数0.9,且其传递系数由1/2改为1/3。

③用无侧移框架的计算方法(如弯矩分配法)计算各敞口框架的杆端弯矩,由此所得的梁端弯矩即为其最后的弯矩值。

④除底层柱底截面,其他每一柱端的最终弯矩值需将上、下层计算所得的弯矩值相加。在上、下层柱端弯矩值相加后,将引起新的节点不平衡弯矩,可对这些不平衡弯矩再作一次弯矩分配,但不传递。

⑤在杆端弯矩求出后,可用静力平衡条件计算梁端剪力及梁跨中弯矩;由逐层叠加柱上的竖向荷载(包括节点集中力、柱自重等)和与之相连的梁端剪力,即得柱的轴力。

(3)弯矩调幅。

在竖向荷载作用下,可以考虑梁端塑性变形内力重分布而对梁端负弯矩进行调幅,调幅系数为:现浇框架:0.8~0.9;装配式框架:0.7~0.8。

梁端负弯矩减小后,跨中截面弯矩相应增大,应按平衡条件计算调幅后的跨中截面弯矩,且该弯矩设计值不应小于竖向荷载作用下按简支梁计算的跨中截面弯矩设计值的50%。

3. 弯矩二次分配法

计算竖向荷载作用下多层多跨框架结构的杆端弯矩时,如用无侧移框架的弯矩分配法,由于该法要考虑任一节点的不平衡弯矩对框架结构所有杆件的影响,因而计算相当繁复。根据在分层法中所做的分析可知,多层框架中某节点的不平衡弯矩对与其相邻的节点影响较大,对其他节点的影响较小,因而可假定某一节点的不平衡弯矩只对与该节点相交的各杆件的远端有影响,这样可将弯矩分配法的循环次数简化到弯矩二次分配和其间的一次传递,此即弯矩二次分配法。下面说明这种方法的具体计算步骤。

(1)根据各杆件的线刚度计算各节点的杆端弯矩分配系数，并计算竖向荷载作用下各跨梁的固端弯矩。

(2)计算框架各节点的不平衡弯矩(注意要叠加由于墙、柱变截面等产生的力矩)，并对所有节点的不平衡弯矩分别进行第一次分配。

(3)将所有杆端的分配弯矩分别向其远端传递(对于刚接框架，传递系数均取 1/2)。

(4)将各节点因传递弯矩而产生的新的不平衡弯矩进行第二次分配，不再向远端传递。至此，框架弯矩分配和传递过程即告结束，各节点弯矩处于平衡状态。

(5)将各杆端的固端弯矩、分配弯矩和传递弯矩叠加，即得各杆端弯矩。

4. 迭代法

(1)不考虑框架侧移时。

在垂直荷载作用下，如侧移可忽略不计时，可按下列步骤进行计算：

①绘出结构的计算简图，在每个节点上绘两个方框。

②计算汇交于每一节点的各杆的转角分配系数：

$$\mu'_{ik} = -\frac{1}{2} \frac{i_{ik}}{\sum\limits_{(i)} i_{ik}} \tag{4-14}$$

检查是否满足 $\sum \mu'_{ik} = -\frac{1}{2}$，以作校核。当框架中出现铰接情况及利用对称性时，要注意对有关杆件的线刚度 i_{ik} 进行修正，如当一端为铰接时，乘以 3/4 的修正系数，当利用对称的奇数跨框架时，中间跨横梁的线刚度要乘以 0.5 修正系数。

③计算荷载作用下各杆端产生的固端弯矩 M_{ik}^F，并写在相应的各杆端部，求出汇交于每一节点的各杆固端弯矩之和 M_i^F，把它写在该节点的内框中。

④按式(4-15)计算每一杆件的近端转角弯矩 M'_{ik}，即：

$$M'_{ik} = \mu'_{ik} \left[M_i^F + \sum\limits_{(i)} M'_{ki} \right] \tag{4-15}$$

式中 $\sum\limits_{(i)} M'_{ki}$——汇交于节点 i 各杆的远端转角弯矩之和，最初可假定为零。

按式(4-15)进行计算时，可选择任意节点开始(一般从不平衡弯矩较大的节点开始)，循环若干轮，直至全部节点上的弯矩值达到要求的精度为止。将每次算得的 M'_{ik} 值记在相应的杆端处。

⑤按下式计算每一杆端的最后弯矩值：

$$M_{ik} = M_{ik}^F + 2M'_{ik} + M'_{ki} \tag{4-16a}$$

或

$$M_{ik} = M_{ik}^F + M'_{ik} + (M'_{ik} + M'_{ki}) \tag{4-16b}$$

⑥根据算得的各杆端弯矩值，作最后的弯矩图并求得相应的剪力图和轴力图。

(2)考虑框架侧移时。

如框架在荷载作用下，侧移不能忽略不计时，应按下列步骤进行计算：

①绘出结构计算简图，在每一节点上绘两个方框，并在每层左侧绘一个方框。

②计算每一节点各杆的转角分配系数 μ'_{ik}，分别写在各节点外框中对应于各杆的位置上。同时，计算每层各竖向柱的侧移分配系数 γ_{ik}，分别记在各竖柱的左侧。上述系数 μ'_{ik}，无论同层柱高相等与否，均按式(4-14)计算。

系数 γ_{ik} 的计算，当同层柱高相同时，按下式计算：

$$\gamma_{ik} = -\frac{3}{2}\frac{i_{ik}}{\sum_{(r)}i_{ik}} \tag{4-17a}$$

当同层柱高不相等时：

$$\gamma_{ik} = -\frac{3}{2}\frac{\alpha_{ik}i_{ik}}{\sum_{(r)}\alpha_{ik}^2 i_{ik}} \tag{4-17b}$$

式中　α_{ik}——高度影响系数，$\alpha_{ik} = H_r/H_{ik}$（通常取多数竖柱相同的高度为 H_r）。

分配系数算出后，可按 $\sum_{(i)}\mu'_{ik} = -\frac{1}{2}$ 和 $\sum_{(r)}\gamma_{ik} = -\frac{3}{2}$ 或 $\sum_{(r)}\alpha_{ik}\gamma_{ik} = -\frac{3}{2}$ 进行校核。

③计算在荷载作用下各杆产生的固端弯矩 M_{ik}^F，写在相应的杆端上，并求出每一节点的不平衡力矩 $M_i^F = \sum M_{ik}^F$，记在节点的内框中；同时求出各层的楼层力矩 $M_r = W_r H_r/3$，记入该层左侧的方框内。其中，$W_r = \sum W - \sum_{(r)}V_{ik}^F$，$\sum W$ 为柱 ik 上端截面以上水平荷载之和，$\sum_{(r)}V_{ik}^F$ 为 r 层柱上端截面固端剪力之和。

④选定任一节点开始，逐次交替按式(4-18a)与式(4-18b)或(4-18c)依次进行计算，即

$$M'_{ik} = \mu'_{ik}\left[M_i^F + \sum_{(i)}M'_{ki} + \sum_{(i)}M''_{ik}\right] \tag{4-18a}$$

和

$$M''_{ik} = \gamma_{ik}\left[M_r + \sum_{(r)}(M'_{ik} + M'_{ki})\right] \text{（同层柱高相等）} \tag{4-18b}$$

或

$$M''_{ik} = \gamma_{ik}\left[M_r + \sum_{(r)}\alpha_{ik}(M'_{ik} + M'_{ki})\right] \text{（同层柱高不等时）} \tag{4-18c}$$

在进行叠代运算时，通常先假定转角弯矩为零，按式(4-18b)或式(4-18c)逐层求得各竖柱侧移弯矩的第一次近似值。然后根据这些数值，再按式(4-18a)依次求得各节点的杆端转角弯矩的第一次近似值。完成第一轮计算之后，根据其近似结果，再按同样步骤，交替运用式(4-18b)或式(4-18c)和式(4-18a)继续进行以后各轮的计算，直至达到所需要的精度为止。

⑤按下式算出每一杆端的最后弯矩值，即

$$M_{ik} = M_{ik}^F + 2M'_{ik} + M'_{ki} + M''_{ik} \tag{4-19a}$$

$$M_{ik} = M_{ik}^F + M'_{ik} + (M'_{ik} + M'_{ki}) + M''_{ik} \tag{4-19b}$$

应用式(4-19a)或式(4-19b)时，只对竖柱才用 M''_{ik}，对于横梁应取 $M''_{ik} = 0$。

5. 系数法

采用上述方法计算竖向荷载作用下框架结构内力时，需首先确定梁、柱截面尺寸，而且计算过程较为繁复。系数法是一种更简单的方法，只要给出荷载、框架梁的计算跨度和支承情况，就可很方便地计算出框架梁、柱各控制截面内力。

系数法是美国《统一建筑规范》(Uniform Building Code)中介绍的方法，在国际上被广泛采用。当框架结构满足下列条件时，按照系数法计算：

①两个相邻跨的跨长相差不超过短跨跨长的 20%。

②活载与恒载之比不大于 3。

③荷载均匀布置。

④框架梁截面为矩形。

(1)框架梁内力计算。

框架梁的弯矩 M 按下式计算：

$$M = \alpha q l_n^2 \tag{4-20}$$

式中　α——弯矩系数，按表 4-2 取值；

q——作用在框架梁上的恒载设计值与活荷载设计值之和；

l_n——框架梁净跨长，计算支座弯矩时用相邻两跨净跨长的平均值。

表 4-2　框架梁弯矩系数 α 表

端支承 支承情况	截面					
	端支座	边跨跨中	离端第二支座	离端第二跨跨中	中间支座	中间跨跨中
	A	I	$B_左$、$B_右$	II	C	III
端部无约束	0	$\dfrac{1}{11}$	$-\dfrac{1}{9}$，$-\dfrac{1}{9}$			
梁支承	$-\dfrac{1}{24}$	$-\dfrac{1}{14}$	（用于两跨框架梁）$-\dfrac{1}{10}$，$-\dfrac{1}{11}$	$\dfrac{1}{16}$	$-\dfrac{1}{11}$	$\dfrac{1}{16}$
柱支承	$-\dfrac{1}{16}$	$-\dfrac{1}{14}$	（用于多跨框架梁）			

框架梁的剪力 V 按下式计算：

$$V = \beta q l_n \tag{4-21}$$

式中　β——剪力系数，边支座取 0.5，第一内支座外侧取 0.575，内侧取 0.5，其余内支座均取 0.5。

（2）框架柱内力计算。

框架柱的轴力可以按楼面单位面积上恒载设计值与活荷载设计值之和乘以该柱的负载面积计算。柱的负载面积可近似地按简支状态计算。计算轴力时，活荷载可以按附录 3 规定的折减系数予以折减。

将节点两侧框架梁梁端弯矩之差值平均分配给上柱和下柱的柱端，即得框架柱的弯矩。当上、下柱的线刚度相差较大时，宜按线刚度比值分配。当横梁轴线与柱轴线不在同一平面时，要考虑由于偏心引起的不平衡弯矩，并将此弯矩也平均分配到上下柱柱端。

由表 4-2 所列数据及上述的第②适用条件可知，该系数法已不仅是单纯的某一荷载作用下的结构内力分析结果，而是考虑了多种荷载不利组合所得的不利内力结果。

4.4.2　水平荷载作用下的内力计算
Internal Forces Calculation under Horizontal Loads

框架结构承受的水平荷载主要是风荷载和水平地震作用。为简化计算，可将风荷载和地震作用简化成作用在框架节点上的水平集中力。

水平荷载作用下框架结构的内力和侧移可用结构力学方法计算，常用的近似算法有迭代法、反弯点、D 值法和门架法等。本节主要介绍反弯点法和 D 值法的基本原理和计算要点。

1. 反弯点法

框架结构在水平荷载作用下将产生侧移和转角，其变形图和弯矩图如图 4-12 所示。由图 4-12（a）可见底层框架柱下端无侧移和转角，上部各节点则有侧移和转角；且越靠近底层，由于框架所受层间剪力越大，故各节点的相对水平位移和转角也越大。由图 4-12（b）可知，规则框架在水平荷载作用下，柱、梁中弯矩为直线，且均有一零弯矩点，称为反弯点，若求得各柱反弯点的位置和剪力，则柱、梁的弯矩就可求。

（1）计算假定。

对层数不多的框架，柱轴力较小，截面积也较小，梁的截面较大，框架梁的线刚度要比柱

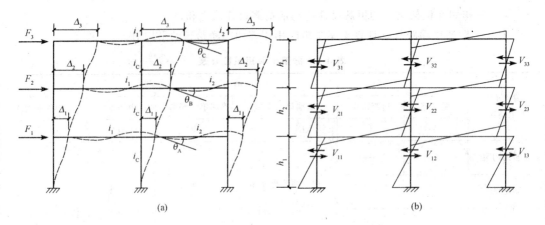

图 4-12　水平荷载作用下框架变形和弯矩示意图

的线刚度大得多，框架节点的转角很小，当框架梁柱线刚度比大于 3 时，框架在水平荷载作用下梁的弯曲变形很小，可以将梁的刚度视为无穷大，框架节点转角为零。这种忽略梁柱节点转角影响的计算方法称为反弯点法。

计算假定：

①假定梁与柱的线刚度比为无穷大，即柱上、下端无转角位移。

②假定梁刚度为无穷大，即不考虑横梁轴向变形，同一楼层柱端侧移相等。

③确定各柱的反弯点位置时，假定底层柱的反弯点高度在 2/3 柱高处，其他层位于柱高中点处。

反弯点法适用于梁的线刚度与柱的线刚度之比不小于 3 的情况，常用于在初步设计中估算梁和柱在水平荷载作用下的弯矩值。

（2）反弯点处的剪力。

从图 4-12 所示框架的第 2 层柱反弯点处截取脱离体（图 4-13），由水平方向力的平衡条件，可得该框架第 2 层的层间剪力 $V_2 = F_2 + F_3$，一般框架结构第 i 层的层间剪力 V_i 可表示为：

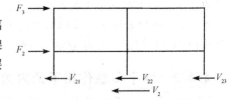

$$V_i = \sum_{k=i}^{n} F_k \qquad (4\text{-}22)$$

图 4-13　框架第二层脱离体

式中　F_k——作用于第 k 层楼面处的水平荷载；

n——框架结构的总层数。

令 V_{ij} 表示第 i 层（$i=1 \sim n$）第 j 柱（$j=1 \sim m$）分配到的剪力，如该层共有 m 根柱，则由平衡条件可得：

$$V_i = \sum_{j=1}^{m} V_{ij} \qquad (4\text{-}23)$$

由于框架横梁的轴向变形可以忽略不计，则同层各柱的相对侧移 Δ 相等（变形协调条件），即

$$\Delta_1 = \Delta_2 = \cdots = \Delta_j = \cdots = \Delta_m = \Delta \qquad (4\text{-}24)$$

用 D 表示框架柱的抗侧刚度，它是框架柱两端产生单位相对侧移所需的水平剪力，故亦称为框架柱的抗剪刚度，$D = \dfrac{12EI}{h^3}$。则第 i 层第 j 柱的抗侧刚度为 D_{ij}，由物理条件得：

$$V_{ij} = D_{ij}\Delta_j = D_{ij}\Delta \qquad (4\text{-}25)$$

将式(4-25)代入式(4-23)，则得：

$$V_i = \sum_{j=1}^{m} D_{ij}\Delta \qquad (4\text{-}26)$$

整理得：

$$\Delta = \frac{1}{\sum_{j=1}^{m} D_{ij}} V_i \qquad (4\text{-}27)$$

将式(4-27)代入式(4-25)，得：

$$V_{ij} = \frac{D_{ij}}{\sum_{j=1}^{m} D_{ij}} V_i \qquad (4\text{-}28)$$

式(4-28)即为层间剪力 V_i 在各柱间的分配公式，它适用于整个框架结构同层各柱间的剪力分配。可见，每根柱分配到的剪力值与其侧向刚度占该层柱总侧向刚度的比值成正比。

(3)弯矩计算。

①柱弯矩。

将反弯点处的剪力乘以反弯点到柱顶或柱底的距离，就可得到柱顶和柱底的弯矩。

②梁弯矩。

根据梁柱节点弯矩平衡，由已知柱弯矩，可求得梁端弯矩。

顶部边节点[图 4-14(a)]，$M_b = M_c$；

一般边节点[图 4-14(b)]，$M_b = M_{c1} + M_{c2}$；

中间节点[图 4-14(c)]处的梁端弯矩可将该节点处的柱端不平衡弯矩按梁的相对线刚度进行分配，故：

$$\left.\begin{array}{l} M_{b1} = \dfrac{i_{b1}}{i_{b1} + i_{b2}}(M_{c1} + M_{c2}) \\[3mm] M_{b2} = \dfrac{i_{b2}}{i_{b1} + i_{b2}}(M_{c1} + M_{c2}) \end{array}\right\} \qquad (4\text{-}29)$$

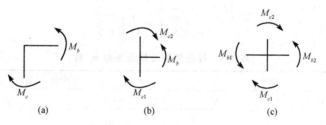

图 4-14　节点脱离体图

由上可见，按反弯点法计算框架内力的步骤为：

①确定各柱反弯点位置。

②分层取脱离体计算各反弯点处剪力。

③先求柱端弯矩，再由节点平衡求梁端弯矩，当为中间节点时，按梁的相对线刚度分配节点处的柱端不平衡弯矩。

④根据梁端弯矩计算梁端剪力，再由梁端剪力计算柱轴力，这些均可由静力平衡条件计算。

2. D 值法

D 值法又称为改进的反弯点法，是对柱的抗侧刚度和柱的反弯点位置进行修正后计算框架内力的一种方法。适用于 $i_b/i_c<3$ 的情况，高层结构，特别是考虑抗震要求、强柱弱梁的框架用 D 值法分析更合适。

（1）柱的抗侧刚度。

柱的抗侧刚度取决于柱两端的支承情况及两端被嵌固的程度。框架柱分中间层柱和底层柱，中间层柱两端为弹性嵌固，有转角；底层柱底为嵌固，假定柱两端及与之相邻各杆远端的转角均相等，柱及与之相邻的上、下层柱的弦转角均相等，柱及与之相邻的上、下层柱的线刚度 i_c 均相等，则柱的抗侧刚度值，可按式（4-30）计算：

$$D=\alpha_c\frac{12i_c}{h^2} \tag{4-30}$$

式中　α_c——柱抗侧刚度修正系数，按表 4-3 计取。

当底层柱不等高（图 4-15）或底层为复式框架（图 4-16）时，抗侧刚度 D 分别按式（4-31）、式（4-32）计算。

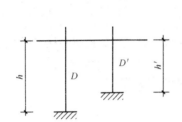

图 4-15　底层柱不等高图

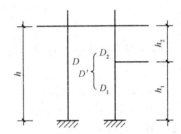

图 4-16　底层为复式框架图

$$\left.\begin{array}{l} D'=\alpha'_c\dfrac{12EI}{h'^3} \\[2mm] \alpha'_c=\alpha_c\left(\dfrac{h}{h'}\right)^2 \end{array}\right\} \tag{4-31}$$

$$D'=\frac{1}{\dfrac{1}{D_1}\left(\dfrac{h_1}{h}\right)^2+\dfrac{1}{D_2}\left(\dfrac{h_2}{h}\right)^2} \tag{4-32}$$

表 4-3　柱抗侧刚度修正系数 α_c 表

位置		边柱		中柱		α_c
		简图	$\bar{K}$	简图	$\bar{K}$	
一般层		$\begin{matrix}i_2\\i_c\\i_4\end{matrix}$	$\bar{K}=\dfrac{i_2+i_4}{2i_c}$	$\begin{matrix}i_1\quad i_2\\i_3\quad i_c\quad i_4\end{matrix}$	$\bar{K}=\dfrac{i_1+i_2+i_3+i_4}{2i_c}$	$\alpha_c=\dfrac{\bar{K}}{2+\bar{K}}$
底层	固结	$\begin{matrix}i_2\\i_c\end{matrix}$	$\bar{K}=\dfrac{i_2}{i_c}$	$\begin{matrix}i_1\quad i_2\\i_c\end{matrix}$	$\bar{K}=\dfrac{i_1+i_2}{i_c}$	$\alpha_c=\dfrac{0.5+\bar{K}}{2+\bar{K}}$
	铰接	$\begin{matrix}i_2\\i_c\end{matrix}$	$\bar{K}=\dfrac{i_2}{i_c}$	$\begin{matrix}i_1\quad i_2\\i_c\end{matrix}$	$\bar{K}=\dfrac{i_1+i_2}{i_c}$	$\alpha_c=\dfrac{0.5\bar{K}}{1+2\bar{K}}$

（2）柱的反弯点高度 yh。

柱的反弯点高度 yh 是指柱中反弯点至柱下端的距离，其中 y 称为反弯点高度比。柱的反弯点位置主要与柱两端的约束刚度有关。而影响柱端约束刚度的主要因素，除了梁柱线刚度比外，还有结构总层数及该柱所在的楼层位置、上下层梁线刚度比、上下层层高与本层层高的比值以及作用于框架上的荷载形式等。

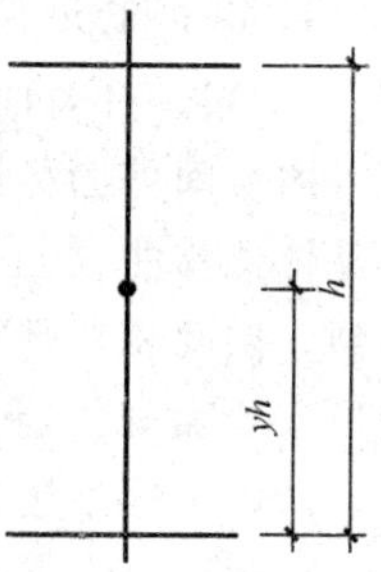

柱的反弯点高度比可按式(4-33)计算（图 4-17）。

$$y = y_0 + y_1 + y_2 + y_3 \tag{4-33}$$

式中　y_0——标准反弯点高度比，是在各层等高、各跨相等、各层梁和柱线刚度都不改变的情况下求得的反弯点高度比；

　　　y_1——因上、下层梁刚度比变化的修正值；

　　　y_2——因上层层高变化的修正值；

　　　y_3——因下层层高变化的修正值。

y_0，y_1，y_2，y_3 的取值见附录 12。

用 D 值法计算水平荷载作用下框架结构内力的要点和步骤同反弯点法，仅对柱抗侧刚度和反弯点高度作了修正。

图 4-17　修正后的反弯点高度图

4.5 框架结构的侧移及重力二阶效应

Horizontal Drifts and Second-order Effects of Frame Structures

4.5.1 框架结构的侧移及验算

Horizontal Drifts of Frame Structures and Checking of Horizontal Drifts

在水平荷载的作用下，框架结构的变形由两部分组成：总体剪切变形和总体弯曲变形。前者是由水平力引起的楼层剪力，使梁、柱构件产生弯曲变形而形成[图 4-18(b)]；后者是由水平力引起的倾覆力矩，使框架柱产生轴向变形（一侧柱拉伸，另一侧柱压缩）而形成[图 4-18(c)]。当框架结构房屋的层数不多时，其侧移主要表现为总体剪切变形，总体弯曲变形的影响很小通常可忽略。当总高度 $H > 50$ m 或高宽比 $H/B > 4$ 时，一般就必须考虑由柱的轴向变形引起的侧移。

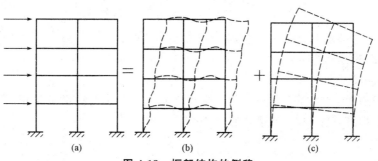

(a)　　　(b)　　　(c)

图 4-18　框架结构的侧移

1. 侧移的近似计算

(1)梁、柱弯曲变形引起的侧移。

由层间剪力导致框架梁、柱弯曲变形引起的侧移，其整体侧移曲线与等截面剪切悬臂柱的剪切变形曲线相似，层间相对侧移的特点是下大上小，这种剪切型变形主要表现为层间构件（柱）的错动，楼盖仅产生平移，所以可用下述近似方法计算其侧移。

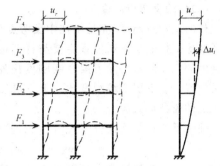

图 4-19　剪切型变形

设 V_i 为第 i 层的层间剪力，$\sum D_i$ 为该层的总侧向刚度，则框架第 i 层的层间相对侧移 Δu_i 可由式(4-27)得：

$$\Delta u_i = \frac{1}{\sum\limits_{j=1}^{m} D_{ij}} V_i \tag{4-34}$$

式中参数按上述。如图 4-19 所示，则

第 i 层楼面标高处的侧移 u_i 为：

$$u_i = \sum_{k=1}^{i} \Delta u_k \tag{4-35}$$

框架结构的顶点侧移 u_r 为：

$$u_r = \sum_{k=1}^{n} \Delta u_k \tag{4-36}$$

式中　n——框架结构的总层数。

(2)柱轴向变形引起的侧移。

倾覆力矩使框架结构一侧的柱受拉伸长，另一侧的柱受压缩短，从而引起侧移。柱轴向变形引起的框架侧移，可借助计算机用矩阵位移法求得精确值，也可用近似方法得到近似值。近似算法较多，下面仅介绍连续积分法。

用连续积分法计算柱轴向变形引起的侧移时，假定水平荷载只在边柱中产生轴力及轴向变形。在任意分布的水平荷载作用下[图 4-20(a)]，边柱的轴力可近似地按下式计算：

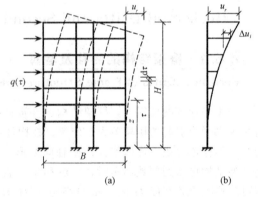

图 4-20　弯曲型变形

$$N = \frac{\pm M(z)}{B} = \pm \frac{1}{B} \int_{z}^{H} q(\tau)(\tau - z) \mathrm{d}\tau \tag{4-37}$$

式中　$M(z)$——上部水平荷载在 z 高度处产生的倾覆力矩；

　　　B——外柱轴线间的距离；

　　　H——结构总高度。

假定柱轴向刚度由结构底部的 $(EA)_b$ 线性地变化到顶部的 $(EA)_t$，并采用图[图 4-20(a)]所示坐标系，则由几何关系可得 z 高度处的轴向刚度 EA 为：

$$EA = (EA)_b \left(1 - \frac{b}{H} z\right) \tag{4-38}$$

$$b = 1 - \frac{(EA)_t}{(EA)_b} \tag{4-39}$$

用单位荷载法可求得结构顶点侧移 u_r 为：

$$u_r = 2\int_0^H \frac{\overline{N}N}{EA}\mathrm{d}z \tag{4-40}$$

式中　2——系数，表示两个边柱，其轴力大小相等，方向相反；

$\overline{N}$——在框架结构顶点作用单位水平力时在 z 高度处产生的柱轴力，按下式计算：

$$\overline{N}=\pm\frac{\overline{M}(z)}{B}=\pm\frac{H-z}{B} \tag{4-41}$$

将式(4-37)、式(4-38)、式(4-39)及式(4-41)代入式(4-40)，则得：

$$u_r = \frac{1}{B^2(EA)_b}\int_0^H \frac{H-z}{(1-\frac{b}{H}z)}\int_z^H q(\tau)(\tau-z)\mathrm{d}\tau\mathrm{d}z \tag{4-42}$$

对于不同形式的水平荷载，经对上式积分运算后，可将顶点位移 u_r 写成统一公式：

$$u_r = \frac{V_0 H^3}{B^2(EA)_b}F(b) \tag{4-43}$$

式中　V_0——结构底部总剪力；

$F(b)$——与 b 有关的函数，按下列公式计算。

①均布水平荷载作用。

此时 $q(\tau)=q$，$V_0=qH$，$F(b)$ 按下式确定：

$$F(b)=\frac{6b-15b^2+11b^3+6(1-b)^3\ln(1-b)}{6b^4}$$

②倒三角形水平分布荷载作用。

此时 $q(\tau)=q\cdot\tau/H$，$V_0=qH/2$，$F(b)$ 为：

$$F(b)=\frac{2}{3b^5}\Big[(1-b-3b^2+5b^3-2b^4)\ln(1-b)+b-\frac{b^2}{2}-\frac{19}{6}b^3+\frac{41}{12}b^4\Big]$$

③顶点水平集中荷载作用。

此时 $V_0=F$，$F(b)$ 为：

$$F(b)=\frac{-2b+3b^2-2(1-b)^2\ln(1-b)}{b^3}$$

由式(4-43)可见，H 越大(房屋高度越大)，B 越小(房屋宽度越小)，则柱轴向变形引起的侧移越大。因此，当房屋高度较大或高宽比(H/B)较大时，宜考虑柱轴向变形对框架结构侧移的影响。

2. 侧移的限值

对于多、高层建筑，尤其是高层建筑，侧移过大，会使结构发生开裂，导致装修破坏、构件失稳甚至破坏，影响结构的安全性，也会使人的感觉不舒服，影响房屋的使用，故控制其侧移是很重要的。

我国现行《高规》规定，按弹性方法计算的楼层层间最大位移与层高之比宜小于其限值，即

$$\frac{\Delta u}{h}\leqslant\Big[\frac{\Delta u}{h}\Big] \tag{4-44}$$

式中　$[\Delta u/h]$——层间位移角限值，对框架结构取 $1/550$；

h——层高。

由于变形验算属正常使用极限状态的验算，所以计算 Δu 时，各作用分项系数均应采用 1.0，混凝土结构构件的截面刚度可采用弹性刚度。另外，楼层层间最大位移 Δu 以楼层最大的水平位移差计算，不扣除整体弯曲变形。

框架结构层间位移角限值 $[\Delta u/h]$ 主要根据以下两条原则并综合考虑其他因素确定：

(1)保证主体结构基本处于弹性受力状态。即避免混凝土墙、柱构件出现裂缝；同时，将混凝土梁等楼面构件的裂缝数量、宽度和高度限制在规范允许范围之内。

(2)保证填充墙、隔墙和幕墙等非结构构件的完好，避免产生明显损伤。

如果层间位移角限值不满足，说明框架结构的刚度偏小，可采取增大构件截面尺寸或提高混凝土强度等级等措施进行调整。

4.5.2 框架结构的重力二阶效应及结构稳定
Second-order Effect and Structural Stability of Frame Structures

框架结构在水平荷载作用下将产生侧移，如果侧移量比较大，由结构重力荷载产生的附加弯矩也将较大，危及结构的安全与稳定，这个附加弯矩称为重力二阶效应或 $P-\Delta$ 效应。

《高规》规定，在水平荷载作用下，高层框架结构的整体稳定性应满足下式要求：

$$D_i \geqslant 10 \sum_{j=i}^{n} \frac{G_j}{h_i} (i=1,2,\cdots,n) \tag{4-45a}$$

式中 D_i——第 i 楼层的弹性等效侧向刚度，可取该层剪力与层间位移的比值；

         h_i——第 i 楼层层高；

         G_j——第 j 楼层重力荷载设计值，取 1.2 倍的永久荷载标准值与 1.4 倍的可变荷载标准值的组合值；

         n——结构计算总层数。

当框架结构满足下式规定时，可不考虑重力二阶效应的不利影响。

$$D_i \geqslant 20 \sum_{j=i}^{n} \frac{G_j}{h_i} (i=1,2,\cdots,n) \tag{4-45b}$$

当框架结构的弹性等效侧向刚度满足式(4-46)时

$$10 \sum_{j=i}^{n} \frac{G_j}{h_i} \leqslant D_i < 20 \sum_{j=i}^{n} \frac{G_j}{h_i} (i=1,2,\cdots,n) \tag{4-46}$$

结构的重力二阶效应较大，设计时应考虑其对水平荷载作用下结构内力和位移的影响。结构的重力二阶效应可采用有限元方法计算，也可采用对未考虑重力二阶效应的计算结果乘以增大系数的方法近似考虑。近似考虑时，要将结构在水平荷载作用下的位移乘以增大系数 F_{1i}，以及将结构在水平荷载作用下的弯矩和剪力乘以增大系数 F_{2i}。

$$F_{1i} = \frac{1}{1 - \sum_{j=i}^{n} \frac{G_j}{D_i h_i}} (i=1,2,\cdots,n) \tag{4-47}$$

$$F_{2i} = \frac{1}{1 - 2\sum_{j=i}^{n} \frac{G_j}{D_i h_i}} (i=1,2,\cdots,n) \tag{4-48}$$

一般情况下，多层框架结构可不考虑重力二阶效应。

4.6 内力组合及构件设计

Combination of Internal Forces and Design of Structure members

4.6.1 内力组合

Combination of Internal Forces

1. 控制截面

构件内力一般沿其长度变化，而钢筋通常分段配置。控制截面是指对截面配筋配置起控制作用的截面，一般为内力最大处的截面，按此截面内力进行构件的配筋便可以保证整个杆件有足够的可靠度。

组合框架在恒载和楼面活荷载、屋面活荷载、风荷载等可变荷载作用下的内力，使控制截面出现可能发生的最不利内力，称之为内力组合。

框架梁一般有三个控制截面：左端支座截面、跨中截面和右端支座截面。而每一根柱一般只有两个控制截面：柱顶截面和柱底截面。

(1)控制截面的最不利内力类型。

①框架梁。

竖向荷载作用下梁支座截面是最大负弯矩和最大剪力作用的截面，水平荷载作用下还可能出现正弯矩。因此，梁支座截面处的最不利内力有最大负弯矩($-M_{max}$)、最大正弯矩($+M_{max}$)和最大剪力(V_{max})；跨中截面的最不利内力一般是最大正弯矩($+M_{max}$)，有时可能出现最大负弯矩($-M_{max}$)。

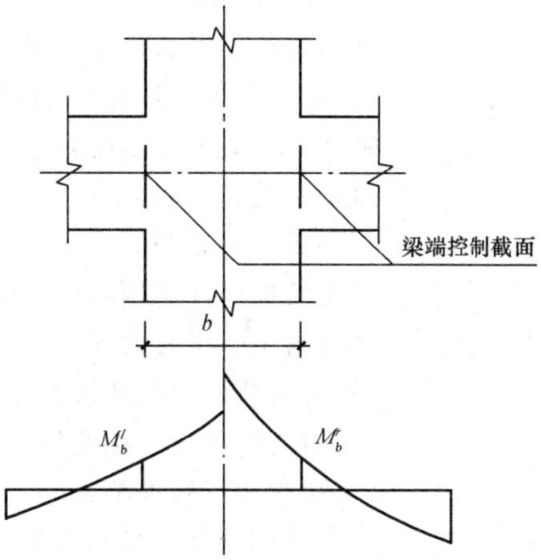

图 4-21　梁端控制截面

应当注意，由结构分析所得内力是构件轴线处的内力值，而梁支座截面的最不利位置是柱边缘处，如图 4-21 所示。另外，不同荷载作用下构件内力的变化规律也不同。

因此，内力组合前应由各种荷载作用下柱轴线处梁的弯矩、剪力值计算出柱边缘处的弯矩和剪力值，然后进行内力组合。

在均布荷载作用下：

$$\left.\begin{aligned} M_b^r &= M_b^{组} - V_b^{组} \cdot \frac{b}{2} \\ V_b^r &= V_b^{组} - (g+q)\frac{b}{2} \end{aligned}\right\} \tag{4-49}$$

式中　M_b^r、V_b^r——梁支座边缘右截面弯矩、剪力设计值；

$M_b^{组}$、$V_b^{组}$——梁支座中心线截面弯矩、剪力组合值；

g、q——梁单位长度上恒载、活载设计值；

b——支座宽度。

②框架柱。

柱属于偏心受力构件，随着截面上所作用的弯矩和轴力的不同组合，构件可能发生不同形态的破坏，故组合的不利内力类型有若干组。此外，同一柱端截面在不同内力组合时可能出现正弯矩或负弯矩，但框架柱一般采用对称配筋，所以只需选择绝对值最大的弯矩即可。综上所述，框架柱控制截面最不利内力组合一般有以下几种：

M_{max} 及相应的轴力 N 和剪力 V；

$-M_{max}$ 及相应的轴力 N 和剪力 V；

N_{max} 及相应的弯矩 M 和剪力 V；

N_{min} 及相应的弯矩 M 和剪力 V；

V_{max} 及相应的弯矩 M 和轴力 N。

(2)控制截面的最不利内力组合。

内力组合是指将各种荷载单独作用时所产生的内力，按照不利与可能的原则进行挑选与叠加，得到控制截面的最不利内力。内力组合时，既要分别考虑各种荷载单独作用时的不利分布情况，又要综合考虑它们同时作用的可能性。

①高层框架结构控制截面的最不利内力组合。

《高规》规定，高层框架在持久设计状况和短暂设计状况下，当荷载与荷载效应按线性关系考虑时，荷载基本组合的效应设计值应按下式确定：

$$S = \gamma_G S_{Gk} + \gamma_L \psi_Q \gamma_Q S_{Qk} + \psi_w \gamma_w S_{wk} \tag{4-50}$$

式中　S——荷载组合的效应设计值；

　　　γ_G——永久荷载分项系数，当其效应对结构不利时，对由可变荷载效应控制的组合应取 1.2，对由永久荷载效应控制的组合应取 1.35；当其效应对结构有利时，应取 1.0；

　　　γ_Q——楼面活荷载分项系数，一般情况下应取 1.4，对标准值大于 4 kN/m^2 的工业房屋楼面活荷载，取 1.3；

　　　γ_w——风荷载分项系数，应取 1.4；

　　　γ_L——考虑结构设计使用年限的荷载调整系数，设计使用年限为 50 年取 1.0，设计使用年限为 100 年时取 1.1；

　　　S_{Gk}——永久荷载效应标准值；

　　　S_{Qk}——楼面活荷载效应标准值；

　　　S_{wk}——风荷载效应标准值；

　　　ψ_Q、ψ_w——分别为楼面活荷载组合值系数和风荷载组合值系数，当永久荷载效应起控制作用时应分别取 0.7 和 0；当可变荷载效应起控制作用时应分别取 1.0 和 0.6 或 0.7 和 1.0。

由式(4-50)一般可以做出以下几种组合：

当永久荷载效应起控制作用(γ_G 取 1.35)时，仅考虑楼面活荷载效应参与组合，一般取 $\psi_Q = 0.7$，风荷载效应不参与组合(ψ_w 取 0)，即

$$S = 1.35 S_{Gk} + \gamma_L \times 0.7 \times 1.4 S_{Qk} \tag{4-51a}$$

当可变荷载效应起控制作用(γ_G 取 1.2 或 1.0)，而风荷载作为主要可变荷载、楼面活荷载作为次要可变荷载时，ψ_w 取 1.0，ψ_Q 取 0.7，即

$$S = 1.2 S_{Gk} + \gamma_L \times 0.7 \times 1.4 S_{Qk} + 1.0 \times 1.4 S_{wk} \tag{4-51b}$$

$$S = 1.0 S_{Gk} + \gamma_L \times 0.7 \times 1.4 S_{Qk} + 1.0 \times 1.4 S_{wk} \tag{4-51c}$$

当可变荷载效应起控制作用(γ_G 取 1.2 或 1.0)，而楼面活荷载作为主要可变荷载、风荷载

作为次要可变荷载时，ψ_Q 取 1.0，ψ_w 取 0.6，即

$$S = 1.2S_{Gk} + \gamma_L \times 1.0 \times 1.4S_{Qk} + 0.6 \times 1.4S_{wk} \tag{4-51d}$$

$$S = 1.0S_{Gk} + \gamma_L \times 1.0 \times 1.4S_{Qk} + 0.6 \times 1.4S_{wk} \tag{4-51e}$$

应当注意，式(4-50)~式(4-51e)中，对书库、档案库、储藏室、通风机房和电梯机房等楼面活荷载较大且相对固定的情况，其楼面活荷载组合值系数应由 0.7 改为 0.9。

②多层框架结构控制截面的最不利内力组合。

多层框架结构的基本组合按《荷载规范》可采用简化规则，并应在下列组合值中取最不利值确定：

a. 由可变荷载效应控制的组合。

$$S = \sum_{i \geqslant 1}^{m} \gamma_{Gi} S_{Gik} + \gamma_{L1} \gamma_{Q1} S_{Q1k} + \sum_{j>1}^{n} \gamma_{Qj} \gamma_{Lj} \psi_{cj} S_{Qjk} \tag{4-52a}$$

b. 由永久荷载效应控制的组合。

$$S = \sum_{i \geqslant 1}^{m} \gamma_{Gi} S_{Gik} + \sum_{j \geqslant 1}^{n} \gamma_{Qj} \gamma_{Lj} \psi_{cj} S_{Qjk} \tag{4-52b}$$

式中　S_{Q1k}——为诸可变荷载效应中起控制作用者；

　　　ψ_{ci}——可变荷载 Q_i 的组合系数值；

　　　n——参与组合的可变荷载数。

其余同上述。

4.6.2　构件设计
Design of Structure Members

(1)框架梁。

框架梁为受弯构件，应按受弯构件正截面受弯承载力计算所需要的纵筋数量，按斜截面受剪承载力计算所需要的箍筋数量，并采取相应的构造措施。

当楼板与框架梁柱整体浇筑时，梁跨中应考虑板作为翼缘的有利影响按 T 形截面计算，梁支座处仍按矩形截面计算。

应对竖向荷载作用下的框架梁弯矩先进行调幅，再与水平荷载产生的框架梁弯矩进行组合。

(2)框架柱。

框架柱一般为偏心受压构件，通常采用对称配筋。柱中纵筋数量应按偏心受压构件的正截面受压承载力计算确定；箍筋数量应按偏心受压构件的斜截面受剪承载力计算确定。

框架柱在截面设计过程中还需注意以下问题：

①柱截面最不利内力的选取。

经内力组合后，每根柱上、下两端组合的内力设计值通常有 $6 \sim 8$ 组，应从中挑选出一组最不利内力进行截面配筋计算。但是，由于 M 与 N 的相互影响，很难找出哪一组为最不利内力。此时可根据偏心受压构件的判别条件，将这几组内力分为大偏心受压组和小偏心受压组。对于大偏心受压组，按照"弯矩相差不多时，轴力越小越不利；轴力相差不多时，弯矩越大越不利"的原则进行比较，选出最不利内力。对于小偏心受压组，按照"弯矩相差不多时，轴力越大越不利；轴力相差不多时，弯矩越大越不利"的原则进行比较，选出最不利内力。

②框架柱的计算长度。

对于一般多层房屋中的梁、柱为刚接的框架结构，当计算轴心受压框架柱稳定系数，以及计算偏心受压构件裂缝宽度的偏心距增大系数时，各层柱的计算长度 l_0 可按附录 10 取用。

③承载力验算。

框架柱除平面内按偏心受压构件计算以外，还要进行平面外按轴心受压构件的验算。

4.7 框架结构的抗震设计

Seismic Design of Frame Structures

4.7.1 抗震设计的一般概念
General Concept of Seismic Design

(1)地震震级。

地震震级是表示某次地震本身大小的一种度量，又称里氏震级[定义最早由美国的里克特(C. F. Richter)给出]。一次地震震级是用地震释放的能量大小来度量。

通常将地震根据震级划分为若干类，见表4-4。

表 4-4 震级分类表

震级	<2	2~4	>5	>7	>8
分类	微震	有感地震	破坏性地震	强烈地震(大地震)	特大地震

(2)地震烈度。

地震烈度是指某一地区地表和各类建筑物遭受某一次地震影响的平均强烈程度，用于判定宏观的地震影响和建筑物破坏程度。

地震烈度通过地震烈度表中的标准评定。地震烈度表是根据地震烈度不同，人的感觉、器物的反应、建筑物的损害程度不同和地貌变化特征等方面的宏观现象进行判定和区分而形成。我国采用12度划分。

地震烈度与震级、震源深度、震中距、地质条件等因素有关。

一次地震只有一个震级，却有不同烈度。离震中越近，地震影响越大，地震烈度越高；离震中越远，地震影响越小，地震烈度越低。

震中的地震烈度称为震中烈度。震级与震中烈度的关系见表4-5。

表 4-5 震级与震中烈度的关系表

震级	2	3	4	5	6	7	8	>8
震中烈度	1~2	3	4~5	6~7	7~8	9~10	11	12

(3)抗震设防烈度与地震动参数区划。

①抗震设防烈度。

按国家规定的权限批准作为一个地区抗震设防依据的地震烈度。一般情况，取50年内超越概率10%的地震烈度。

②地震动参数区划。

以地震动参数(以加速度表示地震作用强弱程度)为指标,将全国划分为不同抗震设防要求区域,形成的图件称为地震动参数区划图。

(4)建筑结构的抗震设防和抗震设计。

①抗震设防目标。

我国《抗震规范》明确指出了三个水准的抗震设防目标。

第一水准:当遭受低于本地区抗震设防烈度的多遇地震影响时,主体结构不受损坏或不需修理可继续使用。

第二水准:当遭受相当于本地区抗震设防烈度的设防地震影响时,建筑物可能发生损坏,但经一般性修理仍可继续使用。

第三水准:当遭受高于本地区抗震设防烈度的罕遇地震影响时,建筑物不致倒塌或发生危及生命的严重破坏。

上述三个水准设防目标可简单概述为"小震不坏,中震可修,大震不倒"。"小震不坏"对应于第一水准,要求建筑结构满足多遇地震作用下的承载力极限状态验算要求及建筑的弹性变形不超过规定的弹性变形限值;"中震可修"对应于第二水准,要求建筑结构具有相当的延性能力(变形能力),不发生不可修复的脆性破坏;"大震不倒"对应于第三水准,要求建筑具有足够的变形能力,其弹塑性变形不超过规定的弹塑性变形限值。

②抗震设计方法。

我国抗震设计规范采用了简化的两阶段设计方法。

a. 第一阶段设计——承载力验算。

按多遇地震烈度(小震)对应的地震作用效应和其他荷载效应的基本组合,验算结构构件的承载能力和结构弹性变形,以满足第一水准抗震设防目标(小震不坏)。在多遇地震作用下,结构应能处于正常使用状态。设计内容包括截面抗震承载力验算、结构弹性变形验算以及抗震构造措施等。通常将此阶段设计称为承载力验算。

b. 第二阶段设计——弹塑性变形验算。

在罕遇地震烈度(大震)对应的地震作用效应作用下验算结构的弹塑性变形,以满足第三水准抗震设防目标的要求(大震不倒)。在罕遇地震作用下,结构进入弹塑性状态,产生较大的非弹性变形。为满足"大震不倒"的要求,应控制结构的弹塑性变形在允许的范围。此阶段设计通常称为弹塑性变形验算。

第二水准要求(中震可修)可通过采取相应的抗震构造措施满足。

在实际抗震设计中,并非所有结构都需进行第二阶段设计。对大多数结构,一般可只进行第一阶段设计,而通过概念设计和抗震构造措施来满足第三水准的设计要求。只有对特殊要求的建筑,地震时,易倒塌的结构以及有明显薄弱层的不规则结构,除进行第一阶段设计外,还要进行结构薄弱部位的弹塑性层间变形验算,并采取相应的抗震构造措施实现第三水准的设防要求。

此外,《抗震规范》对主要城市和地区的抗震设防烈度、设计基本地震加速度值给出了具体规定,同时指出了相应的设计地震分组(设计地震分组主要是为了反映潜在震源远近的影响,第一组震中距较小;第三组震中距较大)。我国主要城镇抗震设防烈度、设计基本地震加速度和设计地震分组详见《抗震规范》附录 A。

③建筑物抗震设防类别与设防标准。

混凝土建筑的抗震设计应根据现行国家标准《建筑工程抗震设防分类标准》(GB 50223)确定

其抗震设防类别和相应的抗震设防标准进行。抗震设防类别和相应的抗震设防标准为：

a. 特殊设防类（甲类）：指使用上有特殊设施，涉及国家公共安全的重大建筑工程和地震时可能发生严重次生灾害等特别重大灾害后果，需要进行特殊设防的建筑。

设防标准：应按高于本地区抗震设防烈度一度的要求加强其抗震措施；但抗震设防烈度为9度时，应按比9度更高的要求采取抗震措施。同时，应按批准的地震安全性评价的结果且高于本地区抗震设防烈度的要求确定其地震作用。

b. 重点设防类（乙类）：指地震时使用功能不能中断或需要尽快恢复的生命线相关建筑，以及地震时，可能导致大量人员伤亡等重大灾害后果，需要提高设防标准的建筑。

设防标准：应按高于本地区抗震设防烈度一度的要求加强其抗震措施；但抗震设防烈度为9度时应按比9度更高的要求采取抗震措施；地基基础的抗震措施，应符合有关规定。同时，应按本地区抗震设防烈度确定其地震作用。

c. 标准设防类（丙类）：指大量的除a、b、d款以外按标准要求进行设防的建筑。

设防标准：应按本地区抗震设防烈度确定其抗震措施和地震作用，达到在遭遇高于当地抗震设防烈度的预估罕遇地震影响时不致倒塌或发生危及生命安全的严重破坏的抗震设防目标。

d. 适度设防类（丁类）：指使用人员稀少且震损不致产生次生灾害允许在一定条件下适度降低要求的建筑。

设防标准：允许比本地区抗震设防烈度的要求适当降低其抗震措施，但抗震设防烈度为6度时不应降低。一般情况下，仍应按本地区抗震设防烈度确定其地震作用。

表 4-6　混凝土框架结构的抗震等级

设防烈度	6		7		8		9
房屋高度	≤24 m	>24 m	≤24 m	>24 m	≤24 m	>24 m	≤24 m
普通框架	四	三	三	二	二	一	一
大跨度框架	三		二		一		一
注：大跨度框架指跨度不小于18 m的框架。							

④抗震等级。

房屋建筑混凝土结构构件的抗震设计，应根据设防类别、烈度、结构类型和房屋高度采用不同的抗震等级，并应符合相应的计算和构造措施要求，使结构具有与之相应的不同的抗震能力。设防类别为丙类的框架结构抗震等级的划分见表4-6，其中房屋高度是指室外地面至檐口的高度。有了抗震等级的划分后，就可在抗震构造措施等方面区别对待。

⑤承载力抗震调整系数。

当有地震作用参加内力组合时，考虑到地震不是经常发生的事件，地震作用的时间很短，并且在快速加载下材料强度会有所提高，原有的安全度就显得过高了，可适当予以降低，使结构在各种情况下的安全度比较一致。为此，引入承载力抗震调整系数 γ_{RE}，它是小于1的系数。结构构件的截面抗震验算公式为：

$$S_E \leqslant \frac{R_E}{\gamma_{RE}} \tag{4-53}$$

式中　S_E——考虑地震作用组合的效应；

　　　R_E——考虑地震作用但未考虑 γ_{RE} 的抗力。

其中
$$S_E = \gamma_G S_{GE} + \gamma_{Eh} S_{Ehk} + \gamma_{Ev} S_{Evk} + \psi_w \gamma_w S_{wk} \tag{4-54}$$

式中　γ_G——重力荷载分项系数，一般情况下采用 1.2，当重力荷载效应对构件承载能力有利时，不应大于 1.0；

γ_{Eh}、γ_{Ev}——分别为水平、竖向地震作用分项系数，参见表 4-7；

γ_w——风荷载分项系数，应采用 1.4；

S_{GE}——重力荷载代表值的效应；

S_{Ehk}——水平地震作用标准值的效应，尚应乘以相应的增大系数或调整系数；

S_{Evk}——竖向地震作用标准值的效应，尚应乘以相应的增大系数或调整系数；

S_{wk}——风荷载标准值的效应；

ψ_w——风荷载组合值系数，一般结构取 0.0，风荷载起控制作用的建筑应采用 0.2。

承载力抗震调整系数 γ_{RE} 的取值见表 4-8。

表 4-7　地震作用分项系数

地震作用	γ_{Eh}	γ_{Ev}
仅计算水平地震作用	1.3	0.0
仅计算竖向地震作用	0.0	1.3
计算水平与竖向地震作用(水平地震为主)	1.3	0.5
计算水平与竖向地震作用(竖向地震为主)	0.5	1.3

表 4-8　承载力抗震调整系数 γ_{RE}

受弯梁	偏压柱		剪力墙	其他构件 (受剪、偏拉、受冲切)	局部受压
	轴压比<0.15	轴压比≥0.15			
0.75	0.75	0.80	0.85	0.85	1.0

(5)抗震设计的总体要求。

建筑抗震设计包括三个层次的内容与要求：概念设计、抗震计算、抗震措施。

概念设计是根据地震灾害和工程经验等所形成的基本设计原则和设计思想，进行建筑和结构总体布置并确定细部构造的过程。概念设计在总体上把握抗震设计的基本原则，包括：

①强柱弱梁。

塑性铰应尽可能出现在梁端，推迟或避免柱端形成塑性铰，形成延性较好的梁铰机制。在设计中，将柱端弯矩的设计值予以提高，柱实际抗弯承载力高于梁的实际抗弯承载力。

②强剪弱弯。

在构件弯曲破坏前，应避免发生脆性的剪切破坏。在设计中，应使构件中可能出现塑性铰的区段的抗剪承载力高于其对应的抗弯承载力。

③强核心区、强锚固。

核心区的破坏会影响构件性能的发挥，在构件塑性铰充分发挥作用前，应保证核心区的完整性和纵筋的可靠锚固。在设计中，核心区的受剪承载力应大于汇交于同一节点的两侧梁达到受弯承载力时对应的核心区的剪力。伸入核心区的梁、柱纵向钢筋，在核心区内具有足够的锚固长度，避免粘结锚固破坏。通过限制柱轴压比，加强箍筋对混凝土的约束。

抗震计算可为建筑抗震设计提供定量手段。

抗震措施指除地震作用计算和抗力计算以外的抗震设计内容，包括抗震构造措施。这可以从保证结构整体性、加强局部薄弱环节等意义上保证抗震计算的有效性。

抗震构造措施是指根据抗震概念设计原则，一般不需计算而对结构和结构各部分必须采取的各种细部要求。

抗震设计在总体上要求把握的基本原则可以概括为：

①注意选择场地。

②合理选择结构形式。

③合理地应用结构的延性。

④设置多道防线。

⑤重视非结构因素。

4.7.2 框架梁抗震设计
Seismic Design of Frame Structure Beams

(1)框架梁的破坏形态。

梁的破坏形态有弯曲破坏和剪切破坏，剪切破坏是延性小且耗能差的脆性破坏，对于抗震的延性框架，不仅要求框架梁在塑性铰出现前不发生剪切破坏，而且要求在塑性铰转动过程中也不发生剪切破坏。通过强剪弱弯设计，可避免剪切破坏。

在抗弯起控制时，梁端形成塑性铰，在反复荷载作用下，相应的弯曲裂缝一般贯通。当箍筋配得较少时，则出现如图 4-22 所示的剪切破坏，其特点为出现交叉斜裂缝。

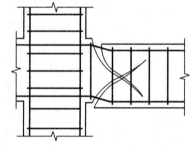

设计不当时也会出现其他形式的破坏。例如设计时未考虑梁端由地震引起的正弯矩，导致梁端底面处发生破坏；梁内纵向受力钢筋锚固不足时会被拔出等。另外，主次梁连接处、梁加腋的变截面处也常有裂缝发生。

图 4-22　梁端剪切破坏

三种弯曲破坏(少筋、适筋、超筋)中，只有适筋梁是延性破坏，具有形成塑性铰的能力。

(2)影响框架梁延性的因素。

①截面相对受压区高度。

在适筋梁情况下，框架梁的延性也不同，截面相对受压区高度越大，延性越差；截面相对受压区高度越小，延性越好。相对受压区与截面配筋率有关，可通过控制配筋率来减小框架梁端塑性铰截面的相对受压区高度。

②塑性铰区混凝土约束程度。

在塑性铰区配置足够数量的封闭箍筋，对提高塑性铰的转动能力十分有效。足够箍筋可以防止受压纵筋过早压屈，提高塑性铰区内混凝土的极限压应变，并可阻止斜裂缝的开展，从而有效地发挥塑性铰的变形和耗能能力。因此，在框架梁端塑性铰区范围内，箍筋必须加密。

③剪压比。

剪压比即梁截面上的名义剪应力 $V/(bh_0)$ 与混凝土轴心抗压强度设计值 f_c 的比值，这里，V 为作用于截面的剪力，b 和 h_0 分别为截面的宽度和有效高度。试验表明，梁塑性铰区的截面剪压比对梁的延性、耗能能力及保持梁的强度、刚度有明显的影响。当剪压比大于 0.15 时，梁的强度和刚度有明显的退化现象，剪压比越高则退化越快，混凝土破坏越早，这时如增加箍筋用量已不能发挥作用。因此，必须限制截面的剪压比，即截面的尺寸不能过小。

④跨高比。

梁的跨高比即梁净跨与梁截面高度之比。跨高比小时，剪力的影响加大，剪切变形亦加大。试验结果表明，当梁的跨高比小于 2 时，极易发生剪切破坏。一旦主斜裂缝形成，梁的承载力就急剧下降，表现出极差的延性。因此，一般要求，梁净跨不宜小于截面高度的 4 倍。

（3）梁正截面受弯承载力。

在非抗震框架中，梁截面可设计成一般的适筋梁。在抗震框架中，除要考虑承载力抗震调整系数 γ_{RE} 外，还要确保梁具有足够的延性，即梁端的塑性铰区的转动能力。根据塑性理论，应控制塑性铰区相对受压区高度，并在端部截面设置一定比例的受压钢筋，设计成双筋截面，以减小相对受压区高度，保证梁的延性。

混凝土受压区高度 x 须满足下列要求（考虑受压钢筋作用时）：

一级抗震等级时，$x \leqslant 0.25h_0$；

二、三级抗震等级时，$x \leqslant 0.35h_0$。

梁跨中截面受压区高度的限制仍为 $x \leqslant \xi_b h_0$，同时，框架梁纵向受拉钢筋的配筋率均不宜大于 2.5%。

框架梁受弯承载力按下式验算：

持久、短暂设计状况（非抗震）：

$$M \leqslant (A_s - A_s') f_y (h_0 - 0.5x) + f_y' A_s' (h_0 - a_s') \qquad (4\text{-}55a)$$

地震设计状况：

$$M \leqslant \frac{1}{\gamma_{RE}} (A_s - A_s') f_y (h_0 - 0.5x) + f_y' A_s' (h_0 - a_s') \qquad (4\text{-}55b)$$

式中　M——梁端截面组合弯矩设计值；

A_s、A_s'——受拉钢筋和受压钢筋的截面面积；

f_y、f_y'——受拉钢筋和受压钢筋的抗拉强度设计值，一般情况下，$f_y = f_y'$；

γ_{RE}——承载力抗震调整系数，取 $\gamma_{RE} = 0.75$。

（4）梁斜截面受剪承载力。

①梁端剪力设计值的调整。

抗震设计中，按照"强剪弱弯"的原则，延性框架梁在塑性铰出现以前，不应发生剪切破坏，塑性铰出现后，也不应过早被剪坏。故应根据结构的抗震等级调整梁端剪力设计值。

根据框架抗震等级，四级框架取考虑地震作用组合的剪力设计值；对一、二、三级框架梁端部截面组合的剪力设计值，按以下内容进行调整。

a. 抗震等级为一级、设防烈度为 9 度时的梁端剪力设计值。

抗震等级为一级、设防烈度为 9 度时的梁端剪力设计值应根据梁端实际的正截面受弯承载力，来反算梁端的剪力设计值。设梁端实际配筋量为 A_s^a，则梁端实际的受弯极限承载力 M_{bua} 可近似地取为：

$$M_{bua} = A_s^a f_{yk} (h_0 - a_s') \qquad (4\text{-}56)$$

记 M_{bua}^l 和 M_{bua}^r 分别为梁左端和右端的受弯极限承载力，考虑到地震时构件承载力的提高，并考虑到某些预见不到的因素可能使梁端弯矩增大，梁端剪力设计值调整为：

$$V_b = 1.1 \frac{M_{bua}^l + M_{bua}^r}{l_n} + V_{Gb} \qquad (4\text{-}57a)$$

式中　V_{Gb}——考虑地震作用组合时的重力荷载代表值产生的剪力设计值，可按简支梁计算确定；

l_n——梁的净跨；

M^l_{bua}、M^r_{bua}——梁左、右端截面逆时针或顺时针方向按实配的正截面受弯承载力所对应的弯矩值，可根据实配钢筋面积（计入受压钢筋和梁有效翼缘宽度范围内的楼板钢筋，有效翼缘宽度可取梁两侧各 6 倍板厚）和材料强度标准值并考虑承载力抗震调整系数计算。

在式(4-57a)中，M^l_{bua} 和 M^r_{bua} 按逆时针方向和顺时针方向各有两个值，以同一方向的 M^l_{bua} 和 M^r_{bua} 分别代入式(4-57a)就可得梁左端和右端的剪力设计值。逆时针方向和顺时针方向的选取应使 V_b 达到最大值。

b. 其他情况。

其他情况下，梁端剪力可根据考虑地震内力组合得到的框架梁左、右端的设计弯矩反求，并作调整。

$$V_b = 1.3\frac{M^l_b + M^r_b}{l_n} + V_{Gb}（一级抗震） \tag{4-57b}$$

$$V_b = 1.2\frac{M^l_b + M^r_b}{l_n} + V_{Gb}（二级抗震） \tag{4-57c}$$

$$V_b = 1.1\frac{M^l_b + M^r_b}{l_n} + V_{Gb}（三级抗震） \tag{4-57d}$$

式中 M^l_b、M^r_b——分别为考虑地震作用组合的框架梁左端和右端的弯矩设计值，按同为逆时针方向或顺时针方向分别代入上式，可得梁左端和右端的剪力设计值。逆时针方向和顺时针方向的选取应使 V_b 达到最大值。当抗震等级为一级框架且梁两端弯矩均为负弯矩时，绝对值较小的弯矩应取零。

②梁截面限制条件。

持久、短暂设计状况（非抗震）：

$$V_b \leqslant 0.25\beta_c f_c bh_0（高宽比 \leqslant 4 时） \tag{4-58a}$$

$$V_b \leqslant 0.20\beta_c f_c bh_0（高宽比 \geqslant 6 时） \tag{4-58b}$$

当 4 < 高宽比 < 6 时，按线性内插法确定。

考虑到地震时反复荷载作用的不利影响，对进行抗震设计的矩形、T 形、I 形截面框架梁，其受剪截面应符合下列条件：

$$V_b \leqslant \frac{1}{\gamma_{RE}}(0.20\beta_c f_c bh_0)（跨高比大于 2.5 时） \tag{4-58c}$$

$$V_b \leqslant \frac{1}{\gamma_{RE}}(0.15\beta_c f_c bh_0)（跨高比不大于 2.5 时） \tag{4-58d}$$

③梁斜截面受剪承载力计算。

梁受剪承载力计算公式为：

持久、短暂设计状况（非抗震）：

$$V_b \leqslant V_c + V_s \tag{4-59a}$$

地震设计状况：

$$V_b \leqslant \frac{1}{\gamma_{RE}}(0.6V_c + V_s) \tag{4-59b}$$

式中 V_c、V_s——分别为不考虑地震作用时的受剪承载力设计值表达式中的混凝土项和箍筋项；

0.6——考虑了反复荷载作用下混凝土受剪承载力的降低。

4.7.3 框架柱抗震设计
Seismic Design of Frame Structure Columns

(1)框架柱的破坏形态。

框架柱是框架的竖向构件，地震时柱的破坏和丧失承载力会引起框架的倒塌。虽然框架设计强调了"强柱弱梁"的抗震概念设计，但由于实际地震作用具有不确定性，不能保证框架柱一定不破坏，因此，使框架柱具有足够的安全储备的同时，还应具有足够的延性和耗能能力。

框架柱在弯矩、轴力和剪力共同作用下，有正截面的大、小偏压破坏和斜截面的剪切破坏等多种破坏形式。大偏心受压柱具有较好的延性，耗能能力强，柱的抗震设计应尽可能实现大偏心受压破坏，防止脆性的剪切破坏，通过一些构造措施来改善延性很差的小偏心受压柱的延性。

由于柱两端的弯矩大，破坏一般发生在柱的两端，多发生在柱顶。这是因为在以前的框架结构设计中，柱内主筋往往在楼层上表面即柱底部搭接，而搭接处由于箍筋已加密提高了抗震能力，故柱底较柱顶不易破坏。柱顶破坏表现为混凝土压碎，钢筋压曲。

角柱由于双向受压并且由于整体扭转造成侧移较大，其破坏程度比中柱和边柱严重。

长细比小于 4 的短柱受的剪力很大，易发生剪切脆性破坏。在设计中应尽量避免出现短柱。一般要求，柱净高与截面高度（圆柱直径）之比不宜小于 4。

(2)影响框架柱延性的因素。

①剪跨比。

剪跨比为柱端截面弯矩与剪力和截面有效高度乘积的比值，是反映柱端截面弯矩与剪力相对大小的参数，表达式为：

$$\lambda = \frac{M^c}{V^c h_0} = H_n/2h_0 \tag{4-60}$$

式中　λ——框架柱剪跨比，反弯点位于柱高中部的框架柱，可取柱净高与计算方向 2 倍柱截面有效高度的比值，$\lambda = H_n/2h_0$；

M^c——柱端截面未经调整的组合弯矩计算值，取柱上、下端的较大值；

V^c——柱端截面与组合弯矩对应的组合剪力计算值；

h_0——柱截面计算方向有效高度；

H_n——柱净高。

剪跨比是影响柱破坏形态的重要因素。试验表明，当剪跨比 $\lambda > 2$ 时为长柱，相对弯矩较大，一般会发生延性较好的压弯破坏；当 $1.5 < \lambda \leqslant 2$ 时为短柱，一般会发生剪切破坏，若配有足够的箍筋，可以出现稍有延性的剪压破坏；当 $\lambda < 1.5$ 时为极短柱，会发生脆性的斜拉破坏。剪跨比宜大于 2。

②轴压比。

轴压比是指考虑地震作用组合的轴压力设计值与混凝土轴心抗压强度和柱全截面面积乘积的比值，计为：

$$\mu_N = \frac{N_c}{f_c A_c} \tag{4-61}$$

试验表明，柱的位移延性比随轴压比的增大而减小。构件的破坏形态也与轴压比有关，随轴压比增大，截面相对受压区高度增加，当相对受压区高度超过界限值时，就会由延性较好的大偏压破坏变成延性较差的小偏压破坏。对于短柱，增大相对受压区高度就可能由具有一定延性的剪压破坏变成完全脆性的斜拉破坏。为保证地震时柱的延性,《抗震规范》规定了轴压比的上限值,见表4-9,这些限值是从偏心受压截面产生界限破坏的条件得到的。框支层由于变形集中,对轴压比的限值要严一些。在一定的有利条件下(详见《抗震规范》),柱压比的限值可适当提高,但不应大于1.05。

表4-9　框架柱的轴压比的上限值

抗震等级	一级	二级	三级	四级
框架柱	0.65	0.75	0.85	0.90
框支层柱	0.60	0.70	—	—

注：1. 当混凝土强度等级为C65、C70时,轴压比限值宜按表中数值减小0.05;混凝土强度等级为C75、C80时,轴压比限值宜按表中数值减小0.10。

2. 表内限值适用于剪跨比大于2、混凝土强度等级不高于C60的柱;剪跨比不大于2的柱轴压比限值应降低0.05;剪跨比小于1.5的柱,轴压比限值应专门研究并采取特殊构造措施。

3. 沿柱全高采用井字复合箍,且箍筋间距不大于100 mm、肢距不大于200 m、直径不小于12 mm,或沿柱全高采用复合螺旋箍,且螺距不大于100 mm、肢距不大于200 mm、直径不小于12 mm或沿柱全高采用连续复合矩形螺旋箍,且螺旋净距不大于80 mm、肢距不大于200 mm、直径不小于10 mm时,轴压比限值均可按表中数值增加0.10。

4. 当柱截面中部设置由附加纵向钢筋形成的芯柱,且附加纵向钢筋的总截面面积不少于柱截面面积的0.8%时,轴压比限值可按表中数值增加0.05;此项措施与注3的措施同时采用时,轴压比限值可按表中数值增加0.15,但箍筋的配箍特征值 λ_V 仍应按轴压比增加0.10的要求确定。

5. 调整后的柱轴压比限值不应大于1.05。

③箍筋数量。

柱中箍筋对核心混凝土起着有效的约束作用,可显著提高受压区混凝土的极限压应变,阻止柱身斜裂缝的开展,从而大大提高柱的延性。在柱端塑性铰区适当加密箍筋,对提高柱的变形能力十分有利。但加密箍筋对提高柱的延性的作用随轴压比的增大而减小。

箍筋对核心混凝土的约束程度与箍筋强度和数量以及混凝土的强度有关,用最小配箍特征值 λ_V 来表示箍筋对混凝土的约束程度。配箍特征值表达式：

$$\lambda_V = \rho_V \frac{f_{yv}}{f_c} \tag{4-62}$$

式中　ρ_V——柱箍筋加密区的体积配箍率。

(3)柱正截面受压承载力。

①柱端轴力、弯矩设计值的调整。

抗震设计时,柱的轴力设计值取考虑地震作用组合的轴力值;一、二级抗震等级的框支柱,由地震作用引起的附加轴向力应分别乘以增大系数1.5、1.2;计算轴压比时可不考虑该增大系数。

对于弯矩,除框架顶层柱和轴压比小于0.15的柱以及框支梁、柱节点直接取考虑地震作用组合的弯矩值外,框架柱节点上、下端和框支柱的中间层节点上、下端截面按地震作用组合的柱端弯矩设计值,应根据强柱弱梁的原则进行调整。

根据强柱弱梁的要求,在同一节点的上下柱端截面抗弯承载力要大于左右梁端截面的抗弯承载力,计算配筋时,柱端弯矩应按下列公式予以调整：

a. 一级抗震等级的框架结构和9度设防烈度的一级抗震等级框架。

$$\sum M_c = 1.2 \sum M_{bua} \tag{4-63a}$$

b. 框架结构。

$$\sum M_c = 1.5 \sum M_b \quad (\text{二级抗震等级}) \tag{4-63b}$$

$$\sum M_c = 1.3 \sum M_b \quad (\text{三级抗震等级}) \tag{4-63c}$$

$$\sum M_c = 1.2 \sum M_b \quad (\text{四级抗震等级}) \tag{4-63d}$$

c. 其他情况。

$$\sum M_c = 1.4 \sum M_b \quad (\text{一级抗震等级}) \tag{4-63e}$$

$$\sum M_c = 1.2 \sum M_b \quad (\text{二级抗震等级}) \tag{4-63f}$$

$$\sum M_c = 1.1 \sum M_b \quad (\text{三、四级抗震等级}) \tag{4-63g}$$

式中　$\sum M_c$——节点上、下柱端截面顺时针或逆时针方向考虑地震组合的弯矩设计值之和,上、下柱端弯矩设计值可按弹性分析的考虑地震组合的弯矩比例进行分配;

$\sum M_b$——节点左、右梁端截面顺时针或逆时针方向组合的弯矩设计值之和的较大值,当抗震等级为一级且框架节点左、右梁端均为负弯矩时,绝对值较小的弯矩应取零;

M_{bua}——节点左、右梁端截面顺时针或逆时针方向实配的正截面受弯承载力值之和,可根据实配钢筋面积(计入受压钢筋和梁有效翼缘宽度范围内的楼板钢筋)和材料强度标准值并考虑承载力抗震调整系数计算。

框架结构计算嵌固端即底层柱下端过早出现塑性铰,将影响整个结构的抗地震倒塌能力,因此,一、二、三、四级抗震等级框架结构底层柱底截面的弯矩设计值,应分别采用考虑地震作用组合的弯矩值乘以增大系数 1.7、1.5、1.3、1.2。底层柱纵筋应按柱上、下端的不利情况配置。

各级抗震等级的框架角柱,其弯矩值按上述方法调整后再乘以不小于 1.1 的增大系数。

②柱正截面受压承载力计算。

柱端轴力、弯矩设计值确定后,按偏心受压构件计算承载力,角柱按双向偏心受压构件计算。

(4)柱斜截面受剪承载力。

①柱端剪力设计值的调整。

抗震设计时一、二、三、四级框架柱端考虑地震作用组合的剪力设计值,应根据强剪弱弯的原则进行调整。

根据强剪弱弯的要求,柱的受剪承载力应大于其受弯承载力对应的剪力。框架柱端剪力设计值应按下列公式予以调整:

a. 一级抗震等级的框架结构和 9 度设防烈度的一级抗震等级框架。

$$V_c = 1.2 \frac{M^t_{cua} + M^b_{cua}}{H_n} \tag{4-64a}$$

b. 框架结构。

$$V_c = 1.3 \frac{M^t_c + M^b_c}{H_n} \quad (\text{二级抗震等级}) \tag{4-64b}$$

$$V_c = 1.2 \frac{M^t_c + M^b_c}{H_n} \quad (\text{三级抗震等级}) \tag{4-64c}$$

$$V_c = 1.1 \frac{M_c^t + M_c^b}{H_n} \qquad \text{(四级抗震等级)} \tag{4-64d}$$

c. 其他情况。

$$V_c = 1.4 \frac{M_c^t + M_c^b}{H_n} \qquad \text{(一级抗震等级)} \tag{4-64e}$$

$$V_c = 1.2 \frac{M_c^t + M_c^b}{H_n} \qquad \text{(二级抗震等级)} \tag{4-64f}$$

$$V_c = 1.1 \frac{M_c^t + M_c^b}{H_n} \qquad \text{(三、四级抗震等级)} \tag{4-64g}$$

式中　M_c^t、M_c^b——柱上、下端顺时针或逆时针方向截面组合的弯矩设计值；

M_{cua}^t、M_{cua}^b——柱上、下端顺时针或逆时针方向实配的正截面受弯承载力所对应的弯矩值，可根据实配钢筋面积、材料强度标准值和重力荷载代表值产生轴向力并考虑承载力抗震调整系数计算；计算时 N 可取重力荷载代表值产生的轴向压力设计值；

H_n——柱净高。

各级抗震等级框架角柱的剪力值按上述方法调整后再乘以不小于的 1.1 的增大系数。

②柱截面限制条件。

持久、短暂设计状况（非抗震）：同框架梁。

地震设计状况：

$$V \leqslant \frac{1}{\gamma_{RE}}(0.2\beta_c f_c b h_0) \text{（剪跨比大于 2 的柱）} \tag{4-65a}$$

$$V \leqslant \frac{1}{\gamma_{RE}}(0.15\beta_c f_c b h_0) \text{（剪跨比不大于 2 的柱）} \tag{4-65b}$$

式中参数按上述。

③柱斜截面受剪承载力计算。

a. 矩形截面框架柱轴力为压力。

持久、短暂设计状况（非抗震）：

$$V \leqslant \frac{1.75}{\lambda+1} f_t b h_0 + f_{yv}\frac{A_{sv}}{s}h_0 + 0.07N \tag{4-66a}$$

地震设计状况：

$$V \leqslant \frac{1}{\gamma_{RE}}\left(\frac{1.05}{\lambda+1} f_t b h_0 + f_{yv}\frac{A_{sv}}{s}h_0 + 0.056N\right) \tag{4-66b}$$

式中　λ——框架柱的剪跨比，当 $\lambda<1$ 时，取 $\lambda=1$；当 $\lambda>3$ 时，取 $\lambda=3$；

N——与剪力设计值相应的轴向压力设计值[式(4-66a)]或地震作用组合的框架柱轴向压力设计值[式(4-66b)]，当 $N>0.3f_c A$ 时，取 $N=0.3f_c A$。

b. 矩形截面框架柱轴力为拉力。

持久、短暂设计状况（非抗震）：

$$V \leqslant \frac{1.75}{\lambda+1} f_t b h_0 + f_{yv}\frac{A_{sv}}{s}h_0 - 0.2N \tag{4-66c}$$

地震设计状况：

$$V \leqslant \frac{1}{\gamma_{RE}}\left(\frac{1.05}{\lambda+1} f_t b h_0 + f_{yv}\frac{A_{sv}}{s}h_0 - 0.2N\right) \tag{4-66d}$$

式中　N——与剪力设计值 V 对应的轴向拉力设计值[式(4-66c)]或地震作用组合的框架柱轴向
　　　　压力设计值[式(4-66d)]。

当式(4-66c)右边的计算值或式(4-66d)右边括号内的计算值小于 $f_{yv}(A_{sv}/s)h_0$ 时，取等于
$f_{yv}(A_{sv}/s)h_0$，且不应小于 $0.36f_tbh_0$。

4.7.3　框架梁、柱节点抗震设计
Seismic Design of Beam-column joints in Frame Structure

（1）框架节点的破坏形态。

在竖向荷载和地震作用下，框架梁、柱节点主要承受柱传来的轴向力、弯矩、剪力和梁传
来的弯矩、剪力，如图4-23所示。节点区的破坏形式为由主拉应力引起的剪切破坏。节点核心
区开裂前主要由混凝土承担剪力，核心区开裂后主要由箍筋承担剪力。如果箍筋不足，则由于
其抗剪承载力不足出现多条交叉斜裂缝，混凝土挤压破坏，柱内纵向钢筋压屈。

保证节点核心区不发生剪切破坏的主要措施是，通过抗
剪验算，保证节点核心区配置足够的抗剪钢筋，使核心区不
会先于梁柱破坏，实现强节点原则。

根据《抗震规范》，一、二、三级抗震等级的框架应进行
节点核心区抗震受剪承载力验算；四级抗震等级的框架节点
可不进行验算，但应符合抗震构造措施的要求。

（2）影响框架节点承载力和延性的因素。

①梁板对节点区的约束作用。

试验表明，正交梁，即与框架平面相垂直且与节点相交
的梁，对节点区具有约束作用，能提高节点区混凝土的抗剪
强度。但若正交梁与柱面交界处有竖向裂缝，则这种作用就
受到削弱。

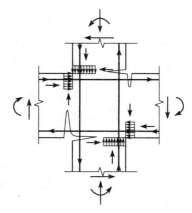

图 4-23　节点受力状态

四边有梁且带有现浇楼板的中柱节点，其混凝土的抗剪强度比不带楼板的节点有明显的提
高。一般认为，对这种中柱节点，当正交梁的截面宽度不小于柱宽的1/2，且截面高度不小于框
架梁截面高度的3/4时，在考虑了正交梁开裂等不利影响后，节点区的混凝土抗剪强度比不带
正交梁及楼板时要提高50%左右。试验还表明，对于三边有梁的边柱节点和两边有梁的角柱节
点，正交梁和楼板的约束作用并不明显。

②轴压力对节点区混凝土抗剪强度和节点延性的影响。

当轴压比较小时，节点区混凝土的抗剪强度随着轴压力的增加而增加，且直到节点区被
较多交叉斜裂缝分割成若干菱形块体时，轴压力的存在仍能提高其抗剪强度。但当轴压比大
于 0.6~0.8 范围内的值时，节点混凝土抗剪强度反而随轴压力的增加而下降。此外，轴压力的
存在会使节点区的延性降低。

③剪压比和配箍率对节点区混凝土抗剪强度的影响。

与其他混凝土构件类似，节点区的混凝土和钢筋是共同作用的。根据桁架模型或拉压杆模
型，钢筋起拉杆的作用，混凝土则主要起压杆的作用。显然，节点破坏时可能钢筋先坏，也可
能混凝土先坏。一般希望钢筋先坏，这就必须要求节点的尺寸不能过小，或节点区的配筋率不
能过高。当节点区配箍率过高时，节点区混凝土将首先破坏，使箍筋不能充分发挥作用。因此，
应对节点的最大配箍率加以限制。在设计中可采用限制节点水平截面上的剪压比来实现这一要
求。试验表明，当节点区截面的剪压比大于 0.35 时，增加箍筋的作用已不明显，这时须增大节

点水平截面的尺寸。

④梁纵筋滑移对结构延性的影响。

框架梁纵筋在中柱节点区通常以连续贯通的形式通过。在反复荷载作用下，梁纵筋在节点一边受拉屈服，而在另一边受压屈服。如此循环往复，将使纵筋的粘结迅速破坏，导致梁纵筋在节点区贯通滑移，使节点区受剪承载力降低，亦使梁截面后期受弯承载力和延性降低，使节点的刚度和耗能能力明显下降。试验表明，边柱节点梁的纵筋锚固比中柱节点的好，滑移较小。

为防止梁纵筋滑移，最好采用直径不大于 1/25 柱宽的钢筋，也就是使梁纵筋在节点区有不小于其直径 25 倍的锚固长度，也可以将梁纵筋穿过柱中心轴后再弯入柱内，以改善其锚固性能。

(3)节点的受剪承载力。

①节点剪力设计值。

取某中间节点上半部分为隔离体，设梁端已出现塑性铰，则梁受拉纵筋的应力为 f_{yk}。不计框架梁的轴力，并不计正交梁对节点受力的影响，则节点的受力如图 4-24 所示。设节点水平截面上的剪力为 V_j，则由平衡条件得：

$$V_j = (f_{yk}A_s^b + f_{yk}A_s^t) - V_c = \frac{M_b^t + M_b^r}{h_{b0} - a_s'} - \frac{M_c^b + M_c^t}{H_c - h_b} = \frac{M_b^t + M_b^r}{h_{b0} - a_s'}\left(1 - \frac{h_{b0} - a_s'}{H_c - h_b}\right) \tag{4-67}$$

式中　　H_c——层框架柱的高度；

　　　　h_b——框架梁的截面高度。

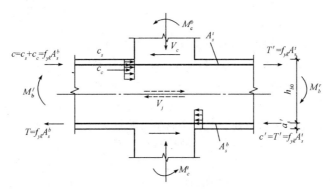

图 4-24　节点受力简图

一、二、三级框架节点核心区的剪力设计值，按下列公式确定：

a. 顶层端节点和中间节点。

一级抗震等级的框架结构和 9 度设防烈度的一级抗震等级框架：

$$V_j = \frac{1.15(M_{bua}^t + M_{bua}^r)}{h_{b0} - a_s'} \tag{4-67a}$$

其他情况：

$$V_j = \frac{\eta_{jb}(M_b^t + M_b^r)}{h_{b0} - a_s'} \tag{4-67b}$$

b. 其他层端节点和中间节点。

一级抗震等级的框架结构和 9 度设防烈度的一级抗震等级框架：

$$V_j = \frac{1.15(M_{bua}^t + M_{bua}^r)}{h_{b0} - a_s'}\left(1 - \frac{h_{b0} - a_s'}{H_c - h_b}\right) \tag{4-67c}$$

c. 其他情况。

$$V_j = \frac{\eta_{jb}(M_b^l + M_b^r)}{h_{b0} - a'_s}\left(1 - \frac{h_{b0} - a'_s}{H_c - h_b}\right) \tag{4-67d}$$

式中　V_j——梁柱节点核心区剪力设计值；

M_{bua}^l、M_{bua}^r——节点左、右梁端逆时针或顺时针方向按实配钢筋面积（计入受压筋）和材料强度标准值计算的受弯承载力所对应的弯矩值之和；

M_b^l、M_b^r——节点左、右梁端逆时针或顺时针方向组合弯矩设计值之和，一级抗震等级时节点左、右梁端均为负弯矩，则绝对值较小的弯矩应取零；

η_{jb}——节点剪力增大系数，对框架结构，一、二、三级分别取1.50、1.35、1.20；其他结构中的框架，一、二、三级分别取1.35、1.20、1.10；

h_{b0}、h_b——梁截面有效高度、截面高度，节点两侧梁截面高度不等时可采用平均值；

H_c——柱的计算高度，可采用节点上、下柱反弯点之间的距离。

②节点截面限制条件。

为防止节点核心区水平截面过小，造成节点混凝土先被压碎，节点核心区受剪水平截面应满足：

$$V_j \leqslant \frac{1}{\gamma_{RE}}(0.3\eta_j\beta_c f_c b_j h_j) \tag{4-68}$$

式中　γ_{RE}——承载力抗震调整系数，取0.85；

η_j——正交梁对节点的约束影响系数：当楼板为现浇、梁柱中线重合、四侧各梁截面宽度不小于该侧柱截面宽度的1/2，且正交方向梁高度不小于框架梁高度的3/4时，可取为1.5；其他情况取为1.0；

h_j——节点核心区截面高度，可取验算方向柱截面高度，$h_j = h_c$；

b_j——节点核心区截面有效验算宽度，当验算方向 b_b 不小于 $b_c/2$ 时，可取 b_c；当 b_b 小于 $b_c/2$ 可取$(b_b + 0.5h_c)$和 b_c 中的较小值；当梁柱的中线不重合且偏心距 e_0 不大于 $b_c/4$ 时，可取$(b_b + 0.5h_c)$、$(0.5b_b + 0.5b_c + 0.25h_c - e_0)$ 和 b_c 三者中的最小值。b_b 为验算方向梁截面宽度，b_c 为该侧柱截面宽度。

③节点受剪承载力验算。

9度设防烈度的一级抗震等级框架：

$$V_j \leqslant \frac{1}{\gamma_{RE}}\left(0.9\eta_j f_t b_j h_j + f_{yv}A_{svj}\frac{h_{b0} - a'_s}{s}\right) \tag{4-69a}$$

其他情况：

$$V_j \leqslant \frac{1}{\gamma_{RE}}\left(1.1\eta_j f_t b_j h_j + 0.05\eta_j N\frac{b_j}{b_c} + f_{yv}A_{svj}\frac{h_{b0} - a'_s}{s}\right) \tag{4-69b}$$

式中　N——对应于考虑地震组合剪力设计值的节点上柱底部的轴向力设计值；当 N 为压力时，取轴向压力设计值的较小值，且当 $N = 0.5f_c b_c h_c$ 时，取 $N = 0.5f_c bch_c$；当 N 为拉力时，取 $N = 0$；

A_{svj}——核心区有效验算宽度范围内同一截面验算方向箍筋各肢的全部截面面积。

其余按上述。

4.8 框架结构的抗震构造措施

Seismic Details of Frame Structures

4.8.1 材料

Materials

(1)混凝土。

框架结构的混凝土强度等级，框支梁、框支柱以及一级抗震等级的框架梁、柱及节点，不应低于 C30；其他各类结构构件，不应低于 C20。且 9 度设防烈度时不宜超过 C60，8 度设防烈度时不宜超过 C70。

(2)钢筋。

普通钢筋宜优先采用延性、韧性和焊接性较好的钢筋；普通钢筋的强度等级，纵向受力钢筋宜选用符合抗震性能指标的不低于 HRB400 级的热轧钢筋，也可采用符合抗震性能指标的 HRB335 级热轧钢筋；箍筋宜选用符合抗震性能指标的不低于 HRB335 级的热轧钢筋，也可选用 HPB300 级热轧钢筋。

梁、柱、支撑(含楼梯段)中，其受力钢筋宜采用热轧带肋钢筋；按一、二、三级抗震等级设计的框架和斜撑构件，其纵向受力普通钢筋应符合下列要求：

①钢筋的抗拉强度实测值与屈服强度实测值的比值不应小于 1.25。

②钢筋的屈服强度实测值与屈服强度标准值的比值不应大于 1.30。

③钢筋最大拉力下的总伸长率实测值不应小于 9%。

在施工中，当需要以强度等级较高的钢筋替代原设计中的纵向受力钢筋时，应按照钢筋受拉承载力设计值相等的原则换算，并应满足最小配筋率要求。

箍筋必须做成封闭箍，并加 135°弯钩。弯钩端头平直段长度不应小于 10 d(d 为箍筋直径)。箍筋与纵向钢筋应贴紧。当采用附加拉结筋时，附加拉结筋必须同时钩住箍筋和纵筋。

4.8.2 框架梁抗震构造要求

Seismic Details of Frame Structure Beams

(1)梁中纵向钢筋。

①纵向受拉钢筋的配筋率不应小于表 4-10 规定的数值。

表 4-10 框架梁纵向受拉钢筋的最小配筋百分率   %

抗震等级	梁中位置	
	支座	跨中
一级	0.40 和 $80f_t/f_y$ 中的较大值	0.30 和 $65f_t/f_y$ 中的较大值
二级	0.30 和 $65f_t/f_y$ 中的较大值	0.25 和 $55f_t/f_y$ 中的较大值
三、四级	0.25 和 $55f_t/f_y$ 中的较大值	0.20 和 $45f_t/f_y$ 中的较大值

②框架梁梁端截面的底部和顶部纵向受力钢筋截面面积的比值，除按计算确定外，一级抗震等级不应小于 0.5；二、三级抗震等级不应小于 0.3。

③梁端纵向受拉钢筋的配筋率不宜大于 2.5%。

④沿梁全长顶面和底面至少应各配置两根通长的纵向钢筋，对一、二级抗震等级，钢筋直径不应小于 14 mm，且分别不应少于梁两端顶面和底面纵向受力钢筋中较大截面面积的 1/4；对三、四级抗震等级，钢筋直径不应小于 12 mm。

⑤一、二、三级框架梁内贯通中柱的每根纵向钢筋直径，不应大于矩形截面柱在该方向截面尺寸的 1/20，或纵向钢筋所在位置圆形截面柱弦长的 1/20。

（2）梁中箍筋。

①梁端箍筋的加密区长度、箍筋最大间距和箍筋最小直径，应按表 4-11 采用；当梁端纵向受拉钢筋配筋率大于 2% 时，表中箍筋最小直径应增大 2 mm。

表 4-11　框架梁梁端箍筋加密区的构造要求

抗震等级	加密区长度/mm	箍筋最大间距/mm	最小直径/mm
一级	2 倍梁高和 500 中的较大值	纵向钢筋直径的 6 倍，梁高的 1/4 和 100 中的最小值	10
二级	1.5 倍梁高和 500 中的较大值	纵向钢筋直径的 8 倍，梁高的 1/4 和 100 中的最小值	8
三级		纵向钢筋直径的 8 倍，梁高的 1/4 和 150 中的最小值	8
四级		纵向钢筋直径的 8 倍，梁高的 1/4 和 150 中的最小值	6
注：箍筋直径大于 12 mm、数量不少于 4 肢且肢距不大于 150 mm 时，一、二级的最大间距应允许适当放宽，但不得大于 150 mm。			

②梁箍筋加密区长度内的箍筋肢距：一级抗震等级，不宜大于 200 mm 和 20 倍箍筋直径的较大值；二、三级抗震等级，不宜大于 250 mm 和 20 倍箍筋直径的较大值；各抗震等级下，均不宜大于 300 mm。

③梁端设置的第一个箍筋距框架节点边缘不应大于 50 mm。非加密区的箍筋间距不宜大于加密区箍筋间距的 2 倍。

④沿梁全长箍筋的面积配筋率，应符合下列规定：

一级抗震等级：

$$\rho_{sv} \geq 0.30 \frac{f_t}{f_{yv}} \tag{4-70a}$$

二级抗震等级：

$$\rho_{sv} \geq 0.28 \frac{f_t}{f_{yv}} \tag{4-70b}$$

三、四级抗震等级：

$$\rho_{sv} \geq 0.26 \frac{f_t}{f_{yv}} \tag{4-70c}$$

非抗震设计时，框架梁的箍筋应符合《规范》的规定。

4.8.3　框架柱抗震构造要求
Seismic Details of Frame Structure Columns

（1）柱中纵向钢筋。

①柱的纵向钢筋宜对称配置；截面边长大于 400 mm 的柱，纵向钢筋间距不宜大于 200 mm。

②框架柱、框支柱中全部纵向受力钢筋配筋率不应大于 5%；非抗震设计时，不宜大于 5%，不应大于 6%；当按一级抗震等级设计，且柱的剪跨比不大于 2 时，柱每侧纵向钢筋的配筋率不宜大于 1.2%；边柱、角柱在小偏心受拉时，柱内纵筋总截面面积应比计算值增加 25%。

③框架柱和框支柱中全部纵向受力钢筋的配筋百分率不应小于表 4-12 规定的数值，同时，每一侧的配筋百分率不应小于 0.2%；最小配筋百分率应增加 0.1。

表 4-12　柱全部纵向受拉钢筋的最小配筋百分率　　　　　　　　　　　　　　%

柱类型	抗震等级				非抗震
	一级	二级	三级	四级	
中柱、边柱	0.9(1.0)	0.7(0.8)	0.6(0.7)	0.5(0.6)	0.5
角柱	1.1	0.9	0.8	0.8	0.5
框支柱	1.1	0.9	0.8	0.8	0.7

注：1. 表中括号内数值用于框架结构的柱。
　　2. 采用 335 MPa 级、400 MPa 级纵向受力钢筋时，应分别按表中数值增加 0.1 和 0.05 采用。
　　3. 当混凝土强度等级为 C60 以上时，应按表中数值增加 0.1 采用。

④柱纵向钢筋的绑扎接头应避开柱端的箍筋加密区。

（2）箍筋。

①框架柱和框支柱上、下两端箍筋应加密，加密区的箍筋最大间距和箍筋最小直径应符合表 4-13 的规定。

表 4-13　柱端箍筋加密区的构造要求

抗震等级	箍筋最大间距(采用较小值)/mm	箍筋最小直径/mm
一级	6d，100	10
二级	8d，100	8
三级	8d，150(柱根 100)	8
四级	8d，150(柱根 100)	6(柱根 8)

注：1. d 为柱纵筋最小直径。
　　2. 柱根指底层柱下端箍筋加密区。

②一级框架柱的箍筋直径大于 12 mm 且箍筋肢距不大于 150 mm 及二级框架柱的箍筋直径不小于 10 mm 且箍筋肢距不大于 200 mm 时，除底层柱下端外，最大间距应允许采用 150 mm；三级框架柱的截面尺寸不大于 400 mm 时，箍筋最小直径应允许采用 6 mm；四级抗震等级框架柱剪跨比不大于 2 时，箍筋直径不应小于 8 mm。

③框支柱和剪跨比不大于 2 的框架柱应在柱全高范围内加密箍筋，且箍筋间距应符合表 4-12 中一级抗震等级的要求。

④框架柱的箍筋加密区长度，应取柱截面长边尺寸（或圆形截面直径）、柱净高的 1/6 和

500 mm 中的最大值；一、二级抗震等级的角柱应沿柱全高加密箍筋；底层柱根箍筋加密区长度应取不小于该层柱净高的 1/3；当有刚性地面时，除柱端箍筋加密区外尚应在刚性地面上、下各 500 mm 的高度范围内加密箍。

⑤柱箍筋加密区内的箍筋肢距：一级抗震等级不宜大于 200 mm；二、三级抗震等级不宜大于 250 mm 和 20 倍箍筋直径中的较大值；四级抗震等级不宜大于 300 mm。每隔一根纵向钢筋宜在两个方向有箍筋或拉筋约束；当采用拉筋且箍筋与纵向钢筋有绑扎时，拉筋宜紧靠纵向钢筋并勾住箍筋。

⑥一、二、三、四级抗震等级的各类结构的框架柱、框支柱，其轴压比不宜大于表 4-9 规定的限值。

⑦箍筋加密区箍筋的体积配筋率应符合下列规定：

a. 柱箍筋加密区箍筋的体积配筋率，应符合式(4-71)的要求。

$$\rho_V \geqslant \lambda_V \frac{f_c}{f_{yv}} \tag{4-71}$$

式中　ρ_V——柱箍筋加密区的体积配筋率，$\rho_V = 4A_{ss1}/d_{cor}s$，计算中应扣除重叠部分的箍筋体积；

　　　f_{yv}——箍筋抗拉强度设计值；

　　　f_c——混凝土轴心抗压强度设计值；当强度等级低于 C35 时，按 C35 取值；

　　　λ_V——最小配箍特征值，按表 4-14 采用。

表 4-14　柱箍筋加密区的箍筋最小配箍特征值 λ_V

抗震等级	箍筋形式	轴压比								
		≤0.3	0.4	0.5	0.6	0.7	0.8	0.9	1.0	1.05
一级	普通箍、复合箍	0.10	0.11	0.13	0.15	0.17	0.20	0.23	—	—
	螺旋箍、复合或连续复合矩形螺旋箍	0.08	0.09	0.11	0.13	0.15	0.18	0.21	—	—
二级	普通箍、复合箍	0.08	0.09	0.11	0.13	0.15	0.17	0.19	0.22	0.24
	螺旋箍、复合或连续复合矩形螺旋箍	0.06	0.07	0.09	0.11	0.13	0.15	0.17	0.20	0.22
三级、四级	普通箍、复合箍	0.06	0.07	0.09	0.11	0.13	0.15	0.17	0.20	0.22
	螺旋箍、复合或连续复合矩形螺旋箍	0.05	0.06	0.07	0.09	0.11	0.13	0.15	0.18	0.20

注：1. 普通箍指单个矩形箍筋或单个圆形箍筋；螺旋箍指单个螺旋箍筋；复合箍指由矩形、多边形、圆形箍筋或拉筋组成的箍筋；复合螺旋箍指由螺旋箍筋与矩形、多边形、圆形箍筋或拉筋组成的箍筋；连续复合矩形螺旋箍指全部螺旋箍为同一根钢筋加工成的箍筋。

2. 在计算复合螺旋箍的体积配筋率时，其中非螺旋箍筋的体积应乘以系数 0.8。

3. 混凝土强度等级高于 C60 时，箍筋宜采用复合箍、复合螺旋箍或连续复合矩形螺旋箍，当轴压比不大于 0.6 时，其加密区的最小配箍特征值宜按表中数值增加 0.02；当轴压比大于 0.6 时，宜按表中数值增加 0.03。

b. 对一、二、三、四级抗震等级的柱，其箍筋加密区的箍筋体积配筋率分别不应小于 0.8%、0.6%、0.4% 和 0.4%。

c. 框支柱宜采用复合螺旋箍或井字复合箍，其最小配箍特征值应按表 4-13 中的数值增加 0.02 采用，且体积配筋率不应小于 1.5%。

d. 当剪跨比 λ 不大于 2 时，宜采用复合螺旋箍或井字复合箍，其箍筋体积配筋率不应小于 1.2%；9 度设防烈度一级抗震等级时，不应小于 1.5%。

⑧在箍筋加密外，箍筋的体积配筋率不宜小于加密区配筋率的一半；对一、二级抗震等

级，箍筋间距不应大于 $10d$；对三、四级抗震等级，箍筋间距不应大于 $15d$，此处，d 为纵向钢筋直径。

4.8.4　框架梁柱节点抗震构造要求
Seismic Details of Frame Structure Joints

框架节点区箍筋的最大间距、最小直径宜按表 4-13 采用。对一、二、三级抗震等级的框架节点核心区，配箍特征值 λ_v 分别不宜小于 0.12、0.10 和 0.08，且其箍筋体积配筋率分别不宜小于 0.6%、0.5% 和 0.4%。当框架柱的剪跨比不大于 2 时，其节点核心区体积配箍率不宜小于核心区上、下柱端体积配箍率中的较大值。

4.8.5　钢筋的锚固和连接
Anchorage and Splices of Steel Reinforcement

（1）钢筋的锚固。

①框架中间层中间节点处，框架梁的上部纵向钢筋应贯穿中间节点。贯穿中柱的每根梁纵向钢筋直径，对于 9 度设防烈度的各类框架和一级抗震等级的框架结构，当柱为矩形截面时，不宜大于柱在该方向截面尺寸的 1/25，当柱为圆形截面时，不宜大于纵向钢筋所在位置柱截面弦长的 1/25；对一、二、三级抗震等级，当柱为矩形截面时，不宜大于柱在该方向截面尺寸的 1/20，对圆柱截面，不宜大于纵向钢筋所在位置柱截面弦长的 1/20。

②梁下部纵向钢筋伸入中间节点的锚固长度不应小于 l_{aE}，且伸过柱中心线不应小于 $5d$。框架梁纵向钢筋在端节点内的锚固长度不应小于 l_{aE}，并应伸过节点中心线，当柱截面高度较小时，钢筋应伸至对面柱边后再向下或向上弯折，弯折前的水平锚固长度不应小于 $0.40l_{aE}$。

③柱中的纵向受力钢筋不宜在节点区截断。通常，顶层柱的纵筋宜锚入梁中。

（2）纵向受拉钢筋的锚固长度。

基本锚固长度 l_{ab}：

$$l_{ab} = \alpha \frac{f_y}{f_t} d \tag{4-72}$$

锚固长度 l_a：

$$l_a = \zeta_a l_{ab} \tag{4-73}$$

抗震锚固长度 l_{aE}：

$$l_{aE} = \zeta_{aE} l_a \tag{4-74}$$

式中　α——钢筋的外形系数，对于光圆钢筋和带肋钢筋分别为 0.16 和 0.14；

ζ_a——纵向受拉钢筋锚固长度修正系数；

ζ_{aE}——纵向受拉钢筋抗震锚固长度修正系数，对一、二级抗震等级取 1.15，对三级抗震等级取 1.05，对四级抗震等级取 1.00。

对于框架中间层中间节点、中间层端节点、顶层中间节点以及顶层端节点，梁、柱纵向钢筋在节点部位的锚固要求如图 4-25 所示。

（3）钢筋的连接。

钢筋的连接应能保证钢筋之间传力要求。钢筋的常用连接方式有绑扎搭接、焊接、机械连接。考虑抗震要求的纵向受力钢筋接头宜优先采用焊接或机械连接。受拉钢筋直径大于 25 mm、受压钢筋直径大于 28 mm 时，不采用绑扎搭接；当钢筋直径较大时及在一些比较重要的部位，如一、二级框架柱，三级框架底层柱宜采用机械连接。

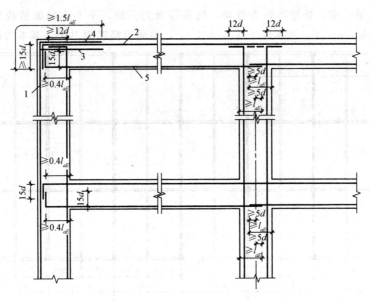

图 4-25　框架梁、柱纵向钢筋锚固、搭接图

1—柱外侧纵向钢筋，截面面积 A_{sc}；2—梁上部纵向钢筋；

3—伸入梁内的柱外侧纵向钢筋，截面面积不小于 $0.65A_{sc}$；

4—不能伸入梁内的柱外侧纵向钢筋，可伸入板内；5—梁下部钢筋

受力钢筋的连接接头宜设置在构件受力较小的部位，位于同一连接区段内的受拉钢筋接头面积百分率不宜超过 50%。抗震设计时，受力钢筋的连接接头宜避开梁端、柱端箍筋加密区范围；当无法避开时，宜采用机械连接且钢筋接头面积百分率不应超过 50%。

受拉钢筋绑扎搭接的搭接长度 l_{lE} 按式(4-75)计算，且不小于 300 mm。

$$l_{lE} = \zeta_l l_{aE} \tag{4-75}$$

式中　l_{aE}——抗震设计时受拉钢筋的锚固长度，根据抗震等级按下式计算：一、二级，l_{aE} $=1.15l_a$；

ζ_l——纵向受拉钢筋搭接长度修正系数，同一连接区段内搭接钢筋面积百分率不大于 25%、50%、100%时，分别取 1.2、1.4、1.6。

4.9 多层框架结构设计实例

A Design Example for Multi-story Frame Structure

 设计资料

Design Data

某一服装厂加工厂房为四层现浇钢筋混凝土框架结构，柱网尺寸 8.4 m×8.4 m，结构布置如图 4-26 所示，底层层高 4.8 m，二至四层层高 3.6 m，女儿墙高 0.9 m，室内外高差 300 mm。本工程建筑结构安全等级为二级，所在地抗震设防烈度为七度，设计基本地震加速度为 0.10 g，

抗震设防分组为第一组，场地类别为Ⅲ类，抗震等级为三级。不上人屋面活载为 0.05 kN/m²，楼面活载按 4.5 kN/m² 计，基本风压 0.40 kN/m²，地面粗糙度为 B 类，基本雪压 0.35 kN/m²。

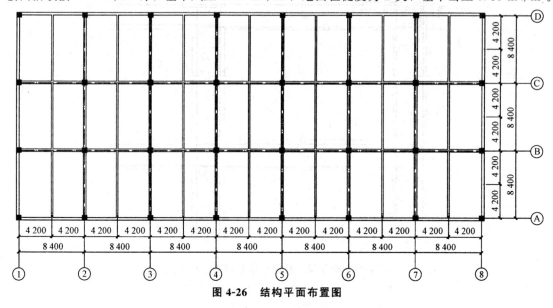

图 4-26　结构平面布置图

4.9.2　梁、柱截面尺寸及计算简图

(1)梁截面尺寸的估算。

梁、板、柱混凝土强度等级为 C30，f_c＝14.3 N/mm²，f_t＝1.43 N/mm²；板厚取 120 mm。次梁截面高度按梁跨度的 1/18～1/12 进行估算，主梁截面高度按梁跨度的 1/12～1/8 进行估算；截面宽度取截面高度的 1/3～1/2，且不宜小于 200 mm。以此估算得梁截面尺寸。

横向框架梁截面尺寸为：$b_1 \times h_1$＝300 mm×800 mm；

纵向框架梁截面尺寸为：$b_2 \times h_2$＝300 mm×800 mm；

横向次梁截面尺寸为：$b_3 \times h_3$＝200 mm×500 mm。

(2)柱截面尺寸的估算。

柱截面尺寸按式(4-3)估算，重力荷载标准值近似取 12 kN/m²，得 N＝1.25×8.4×8.4×12×4＝4 233.6(kN)。

$$A_c \geqslant \frac{1.1N}{f_c} = \frac{1.1 \times 4\ 233.6}{14.3 \times 10^3} = 325\ 662(\text{mm}^2)$$

$b = \sqrt{A_c} = 571$ mm，取 b＝600 mm

所以柱截面尺寸为 600 mm×600 mm。

(3)计算简图。

本框架的计算单元可取⑤轴上的一榀框架计算。室内外高差 300 mm，室内地坪至基础顶面高度为 500 mm，则底层计柱高为 5.6 m，其余各层柱高均为层高 3.6 m。框架的计算简图，如图 4-27 所示。

(4)梁柱线刚度的计算。

现浇楼盖宜考虑楼板作为翼缘使梁的惯性矩增大的影响按式(4-4)计算，见表 4-15、表 4-16。

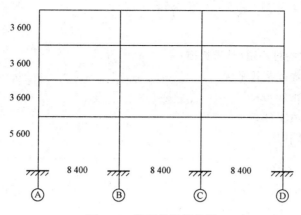

图 4-27 框架的计算简图

表 4-15 梁线刚度计算

跨度	梁截面尺寸$(b \times h)$(mm×mm)	E_c/(kN·m^{-2})	I_0/m^4	I/m^4	i/(kN·m)
8.4	300×800	$3.00×10^7$	$1.28×10^{-2}$	$2.56×10^{-2}$	$9.14×10^4$
8.4	300×800	$3.00×10^7$	$1.28×10^{-2}$	$1.92×10^{-2}$	$6.86×10^4$

表 4-16 柱线刚度计算

层数	柱截面尺寸/(mm×mm)	柱高/m	E_c/(kN·m^{-2})	I_1/m^4	i_1/(kN·m)
底层	600×600	5.6	$3.00×10^7$	$1.08×10^{-2}$	$5.79×10^4$
2～4 层	600×600	3.6	$3.00×10^7$	$1.08×10^{-2}$	$9.00×10^4$

得出梁柱相对线刚度计算简图如图 4-28 所示。

4.9.3 荷载计算

1. 计算单元

取⑤轴处的横向框架为计算单元，计算单元的宽度为 8.4 m，如图 4-29 所示。

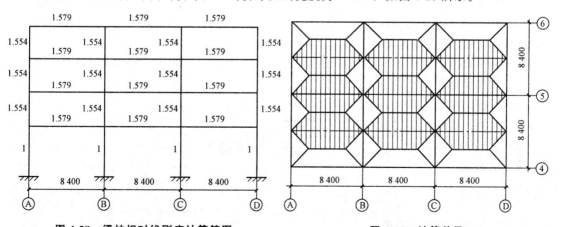

图 4-28 梁柱相对线刚度计算简图　　　　图 4-29 计算单元

2. 恒荷载计算

屋面恒荷载标准值

SBS 改性沥青防水卷材一道（外带铝箔）	$0.40(kN/m^2)$
20 mm 厚 1 : 3 水泥砂浆找平层	$0.02×20=0.40(kN/m^2)$
MLC 找坡，最薄处 20 mm	$0.02×8=0.16(kN/m^2)$
120 mm 厚钢筋混凝土楼板	$0.12×25=3(kN/m^2)$
20 mm 厚石灰砂浆抹底	$0.02×17=0.34(kN/m^2)$

楼面恒荷载标准值合计	$4.3 \ kN/m^2$
12 mm 厚硬化耐磨地坪	$0.012×25=0.3(kN/m^2)$
50 mm 厚 C25 细石混凝土找平层	$0.05×20=1(kN/m^2)$
120 mm 厚现浇钢筋混凝土楼板	$0.12×25=3(kN/m^2)$
20 mm 厚石灰砂浆抹底	$0.02×17=0.34(kN/m^2)$

合计	$4.64 \ kN/m^2$
横向梁自重	$0.3×0.8×25=6.0(kN/m)$
粉刷	$2×(0.8-0.12)×0.02×17=0.46(kN/m)$
纵向梁自重	$0.3×0.8×25=6.0(kN/m)$
粉刷	$2×(0.8-0.12)×0.02×17=0.46(kN/m)$
次梁自重	$0.2×0.5×25=2.5(kN/m)$
粉刷	$2×(0.5-0.12)×0.02×17=0.26(kN/m)$
女儿墙自重	$0.2×18×0.9=3.24(kN/m)$
粉刷	$0.9×0.02×20×2=0.72(kN/m)$

（1）屋面框架梁线荷载标准值。

①屋面板传给横向梁的梯形分布线荷载。

顶层边跨梁	$4.3×4.2=18.06(kN/m)$
顶层中跨梁	$4.3×4.2=18.06(kN/m)$

②横向梁自重及粉刷均布线荷载。

顶层边跨梁	$6.46(kN/m)$
顶层中跨梁	$6.46(kN/m)$

（2）顶层框架柱集中荷载标准值。

①顶层边柱节点集中荷载。

边柱纵向梁自重	$0.3×0.8×8.4×25=50.4(kN)$
边柱纵向梁粉刷	$2×(0.8-0.12)×0.02×17×8.4=3.86(kN)$
纵向梁传来屋面自重	$2×(4.2/2)^2×4.3=37.93(kN)$
次梁自重及粉刷	$[0.2×0.5×25+2×(0.5-0.12)×0.02×17]×8.4/2=11.59(kN)$
次梁传来的屋面自重	$[8.4+(8.4-4.2)]×4.2/4×4.3=56.89(kN)$
女儿墙自重	$0.2×18×0.9×8.4=27.22(kN)$
粉刷	$0.9×0.02×20×2×8.4=6.05(kN)$
合计	$193.94(kN)$

②顶层中柱节点集中荷载。

纵向梁自重及粉刷	$50.4+3.86=54.26(\text{kN})$
纵向梁传来屋面自重	$4\times(4.2/2)^2\times4.3=75.85(\text{kN})$
次梁自重及粉刷	$[0.2\times0.5\times25+2\times(0.5-0.12)\times0.02\times17]\times(8.4+8.4)/2=23.17(\text{kN})$
次梁传来的屋面自重	$2\times[8.4+(8.4-4.2)]\times4.2/4\times4.3=113.78(\text{kN})$
合计	$267.06(\text{kN})$

（3）楼面框架梁线荷载标准值。

①楼面板传给横向梁的梯形分布线荷载。

中间层边跨梁	$4.64\times4.2=19.49(\text{kN/m})$
中间层中跨梁	$4.64\times4.2=19.49(\text{kN/m})$

②横向梁自重及粉刷均布线荷载。

中间层边跨梁	$6.46(\text{kN/m})$
中间层中跨梁	$6.46(\text{kN/m})$

（4）中间层框架柱集中荷载标准值。

①中间层边柱节点集中荷载。

纵向梁自重及粉刷	$50.4+3.86=54.26(\text{kN})$
纵向梁传来楼面自重	$2\times(4.2/2)^2\times4.64=40.92(\text{kN})$
次梁自重及粉刷	$[0.2\times0.5\times25+2\times(0.5-0.12)\times0.02\times17]\times8.4/2=11.59(\text{kN})$
次梁传来的楼面自重	$[8.4+(8.4-4.2)]\times4.2/4\times4.64=61.39(\text{kN})$
铝合金窗自重	$1.9\times4.8\times0.35=3.19(\text{kN})$
窗下墙体自重	$0.2\times0.9\times(8.4-0.6)\times11.8=16.57(\text{kN})$
窗下墙体粉刷	$2\times0.025\times0.9\times7.8\times20=7.02(\text{kN})$
窗边墙体自重	$0.2\times1.9\times(3.6-0.6)\times11.8=13.45(\text{kN})$
窗边墙体粉刷	$2\times0.025\times1.9\times3\times20=5.70(\text{kN})$
柱自重	$0.6\times0.6\times3.6\times25=32.4(\text{kN})$
柱粉刷	$0.02\times(0.6\times4-0.2\times2)\times3.6\times17=2.45(\text{kN})$
合计	$248.94(\text{kN})$

②中间层中柱节点集中荷载。

纵向梁自重及粉刷	$50.4+3.86=54.26(\text{kN})$
纵向梁传来楼面自重	$4\times(4.2/2)^2\times4.64=81.85(\text{kN})$
次梁自重及粉刷	$[0.2\times0.5\times25+2\times(0.5-0.12)\times0.02\times17]\times(8.4+8.4)/2=23.17(\text{kN})$
次梁传来的楼面自重	$2\times[8.4+(8.4-4.2)]\times4.2/4\times4.64=122.77(\text{kN})$
柱自重及粉刷	$32.4+2.45=34.85(\text{kN})$
合计	$316.9(\text{kN})$

3. 屋面与楼面活荷载计算

不上人屋面的均布活荷载标准值取 $0.5\ \text{kN/m}^2$，屋面雪荷载标准值为 $0.35\ \text{kN/m}^2$，小于屋面活荷载，所以仅按屋面均布活荷载计算；楼面活荷载按 $4.5\ \text{kN/m}^2$。

屋面框架梁边跨及中跨线荷载：$q_1=0.5\times4.2=2.1(\text{kN/m})$。

楼面框架梁边跨及中跨线荷载：$q_2=4.5\times4.2=18.9(\text{kN/m})$。

屋面框架边柱集中荷载：$Q_1=[2\times(4.2/2)^2+(8.4+8.4-4.2)\times4.2/4]\times0.5=11.03(\text{kN})$；

屋面框架中柱集中荷载：$Q_2 = 2 \times [2 \times (4.2/2)^2 + (8.4 + 8.4 - 4.2) \times 4.2/4] \times 0.5 = 22.05(\text{kN})$；

楼面框架边柱集中荷载：$Q_3 = [2 \times (4.2/2)^2 + (8.4 + 8.4 - 4.2) \times 4.2/4] \times 4.5 = 99.23(\text{kN})$；

楼面框架中柱集中荷载：$Q_4 = 2 \times [2 \times (4.2/2)^2 + (8.4 + 8.4 - 4.2) \times 4.2/4] \times 4.5 = 198.45(\text{kN})$。

4. 恒荷载和屋(楼)面活荷载等效

将梯形和三角形荷载折算成等效均布荷载，三角形荷载等效公式：$q_1 = 5q/8$；梯形荷载等效公式：$q_2 = (1 - 2\alpha^2 + \alpha^3)q$（其中 $\alpha = a/l$）。这里的 q 为三角形和梯形分布荷载的最大值。$\alpha = 2.1/8.4 = 0.25$，则等效均布荷载计算如下。

(1)恒荷载等效计算。

顶层边跨：$6.46 + (1 - 2 \times 0.25^2 + 0.25^3) \times 18.06 = 22.54(\text{kN/m})$；

顶层中跨：$6.46 + (1 - 2 \times 0.25^2 + 0.25^3) \times 18.06 = 22.54(\text{kN/m})$；

中间层边跨：$6.46 + (1 - 2 \times 0.25^2 + 0.25^3) \times 19.49 = 23.82(\text{kN/m})$；

中间层中跨：$6.46 + (1 - 2 \times 0.25^2 + 0.25^3) \times 19.49 = 23.82(\text{kN/m})$。

(2)活荷载等效计算。

顶层边跨：$(1 - 2 \times 0.25^2 + 0.25^3) \times 2.1 = 1.87(\text{kN/m})$；

顶层中跨：$(1 - 2 \times 0.25^2 + 0.25^3) \times 2.1 = 1.87(\text{kN/m})$；

中间层边跨：$(1 - 2 \times 0.25^2 + 0.25^3) \times 18.9 = 16.83(\text{kN/m})$；

中间层中跨：$(1 - 2 \times 0.25^2 + 0.25^3) \times 18.9 = 16.83(\text{kN/m})$。

恒荷载等效简图如图 4-30 所示，活荷载等效简图如图 4-31 所示。

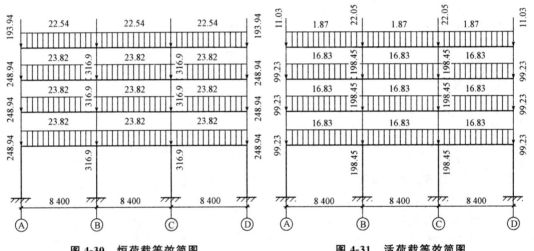

图 4-30　恒荷载等效简图　　　　　　　图 4-31　活荷载等效简图

5. 风荷载计算

风荷载标准值按式(3-14)计算，以水平集中力的形式作用于楼层梁柱节点处。本设计基本风压 $w_0 = 0.40 \text{ kN/m}^2$，地面粗糙度 B 类，四层框架结构，结构高度 $H = 16.5 \text{ m} < 30 \text{ m}$，$\beta_z$ 取 1.0。框架结构为矩形形状，μ_s 取迎面风 $+0.8$ 和背面风 -0.5 之和，即 $\mu_s = 1.3$。μ_z 的取值见表 4-17，风荷载计算见表 4-18。

表 4-17　μ_z 的取值

z	5.1	8.7	12.3	15.9
μ_z	1.00	1.00	1.06	1.15

表 4-18　风荷载计算值

楼层	β_z	μ_s	μ_z	$w_0/(\text{kN}\cdot\text{m}^{-2})$	$w_k/(\text{kN}\cdot\text{m}^{-2})$	B/m	h/m	F_w/kN
4	1.0	1.3	1.15	0.40	0.60	8.4	2.70	13.61
3	1.0	1.3	1.06	0.40	0.55	8.4	3.60	16.63
2	1.0	1.3	1.00	0.40	0.52	8.4	3.60	15.72
1	1.0	1.3	1.00	0.40	0.52	8.4	4.35	19.00

4.9.4　恒荷载作用下的内力计算

恒荷载下内力计算采用分层法。

弯矩调幅：在竖向荷载作用下，可以考虑梁端塑性变形内力重分布而对梁端负弯矩进行调幅，现浇框架的调幅系数为 0.8～0.9。

梁端负弯矩减小后，跨中截面弯矩相应增大，应按平衡条件计算调幅后的跨中截面弯矩，且该弯矩设计值不应小于竖向荷载作用下按简支梁计算的跨中截面弯矩设计值的 50%。

1. 分配系数计算

除底层柱以外的其他各层柱的线刚度乘以修正系数 0.9，且其传递系数由 1/2 改为 1/3，2～4 层修正后的柱相对线刚度为 $1.40\times10^4\text{kN}\cdot\text{m}$，再根据此计算节点分配系数。

本设计⑤轴横向框架为对称结构，且所受荷载也对称，可取一半结构进行计算。对称轴处简化为滑动支座，这导致跨中梁线刚度增大为以前的一倍，且分配系数有所不同。分配系数按与节点连接的各杆的转动刚度比值计算，当两端都为固定时转动刚度 $S_i=4i$；一端固定，一端滑动时 $S_i=i$。修正后的梁柱线刚度如图 4-32 所示，分配系数计算汇总见表 4-19。

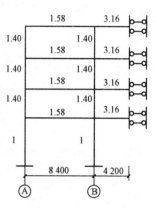

图 4-32　取一半框架的梁柱线刚度计算简图

表 4-19　梁柱弯矩分配系数

楼层		顶层		中间层		底层	
杆件	节点	A	B	A	B	A	B
左梁	弯矩分配系数	—	0.419	—	0.306	—	0.331
上柱		—	—	0.320	0.271	0.352	0.294
下柱		0.470	0.371	0.320	0.271	0.251	0.210
右梁		0.530	0.210	0.361	0.153	0.397	0.166

2. 固端弯矩及纵向梁偏心引起的柱端附加弯矩计算

(1)固端弯矩计算。

顶层边跨：$M^F_{AB}=-1/12\times22.54\times8.4^2=-132.54(\text{kN}\cdot\text{m})$

$M^F_{BA}=1/12\times22.54\times8.4^2=132.54(\text{kN}\cdot\text{m})$

顶层中跨：$M^F_{BC}=-1/3\times22.54\times4.2^2=-132.54(\text{kN}\cdot\text{m})$

$M^F_{CB}=-1/6\times22.54\times4.2^2=-66.27(\text{kN}\cdot\text{m})$

中间层边跨：$M^F_{AB}=-1/12\times23.82\times8.4^2=-140.06(\text{kN}\cdot\text{m})$

$M_{BA}^F = 1/12 \times 23.82 \times 8.4^2 = 140.06 (\text{kN} \cdot \text{m})$

中间层中跨：$M_{BC}^F = -1/3 \times 23.82 \times 4.2^2 = -140.06 (\text{kN} \cdot \text{m})$

$M_{CB}^F = -1/6 \times 23.82 \times 4.2^2 = -70.03 (\text{kN} \cdot \text{m})$

（2）纵向梁偏心产生的柱端附加弯矩计算。

顶层纵向梁：$M_1 = 193.94 \times (0.6 - 0.3)/2 = 29.09 (\text{kN} \cdot \text{m})$

中间层纵向梁：$M_2 = 248.94 \times (0.6 - 0.3)/2 = 37.34 (\text{kN} \cdot \text{m})$

3. 分层法计算各层的弯矩

各层分配计算过程见表 4-20～表 4-22。

表 4-20　恒荷载作用下顶层框架弯矩分配　　　　　　kN·m

节点	A			B			B₁
分配系数	0.470	0.530		0.419	0.371	0.210	
杆件	下柱	右梁		左梁	下柱	右梁	滑移端
附加弯矩	29.09						
固端弯矩		−132.54		132.54		−132.54	−66.27
		0	←	0	0	0	0
分配 传递	48.622	54.829	→	27.415			
		−5.743	←	−11.487	−10.171	−5.757	5.757
	2.699	3.044	→	1.522			
		−0.319	←	−0.638	−0.565	−0.320	0.320
	0.150	0.169	→	0.084			
		−0.018	←	−0.035	−0.031	−0.018	0.018
	0.008	0.009	→	0.005			
				−0.002	−0.002	−0.001	0.001
杆端弯矩	80.57	−80.57		149.40	−10.77	−138.64	−60.17
	↓				↓		
远端节点	26.86				−3.59		

表 4-21　恒荷载作用下中间层框架弯矩分配　　　　　　kN·m

节点	A				B				B₁
分配系数	0.320	0.320	0.361		0.306	0.271	0.271	0.153	
杆件	上柱	下柱	右梁		左梁	上柱	下柱	右梁	
附加弯矩		37.34							
固端弯矩			−140.06		140.06			−140.06	−70.03
			0	←	0	0	0	0	0
分配 传递	32.87	32.87	37.082	→	18.541				
			−2.837	←	−5.674	−5.025	−5.025	−2.837	2.837
	0.908	0.908	1.024	→	0.512				
			−0.078	←	−0.157	−0.139	−0.139	−0.078	0.078
	0.025	0.025	0.028	→	0.014				
					−0.004	−0.004	−0.004	−0.002	0.002
杆端弯矩	33.80	71.14	−104.84		153.29	−5.17	−5.17	−142.98	−67.11
	↓	↓				↓	↓		
远端节点	11.27	23.71				−1.72	−1.72		

表 4-22 恒荷载作用下底层框架弯矩分配　　　　　　　　　　　　　kN·m

节点	A				B				B₁
分配系数	0.352	0.251	0.397		0.331	0.294	0.210	0.166	
杆件	上柱	下柱	右梁		左梁	上柱	下柱	右梁	
附加弯矩		36.73							
固端弯矩			−140.06		140.06			−140.06	−70.03
分配传递			0	←	0	0	0	0	0
	36.157	25.783	40.780	→	20.390				
			−3.375	←	−6.749	−5.995	−4.282	−3.385	3.385
	1.188	0.847	1.340	→	0.670				
			−0.111	←	−0.222	−0.197	−0.141	−0.111	0.111
	0.039	0.028	0.044	→	0.022				
					−0.007	−0.006	−0.005	−0.004	0.004
杆端弯矩	37.38	64.00	−101.38		154.16	−6.20	−4.43	−143.56	−66.53
	↓	↓				↓	↓		
远端节点	18.69	32.00				−3.10	−2.21		

4. 节点不平衡弯矩二次分配

把各层分层法求得的弯矩图叠加，可得整个框架结构在恒荷载作用下的弯矩图，但是由于分层法为近似计算，就会带来误差，那么叠加后框架内各节点弯矩并不一定能达到平衡，为提高精度，可将节点不平衡弯矩再分配一次进行修正。计算过程见表 4-23。

表 4-23 恒荷载作用下节点不平衡弯矩分配计算　　　　　　　　　kN·m

楼层	节点	杆件	分配系数	分层法弯矩	相邻层传递弯矩	叠加后弯矩	节点不平衡弯矩	不平衡弯矩分配	修正后弯矩
四层	A	上柱	—	—	—	—	11.27	—	—
		下柱	0.470	80.57	11.27	91.84		−5.30	86.54
		右梁	0.530	−80.57	—	−80.57		−5.97	−86.54
	B	左梁	0.419	149.40	—	149.40	−1.72	0.72	150.13
		上柱	—	—	—	—			
		下柱	0.371	−10.77	−1.72	−12.49		0.64	−11.85
		右梁	0.210	−138.64	—	−138.64		0.36	−138.27
三层	A	上柱	0.320	33.80	26.86	60.66	38.12	−12.20	48.46
		下柱	0.320	71.14	11.27	82.41		−12.20	70.21
		右梁	0.361	−104.84	—	−104.84		−13.76	−118.60
	B	左梁	0.306	153.29	—	153.29	−5.31	1.63	154.92
		上柱	0.271	−5.17	−3.59	−8.76		1.44	−7.32
		下柱	0.271	−5.17	−1.72	−6.89		1.44	−5.45
		右梁	0.153	−142.98	—	−142.98		0.81	−142.16

楼层	节点	杆件	分配系数	分层法弯矩	相邻层传递弯矩	叠加后弯矩	节点不平衡弯矩	不平衡弯矩分配	修正后弯矩
二层	A	上柱	0.320	33.80	23.71	57.52	42.41	−13.57	43.95
		下柱	0.320	71.14	18.69	89.84		−13.57	76.27
		右梁	0.361	−104.84	—	−104.84		−15.31	−120.15
	B	左梁	0.306	153.29	—	153.29	−4.82	1.48	154.77
		上柱	0.271	−5.17	−1.72	−6.89		1.31	−5.58
		下柱	0.271	−5.17	−3.10	−8.27		1.31	−6.96
		右梁	0.153	−142.98	—	−142.98		0.74	−142.24
一层	A	上柱	0.352	37.38	23.71	61.10	23.71	−8.35	52.75
		下柱	0.251	64.00	—	64.00		−5.95	58.05
		右梁	0.397	−101.38	—	−101.38		−9.41	−110.80
	B	左梁	0.331	154.16	—	154.16	−1.72	0.57	154.73
		上柱	0.294	−6.20	−1.72	−7.92		0.51	−7.41
		下柱	0.210	−4.43	—	−4.43		0.36	−4.07
		右梁	0.166	−143.56	—	−143.56		0.29	−143.27

5. 框架梁弯矩调幅

为了使内力分布更符合实际情况，对梁端弯矩进行调幅，调幅系数取 0.85，调幅后的梁端弯矩列于表 4-24 中。

表 4-24 框架梁端弯矩调幅   kN·m

楼层	对比	A			B			
		上柱	下柱	右梁	左梁	上柱	下柱	右梁
四层	调幅前弯矩	—	86.54	−86.54	150.13	—	−11.85	−138.27
	调幅后弯矩	—	86.54	−73.56	127.61	—	−11.85	−117.53
三层	调幅前弯矩	48.46	70.21	−118.60	154.92	−7.32	−5.45	−142.16
	调幅后弯矩	48.46	70.21	−100.81	131.68	−7.32	−5.45	−120.84
二层	调幅前弯矩	43.95	76.27	−120.15	154.77	−5.58	−6.96	−142.24
	调幅后弯矩	43.95	76.27	−102.13	131.55	−5.58	−6.96	−120.90
一层	调幅前弯矩	52.75	58.05	−110.80	154.73	−7.41	−4.07	−143.27
	调幅后弯矩	52.75	58.05	−94.18	131.52	−7.41	−4.07	−121.78

6. 跨中弯矩计算

调幅后梁端负弯矩减小，跨中截面弯矩相应增大，应按平衡条件计算调幅后的跨中截面弯矩。在梁的杆端弯矩基础上叠加简支梁弯矩，可以得到跨中弯矩。但计算跨中弯矩时荷载需按实际分布，不能按等效分布荷载计算，因为边跨中跨都是均布荷载加梯形分布荷载，需分别计算弯矩。

跨中弯矩计算见表 4-25。

表 4-25　恒荷载作用下框架梁跨中弯矩

楼层	对比	M_{AB} /(kN·m)	M_{BA} /(kN·m)	M_{BC} /(kN·m)	$Q_{1均}$ /(kN·m⁻¹)	$Q_{1梯}$ /(kN·m⁻¹)	$Q_{2均}$ /(kN·m⁻¹)	$Q_{2梯}$ /(kN·m⁻¹)	$M_{AB跨中}$ /(kN·m⁻¹)	$M_{BC跨中}$ /(kN·m⁻¹)
四层	调幅前	−86.54	150.13	−138.27	6.46	18.06	6.46	18.06	84.66	64.72
	调幅后	−73.56	127.61	−117.53	6.46	18.06	6.46	18.06	102.41	85.46
三层	调幅前	−118.60	154.92	−142.16	6.46	19.49	6.46	19.49	77.79	72.39
	调幅后	−100.81	131.68	−120.84	6.46	19.49	6.46	19.49	98.31	93.71
二层	调幅前	−120.15	154.77	−142.24	6.46	19.49	6.46	19.49	77.10	72.31
	调幅后	−102.13	131.55	−120.90	6.46	19.49	6.46	19.49	97.71	93.65
一层	调幅前	−110.80	154.73	−143.27	6.46	19.49	6.46	19.49	81.79	71.28
	调幅后	−94.18	131.52	−121.78	6.46	19.49	6.46	19.49	101.70	92.77

恒荷载作用下框架调幅前弯矩如图 4-33 所示，恒荷载作用下框架调幅后弯矩如图 4-34 所示。

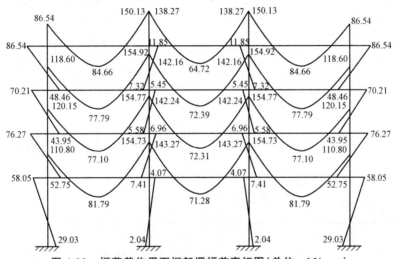

图 4-33　恒荷载作用下框架调幅前弯矩图（单位：kN·m）

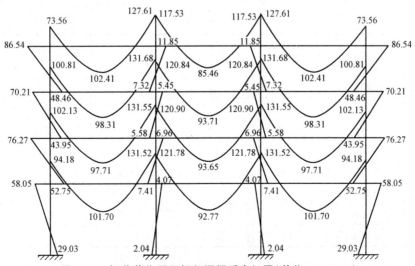

图 4-34　恒荷载作用下框架调幅后弯矩图（单位：kN·m）

7. 剪力计算

(1)梁端剪力。

梁端剪力可根据横梁竖向荷载引起的剪力与梁端弯矩引起的剪力相叠加而求得，求得梁端弯矩后，将横梁逐个取分离体，根据力矩平衡条件求得梁两端的剪力。梁端剪力计算见表 4-26。

表 4-26　梁端剪力计算

梁编号	截面	$M/(\mathrm{kN \cdot m})$	l/m	$q_1/(\mathrm{kN \cdot m^{-1}})$	$q_2/(\mathrm{kN \cdot m^{-1}})$	F_q/kN	V/kN
四层边跨	左端	−86.54	8.40	6.46	18.06	168.04	76.45
	右端	150.13	8.40	6.46	18.06	168.04	91.59
四层中跨	左端	−138.27	8.40	6.46	18.06	168.04	84.02
	右端	138.27	8.40	6.46	18.06	168.04	84.02
三层边跨	左端	−118.60	8.40	6.46	19.49	177.05	84.20
	右端	154.92	8.40	6.46	19.49	177.05	92.85
三层中跨	左端	−142.16	8.40	6.46	19.49	177.05	88.53
	右端	142.16	8.40	6.46	19.49	177.05	88.53
二层边跨	左端	−120.15	8.40	6.46	19.49	177.05	84.40
	右端	154.77	8.40	6.46	19.49	177.05	92.65
二层中跨	左端	−142.24	8.40	6.46	19.49	177.05	88.53
	右端	142.24	8.40	6.46	19.49	177.05	88.53
一层边跨	左端	−110.80	8.40	6.46	19.49	177.05	83.29
	右端	154.73	8.40	6.46	19.49	177.05	93.76
一层中跨	左端	−143.27	8.40	6.46	19.49	177.05	88.53
	右端	143.27	8.40	6.46	19.49	177.05	88.53

(2)柱端剪力。

柱端剪力计算见表 4-27。

表 4-27　柱端剪力计算

层数	柱号	柱高/m	固端弯矩/$(\mathrm{kN \cdot m})$		杆端剪力/kN	
			上	下	上	下
四层	A 轴柱	3.6	86.54	48.46	37.50	37.50
	B 轴柱	3.6	11.85	7.32	5.32	5.32
三层	A 轴柱	3.6	70.21	43.95	31.71	31.71
	B 轴柱	3.6	5.45	5.58	3.06	3.06
二层	A 轴柱	3.6	76.27	52.75	35.84	35.84
	B 轴柱	3.6	6.96	7.41	3.99	3.99
一层	A 轴柱	5.6	58.05	29.02	15.55	15.55
	B 轴柱	5.6	4.07	2.03	1.09	1.09

恒荷载作用下框架梁剪力如图 4-35 所示。

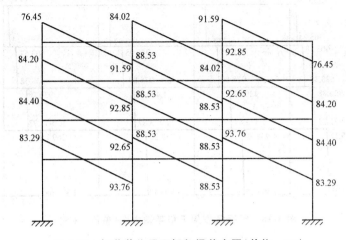

图 4-35　恒荷载作用下框架梁剪力图(单位：kN)

8. 轴力计算

底层柱自重：50.4 kN；底层柱粉刷：4.57 kN；其余层柱自重及粉刷：34.85 kN。

框架轴力计算见表 4-28。

表 4-28　框架轴力计算　　　　　　　　　　　　　　　　　　　　　　　　　kN

柱号	层数	截面	集中力	柱重	两侧剪力		轴力
A	四层	柱顶	193.94	0	—	76.45	270.39
		柱底	0	34.85	—	0	305.24
	三层	柱顶	214.09	0	—	84.20	603.53
		柱底	0	34.85	—	0	638.38
	二层	柱顶	214.09	0	—	84.40	936.88
		柱底	0	34.85	—	0	971.73
	一层	柱顶	214.09	0	—	83.29	1 269.11
		柱底	0	54.97	—	0	1 324.08
B	四层	柱顶	267.06	0	91.59	84.02	442.67
		柱底	0	34.85	0	0	477.52
	三层	柱顶	282.05	0	92.85	88.53	940.95
		柱底	0	34.85	0	0	975.80
	二层	柱顶	282.05	0	92.65	88.53	1 439.02
		柱底	0	34.85	0	0	1 473.87
	一层	柱顶	282.05	0	93.76	88.53	1 938.20
		柱底	0	54.97	0	0	1 993.17

恒荷载作用下框架轴力图如图 4-36 所示。

9. 梁端柱边弯矩和剪力调整

调幅后的剪力和弯矩需要进行调整换算至梁端柱边。具体计算过程见表 4-29。

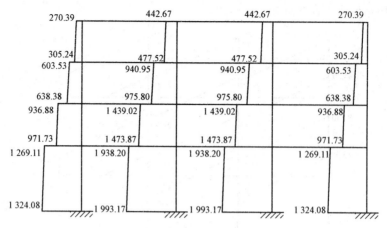

图 4-36　恒荷载作用下框架轴力图(单位：kN)

表 4-29　恒载下梁端柱边弯矩和剪力修正

楼层	节点	杆件	$M_0/(\text{kN} \cdot \text{m})$	V_0/kN	F_V/kN	$M/(\text{kN} \cdot \text{m})$	V/kN
四层	A	右梁	−73.56	76.45	2.33	−50.63	74.13
	B	左梁	127.61	91.59	2.33	100.13	89.27
		右梁	−117.53	84.02	2.33	−92.32	81.70
三层	A	右梁	−100.81	84.20	2.36	−75.55	81.84
	B	左梁	131.68	92.85	2.36	103.83	90.49
		右梁	−120.84	88.53	2.36	−94.28	86.17
二层	A	右梁	−102.13	84.40	2.36	−76.81	82.04
	B	左梁	131.55	92.65	2.36	103.76	90.29
		右梁	−120.90	88.53	2.36	−94.34	86.17
一层	A	右梁	−94.18	83.29	2.36	−69.19	80.93
	B	左梁	131.52	93.76	2.36	103.39	91.40
		右梁	−121.78	88.53	2.36	−95.22	86.17

4.9.5　活荷载作用下的内力计算

活荷载计算方法同恒荷载，但在竖向活荷载作用下，应该考虑活荷载的不利布置法，为了简化计算工作量，采用满跨布置方法，不考虑活荷载的不利布置，但求得的梁跨中弯矩却比最不利荷载布置法的计算结果小，因此，对梁跨中弯矩应乘以 1.1～1.3 的系数予以增大，本设计考虑系数为 1.2。

1. 固端弯矩及纵向梁偏心引起的柱端附加弯矩计算

(1)固端弯矩计算。

顶层边跨：$M_{AB}^F = -1/12 \times 1.87 \times 8.4^2 = -11.00(\text{kN} \cdot \text{m})$

$M_{BA}^F = 1/12 \times 1.87 \times 8.4^2 = 11.00(\text{kN} \cdot \text{m})$

顶层中跨：$M_{BC}^F = -1/3 \times 1.87 \times 4.2^2 = -11.00(\text{kN} \cdot \text{m})$

$M_{CB}^F = -1/6 \times 1.87 \times 4.2^2 = -5.50(\text{kN} \cdot \text{m})$

中间层边跨：$M_{AB}^F = -1/12 \times 16.83 \times 8.4^2 = -98.96(\text{kN} \cdot \text{m})$

$M_{BA}^F = 1/12 \times 16.83 \times 8.4^2 = 98.96 \text{(kN·m)}$

中间层中跨：$M_{BC}^F = -1/3 \times 16.83 \times 4.2^2 = -98.96 \text{(kN·m)}$

$M_{CB}^F = -1/6 \times 16.83 \times 4.2^2 = -49.48 \text{(kN·m)}$

(2)纵向梁偏心引起的柱端附加弯矩计算。

顶层纵向梁：$M_1 = 11.03 \times (0.6-0.3)/2 = 1.65 \text{(kN·m)}$

中间层纵向梁：$M_2 = 99.23 \times (0.6-0.3)/2 = 14.88 \text{(kN·m)}$

2. 分层法计算出各层的弯矩

各层分配计算过程见表 4-30～表 4-32。

表 4-30　活荷载作用下顶层框架弯矩分配　　　　　　　kN·m

节点	A			B			B_1
分配系数	0.470	0.530		0.419	0.371	0.210	
杆件	下柱	右梁		左梁	下柱	右梁	滑移端
附加弯矩	1.65						
固端弯矩		−11.00		11.00		−11.00	−5.50
分配传递		0	←	0	0	0	0
	4.395	4.956	→	2.478			
		−0.519	←	−1.038	−0.919	−0.520	0.520
	0.244	0.275	→	0.138			
		−0.029	←	−0.058	−0.051	−0.029	0.029
	0.014	0.015	→	0.008			
				−0.003	−0.003	−0.002	0.002
杆端弯矩	6.30	−6.30		12.52	−0.97	−11.55	−4.95
	↓				↓		
远端节点	2.10				−0.32		

表 4-31　活荷载作用下中间层框架弯矩分配　　　　　　　kN·m

节点	A			B				B_1
分配系数	0.320	0.320	0.361		0.306	0.271	0.271	0.153
杆件	上柱	下柱	右梁		左梁	上柱	下柱	右梁
附加弯矩		14.88						
固端弯矩			−98.96		98.96			−98.96	−49.48
分配传递			0	←	0	0	0	0	0
	26.906	26.906	30.353	→	15.176			
			−2.322	←	−4.644	−4.113	−4.113	−2.322	2.322
	0.743	0.743	0.838	→	0.419			
			−0.064	←	−0.128	−0.114	−0.114	−0.064	0.064
	0.021	0.021	0.023	→	0.012			
					−0.004	−0.003	−0.003	−0.002	0.002
杆端弯矩	27.67	42.55	−70.13		109.79	−4.23	−4.23	−101.35	−47.09
	↓	↓				↓	↓	
远端节点	9.22	14.18				−1.41	−1.41	

表 4-32　活荷载作用下底层框架弯矩分配　　　　　　　　　　　kN·m

节点	A				B				B₁
分配系数	0.352	0.251	0.397		0.331	0.294	0.210	0.166	
杆件	上柱	下柱	右梁		左梁	上柱	下柱	右梁	
附加弯矩		14.88							
固端弯矩			−98.96		98.96			−98.96	−49.48
分配传递			0	←	0	0	0	0	0
	29.596	21.104	33.380	→	16.690				
			−2.762	←	−5.524	−4.907	−3.505	−2.771	2.771
	0.972	0.693	1.097	→	0.548				
			−0.091	←	−0.181	−0.161	−0.115	−0.091	0.091
	0.032	0.023	0.036	→	0.018				
					−0.006	−0.005	−0.004	−0.003	0.003
杆端弯矩	30.60	36.70	−67.30		110.50	−5.07	−3.62	−101.82	−46.62
	↓	↓				↓	↓		
远端节点	15.30	18.35				−2.54	−1.81		

3. 节点不平衡弯矩二次分配

活荷载作用下节点不平衡弯矩弯矩分配计算过程见表 4-33。

表 4-33　活荷载作用下节点不平衡弯矩弯矩分配计算　　　　　　　　kN·m

楼层	节点	杆件	分配系数	分层法弯矩	相邻层传递弯矩	叠加后弯矩	节点不平衡弯矩	不平衡弯矩分配	修正后弯矩
四层	A	上柱	—	—	—	—	9.22	—	—
		下柱	0.470	6.30	9.22	15.53		−4.33	11.19
		右梁	0.530	−6.30	—	−6.30		−4.89	−11.19
	B	左梁	0.419	12.52	—	12.52	−1.41	0.59	13.12
		上柱	—	—	—	—		—	—
		下柱	0.371	−0.97	−1.41	−2.38		0.52	−1.86
		右梁	0.210	−11.55	—	−11.55		0.30	−11.25
三层	A	上柱	0.320	27.67	2.10	29.77	11.32	−3.62	26.15
		下柱	0.320	42.55	9.22	51.77		−3.62	48.15
		右梁	0.361	−70.13	—	−70.13		−4.09	−74.22
	B	左梁	0.306	109.79	—	109.79	−1.73	0.53	110.32
		上柱	0.271	−4.23	−0.32	−4.55		0.47	−4.08
		下柱	0.271	−4.23	−1.41	−5.64	−1.73	0.47	−5.17
		右梁	0.153	−101.35	—	−101.35		0.27	−101.08

楼层	节点	杆件	分配系数	分层法弯矩	相邻层传递弯矩	叠加后弯矩	节点不平衡弯矩	不平衡弯矩分配	修正后弯矩
二层	A	上柱	0.320	27.67	14.18	41.85	29.48	−9.43	32.42
		下柱	0.320	42.55	15.30	57.85		−9.43	48.41
		右梁	0.361	−70.13	—	−70.13		−10.64	−80.78
	B	左梁	0.306	109.79	—	109.79	−3.95	1.21	111.00
		上柱	0.271	−4.23	−1.41	−5.64		1.07	−4.57
		下柱	0.271	−4.23	−2.54	−6.77		1.07	−5.70
		右梁	0.153	−101.35	—	−101.35		0.60	−100.74
一层	A	上柱	0.352	30.60	14.18	44.78	14.18	−4.99	39.79
		下柱	0.251	36.70	—	36.70		−3.56	33.14
		右梁	0.397	−67.30	—	−67.30		−5.63	−72.93
	B	左梁	0.331	110.50	—	110.50	−1.41	0.47	110.97
		上柱	0.294	−5.07	−1.41	−6.48		0.41	−6.07
		下柱	0.210	−3.62	—	−3.62		0.30	−3.33
		右梁	0.166	−101.82	—	−101.82		0.23	−101.59

4. 框架梁弯矩调幅

调幅后的梁端弯矩列于表 4-34 中。

表 4-34　调幅后的框架梁端弯矩　　　　　　　　　　kN·m

楼层	对比	A			B			
		上柱	下柱	右梁	左梁	上柱	下柱	右梁
四层	调幅前弯矩	—	11.19	−11.19	13.12	—	−1.86	−11.25
	调幅后弯矩	—	11.19	−9.51	11.15	—	−1.86	−9.57
三层	调幅前弯矩	26.15	48.15	−74.22	110.32	−4.08	−5.17	−101.08
	调幅后弯矩	26.15	48.15	−63.09	93.77	−4.08	−5.17	−85.92
二层	调幅前弯矩	32.42	48.41	−80.78	111.00	−4.57	−5.70	−100.74
	调幅后弯矩	32.42	48.41	−68.66	94.35	−4.57	−5.70	−85.63
一层	调幅前弯矩	39.79	33.14	−72.93	110.97	−6.07	−3.33	−101.59
	调幅后弯矩	39.79	33.14	−61.99	94.33	−6.07	−3.33	−86.35

5. 跨中弯矩计算

调幅后梁端负弯矩减小，跨中截面弯矩相应增大，应按平衡条件计算调幅后的跨中截面弯矩。在梁的杆端弯矩基础上叠加简支梁弯矩，可以得到跨中弯矩，但计算跨中弯矩时荷载需按实际分布，不能按等效分布荷载计算。因为边跨中跨都是梯形分布荷载，分别计算弯矩。跨中弯矩计算见表4-35。

表 4-35　活荷载作用下框架梁跨中弯矩

楼层	对比	M_{AB} /(kN·m)	M_{BA} /(kN·m)	M_{BC} /(kN·m)	$Q_{1梯}$ /(kN·m^{-1})	$Q_{2梯}$ /(kN·m^{-1})	$M_{AB跨中}$ /(kN·m)	$M_{BC跨中}$ /(kN·m)
四层	调幅前	−11.19	13.12	−11.25	2.1	2.1	5.79	6.87
	调幅后	−9.51	11.15	−9.57	2.1	2.1	7.98	8.89
三层	调幅前	−74.22	110.32	−101.08	18.90	18.90	72.64	62.07
	调幅后	−63.09	93.77	−85.92	18.90	18.90	89.25	80.26
二层	调幅前	−80.78	111.00	−100.74	18.90	18.90	68.30	62.47
	调幅后	−68.66	94.35	−85.63	18.90	18.90	85.56	80.61
一层	调幅前	−72.93	110.97	−101.59	18.90	18.90	73.03	61.46
	调幅后	−61.99	94.33	−86.35	18.90	18.90	89.58	79.75

活荷载作用下框架调幅前弯矩如图4-37所示。

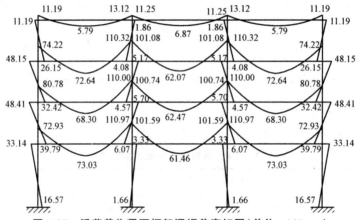

图 4-37　活荷载作用下框架调幅前弯矩图(单位：kN·m)

活荷载作用下框架调幅后弯矩如图4-38所示。

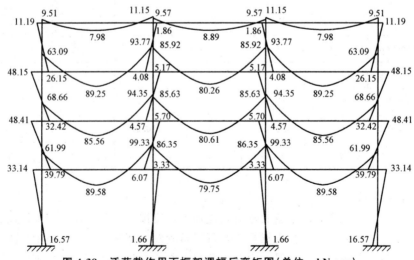

图 4-38　活荷载作用下框架调幅后弯矩图(单位：kN·m)

6. 剪力计算

(1)梁端剪力。

剪力的计算见表 4-36。

表 4-36　梁端剪力的计算

梁编号	截面	$M/(kN \cdot m)$	l/m	$q_1/(kN \cdot m^{-1})$	F_q/kN	V/kN
四层边跨	左端	−11.19	8.40	2.1	13.23	6.39
	右端	13.12	8.40	2.1	13.23	6.84
四层中跨	左端	−11.25	8.40	2.1	13.23	6.62
	右端	11.25	8.40	2.1	13.23	6.62
三层边跨	左端	−74.22	8.40	18.9	119.07	55.24
	右端	110.32	8.40	18.9	119.07	63.83
三层中跨	左端	−101.08	8.40	18.9	119.07	59.54
	右端	101.08	8.40	18.9	119.07	59.54
二层边跨	左端	−80.78	8.40	18.9	119.07	55.94
	右端	111.00	8.40	18.9	119.07	63.13
二层中跨	左端	−100.74	8.40	18.9	119.07	59.54
	右端	100.74	8.40	18.9	119.07	59.54
一层边跨	左端	−72.93	8.40	18.9	119.07	55.01
	右端	110.97	8.40	18.9	119.07	64.06
一层中跨	左端	−101.59	8.40	18.9	119.07	59.54
	右端	101.59	8.40	18.9	119.07	59.54

(2)柱端剪力。

柱端剪力计算见表 4-37。

表 4-37　柱端剪力的计算

层数	柱号	柱高/m	固端弯矩/(kN·m)		杆端剪力/kN	
			上	下	上	下
四层	A 轴柱	3.6	11.19	26.15	10.37	10.37
	B 轴柱	3.6	1.86	4.08	1.65	1.65
三层	A 轴柱	3.6	48.15	32.42	22.38	22.38
	B 轴柱	3.6	5.17	4.57	2.71	2.71
二层	A 轴柱	3.6	48.41	39.79	24.50	24.50
	B 轴柱	3.6	5.70	6.07	3.27	3.27
一层	A 轴柱	5.6	33.14	16.57	8.88	8.88
	B 轴柱	5.6	3.33	1.66	0.89	0.89

活荷载作用下框架梁剪力如图 4-39 所示。

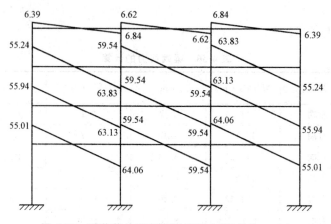

图 4-39　活荷载作用下框架梁剪力图(单位：kN)

7. 轴力计算

同恒荷载情况，但这里的轴力计算是不考虑柱自重的，具体轴力计算见表 4-38。

表 4-38　框架轴力计算

kN

柱号	层数	截面	集中力	两侧剪力		轴力
A	四层	柱顶	11.03	—	6.39	17.42
		柱底	0	—	0	17.42
	三层	柱顶	99.23	—	55.24	171.88
		柱底	0	—	0	171.88
	二层	柱顶	99.23	—	55.94	327.05
		柱底	0	—	0	327.05
	一层	柱顶	99.23	—	55.01	481.29
		柱底	0	—	0	481.29
B	四层	柱顶	22.05	6.84	6.62	35.51
		柱底	0	0	0	35.51
	三层	柱顶	198.45	63.83	59.54	357.33
		柱底	0	0	0	357.33
	二层	柱顶	198.45	63.13	59.54	678.45
		柱底	0	0	0	678.45
	一层	柱顶	198.45	64.06	59.54	1 000.49
		柱底	0	0	0	1 000.49

活荷载作用下框架轴力图如图 4-40 所示。

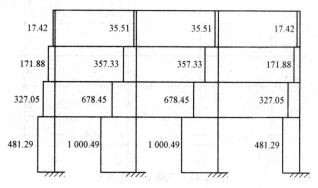

图 4-40　活荷载作用下框架轴力图（单位：kN）

8. 梁端柱边弯矩和剪力调整

调幅后的弯矩和剪力值需换算至梁端柱边，这里只有梯形分布荷载 q，梁端柱边弯矩和剪力的修正过程见表 4-39。

表 4-39　活载作用下梁端柱边弯矩和剪力值调整

楼层	节点	杆件	$M_0/(\mathrm{kN \cdot m})$	V_0/kN	F_V/kN	$M/(\mathrm{kN \cdot m})$	V/kN
四层	A	右梁	−9.51	6.39	0.05	−7.60	6.34
	B	左梁	11.15	6.84	0.05	9.09	6.80
		右梁	−9.57	6.62	0.05	−7.58	6.57
三层	A	右梁	−63.09	55.24	0.41	−46.52	54.83
	B	左梁	93.77	63.83	0.41	74.62	63.43
		右梁	−85.92	59.54	0.41	−68.06	59.13
二层	A	右梁	−68.66	55.94	0.41	−51.88	55.53
	B	左梁	94.35	63.13	0.41	75.41	62.73
		右梁	−85.63	59.54	0.41	−67.77	59.13
一层	A	右梁	−61.99	55.01	0.41	−45.49	54.60
	B	左梁	94.33	64.06	0.41	75.11	63.66
		右梁	−86.35	59.54	0.41	−68.49	59.13

4.9.6　风荷载作用下的内力计算与侧移计算

1. 风荷载作用下的内力计算

本设计风荷载下的内力计算采用 D 值法。

（1）风荷载计算简图。

风荷载计算简图如图 4-41 所示。

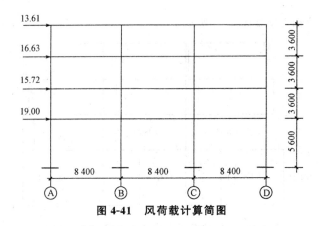

图 4-41 风荷载计算简图

（2）柱的修正抗侧刚度和反弯点高度。

按式（4-30）及表 4-3 计算柱的修正抗侧刚度 D，其计算见表 4-40 和表 4-41。

表 4-40　中框架柱的修正抗侧刚度

柱号	楼层	$i_c/(\text{kN}\cdot\text{m})$	K	α	h/m	$D/(\text{kN}\cdot\text{m}^{-1})$	相对抗侧刚度
中柱	一般层	9.00×10^4	2.03	0.50	3.6	4.17×10^4	3.23
	底层	5.79×10^4	3.16	0.71	5.6	1.57×10^4	1.22
边柱	一般层	9.00×10^4	1.02	0.34	3.6	2.83×10^4	2.19
	底层	5.79×10^4	1.58	0.58	5.6	1.29×10^4	1

表 4-41　边框架柱的修正抗侧刚度

柱号	楼层	$i_c/(\text{kN}\cdot\text{m})$	K	α	h/m	$D/(\text{kN}\cdot\text{m}^{-1})$	相对抗侧刚度
中柱	一般层	9.00×10^4	1.52	0.43	3.6	3.58×10^4	3.06
	底层	5.79×10^4	2.37	0.66	5.6	1.46×10^4	1.25
边柱	一般层	9.00×10^4	0.76	0.28	3.6	2.33×10^4	1.99
	底层	5.79×10^4	1.18	0.53	5.6	1.17×10^4	1

根据式（4-33）及附录 12 计算一榀框架柱的修正反弯点高度，见表 4-42。

表 4-42　柱的修正反弯点高度

柱号	楼层	K	y_0	I	y_1	α_2	y_2	α_3	y_3	y	y_a/m	y_b/m
中柱	四	2.03	0.401 5	1	0	—	0	1	0	0.401 5	1.45	2.15
	三	2.03	0.451 5	1	0	1	0	1	0	0.451 5	1.63	1.97
	二	2.03	0.50	1	0	1	0	1.56	0	0.50	1.80	1.80
	一	3.16	0.55	—	0	0.64	0	—	0	0.55	3.08	2.52
边柱	四	1.02	0.351	1	0	—	0	1	0	0.351	1.26	2.34
	三	1.02	0.450	1	0	1	0	1	0	0.45	1.62	1.98
	二	1.02	0.451	1	0	1	0	1.56	−0.049	0.402	1.45	2.15
	一	1.58	0.571	—	0	0.64	−0.016 8	—	0	0.554 2	3.10	2.50
注：I 为上下横梁刚度比；y_a 为反弯点到柱底的距离，y_b 为反弯点到柱顶的距离。												

(3)各柱分配得到的层间剪力。

由式(4-22)和式(4-28)计算各柱层间剪力，计算过程见表4-43。

表 4-43　层间剪力在各柱中的分配

楼层	F_w/kN	V_{Fj}/kN	柱号	D_{jk}	D_j	V_{jk}/kN
四层	13.61	13.61	边跨	2.19	10.84	2.75
			中跨	3.23		4.06
三层	16.63	30.24	边跨	2.19	10.84	6.11
			中跨	3.23		9.01
二层	15.72	45.96	边跨	2.19	10.84	9.29
			中跨	3.23		13.69
一层	19.00	64.96	边跨	1	4.44	14.63
			中跨	1.22		17.85

注：D_{jk} 为每层边柱、中柱的相对抗侧刚度；D_j 为每层柱总的相对抗侧刚度。

(4)柱端弯矩、梁端弯矩、剪力及柱轴力计算。

根据反弯点高度比计算出柱上下端弯矩，再由柱节点弯矩之和与梁相对线刚度分配计算出梁端弯矩。由梁端弯矩和柱端弯矩计算出梁端剪力和柱端剪力，再由梁端剪力计算出柱轴力，计算过程见表4-44。

表 4-44　柱端弯矩、梁端弯矩、剪力及柱轴力计算

楼层	柱、梁号	y_a/m	柱端弯矩/(kN·m)		柱节点弯矩之和/(kN·m)	梁相对线刚度	梁端弯矩/(kN·m)		梁跨/m	梁剪力/kN	柱轴力/kN
			上端	下端			左端	右端			
四层	边跨	1.26	6.43	3.46	6.43	1.58	6.43	4.36	8.4	−1.28	−1.28
	中跨	1.45	8.72	5.88	8.72	1.58	4.36	4.36	8.4	−1.04	0.25
三层	边跨	1.62	12.10	9.90	15.56	1.58	15.56	11.82	8.4	−3.26	−4.54
	中跨	1.63	17.75	14.69	23.63	1.58	11.82	11.82	8.4	−2.81	0.69
二层	边跨	1.45	19.96	13.46	29.86	1.58	29.86	19.67	8.4	−5.90	−10.44
	中跨	1.80	24.65	24.65	39.34	1.58	19.67	19.67	8.4	−4.68	1.91
一层	边跨	3.10	36.58	45.35	50.04	1.58	50.04	34.82	8.4	−10.10	−20.54
	中跨	3.08	44.98	54.98	69.63	1.58	34.82	34.82	8.4	−8.29	3.72

(5)柱端剪力。

柱端剪力计算见表4-45，风荷载作用下的内力图如图4-42～图4-44所示。

表 4-45　柱端剪力

层数	柱号	柱高/m	固端弯矩/kN·m		杆端剪力/kN	
			上	下	上	下
四层	A 轴柱	3.6	6.43	3.46	2.75	2.75
	B 轴柱	3.6	8.72	5.88	4.06	4.06
三层	A 轴柱	3.6	12.10	9.90	6.11	6.11
	B 轴柱	3.6	17.75	14.69	9.01	9.01
二层	A 轴柱	3.6	19.96	13.46	9.29	9.29
	B 轴柱	3.6	24.65	24.65	13.69	13.69
一层	A 轴柱	5.6	36.58	45.35	14.63	14.63
	B 轴柱	5.6	44.98	54.98	17.85	17.85

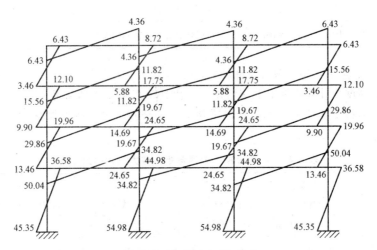

图 4-42　风荷载作用下的弯矩图(单位：kN·m)

1.28	1.04		1.28
3.26	2.81		3.26
5.90	4.68		5.90
10.01	8.29		10.01

图 4-43　风荷载作用下的剪力图(单位：kN)

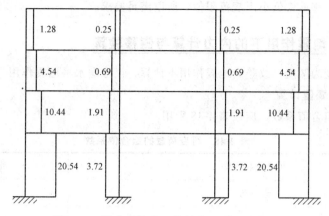

图 4-44　风荷载作用下的轴力图(单位：kN)

2. 梁端柱边弯矩和剪力调整

风荷载作用下梁的弯矩和剪力通过式(4-49)计算换算至梁端柱边，梁端柱边弯矩和剪力的调整过程见表 4-46。

表 4-46　风荷载作用下梁端柱边弯矩和剪力调整

楼层	节点	杆件	$M/(\text{kN} \cdot \text{m})$	V/kN	$M'/(\text{kN} \cdot \text{m})$	V'/kN
四层	A	右梁	6.43	−1.28	6.05	−1.28
	B	左梁	4.36	−1.28	3.97	−1.28
		右梁	4.36	−1.04	4.05	−1.04
三层	A	右梁	15.56	−3.26	14.58	−3.26
	B	左梁	11.82	−3.26	10.84	−3.26
		右梁	11.82	−2.81	10.97	−2.81
二层	A	右梁	29.86	−5.90	28.09	−5.90
	B	左梁	19.67	−5.90	17.90	−5.90
		右梁	19.67	−4.68	18.26	−4.68
一层	A	右梁	50.04	−10.10	47.01	−10.10
	B	左梁	34.82	−10.10	31.78	−10.10
		右梁	34.82	−8.29	32.33	−8.29

3. 风荷载作用下的侧移计算

由式(4-34)和式(4-44)计算层间位移，见表 4-47。

表 4-47　风荷载作用下侧移计算

楼层	V_{Fj}/kN	楼层刚度/$(\text{kN} \cdot \text{m}^{-1})$	δ_i/m	h_i/m	θ_e	$[\theta_e]$
四层	13.61	$10.84 \times 1.29 \times 10^4 = 1.4 \times 10^5$	9.721×10^{-5}	3.6	1/37 033	
三层	30.24	1.4×10^5	2.160×10^{-4}	3.6	1/16 667	1/550
二层	45.96	1.4×10^5	3.283×10^{-4}	3.6	1/10 966	
一层	64.96	$4.44 \times 1.29 \times 10^4 = 5.73 \times 10^4$	1.134×10^{-3}	5.6	1/4 938	

由表可知层间位移最大值小于规范限值，所以满足要求。

4.9.7 水平地震作用下的内力计算与侧移验算

本设计设防烈度为7度，故竖向地震作用不计算，仅考虑水平地震作用。

1. 重力荷载代表值计算

各可变荷载的组合值系数，应按表4-48采用。

表4-48 可变荷载的组合值系数

可变荷载种类		组合值系数
雪荷载		0.5
屋面积灰荷载		0.5
屋面活荷载		不计入
按实际情况计算的楼面活荷载		1.0
按等效均布荷载计算的楼面活荷载	藏书库、档案库	0.8
	其他民用建筑	0.5
起重机悬吊物重力	硬钩吊车	0.3
	软钩吊车	不计入

(1)顶层 G_4 计算。

自重标准值 G_{4k}

屋面恒荷载	$4.3\times(8.4\times7)\times(8.4\times3)=6\,371.57(\text{kN})$
女儿墙自重	$0.2\times18\times0.9\times(8.4\times7+8.4\times3)\times2\times3=1\,632.96(\text{kN})$
女儿墙粉刷	$0.9\times0.02\times20\times2\times(8.4\times7+8.4\times3)\times2\times3=362.88(\text{kN})$
横向梁自重	$6.0\times24\times8.4=1\,209.6(\text{kN})$
横向梁粉刷	$0.46\times24\times8.4=92.74(\text{kN})$
纵向梁自重	$6.0\times28\times8.4=1\,411.2(\text{kN})$
纵向梁粉刷	$0.46\times28\times8.4=108.19(\text{kN})$
次梁自重	$2.5\times21\times8.4=441(\text{kN})$
次梁粉刷	$0.26\times21\times8.4=45.86(\text{kN})$
柱自重及粉刷	$34.85\times4\times8=1\,115.2(\text{kN})$
外墙自重	$(89.04+102.72+43.86+40.44)\times0.2\times11.8=651.51(\text{kN})$
外墙粉刷	$276.06\times0.025\times2\times20=276.06(\text{kN})$
内墙自重	$(17.9\times2.8+43\times3.6+0.2\times3.1+8.448)\times0.2\times7=299.58(\text{kN})$
内墙粉刷	$213.99\times0.025\times2\times20=213.99(\text{kN})$
门自重	$1.8\times2.2\times0.2\times2+0.9\times2.2\times0.35\times2+1\times2.2\times0.35=3.74(\text{kN})$
窗自重	$(63.84+50.16+21.66+25.08)\times0.35=56.26(\text{kN})$

可变荷载值 Q_{4k}

屋面雪荷载	$0.35\times(8.4\times7)\times(8.4\times3)=518.62(\text{kN})$

G_4 合计　　　　　　　　　　　　　　　　$G_{4k}+0.5\times Q_{4k}=14\,551.65(\text{kN})$

(2)3 层 G_3 计算。

自重标准值 G_{3k}

楼面恒荷载	$4.64 \times (1\,481.76 - 90.025) = 6\,457.65(kN)$
横向梁自重	$6.0 \times 24 \times 8.4 = 1\,209.6(kN)$
横向梁粉刷	$0.46 \times 24 \times 8.4 = 92.74(kN)$
纵向梁自重	$6.0 \times 28 \times 8.4 = 1\,411.2(kN)$
纵向梁粉刷	$0.46 \times 28 \times 8.4 = 108.19(kN)$
次梁自重	$2.5 \times 22 \times 8.4 + (8.4 + 3.9) \times 2 = 486.6(kN)$
次梁粉刷	$0.26 \times 22 \times 8.4 + (8.4 + 3.9) \times 0.19 = 50.39(kN)$
柱自重及粉刷	$34.85 \times 4 \times 8 = 1\,115.2(kN)$
外墙自重	$(89.04 + 102.72 + 43.86 + 40.44) \times 0.2 \times 11.8 = 651.51(kN)$
外墙粉刷	$276.06 \times 0.025 \times 2 \times 20 = 276.06(kN)$
内墙自重	$(17.9 \times 2.8 + 34.5 \times 3.1 + 8.7 \times 3.2 + 7.44) \times 0.2 \times 7 = 269.29(kN)$
内墙粉刷	$192.35 \times 0.025 \times 2 \times 20 = 192.35(kN)$
门自重	$1.8 \times 2.2 \times 0.2 \times 2 + 0.9 \times 2.2 \times 0.35 \times 2 + 1 \times 2.2 \times 0.35 = 3.74(kN)$
窗自重	$(63.84 + 50.16 + 21.66 + 25.08) \times 0.35 = 56.26(kN)$

可变荷载值 Q_{3k}

楼面活荷载	$4.5 \times (8.4 \times 7) \times (8.4 \times 3) = 6\,667.92(kN)$

G_3 合计 $\qquad\qquad G_{3k} + 0.5 \times Q_{3k} = 15\,714.74(kN)$

(3)2 层 G_2 计算。

自重标准值 G_{2k}

楼面恒荷载	$4.64 \times (1\,481.76 - 90.025) = 6\,457.65(kN)$
横向梁自重	$6.0 \times 24 \times 8.4 = 1\,209.6(kN)$
横向梁粉刷	$0.46 \times 24 \times 8.4 = 92.74(kN)$
纵向梁自重	$6.0 \times 28 \times 8.4 = 1\,411.2(kN)$
纵向梁粉刷	$0.46 \times 28 \times 8.4 = 108.19(kN)$
次梁自重	$2.5 \times 22 \times 8.4 + (8.4 + 3.9) \times 2 = 486.6(kN)$
次梁粉刷	$0.26 \times 22 \times 8.4 + (8.4 + 3.9) \times 0.19 = 50.39(kN)$
柱自重及粉刷	$34.85 \times 4 \times 8 = 1\,115.2(kN)$
外墙自重	$(89.04 + 102.72 + 43.86 + 40.44) \times 0.2 \times 11.8 = 651.51(kN)$
外墙粉刷	$276.06 \times 0.025 \times 2 \times 20 = 276.06(kN)$
内墙自重	$(26.2 \times 2.8 + 34.5 \times 3.1 + 8.7 \times 3.2 + 9.6) \times 0.2 \times 7 = 304.85(kN)$
内墙粉刷	$217.75 \times 0.025 \times 2 \times 20 = 217.75(kN)$

门自重

$1.8 \times 2.2 \times 0.35 \times 2 + 1.8 \times 2.2 \times 0.2 \times 2 + 0.9 \times 2.2 \times 0.35 \times 2 + 1 \times 2.2 \times 0.35 = 6.51(kN)$

窗自重	$(63.84 + 50.16 + 21.66 + 25.08) \times 0.35 = 56.26(kN)$

可变荷载值 Q_{2k}

楼面活荷载	$4.5 \times (8.4 \times 7) \times (8.4 \times 3) = 6\,667.92(kN)$

G_2 合计 $\qquad\qquad G_{2k} + 0.5 \times Q_{2k} = 15\,778.47(kN)$

(4)底层 G_1 计算。

自重标准值 G_{1k}	
楼面恒荷载	$4.64\times(1\,481.76-90.025)=6\,457.65(\text{kN})$
横向梁自重	$6.0\times24\times8.4=1\,209.6(\text{kN})$
横向梁粉刷	$0.46\times24\times8.4=92.74(\text{kN})$
纵向梁自重	$6.0\times28\times8.4=1\,411.2(\text{kN})$
纵向梁粉刷	$0.46\times28\times8.4=108.19(\text{kN})$
次梁自重	$2.5\times22\times8.4+(8.4+3.9)\times2=486.6(\text{kN})$
次梁粉刷	$0.26\times22\times8.4+(8.4+3.9)\times0.19=50.39(\text{kN})$
柱自重及粉刷	$54.97\times4\times8=1\,759.04(\text{kN})$
外墙自重	$(148.8+92.40+64.44+66.96)\times0.2\times11.8=879.34(\text{kN})$
外墙粉刷	$372.6\times0.025\times2\times20=372.60(\text{kN})$
内墙自重	$(26\times4+32.7\times4.3+8.7\times4.4+18.48)\times0.2\times7=421.92(\text{kN})$
内墙粉刷	$301.37\times0.025\times2\times20=301.37(\text{kN})$
门自重	$21.49(\text{kN})$
窗自重	$(50.4+55.44+20.16+17.64)\times0.35=50.27(\text{kN})$
可变荷载值 Q_{1k}	
楼面活荷载	$4.5\times(8.4\times7)\times(8.4\times3)=6\,667.92(\text{kN})$

G_1 合计	$G_{1k}+0.5\times Q_{1k}=16\,956.36(\text{kN})$

2. 水平地震作用计算

(1)框架侧移刚度计算。

柱的抗侧刚度已经由表 4-40、表 4-41 计算出，层间侧移刚度 $\sum D_i$ 的计算见表 4-49。

表 4-49　层间侧移刚度

楼层	柱号	$D/(\text{kN/m})$	柱根数	$\sum D_i/(\text{kN}\cdot\text{m}^{-1})$
四层	边框架边柱	2.33×10^4	4	1.08×10^6
	边框架中柱	3.58×10^4	4	
	中框架边柱	2.83×10^4	12	
	中框架中柱	4.17×10^4	12	
三层	边框架边柱	2.33×10^4	4	1.08×10^6
	边框架中柱	3.58×10^4	4	
三层	中框架边柱	2.83×10^4	12	1.08×10^6
	中框架中柱	4.17×10^4	12	
二层	边框架边柱	2.33×10^4	4	1.08×10^6
	边框架中柱	3.58×10^4	4	
	中框架边柱	2.83×10^4	12	
	中框架中柱	4.17×10^4	12	
一层	边框架边柱	1.17×10^4	4	4.484×10^5
	边框架中柱	1.46×10^4	4	
	中框架边柱	1.29×10^4	12	
	中框架中柱	1.57×10^4	12	

（2）结构基本自振周期计算。

自振周期按顶点位移法计算。计算过程见表 4-50。

表 4-50　结构顶点假想侧移计算

楼层	G_i/kN	V_{Gi}/kN	$\sum D_i/(\text{kN} \cdot \text{m}^{-1})$	$\Delta u_i/\text{m}$	u_T/m
四层	14 551.65	14 551.65	1.08×10^6	0.013 47	0.224 63
三层	15 714.74	30 266.39	1.08×10^6	0.028 02	0.211 16
二层	15 778.47	46 044.86	1.08×10^6	0.042 63	0.183 14
一层	16 956.36	63 001.22	4.484×10^5	0.140 50	0.140 50

根据表格计算结果得结构自振周期 $T_1 = 1.7\psi_T \sqrt{u_T} = 1.7 \times 0.7 \times \sqrt{0.224\,63} = 0.564$ s。

（3）水平地震作用计算。

因为建筑物高小于 40 m，变形以剪切为主，并且质量和刚度沿高度分布比较均匀，所以用底部剪力法计算水平地震作用。

本设计所在地区地震设防烈度为 7 度，设计基本地震加速度为 0.10 g，抗震设防分组为第一组，场地类别为 Ⅲ 类，特征周期值 T_g 为 0.45 s，设防烈度为 7 度的 $\alpha_{\max} = 0.08$，由《抗震规范》第 5.1.5 条计算水平地震影响系数 $\alpha_1 = \left(\dfrac{T_g}{T_1}\right)^\gamma \eta_2 \alpha_{\max} = \left(\dfrac{0.45}{0.564}\right)^{0.9} \times 1 \times 0.08 = 0.065$。根据《抗震规范》第 5.2.1 条，按表 4-51 进行顶部附近地震作用考虑。

表 4-51　顶部附加地震作用系数 δ_n

T_g/s	$T_1 > 1.4T_g$	$T_1 \leqslant 1.4T_g$
$T_g \leqslant 0.35$	$0.08T_1 + 0.07$	
$0.35 < T_g \leqslant 0.55$	$0.08T_1 + 0.01$	0.0
$T_g > 0.55$	$0.08T_1 + 0.02$	

因 $T_g = 0.45$ s，$T_1 = 0.565$ s $< 1.4T_g = 1.4 \times 0.45 = 0.63$ s，所以不考虑顶部附加水平地震作用。结构总水平地震作用标准值公式为：

$$F_{Ek} = \alpha_1 G_{eq} \tag{4-76}$$

式中　F_{Ek}——结构总水平地震作用标准值；

G_{eq}——结构等效总重力荷载，单质点应取总重力荷载代表值，多质点可取总重力荷载代表值的 85%。

代入数据得 $F_{Ek} = 0.065 \times 0.85 \times 63\,001.22 = 3\,480.82$(kN)。

各层水平地震作用标准值公式为：

$$F_i = \frac{G_i H_i}{\sum\limits_{j=1}^{n} G_j H_j} F_{Ek}(1 - \delta_n) \tag{4-77}$$

这里令 $m = \dfrac{G_i H_i}{\sum\limits_{j=1}^{n} G_j H_j}$，$H_i$、$H_j$ 分别为质点 i、j 的计算高度。

各楼层水平地震作用及剪力计算见表 4-52。

表 4-52　各楼层水平地震作用及剪力

楼层	层高 h/m	计算高度/m	G_i/kN	m	F_i/kN	V_i/kN
四层	3.6	16.4	14 551.65	0.351	1 221.76	1 221.76
三层	3.6	12.8	15 714.74	0.296	1 029.78	2 251.54
二层	3.6	9.2	15 778.47	0.214	743.16	2 994.69
一层	5.6	5.6	16 956.36	0.140	486.13	3 480.82

（4）一楼层水平地震剪力最小值验算。

为保证结构的基本安全性，对结构任一楼层的水平地震剪力进行验算，应符合下式的要求，具体验算过程见表 4-53。

$$V_{eki} > \lambda \sum_{j=i}^{n} G_j \tag{4-78}$$

式中　V_{eki}——第 i 层对应于地震作用标准值的楼层剪力；

λ——剪力系数；

G_j——第 j 层的重力荷载代表值。

表 4-53　各楼层水平地震剪力最小值验算

楼层	G_i/kN	$\sum_{i=1}^{4} G_i$/kN	V_i/kN	λ	$[\lambda]$
四层	14 551.65	14 551.65	1 221.76	0.084	
三层	15 714.74	30 266.39	2 251.54	0.074	0.016
二层	15 778.47	46 044.86	2 994.69	0.065	
一层	16 956.36	63 001.22	3 480.82	0.055	

$[\lambda]$ 为楼层最小地震剪力系数，根据规范规定的设计值为 0.016，由计算结果知，符合要求。

（5）多遇地震作用下楼层弹性层间位移验算。

楼层内最大的弹性层间位移应符合下式要求：

$$\Delta u_e \leqslant [\theta_e] h \tag{4-79}$$

式中　Δu_e——多遇地震作用标准值产生的结构层间弹性位移；

$[\theta_e]$——结构层间弹性位移角限值，宜按表 4-54 采用。

表 4-54　弹性层间位移角限值

结构类型	$[\theta_e]$
钢筋混凝土框架	1/550
钢筋混凝土框架－抗震墙、板柱－抗震墙、框架－核心筒	1/800
钢筋混凝土抗震墙、筒中筒	1/1 000
钢筋混凝土框支层	1/1 000
多、高层钢结构	1/250

具体验算见表 4-55。

表 4-55　框架结构弹性层间位移角验算

楼层	层高 h/m	V_i/kN	$\sum D_i/(kN \cdot m^{-1})$	$\Delta u_e/m$	θ_e	$[\theta_e]$
四层	3.6	1 221.76	1.08×10^6	0.001 131	1/3 182	
三层	3.6	2 251.54	1.08×10^6	0.002 085	1/1 727	
二层	3.6	2 994.69	1.08×10^6	0.002 773	1/1 298	1/550
一层	5.6	3 480.82	4.484×10^5	0.007 763	1/721	

由表格结果可知,框架结构弹性层间位移角符合要求。

3. 水平地震作用下的内力计算

(1)计算简图。

由以上计算得出每层的水平地震作用,每层水平地震作用计算简图如图 4-45 所示,根据此图计算各柱分配得到的层间剪力、水平地震作用下梁端弯矩、柱端弯矩以及相应的剪力和柱轴力。

(2)各柱分配得到的层间剪力。

水平地震作用下的层间剪力在各柱中的分配计算见表 4-56。

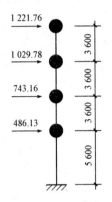

图 4-45　水平地震作用简图

表 4-56　水平地震作用下的层间剪力在各柱中的分配计算

楼层	V_{Fj}/kN	柱号	$D/(kN \cdot m^{-1})$	$\sum D_i/(kN \cdot m^{-1})$	V_{jk}/kN
四层	1 221.76	边跨	2.83×10^4	1.08×10^6	32.01
		中跨	4.17×10^4		47.17
三层	2 251.54	边跨	2.83×10^4	1.08×10^6	59.00
		中跨	4.17×10^4		86.93
二层	2 994.69	边跨	2.83×10^4	1.08×10^6	78.47
		中跨	4.17×10^4		115.63
一层	3 480.82	边跨	1.29×10^4	4.484×10^5	100.14
		中跨	1.57×10^4		121.88

(3)柱端弯矩、梁端弯矩、剪力及柱轴力计算。

根据表 4-42 计算过程,修正反弯点高度与其一样,详细计算见表 4-57。

表 4-57　水平地震作用下柱端弯矩、梁端弯矩、剪力及柱轴力计算

楼层	柱、梁号	y_a/m	柱端弯矩 $/(kN \cdot m)$		柱节点弯矩之和 $/(kN \cdot m)$	梁相对线刚度	梁端弯矩 $/(kN \cdot m)$		梁跨 /m	梁剪力 /kN	柱轴力 /kN
			上端	下端			左端	右端			
四层	边跨	1.26	74.91	40.34	74.91	1.58	74.91	50.71	8.4	−14.96	−14.96
	中跨	1.45	101.42	68.40	101.42	1.58	50.71	50.71	8.4	−12.07	2.88

| 楼层 | 柱、梁号 | y_a/m | 柱端弯矩 /(kN·m) | | 柱节点弯矩之和 /(kN·m) | 梁相对线刚度 | 梁端弯矩 /(kN·m) | | 梁跨 /m | 梁剪力 /kN | 柱轴力 /kN |
			上端	下端			左端	右端			
三层	边跨	1.62	116.82	95.58	157.16	1.58	157.16	119.83	8.4	−32.97	−47.93
	中跨	1.63	171.26	141.70	239.66	1.58	119.83	119.83	8.4	−28.53	7.32
二层	边跨	1.45	168.71	113.78	264.29	1.58	264.29	174.92	8.4	−52.29	−100.22
	中跨	1.80	208.13	208.13	349.83	1.58	174.92	174.92	8.4	−41.65	17.96
一层	边跨	3.10	250.35	310.43	364.13	1.58	364.13	257.63	8.4	−74.02	−174.24
	中跨	3.08	307.13	375.38	515.26	1.58	257.63	257.63	8.4	−61.34	30.64

水平地震作用下的内力图如图 4-46~图 4-48 所示。

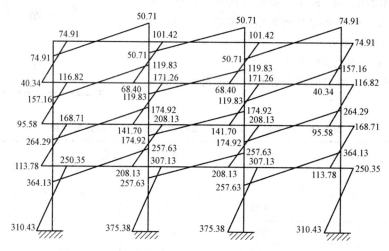

图 4-46 水平地震作用下框架弯矩图(单位: kN·m)

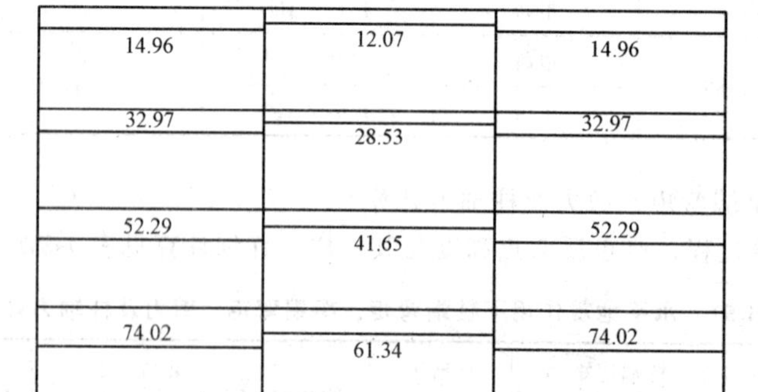

图 4-47 水平地震作用下框架梁剪力图(单位: kN)

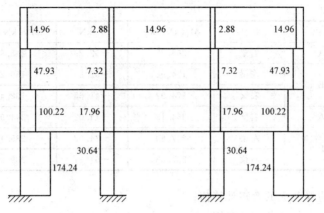

14.96 2.88 14.96 2.88 14.96

47.93 7.32 7.32 47.93

100.22 17.96 17.96 100.22

30.64 30.64

174.24 174.24

图 4-48 水平地震作用下框架轴力图(单位：kN)

（4）柱端剪力计算。

柱端剪力计算见表 4-58。

表 4-58 柱端剪力

层数	柱号	柱高/m	固端弯矩/(kN·m)		杆端剪力/kN	
			上	下	上	下
四层	A 轴柱	3.6	74.91	40.34	32.01	32.01
	B 轴柱	3.6	101.42	68.40	47.17	47.17
三层	A 轴柱	3.6	116.82	95.58	59.00	59.00
	B 轴柱	3.6	171.26	141.70	86.93	86.93
二层	A 轴柱	3.6	168.72	113.78	78.47	78.47
	B 轴柱	3.6	208.13	208.13	115.63	115.63
一层	A 轴柱	5.6	250.35	310.43	100.14	100.14
	B 轴柱	5.6	307.13	375.38	121.88	121.88

4. 梁端柱边弯矩和剪力调整

梁端柱边弯矩和剪力的调整过程见表 4-59。

表 4-59 水平地震作用下梁端柱边弯矩和剪力调整

楼层	节点	杆件	M/(kN·m)	V/kN	M'/(kN·m)	V'/kN
四层	A	右梁	74.91	−14.96	70.43	−14.96
	B	左梁	50.71	−14.96	46.22	−14.96
		右梁	50.71	−12.07	47.09	−12.07
三层	A	右梁	157.16	−32.97	147.26	−32.97
	B	左梁	119.83	−32.97	109.94	−32.97
		右梁	119.83	−28.53	111.27	−28.53

楼层	节点	杆件	$M/(\text{kN} \cdot \text{m})$	V/kN	$M'/(\text{kN} \cdot \text{m})$	V'/kN
二层	A	右梁	264.29	−52.29	248.61	−52.29
二层	B	左梁	174.92	−52.29	159.23	−52.29
		右梁	174.92	−41.65	162.42	−41.65
一层	A	右梁	364.13	−74.02	341.93	−74.02
	B	左梁	257.63	−74.02	235.42	−74.02
		右梁	257.63	−61.34	239.23	−61.34

表中 M'——支座边缘截面的弯矩计算值；

      M——支座中心线处截面的弯矩；

      V'——支座边缘截面的剪力计算值；

      V——支座中心线处截面的剪力。

4.9.8 内力组合

由于结构的对称性，每层梁取 5 个控制截面，边跨梁需组合三个截面，即左右两端及跨中截面，中跨梁只组合两个截面，两端截面组合最大负弯矩和最大剪力，跨中截面组合最大正弯矩。

1. 梁内力组合

本设计进行两种组合，即不考虑地震效应的组合和考虑地震效应的组合。

(1)不考虑地震效应的组合。

①当永久荷载效应起控制。

$$S = 1.35 S_{Gk} + 1.3 \times 0.7 S_{Qk} + 1.4 \times 0.6 S_{wk} \tag{4-80}$$

②当可变荷载效应起控制。

$$S = 1.2 S_{Gk} + 1.3 \times 1.0 \times S_{Qk} + 1.4 \times 0.6 \times S_{wk} \tag{4-81}$$

$$S = 1.2 S_{Gk} + 1.4 \times 1.0 \times S_{wk} + 1.3 \times 0.7 \times S_{Qk} \tag{4-82}$$

式中 S_{Gk}——永久荷载效应标准值；

      S_{Qk}——楼面活荷载效应标准值；

      S_{wk}——风荷载效应标准值。

(2)考虑抗震效应的组合。

$$S_E = \gamma_G S_{GE} + \gamma_{Eh} S_{Ehk} \tag{4-83}$$

式中 S_E——考虑地震作用组合的效应；

      γ_G——重力荷载分项系数；

      S_{GE}——重力荷载代表值的效应；

      γ_{Eh}——水平地震作用分项系数；

      S_{Ehk}——水平地震作用标准值的效应。

这里，取 $\gamma_G = 1.2$，$\gamma_{Eh} = 1.3$。

(3)梁端剪力设计值的调整。

在抗震设计中，按照"强剪弱弯"的原则，延性框架梁在塑性铰出现以前，不应发生剪切破坏，塑性铰出现后，也不应过早被剪坏。所以根据结构的抗震等级调整梁端剪力设计值。抗震等级为三级，梁端剪力增大系数为 1.1，其公式为：

$$V_b = 1.1 \frac{M_b^l + M_b^r}{l_n} + V_{Gb} \qquad (4-84)$$

式中　V_b——梁端剪力设计值调整；

　　M_b^l、M_b^r——考虑地震作用组合的框架梁左端和梁右端的弯矩设计值，按同为逆时针方向或顺时针方向分别代入上式，得梁左端和梁右端的剪力设计值；

　　l_n——梁的净跨；

　　V_{Gb}——考虑地震作用组合时的重力荷载代表值产生的剪力设计值，可按简支梁计算确定。

这里 V_{Gb} 的计算公式如下：

对于均布荷载：

$$V_{Gb} = \frac{1.2 g_1 l}{2} \qquad (4-85)$$

对于梯形分布荷载：

$$V_{Gb} = \frac{1.2(g_2 + 0.5q)\frac{3}{4}l}{2} \qquad (4-86)$$

式中　g_1——均布恒荷载值；

　　g_2——梯形分布恒荷载值；

　　q——梯形分布活荷载值；

　　l——梁跨。

当有地震作用参加内力组合时，考虑到地震不是经常发生的事件，地震作用的时间很短，并且在快速加载下材料强度会有所提高，原有的安全度就显得过高了，可适当予以降低，使结构在各种情况下的安全度比较一致。为此，引入承载力抗震调整系数：$\gamma_{RE} = 0.75$（受弯）、$\gamma_{RE} = 0.85$（受剪）。

框架梁基本组合和内力调整计算过程见表 4-60～表 4-62。

2. 柱内力组合

框架柱采用对称配筋，柱端弯矩以使柱顺时针转动为正，剪力以使柱顺时针转为正，轴力以使柱受压为正，三级框架结构的底层，柱下端截面的组合弯矩设计值，应该乘以增大系数 1.3，具体计算见表 4-63～表 4-65。

表 4-60　框架梁内力基本组合值（非抗震）

梁号	截面	内力	S_{Gk}	S_{Qk}	S_{wk}	$1.35S_{Gk}+$ $1.3\times$ $0.7S_{Qk}+$ $1.4\times$ $0.6S_{wk}$	$1.35S_{Gk}+$ $1.3\times$ $0.7S_{Qk}-$ $1.4\times$ $0.6S_{wk}$	$1.2S_{Gk}+$ $1.3\times$ $1.0S_{Qk}+$ $1.4\times$ $0.6S_{wk}$	$1.2S_{Gk}+$ $1.3\times$ $1.0S_{Qk}-$ $1.4\times$ $0.6S_{wk}$	$1.2S_{Gk}+$ $1.3\times$ $0.7S_{Qk}+$ $1.4\times$ $1.0S_{wk}$	$1.2S_{Gk}+$ $1.3\times$ $0.7S_{Qk}-$ $1.4\times$ $1.0S_{wk}$	设计值
四层边跨	左端	M	−50.63	−7.60	6.05	−70.72	−80.88	−66.31	−76.48	−59.73	−76.67	−80.88
		V	74.13	6.34	−1.28	105.21	107.36	96.76	98.91	93.38	96.96	107.36
	跨中	M	102.41	7.98	1.04	146.95	145.20	134.94	133.19	132.17	129.26	146.95
	右端	M	−100.13	−9.09	−3.97	−147.42	−140.75	−136.22	−129.55	−134.62	−123.51	−147.42
		V	−89.27	−6.80	−1.28	−128.25	−126.10	−117.72	−115.57	−115.58	−112.00	−128.25

梁号	截面	内力	S_{Gk}	S_{Qk}	S_{wk}	$1.35S_{Gk}+1.3\times0.7S_{Qk}+1.4\times0.6S_{wk}$	$1.35S_{Gk}+1.3\times0.7S_{Qk}-1.4\times0.6S_{wk}$	$1.2S_{Gk}+1.3\times1.0S_{Qk}+1.4\times0.6S_{wk}$	$1.2S_{Gk}+1.3\times1.0S_{Qk}-1.4\times0.6S_{wk}$	$1.2S_{Gk}+1.3\times0.7S_{Qk}+1.4\times0.6S_{wk}$	$1.2S_{Gk}+1.3\times0.7S_{Qk}-1.4\times1.0S_{wk}$	设计值
四层中跨	左端	M	−92.32	−7.58	4.05	−128.66	−135.46	−117.99	−124.80	−112.54	−123.88	−135.46
		V	81.7	6.57	−1.04	115.86	117.61	106.36	108.11	103.02	105.93	117.61
	跨中	M	85.46	8.89	0	124.08	124.08	115.00	115.00	111.26	111.26	124.08
三层边跨	左端	M	−75.55	−46.52	14.58	−132.08	−156.57	−138.89	−163.38	−112.58	−153.41	−163.38
		V	81.84	54.83	−3.26	157.64	163.12	166.75	172.23	143.54	152.67	172.23
	跨中	M	98.31	89.25	1.87	215.51	212.37	235.57	232.43	201.81	196.57	235.57
	右端	M	−103.83	−74.62	−10.84	−217.18	−198.97	−230.71	−212.50	−207.68	−177.32	−230.71
		V	−90.49	−63.43	−3.26	−182.62	−177.14	−193.79	−188.31	−170.87	−161.75	−193.79
三层中跨	左端	M	−94.28	−68.06	10.97	−180.00	−198.43	−192.40	−210.83	−159.71	−190.43	−210.83
		V	86.17	59.13	−2.81	167.78	172.50	177.91	182.63	153.28	161.15	182.63
	跨中	M	93.71	80.26	0	199.55	199.55	216.79	216.79	185.49	185.49	216.79
二层边跨	左端	M	−76.81	−51.88	28.09	−127.31	−174.50	−136.02	−183.21	−100.06	−178.71	−183.21
		V	82.04	55.53	−5.90	156.33	166.24	165.68	175.59	140.72	157.24	175.59
	跨中	M	97.71	85.56	5.10	214.05	205.48	232.76	224.20	202.25	187.97	232.76
	右端	M	−103.76	−75.41	−17.90	−223.74	−193.66	−237.58	−207.51	−218.20	−168.08	−237.58
		V	−90.29	−62.73	−5.90	−183.93	−174.02	−194.85	−184.94	−173.69	−157.17	−194.85
二层中跨	左端	M	−94.34	−67.77	18.26	−173.69	−204.37	−185.97	−216.65	−149.31	−200.44	−216.65
		V	86.17	59.13	−4.68	166.21	174.07	176.34	184.20	150.66	163.76	184.20
	跨中	M	93.65	80.61	0	199.78	199.78	217.17	217.17	185.74	185.74	217.17
一层边跨	左端	M	−69.19	−45.49	47.01	−95.31	−174.29	−102.68	−181.65	−58.61	−190.24	−190.24
		V	80.93	54.60	−10.10	150.46	167.43	159.61	176.58	132.66	160.94	176.58
	跨中	M	101.7	89.58	7.62	225.21	212.41	244.89	232.09	214.23	192.89	244.89
一层边跨	右端	M	−103.39	−75.11	−31.78	−234.62	−181.23	−248.41	−195.02	−236.91	−147.93	−248.41
		V	−91.4	−63.66	−10.10	−189.80	−172.84	−200.92	−183.95	−181.75	−153.47	−200.92
一层中跨	左端	M	−95.22	−68.49	32.33	−163.72	−218.03	−176.14	−230.46	−131.33	−221.85	−230.46
		V	86.17	59.13	−8.29	163.17	177.10	173.31	187.24	145.61	168.82	187.24
	跨中	M	92.77	79.75	0	197.81	197.81	215.00	215.00	183.90	183.90	215.00

注：表中弯矩单位为 kN·m；剪力单位为 kN。

表 4-61 框架梁内力基本组合值(抗震)

梁号	截面	内力	S_{Gk}	S_{Qk}	S_{GE}	S_{Ehk}	$1.2S_{GE}+1.3\times S_{Ehk}$	$1.2S_{GE}-1.3\times S_{Ehk}$	M_{max}	M_{min}	$\lvert V\rvert_{max}$
四层边跨	左端	M	−50.63	−7.60	−54.43	70.43	26.24	−156.88	26.24	−156.88	
		V	74.13	6.34	77.30	−14.96	73.31	112.21			112.21
	跨中	M	102.41	7.98	106.40	12.11	143.42	111.94	143.42	111.94	
	右端	M	−100.13	−9.09	−104.68	−46.22	−185.70	−65.52	−65.52	−185.70	
		V	−89.27	−6.80	−92.67	−14.96	−130.65	−91.76			130.65

梁号	截面	内力	S_{Gk}	S_{Qk}	S_{GE}	S_{Ehk}	$1.2S_{GE}+1.3\times S_{Ehk}$	$1.2S_{GE}-1.3\times S_{Ehk}$	M_{max}	M_{min}	$\|V\|_{max}$
四层中跨	左端	M	−92.32	−7.58	−96.11	47.09	−54.12	−176.55	−54.12	−176.55	
		V	81.7	6.57	84.99	−12.07	86.29	117.67			117.67
	跨中	M	85.46	8.89	89.91	0	107.89	107.89	124.08	107.89	
三层边跨	左端	M	−75.55	−46.52	−98.81	147.26	72.87	−310.01	72.87	−310.01	
		V	81.84	54.83	109.26	−32.97	88.25	173.97			173.97
	跨中	M	98.31	89.25	142.94	18.66	195.78	147.26	235.57	147.26	
	右端	M	−103.83	−74.62	−141.14	−109.94	−312.29	−26.45	−26.45	−312.29	
		V	−90.49	−63.43	−122.21	−32.97	−189.51	−103.79			193.79
三层中跨	左端	M	−94.28	−68.06	−128.31	111.27	−9.32	−298.62	−9.32	−298.62	
		V	86.17	59.13	115.74	−28.53	101.79	175.97			182.63
	跨中	M	93.71	80.26	133.84	0	160.61	160.61	216.79	160.61	
二层边跨	左端	M	−76.81	−51.88	−102.75	248.61	199.89	−446.49	199.89	−446.49	
		V	82.04	55.53	109.81	−52.29	63.79	199.74			199.74
	跨中	M	97.71	85.56	140.49	44.69	226.69	110.49	232.76	110.49	
	右端	M	−103.76	−75.41	−141.47	−159.23	−376.76	37.24	37.24	−376.76	
		V	−90.29	−62.73	−121.66	−52.29	−213.96	−78.01			213.96
二层中跨	左端	M	−94.34	−67.77	−128.23	162.42	57.28	−365.02	57.28	−365.02	
		V	86.17	59.13	115.74	−41.65	84.74	193.03			193.03
	跨中	M	93.65	80.61	133.96	0	160.75	160.75	217.17	160.75	
一层边跨	左端	M	−69.19	−45.49	−91.94	341.93	334.19	−554.83	334.19	−554.83	
		V	80.93	54.60	108.23	−74.02	33.65	226.10			226.10
	跨中	M	101.7	89.58	146.49	53.26	245.03	106.55	245.03	106.55	
	右端	M	−103.39	−75.11	−140.95	−235.42	−475.18	136.91	136.91	−475.18	
		V	−91.4	−63.66	−123.23	−74.02	−244.10	−51.65			244.10
一层中跨	左端	M	−95.22	−68.49	−129.47	239.23	155.64	−466.36	155.64	−466.36	
		V	86.17	59.13	115.74	−61.34	59.14	218.62			218.62
	跨中	M	92.77	79.75	132.65	0	159.17	159.17	215.00	159.17	

注：表中弯矩单位为 kN·m；剪力单位为 kN。

表 4-62 梁剪力设计值调整

楼层	梁	左震 M_b^l/M_b^r		右震 M_b^l/M_b^r		l_n/m	V_{Gb}	V_b 左震右震		$\|V\|_{max}$	V
四层	AB	26.24	185.70	156.88	65.52	7.80	104.79	134.68	136.15	130.65	136.15
	BC	54.12	54.12	176.55	176.55	7.80	104.79	120.05	154.59	117.67	154.59
三层	AB	72.87	310.01	310.01	26.45	7.80	141.95	195.95	189.40	193.79	195.95
	BC	9.32	9.32	298.62	298.62	7.80	141.95	144.58	226.18	182.63	226.18
二层	AB	199.89	376.76	446.49	37.24	7.80	141.95	223.27	210.17	213.96	223.27
	BC	57.28	57.28	365.02	365.02	7.80	141.95	158.11	244.91	193.03	244.91
一层	AB	334.19	475.18	554.83	136.91	7.80	141.95	256.09	239.50	244.10	256.09
	BC	155.64	155.64	466.36	466.36	7.80	141.95	185.85	273.49	218.62	273.49

注：表中弯矩单位为 kN·m；剪力单位为 kN。

表 4-63 框架柱内力基本组合值(非抗震)

柱号	截面	内力	S_{Gk}	S_{Qk}	S_{tk}	$1.35S_{Gk}+1.3\times 0.7S_{Qk}+1.4\times0.6S_{tk}$	$1.35S_{Gk}+1.3\times 0.7S_{Qk}-1.4\times0.6S_{tk}$	$1.2S_{Gk}+1.3\times 1.0S_{Qk}+1.4\times0.6S_{tk}$	$1.2S_{Gk}+1.3\times 1.0S_{Qk}-1.4\times0.6S_{tk}$	$1.2S_{Gk}+1.3\times 0.7S_{Qk}+1.4\times1.0S_{tk}$	$1.2S_{Gk}+1.3\times 0.7S_{Qk}-1.4\times1.0S_{tk}$	$\lvert M_{max}\rvert,$ N	$N_{max},$ M	$N_{min},$ M
四层边柱	上端	M	86.54	11.19	-6.43	122.39	133.20	114.11	124.92	105.81	123.82	133.20	133.20	105.81
		N	270.39	17.42	-1.28	381.02	383.17	347.78	349.93	339.75	343.33	383.17	383.17	339.75
	下端	M	48.46	26.15	-3.46	88.14	93.95	91.86	97.67	78.94	88.62	97.67	93.95	78.94
		N	305.24	17.42	-1.28	428.07	430.22	389.60	391.75	381.57	385.15	391.75	430.22	381.57
四层中柱	上端	M	-11.85	-1.86	-8.72	-25.15	-10.50	-24.15	-9.50	-28.25	-3.83	-28.25	-25.15	-3.83
		N	442.67	35.51	0.25	632.61	632.19	581.13	580.71	566.35	565.65	566.35	632.61	565.65
	下端	M	-7.32	-4.08	-5.88	-18.82	-8.94	-19.44	-9.56	-21.01	-4.55	-21.01	-18.82	-4.55
		N	477.52	35.51	0.25	679.66	679.24	622.95	622.53	608.17	607.47	608.17	679.66	607.47
三层边柱	上端	M	70.21	48.15	-12.10	128.44	148.76	136.68	157.01	111.13	145.01	157.01	148.76	111.13
		N	603.53	171.88	-4.54	967.36	974.99	943.87	951.49	874.29	887.00	951.49	974.99	874.29
	下端	M	43.95	32.42	-9.90	80.52	97.15	86.57	103.20	68.38	96.10	103.20	97.15	68.38
		N	638.38	171.88	-4.54	1 014.41	1 022.04	985.69	993.31	916.11	928.82	993.31	1 022.04	916.11
三层中柱	上端	M	-5.45	-5.17	-17.75	-26.97	2.85	-28.17	1.65	-36.09	13.61	-36.09	-26.97	13.61
		N	940.95	357.33	0.69	1 596.03	1 594.87	1 594.25	1 593.09	1 455.28	1 453.34	1 455.28	1 596.03	1 453.34
	下端	M	-5.58	-4.57	-14.69	-24.03	0.65	-24.98	-0.30	-31.42	9.71	-31.42	-24.03	9.71
		N	975.8	357.33	0.69	1 643.08	1 641.92	1 636.07	1 634.91	1 497.10	1 495.16	1 497.10	1 643.08	1 495.16

柱号	截面	内力	S_{Gk}	S_{Qk}	S_{wk}	$1.35S_{Gk}+1.3×0.7S_{Qk}+1.4×0.6S_{wk}$	$1.35S_{Gk}+1.3×0.7S_{Qk}-1.4×0.6S_{wk}$	$1.2S_{Gk}+1.3×1.0S_{Qk}+1.4×0.6S_{wk}$	$1.2S_{Gk}+1.3×1.0S_{Qk}-1.4×0.6S_{wk}$	$1.2S_{Gk}+1.3×0.7S_{Qk}+1.4×1.0S_{wk}$	$1.2S_{Gk}+1.3×0.7S_{Qk}-1.4×1.0S_{wk}$	$\lvert M_{max}\rvert$, N	N_{max}, M	N_{min}, M
二层边柱	上端	M	76.27	48.41	-19.96	130.25	163.78	137.69	171.22	107.63	163.52	171.22	163.78	107.63
		N	936.88	327.05	-10.44	1 553.63	1 571.17	1 540.65	1 558.19	1 407.26	1 436.49	1 558.19	1 571.17	1 407.26
	下端	M	52.75	39.79	-13.46	96.12	118.73	103.72	126.33	80.66	118.35	126.33	118.73	80.66
		N	971.73	327.05	-10.44	1 600.68	1 618.22	1 582.47	1 600.01	1 449.08	1 478.31	1 600.01	1 618.22	1 449.08
二层中柱	上端	M	-6.96	-5.70	-24.65	-35.29	6.12	-36.47	4.94	-48.05	20.97	-48.05	-36.47	20.97
		N	1 439.02	678.45	1.91	2 561.67	2 558.46	2 610.41	2 607.20	2 346.89	2 341.54	2 346.89	2 610.41	2 341.54
	下端	M	-7.41	-6.07	-24.65	-36.23	5.18	-37.49	3.92	-48.93	20.09	-48.93	-37.49	20.09
		N	1 473.87	678.45	1.91	2 608.72	2 605.51	2 652.23	2 649.02	2 388.71	2 383.36	2 388.71	2 652.23	2 383.36
一层边柱	上端	M	58.05	33.14	-36.58	77.80	139.25	82.01	143.47	48.61	151.03	151.03	139.25	48.61
		N	1 269.11	481.29	-20.54	2 134.02	2 168.53	2 131.36	2 165.86	1 932.15	1 989.66	1 989.66	2 168.53	1 932.15
	下端	M	29.02	16.57	-45.35	16.16	92.35	18.27	94.46	-13.59	113.39	113.39	92.35	-13.59
		N	1 324.08	481.29	-20.54	2 208.23	2 242.74	2 197.32	2 231.83	1 998.11	2 055.63	2 055.63	2 242.74	1 998.11
一层中柱	上端	M	-4.07	-3.33	-44.98	-46.31	29.26	-47.00	28.57	-70.89	55.06	-70.89	-47.00	55.06
		N	1 938.21	1 000.49	3.72	3 530.14	3 523.89	3 629.60	3 623.35	3 241.49	3 231.08	3 241.49	3 629.60	3 231.08
	下端	M	-2.03	-1.66	-54.98	-50.43	41.93	-50.78	41.59	-80.92	73.03	-80.92	-50.78	73.03
		N	1 993.17	1 000.49	3.72	3 604.35	3 598.10	3 695.57	3 689.32	3 307.46	3 297.04	3 307.46	3 695.57	3 297.04

注：表中弯矩单位为 kN·m；剪力单位为 kN；轴力单位为 kN。

表 4-64　框架柱内力基本组合值(抗震)

（单位：弯矩 kN·m，剪力 kN，轴力 kN）

柱号	截面	内力	S_{Gk}	S_{Qk}	S_{GE}	S_{Ehk}	$1.2S_{GE} +$ $1.3 \times S_{Ehk}$	$1.2S_{GE} -$ $1.3 \times S_{Ehk}$	$\lvert M_{max} \rvert$, N	N_{max}, M	N_{min}, M
四层边柱	上端	M	86.54	11.19	92.14	−74.91	13.19	207.95	207.95	207.95	13.19
		N	270.39	17.42	279.10	−14.96	315.47	354.37	354.37	354.37	315.47
	下端	M	48.46	26.15	61.54	−40.34	21.41	126.29	126.29	126.29	21.41
		N	305.24	17.42	313.95	−14.96	357.29	396.19	396.19	396.19	357.29
四层中柱	上端	M	−11.85	−1.86	−12.78	−101.42	−147.18	116.51	−147.18	−147.18	116.51
		N	442.67	35.51	460.43	2.88	556.26	548.77	556.26	556.26	548.77
	下端	M	−7.32	−4.08	−9.36	−68.4	−100.15	77.69	−100.15	−100.15	77.69
		N	477.52	35.51	495.28	2.88	598.08	590.59	598.08	598.08	590.59
三层边柱	上端	M	70.21	48.15	94.29	−116.82	−38.72	265.01	265.01	265.01	−38.72
		N	603.53	171.88	689.47	−47.93	765.06	889.67	889.67	889.67	765.06
	下端	M	43.95	32.42	60.16	−95.58	−52.06	196.45	196.45	196.45	−52.06
		N	638.38	171.88	724.32	−47.93	806.88	931.49	931.49	931.49	806.88
三层中柱	上端	M	−5.45	−5.17	−8.04	−171.26	−232.29	212.99	−232.29	−232.29	212.99
		N	940.95	357.33	1 119.62	7.32	1 353.06	1 334.03	1 353.06	1 353.06	1 334.03
	下端	M	−5.58	−4.57	−7.87	−141.7	−193.65	174.77	−193.65	−193.65	174.77
		N	975.8	357.33	1 154.47	7.32	1 394.88	1 375.85	1 394.88	1 394.88	1 375.85
二层边柱	上端	M	76.27	48.41	100.48	−168.71	−98.75	339.90	339.90	339.90	−98.75
		N	936.88	327.05	1 100.41	−100.22	1 190.21	1 450.78	1 450.78	1 450.78	1 190.21
	下端	M	52.75	39.79	72.65	−113.78	−60.73	235.09	235.09	235.09	−60.73
		N	971.73	327.05	1 135.26	−100.22	1 232.03	1 492.60	1 492.60	1 492.60	1 232.03
二层中柱	上端	M	−6.96	−5.70	−9.81	−208.13	−282.34	258.80	−282.34	−282.34	258.80
		N	1 439.02	678.45	1 778.25	17.96	2 157.25	2 110.55	2 157.25	2 157.25	2 110.55
	下端	M	−7.41	−6.07	−10.45	−208.13	−283.11	258.03	−283.11	−283.11	258.03
		N	1 473.87	678.45	1 813.10	17.96	2 199.07	2 152.37	2 199.07	2 199.07	2 152.37
一层边柱	上端	M	58.05	33.14	74.62	−250.35	−235.91	415.00	415.00	415.00	−235.91
		N	1 269.11	481.29	1 509.76	−174.24	1 585.20	2 038.22	2 038.22	2 038.22	1 585.20
	下端	M	29.02	16.57	37.31	−310.43	−358.79	448.33	448.33	448.33	−358.79
		N	1 324.08	481.29	1 564.73	−174.24	1 651.16	2 104.19	2 104.19	2 104.19	1 651.16
一层中柱	上端	M	−4.07	−3.33	−5.74	−307.13	−406.16	392.38	−406.16	−406.16	392.38
		N	1 938.2	1 000.49	2 438.45	30.64	2 965.97	2 886.31	2 965.97	2 965.97	2 886.31
	下端	M	−2.03	−1.66	−2.86	−375.38	−491.43	484.56	−491.43	−491.43	484.56
		N	1 993.17	1 000.49	2 493.42	30.64	3 031.94	2 952.27	3 031.94	3 031.94	2 952.27

表 4-65 框架柱剪力组合值

kN

楼层	柱号	S_{Gk}	S_{Qk}	S_{wk}	S_{GE}	S_{Ehk}	$1.35S_{Gk}+1.3\times0.7S_{Qk}+1.4\times0.6S_{wk}$	$1.35S_{Gk}+1.3\times0.7S_{Qk}-1.4\times0.6S_{wk}$	$1.2S_{Gk}+1.3\times1.0S_{Qk}+1.4\times0.6S_{wk}$	$1.2S_{Gk}+1.3\times1.0S_{Qk}-1.4\times0.6S_{wk}$	$1.2S_{Gk}+1.3\times0.7S_{Qk}+1.4\times1.0S_{wk}$	$1.2S_{Gk}+1.3\times0.7S_{Qk}-1.4\times1.0S_{wk}$	$1.2S_{GE}+1.3\times S_{Ehk}$	$1.2S_{GE}-1.3\times S_{Ehk}$	$|V|_{max}$
四层	边柱	37.5	10.37	-2.75	42.69	-32.01	58.48	63.10	57.21	61.83	51.31	59.01	9.61	92.84	92.84
	中柱	-5.32	-1.65	-4.06	-6.15	-47.17	-12.21	-5.39	-12.10	-5.28	-13.69	-2.32	-68.70	53.95	68.70
三层	边柱	31.71	22.38	-6.11	42.90	-59.00	58.04	68.31	62.01	72.28	49.86	66.97	-25.22	128.18	128.18
	中柱	-3.06	-2.71	-9.01	-4.42	-86.93	-14.17	0.97	-14.76	0.37	-18.75	6.48	-118.31	107.71	118.31
二层	边柱	35.84	24.50	-9.29	48.09	-78.47	62.88	78.48	67.05	82.66	52.30	78.31	-44.30	159.72	159.72
	中柱	-3.99	-3.27	-13.69	-5.63	-115.63	-19.86	3.14	-20.54	2.46	-26.93	11.40	-157.07	143.57	157.07
一层	边柱	15.55	8.88	-14.63	19.99	-100.14	16.78	41.36	17.91	42.49	6.26	47.22	-106.19	154.17	154.17
	中柱	-1.09	-0.89	-17.85	-1.54	-121.88	-17.28	12.71	-17.46	12.53	-27.11	22.87	-160.29	156.60	160.29

抗震设计时，一、二、三、四级框架柱端考虑地震作用组合的剪力设计值，应根据强剪弱弯的原则进行调整。根据强剪弱弯的要求，柱的受剪承载力应大于其受弯承载力对应的剪力，框架柱端剪力设计值应按下式进行调整。

$$V_c = 1.2 \frac{M_c^t + M_c^b}{H_n} \tag{4-87}$$

式中　M_c^t、M_c^b——柱上、下端顺时针或逆时针方向截面组合的弯矩设计值；

　　　H_n——柱净高。

柱端剪力设计值计算过程见表 4-66。

表 4-66　柱端剪力设计值

楼层	柱	$M_c^t/(\text{kN} \cdot \text{m})$	$M_c^b/(\text{kN} \cdot \text{m})$	H_n/m	V_c/kN	$\lvert V \rvert_{max}/\text{kN}$	V/kN
四层	边柱	207.95	126.29	2.8	143.25	92.84	143.25
	中柱	147.18	100.15	2.8	106.00	68.70	106.00
三层	边柱	265.01	196.45	2.8	197.77	128.18	197.77
	中柱	232.29	193.65	2.8	182.55	118.31	182.55
二层	边柱	339.9	235.09	2.8	246.42	159.72	246.42
	中柱	282.34	283.11	2.8	242.34	157.07	242.34
一层	边柱	415	582.83	4.8	249.46	154.17	249.46
	中柱	406.16	638.86	4.8	261.26	160.29	261.26

根据以上计算结果，抗震等级为三级的框架结构由下式进行验算。

$$\sum M_c > 1.3 \sum M_b \tag{4-88}$$

若不满足，则由 $\sum M_c = 1.3 \sum M_b$ 调整柱端弯矩设计值，详细计算过程见表 4-67。

表 4-67　强柱弱梁验算　　　　　　　　　　　　　　　　　　　kN・m

震向	楼层	节点	M_c^b	M_c^t	$\sum M_c$	M_b^l	M_b^r	$1.3\sum M_b$	$M_c'^b$	$M_c'^t$
左震	四层	A		13.19	13.19		26.24	34.11		34.11
		B		147.18	147.18	185.7	54.12	311.77		311.77
	三层	A	21.41	38.72	60.13		72.87	94.73	33.73	61.00
		B	100.15	232.29	332.44	312.29	9.32	418.09	125.95	292.14
	二层	A	52.06	98.75	150.81		199.89	259.86	89.70	170.15
		B	193.65	282.34	475.99	376.76	57.28	564.25	229.56	334.69
	一层	A	60.73	235.91	296.64		334.19	434.45	88.94	345.50
		B	283.11	406.16	689.27	475.18	155.64	820.07	336.83	483.23
右震	四层	A		207.95	207.95		156.88	203.94		
		B		116.51	116.51	65.52	176.55	314.69		314.69
	三层	A	126.29	265.01	391.30		310.01	403.01	130.07	272.94
		B	77.69	212.99	290.68	26.45	298.62	422.59	112.95	309.65
	二层	A	196.45	339.9	536.35		446.49	580.44	212.60	367.84
		B	174.77	258.8	433.57	37.24	365.02	522.94	210.79	312.14
	一层	A	235.09	415	650.09		554.83	721.28	260.83	460.45
		B	258.03	392.38	650.41	136.91	466.36	784.25	311.13	473.12

3. 最不利内力设计值汇总

(1)梁最不利内力设计值汇总。

梁最不利内力设计值计算汇总见表 4-68。

表 4-68　梁最不利内力设计值计算汇总

楼层	梁截面	AB			BC	
		左端	跨中	右端	左端	跨中
四层	M^+	26.24	146.95	—	—	124.08
	M^-	−156.88	—	−185.70	−176.55	—
	V	136.15	154.59			
三层	M^+	72.87	235.57	—	—	216.79
	M^-	−310.01	—	−312.29	−298.62	—
	V	195.95	226.18			
二层	M^+	199.89	232.76	37.24	57.28	217.17
	M^-	−446.49	—	−376.76	−365.02	—
	V	223.27	244.91			
一层	M^+	334.19	245.03	136.91	155.64	215.00
	M^-	−554.83	—	−475.18	−466.36	—
	V	256.09	273.49			

(2)柱最不利内力设计值汇总。

柱最不利内力设计值计算汇总见表 4-69。

表 4-69　柱最不利内力设计值计算汇总

楼层	柱	截面	$\lvert M_{max}\rvert$, N		N_{max}, M		N_{min}, M		V
			M	N	M	N	M	N	
四层	边柱	上端	207.95	354.37	133.20	383.17	13.19	315.47	143.25
		下端	126.29	396.19	93.95	430.22	21.41	357.29	
	中柱	上端	−147.18	556.26	−25.15	632.61	116.51	548.77	106.00
		下端	−100.15	598.08	−18.82	679.66	77.69	590.59	
三层	边柱	上端	265.01	889.67	148.76	974.99	−38.72	765.06	197.77
		下端	196.45	931.49	97.15	1 022.04	−52.06	806.88	
	中柱	上端	−232.29	1 353.06	−26.97	1 596.03	212.99	1 334.03	182.55
		下端	−193.65	1 394.88	−24.03	1 643.08	174.77	1 375.85	
二层	边柱	上端	339.90	1 450.78	163.78	1 571.17	−98.75	1 190.21	246.42
		下端	235.09	1 492.60	118.73	1 618.22	−60.73	1 232.03	
	中柱	上端	−282.34	2 157.25	−36.47	2 610.41	258.80	2 110.55	242.34
		下端	−283.11	2 199.07	−37.49	2 652.23	258.03	2 152.37	
一层	边柱	上端	415.00	2 038.22	139.25	2 168.53	−235.91	1 585.20	249.46
		下端	448.33	2 104.19	92.35	2 242.74	−358.79	1 651.16	
	中柱	上端	−406.16	2 965.97	−47.00	3 629.60	392.38	2 886.31	261.26
		下端	−491.43	3 031.94	−50.78	3 695.57	484.56	2 952.27	

4.9.8 截面设计

1. 框架梁截面设计

(1)设计条件。

混凝土采用 C30，$f_c = 14.3 \text{ N/mm}^2$，$f_t = 1.43 \text{ N/mm}^2$。纵向受力钢筋选用 HRB400，$f_y = 360 \text{ N/mm}^2$，$f_{tk} = 400 \text{ N/mm}^2$；箍筋选用 HPB300，$f_y = 270 \text{ N/mm}^2$，$f_{tk} = 300 \text{ N/mm}^2$，梁截面尺寸为：300 mm×800 mm（边跨），300 mm×800 mm（中跨）。梁、柱混凝土保护层的最小厚度为 20 mm，取 $a_s = 40 \text{ mm}$，则 $h_0 = 800 - 40 = 760 \text{ mm}$。

(2)构造要求。

① 梁抗震承载力调整系数 $\gamma_{RE} = 0.75$（受弯），$\gamma_{RE} = 0.85$（受剪）。

② 三级抗震设防要求，框架梁端计入受压钢筋的混凝土受压区高度和有效高度之比，不应大于 0.35，即 $x \leqslant 0.35 h_0$。

③ 梁纵向受拉钢筋的最小配筋率，抗震等级三级的框架：

支座：0.25 和 $55 f_t / f_y$ 中的较大值，取 0.25；

跨中：0.20 和 $45 f_t / f_y$ 中的较大值，取 0.20。

④ 梁的最小配箍率，抗震等级三级的框架：

$$\rho_{sv} \geqslant 0.26 f_t / f_{yv} = 0.26 \times 1.43 / 270 = 0.138\%$$

梁端箍筋加密区长度内的箍筋肢距，三级抗震等级，不宜大于 250 mm 和 20 倍箍筋直径的较大值。

⑤ 框架梁梁端截面的底部和顶部纵向受力钢筋截面面积的比值，除按计算确定外，三级抗震等级不应小于 0.3。

(3)框架梁正截面承载力计算。

当楼板与框架梁柱整体浇筑时，梁跨中应考虑板作为翼缘的有利影响按 T 形截面计算，梁支座处仍按矩形截面计算。

由于篇幅有限，故以第四层边跨梁为例，给出计算方法和过程，其他各梁的正截面配筋计算略。

① 跨中。

翼缘计算宽度 b_f' 的确定。

按计算跨度 l_0 考虑：$b_f' = l_0 / 3 = 8\,400 / 3 = 2\,800 \text{(mm)}$；

按梁（肋）净距 S_n 考虑：$b_f' = b + S_n = 300 + (4\,200 - 150 - 100) = 4\,250 \text{(mm)}$；

按翼缘高度 h_f' 考虑：$h_f' / h_0 = 120 / 760 > 0.1$，不起控制作用。综上，取 $b_f' = 2\,800 \text{ mm}$。

非抗震内力组合跨中最不利弯矩设计值 $M = 146.95 \text{ kN·m}$，抗震

$$M_u = \alpha_1 f_c b_f' h_f' \left(h_0 - \frac{h_f'}{2} \right) = 1.0 \times 14.3 \times 2\,800 \times 120 \times (760 - 120/2) = 3\,363.36 \text{(kN·m)} >$$

146.95 kN·m，所以属于第一类截面：

$$\alpha_s = \frac{M}{\alpha_1 f_c b_f' h_0^2} = \frac{146.95 \times 10^6}{1.0 \times 14.3 \times 2\,800 \times 760^2} = 0.006\,35$$

$$\xi = 1 - \sqrt{1 - 2\alpha_s} = 0.006\,4$$

$$A_s = \frac{\xi \alpha_1 f_c b_f' h_0}{f_y} = \frac{0.006\,4 \times 1.0 \times 14.3 \times 2\,800 \times 760}{360} = 540.98 \text{(mm}^2)$$

而 $A_{smin}=\rho bh_0=0.2\% bh_0=0.002\times300\times760=456(\text{mm}^2)$，故配 2$\Phi$20，$A_s=628~\text{mm}^2$。

②支座（以左支座为例）。

将跨中计算出的 2Φ20 钢筋伸入支座，作为支座弯矩作用下的受压钢筋，$A_s'=628~\text{mm}^2$，然后计算支座受拉区的受拉钢筋 A_s。

考虑抗震调整系数 $\gamma_{RE}=0.75$，弯矩设计值 $M=0.75\times156.88=117.66(\text{kN}\cdot\text{m})$。

$$\alpha_s=\frac{117.66\times10^6-360\times628\times(760-40)}{1.0\times14.3\times300\times760^2}=-0.018~2<0，说明~A_s'~富余且达不到屈服，则近$$

似取 $A_s=\dfrac{M}{f_y(h_0-a_s')}=\dfrac{117.66\times10^6}{360\times(760-40)}=453.94(\text{mm}^2)$，$A_{smin}=0.25\% bh_0=570~\text{mm}^2$，故配 2$\Phi$20，$A_s=628~\text{mm}^2$。

需注意的是最不利弯矩应区分抗震和非抗震情况，可先将抗震情况下的最不利弯矩组合值乘以承载力抗震调整系数后与非抗震情况进行比较，取更不利值进行配筋计算，这样可减轻计算量并且不影响配筋。

（4）框架梁斜截面承载力计算。

承载力抗震调整系数 $\gamma_{RE}=0.85$。以第四层 AB、BC 跨梁为例，给出计算方法和过程，其他各梁的配筋计算过程略。其中跨高比为 $7.8/0.8=9.75$。

①AB 跨梁。

截面尺寸要求如下：

$\gamma_{RE}V=0.85\times136.15=115.73(\text{kN})<0.2\beta_c f_c bh_0=0.2\times1.0\times14.3\times300\times760=652.08(\text{kN})$，所以截面尺寸满足要求。

验算是否要按计算配筋：

$0.7f_t bh_0=0.7\times1.43\times300\times760=228.228(\text{kN})>115.73~\text{kN}$，可知截面配置构造钢筋。根据抗震等级三级要求和梁高小于等于 800 mm 综合考虑，箍筋最小直径为 8 mm。综上，箍筋采用双肢 Φ8 钢筋，箍筋加密区和非加密区长度及其最大间距：加密区箍筋最大间距考虑纵向钢筋直径的 8 倍，为 $8\times25=200$ mm；梁高的 $1/4$，为 $800/4=200$ mm，计算结果和 150 进行比较，取最小值 150 mm，所以取 $s=100$ mm 即双肢 Φ8@100。箍筋加密区长度取 1.5 倍梁高和 500 中较大值，故取 $1.5\times800=1~200$ mm。非加密区的箍筋间距不宜大于加密区箍筋间距的 2 倍，故非加密区取双肢 Φ8@200。

沿梁全长箍筋的面积配箍率：

$$\rho_{sv}=A_{sv}/bs=101/(300\times200)=0.168\%\geqslant\rho_{svmin}=0.138\%，满足要求。$$

②BC 跨梁。

截面尺寸要求如下：

$\gamma_{RE}V=0.85\times154.59=131.40(\text{kN})<0.2\beta_c f_c bh_0=0.2\times1.0\times14.3\times300\times760=652.08(\text{kN})$

所以截面尺寸满足要求。

验算是否要按计算配筋：

$0.7f_t bh_0=0.7\times1.43\times300\times760=228.228(\text{kN})>131.40~\text{kN}$，可知截面配置构造钢筋。根据抗震等级三级要求和梁高小于等于 800 mm 综合考虑，箍筋最小直径为 8 mm。综上，箍筋采用双肢 Φ8 钢筋。

箍筋加密区和非加密区长度及其最大间距：加密区箍筋最大间距考虑纵向钢筋直径的 8 倍，为 $8\times25=200$ mm；梁高的 $1/4$，为 $800/4=200$ mm，计算结果和 150 进行比较，取最小值 150 mm，所以取 $s=100$ mm 即双肢 Φ8@100。箍筋加密区长度取 1.5 倍梁高和 500 中较大值，故取 $1.5\times$

$800 = 1\ 200\ \text{mm}$。非加密区的箍筋间距不宜大于加密区箍筋间距的 2 倍，故非加密区取双肢 $\phi 8@200$。

沿梁全长箍筋的面积配箍率：

$\rho_{sv} = A_{sv}/bs = 101/(300 \times 200) = 0.168\% \geqslant \rho_{svmin} = 0.138\%$，满足要求。

2. 框架柱截面设计

(1)设计条件。

混凝土采用 C30，$f_c = 14.3\ \text{N/mm}^2$，$f_t = 1.43\ \text{N/mm}^2$，纵向受力钢筋选用 HRB400，$f_y = f'_y = 360\ \text{N/mm}^2$，$f_{yk} = 400\ \text{N/mm}^2$，箍筋选用 HPB300，$f_y = f'_y = 270\ \text{N/mm}^2$，$f_{yk} = 300\ \text{N/mm}^2$。柱的截面尺寸为 600 mm×600 mm，取 $a_s = 40\ \text{mm}$，则 $h_0 = 600 - 40 = 560\ \text{mm}$。

(2)构造要求。

①各层柱的抗震调整系数由柱的轴压比确定，具体计算见表 4-70；

②抗震等级为三级的设防要求，框架结构的柱全部纵向受拉钢筋的最小配筋率为 0.7%，根据抗震规范，钢筋强度标准值为 400 N/mm² 时，应增加 0.05%；

③剪跨比宜大于 2，抗震等级为三级的框架柱的轴压比限值为 0.85。

(3)剪跨比和轴压比验算。

以四层柱为例，见表 4-70，其余层略。

表 4-70 四层柱剪跨比和轴压比验算

楼层	柱号	$b=h/\text{mm}$	h_0/mm	M_c /(kN·m)	V_c/kN	N/kN	$\dfrac{M_c}{V_c h_0}$	$\dfrac{N}{f_c bh}$	γ_{RE}
四层	边柱	600	560	207.95	143.25	430.22	2.59	0.08	0.75
	中柱	600	560	147.18	106	679.66	2.48	0.13	0.75

(4)框架柱正截面承载力计算。

以非抗震下第四层边柱计算为例，其余略。

选取组合方式 $|M_{\text{max}}|$ 及相应 N。上端 M 为 133.20 kN·m，N 为 383.17 kN；下端 M 为 97.67 kN·m，N 为 391.75 kN。

$$\xi = \frac{N}{\alpha_1 f_c bh_0} = \frac{383.17 \times 10^3}{1.0 \times 14.3 \times 600 \times 560} = 0.080 < \xi_b = 0.518，为大偏心受压。$$

$$e_0 = \frac{M}{N} = \frac{132.20 \times 10^3}{383.17} = 345.02(\text{mm})$$

$$e_a = \max\left(20, \frac{h}{30}\right)，即 e_a = \max(20, 20)，故 e_a = 20\ \text{mm}。$$

$$e_i = e_0 + e_a = 345.02 + 20 = 365.02(\text{mm})$$

$$\mu = \frac{N}{f_c bh} = \frac{383.17 \times 1\ 000}{14.3 \times 600 \times 600} = 0.074 < 0.9$$

$$\frac{M_1}{M_2} = \frac{97.67}{133.20} = -0.73 < 0.9$$

$$l_c = 1.25H = 1.25 \times 3.6 = 4.5(\text{m})$$

$$i = \sqrt{\frac{I}{A}} = \frac{h}{2\sqrt{3}} = 173.21(\text{mm})$$

$\dfrac{l_c}{i} = \dfrac{4\ 500}{173.21} = 25.98 < 34 - 12\left(\dfrac{M_1}{M_2}\right) = 42.64$，故不考虑轴向压力挠曲变形产生的附加弯矩的影响。

$$\xi = 0.080 < \frac{2a_s}{h_0} = 0.143, \ e' = e_i - \frac{h}{2} + a_s = 105.02(\text{mm})$$

$$A_s = A'_s = \frac{Ne'}{f_y(h_0 - a'_s)} = \frac{383.17 \times 10^3 \times 105.02}{360 \times (560 - 40)} = 214.96(\text{mm}^2)$$

$A_s = A'_s = 214.96 \ \text{mm}^2 < 0.002bh = 720 \ \text{mm}^2$，故配 4$\Phi$18（1 017 mm²）。

$l_0/h = 4\ 500/600 = 7.5 < 24$，故可不进行垂直于弯矩作用平面的承载力验算。

$$\xi = \frac{N}{\alpha_1 f_c bh_0} = \frac{391.75 \times 10^3}{1.0 \times 14.3 \times 600 \times 560} = 0.082 < \xi_b = 0.518，为大偏心受压。$$

$$e_0 = \frac{M}{N} = \frac{97.67 \times 10^3}{391.75} = 249.32(\text{mm})$$

$$e_a = \max\left(20, \frac{h}{30}\right)，即 \ e_a = \max(20, 20)，故 \ e_a = 20 \ \text{mm}。$$

$$e_i = e_0 + e_a = 249.32 + 20 = 269.32(\text{mm})$$

$$\mu = \frac{N}{f_c bh} = \frac{391.75 \times 1\ 000}{14.3 \times 600 \times 600} = 0.076 < 0.9$$

$$\frac{M_1}{M_2} = \frac{97.67}{133.20} = 0.73 < 0.9$$

$$l_c = 1.25H = 1.25 \times 3.6 = 4.5(\text{m})$$

$$i = \sqrt{\frac{I}{A}} = \frac{h}{2\sqrt{3}} = 173.21(\text{mm})$$

$\dfrac{l_c}{i} = \dfrac{4\ 500}{173.21} = 25.98 < 34 - 12\left(\dfrac{M_1}{M_2}\right) = 42.64$，故不考虑轴向压力挠曲变形产生的附加弯矩的影响。

$$\xi = 0.082 < \frac{2a_s}{h_0} = 0.143, \ e' = e_i - \frac{h}{2} + a_s = 9.32(\text{mm})$$

$$A_s = A'_s = \frac{Ne'}{f_y(h_0 - a'_s)} = \frac{391.75 \times 10^3 \times 9.32}{360 \times (560 - 40)} = 19.50(\text{mm}^2)$$

$A_s = A'_s = 19.50 \ \text{mm}^2 < 0.002bh = 720 \ \text{mm}^2$，故配 4$\Phi$18（1 017 mm²）。

$l_0/h = 4\ 500/600 = 7.5 < 24$，故可不进行垂直于弯矩作用平面的承载力验算。

同理，考虑承载力抗震调整系数进行抗震情况下柱的正截面设计，与非抗震情况正截面设计值比较，选取钢筋选配较多的进行柱正截面钢筋配置。

(5)框架柱斜截面承载力计算。

①计算要点(略)。

②其他要求。

框架柱箍筋应加密，加密区的箍筋最大间距和箍筋最小直径根据抗震等级三级要求，最大间距取 $8d$ 与 150 中的较小值，箍筋最小直径为 8 mm。框架柱的箍筋加密区长度，应取柱截面长边尺寸、柱净高的 1/6 和 500 mm 中的最大值。

以非抗震下四层边柱计算为例，其余略。

取 $N = 430.22$ kN，$V = 63.10$ kN

取 $a_s = 40$mm，则 $h_w = 600 - 40 = 560(\text{mm})$，$h_w/\text{b} = 560/600 = 0.93 < 4.0$。

柱截面限制条件验算：

$0.25\beta_c f_c bh_0 = 0.25 \times 1.0 \times 14.3 \times 600 \times 560 = 1\ 201.2(\text{kN}) > V = 63.10\text{kN}$，满足要求。

柱斜截面受剪承载力计算：

$\lambda = \dfrac{H_n}{2h_0} = \dfrac{2\,800}{1\,120} = 2.5$，在 1 和 3 之间，按计算取值。

$0.3f_cA = 0.3 \times 14.3 \times 600 \times 600 = 1\,544.4 (\text{kN}) > N = 430.22\ \text{kN}$，按实际取值。

$\dfrac{1.75}{\lambda + 1.0}f_tbh_0 + 0.07N = \dfrac{1.75}{2.5 + 1} \times 1.43 \times 600 \times 560 + 0.07 \times 430.22 \times 10^3 = 270.36 (\text{kN})$

$V = 63.10\ \text{kN} < \dfrac{1.75}{\lambda + 1.0}f_tbh_0 + 0.07N = 270.36\ \text{kN}$，故仅需按构造配筋。

$\rho_v = 0.08 \times \dfrac{16.7}{270} = 0.49\% < \rho_v = \dfrac{4A_{ss1}}{d_{cor}s} = \dfrac{314}{520 \times 100} = 0.604\%$，满足要求。

箍筋加密区选用 4ϕ10@100，非加密区取 4ϕ10@200。

同理，考虑承载力抗震调整系数进行抗震情况下柱的斜截面设计，与非抗震情况斜截面设计值比较，选取钢筋选配较多的进行柱斜截面钢筋配置。

抗震情况下柱的斜截面设计应注意以下几点：

①框架柱斜截面计算时的抗震调整系数 $\gamma_{RE} = 0.85$；

②框架柱的剪跨比 $\lambda = M/Vh_0$；当 $\lambda < 1$ 时，取 $\lambda = 1$；当 $\lambda > 3$ 时，取 $\lambda = 3$；

③截面组合剪力设计值应满足：$V_c \leqslant \dfrac{1}{\gamma_{RE}}(0.2f_cb_ch_0)$；

④当 $N > 0.3f_cA$ 时，取 $N = 0.3f_cA$；当 $N \leqslant 0.3f_cA$ 时，取实际值；

⑤$\gamma_{RE}V_c \leqslant \dfrac{1.05f_tbh_0}{\lambda + 1} + 0.056N$ 则按构造配箍，否则按计算配箍；

⑥箍筋加密区的体积配箍率应符合：$\rho_v \geqslant \lambda_v f_c / f_{yv}$，抗震等级为三级的框架柱，其不应小于 0.4%。

抗震情况下柱斜截面设计同样可用列表法进行，可参见表 4-71。

有关裂缝宽度验算，此处略去。

表 4-71　抗震情况下柱斜截面配筋计算

楼层	四层		三层		二层		一层	
柱号	边柱	中柱	边柱	中柱	边柱	中柱	边柱	中柱
V/kN	143.25	106.00	197.77	182.55	246.42	242.34	249.46	261.26
N/kN	396.19	598.08	931.49	1\,394.88	1\,492.60	2\,199.07	2\,104.19	3\,031.94
b/mm	600	600	600	600	600	600	600	600
h_0/mm	560	560	560	560	560	560	560	560
γ_{RE}	0.85	0.85	0.85	0.85	0.85	0.85	0.85	0.85
$\gamma_{RE}V$	121.76	90.1	168.1	155.17	209.46	205.99	212.04	222.07
$H_n/(2h_0)$	2.5	2.5	2.5	2.5	2.5	2.5	4.3	4.3
λ	2.5	2.5	2.5	2.5	2.5	2.5	3	3
$0.2\beta_c f_c bh_0$/kN	960.96	960.96	960.96	960.96	960.96	960.96	960.96	960.96
截面要求	符合要求	符合要求	符合要求	符合要求	符合要求	符合要求	符合要求	符合要求
$0.3f_cA$/kN	1\,544.4	1\,544.4	1\,544.4	1\,544.4	1\,544.4	1\,544.4	1\,544.4	1\,544.4

楼层	四层		三层		二层		一层	
柱号	边柱	中柱	边柱	中柱	边柱	中柱	边柱	中柱
N 取值/kN	396.19	598.08	931.49	1 394.88	1 492.60	1 544.4	1 544.4	1 544.4
$\dfrac{1.05}{\lambda+1.0}f_tbh_0+0.056\ N/kN$	166.33	177.64	196.31	222.26	227.73	230.63	181.68	181.68
是否按构造配筋	是	是	是	是	是	是	否	否
$\dfrac{A_{sv}}{s}$	<0	<0	<0	<0	<0	<0	0.205	0.274
μ_N	0.077	0.116	0.181	0.271	0.290	0.427	0.409	0.589
λ_v	0.08	0.08	0.08	0.08	0.08	0.095 4	0.091 2	0.127 8
ρ_v	0.49%	0.49%	0.49%	0.49%	0.49%	0.59%	0.56%	0.79%
$\dfrac{A_{sv}}{s}$（构造要求）	3.14	3.14	3.14	3.14	3.14	3.14	3.14	3.14
ρ_{vmin}	0.40%	0.40%	0.40%	0.40%	0.40%	0.40%	0.40%	0.40%
加密区实配箍筋	4Φ10@100	4Φ10@100	4Φ10@100	4Φ10@100	4Φ10@100	4Φ10@100	4Φ10@100	4Φ10@100
非加密区实配箍筋	4Φ10@200	4Φ10@200	4Φ10@200	4Φ10@200	4Φ10@200	4Φ10@200	4Φ10@200	4Φ10@200

 本章小结

Summary

（1）框架结构是多、高层建筑的一种主要结构形式。我国《高规》将 10 层以下或高度不大于 28 m 的钢筋混凝土房屋称之为多层建筑，将 10 层和 10 层以上或高度超过 28 m 的钢筋混凝土房屋称之为高层建筑。

（2）框架结构是由横梁和立柱组成的杆件体系，具有结构轻巧，便于布置，可形成大的使用空间，整体性较好，施工较方便和较为经济等特点，适合在 70 m 以下的办公楼、图书馆、商业性建筑等一类房屋中采用。但是，其侧向刚度较小，在水平荷载较大和层数较多的房屋中，应注意验算其层间相对位移，并采取有效的结构措施。框架结构设计时，需首先进行结构布置和拟定梁、柱截面尺寸，确定结构计算简图，然后进行荷载计算、结构分析、内力组合和截面设计，并绘制结构施工图。

（3）竖向荷载作用下框架结构的内力可采用分层法、弯矩二次分配法、迭代法等进行近似计算。

（4）水平荷载作用下框架结构内力可用反弯点法、D 值法等近似方法计算。其中 D 值法也称改进反弯点法，是对柱的抗侧刚度和柱的反弯点位置进行修正后计算框架内力的一种方法，适用于梁、柱线刚度比小于 3 的情况，高层结构，特别是考虑抗震要求、强柱弱梁的框架用 D 值法分析更合适。当梁、柱线刚度比大于 3 时，反弯点法也有较好的计算精度。

（5）D 值是框架结构层间柱产生单位相对侧移所需施加的水平剪力，可用于框架结构的侧移计算和各柱间的剪力分配。D 值是在考虑框架梁为有限刚度、梁柱节点有转动的前提下得到的，故比较接近实际情况。

影响柱反弯点高度的主要因素是柱上、下端的约束条件。柱两端的约束刚度不同，相应的柱端转角也不相等，反弯点向转角较大的一端移动，即向约束刚度较小的一端移动。D值法中柱的反弯点位置就是根据这种规律确定的。

(6) 在水平荷载作用下，框架结构各层产生层间剪力和倾覆力矩。层间剪力使梁、柱产生弯曲变形，引起的框架结构侧移曲线具有整体剪切型变形特点；倾覆力矩使框架柱(尤其是边柱)产生轴向拉、压变形，引起的框架结构侧移曲线具有整体弯曲型变形特点。当框架结构房屋较高或其高宽比较大时，宜考虑柱轴向变形对框架结构侧移的影响。

(7) 结构的受力性能只有在有可靠的构造保证的情况下才能充分发挥，结构设计中除了荷载以外，温度、收缩、徐变、地基不均匀沉降等也将对结构的内力与变形产生影响，这些影响目前主要是通过构造措施进行控制。因此，在框架结构设计时，除按计算配置各种钢筋以外，还必须满足各种构造上的要求。

(8) 抗震设防烈度为 6 度以上地区的建筑，必须进行抗震设计；7 度和 7 度以上的建筑结构(生土和木结构房屋除外)，应进行多遇地震作用下的截面抗震验算；钢筋混凝土框架结构还需进行多遇地震作用下的抗震变形验算。截面抗震验算是指考虑结构构件控制截面的地震作用效应和其他荷载效应(风荷载效应，一般结构取为 0)的组合进行的截面承载力抗震验算。因此，在进行框架结构设计时，可按抗震要求进行结构布置和采取构造措施；考虑抗震要求调整组合内力设计值后进行构件截面承载力验算、抗震变形验算。

思考题与习题

Questions and Exercises

4.1　我国《高规》划分多层建筑与高层建筑的标准是什么？

4.2　什么是框架结构？框架结构有什么特点？适合在什么高度和什么用途的房屋中使用？

4.3　在竖向荷载作用下，框架结构的承重方案有几种？各有何特点和应用范围？

4.4　如何估算框架梁和框架柱的截面尺寸？

4.5　为什么建筑结构中需要设缝？通常有哪几种缝，各自设置的目的有何不同？

4.6　怎样确定框架结构的计算简图？当各层柱截面尺寸不同且轴线不重合时应如何考虑？

4.7　框架结构设计中应考虑哪些荷载或作用？风荷载如何计算？阵风系数表达何种物理意义？

4.8　框架结构在竖向荷载作用下的内力计算方法有哪些？各有何特点？简述它们的计算要点及步骤。

4.9　框架结构在水平荷载作用下的内力计算方法有哪些？各有何特点？

4.10　D值的物理意义是什么？影响因素有哪些？框架柱的反弯点位置与哪些因素有关？试分析反弯点位置的变化规律与这些因素的关系。如果与某层柱相邻的上层柱的混凝土弹性模量降低了，该层柱的反弯点位置如何变化？此时如何利用现有表格对标准反弯点位置进行修正？

4.11　框架结构的最不利内力组合中，确定活荷载的最不利位置有哪几种方法？框架结构的内力如何组合？

4.12　水平荷载作用下框架结构的侧移由哪两部分组成？各有何特点？为什么要进行框架结构的侧移验算？如何验算？

4.13　在框架结构设计中，梁、柱的承载力设计值分别考虑哪些控制因素？如何确定框架结构梁、柱内力组合的设计值?

4.14 抗震设计的基本原则是什么?

4.15 为什么要限制框架柱的轴压比?轴压比高对框架柱的抗震性能有何影响?

4.16 框架梁、柱和节点的主要抗震构造要求有哪些?

4.17 二层框架如图 4-49 所示,其中杆旁括号内的数字为相应杆的相对线刚度。要求用分层法计算,并绘制该框架的弯矩图。

4.18 图 4-50 为框架结构,每层楼盖处作用的水平力为作用在该榀框架上的水平力,用反弯点法作图示框架结构的弯矩图,图中括号内的数字为梁柱相对线刚度值。

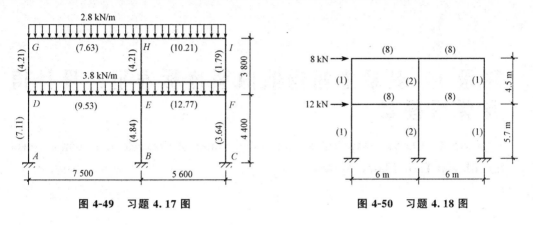

图 4-49 习题 4.17 图   图 4-50 习题 4.18 图

4.19 图 4-51 所示为三层两跨框架,图中括号内的数字表示杆件的相对线刚度值($i/10^8$)。试用 D 值法计算该框架结构的内力。

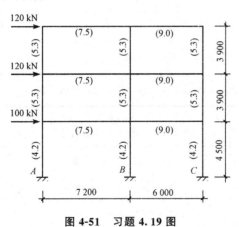

图 4-51 习题 4.19 图

附录
Appendixes

附录 1　混凝土和钢筋的强度标准值、设计值及弹性模量

Appendix 1　Characteristic Values and Design Values of Concrete and Reinforcement Strenth and Their Elastic Modulus

附表 1-1　混凝土强度标准值　　　　　　　　　N/mm²

强度种类	混凝土强度等级													
	C15	C20	C25	C30	C35	C40	C45	C50	C55	C60	C65	C70	C75	C80
f_{ck}	10.0	13.4	16.7	20.1	23.4	26.8	29.6	32.4	35.5	38.5	41.5	44.5	47.4	50.2
f_{tk}	1.27	1.54	1.78	2.01	2.20	2.39	2.51	2.64	2.74	2.85	2.93	2.99	3.05	3.11

附表 1-2　混凝土强度设计值　　　　　　　　　N/mm²

强度种类	混凝土强度等级													
	C15	C20	C25	C30	C35	C40	C45	C50	C55	C60	C65	C70	C75	C80
f_c	7.2	9.6	11.9	14.3	16.7	19.1	21.1	23.1	25.3	27.5	29.7	31.8	33.8	35.9
f_t	0.91	1.10	1.27	1.43	1.57	1.71	1.80	1.89	1.96	2.04	2.09	2.14	2.18	2.22

附表 1-3　混凝土的弹性模量　　　　　　　　×10⁴N/mm²

混凝土强度等级	C15	C20	C25	C30	C35	C40	C45	C50	C55	C60	C65	C70	C75	C80
E_c	2.20	2.55	2.80	3.00	3.15	3.25	3.35	3.45	3.55	3.60	3.65	3.70	3.75	3.80

注：1. 当有可靠试验数据时，弹性模量值也可根据实测数据确定。
　　2. 当混凝土中掺有大量矿物掺合料时，弹性模量也可按规定龄期根据实测值确定。

附表 1-4　普通钢筋强度标准值、设计值

牌号	符号	公称直径 d/mm	屈服强度标准值 f_{tk}/(N·mm^{-2})	极限强度标准值 f_{stk}/(N·m^{-2})	抗拉强度设计值 f_y/(N·mm^{-2})	抗压强度设计值 f'_y/(N·mm^{-2})
HPB300	ϕ	6～14	300	420	270	270
HRB335	$\underline{\Phi}$	6～14	335	455	300	300
HRB400	$\underline{\Phi}$					
HRBF400	$\underline{\Phi}^F$	6～50	400	540	360	360
RRB400	$\underline{\Phi}^R$					
HRB500	$\underline{\overline{\Phi}}$	6～50	500	630	435	415
HRBF500	$\underline{\overline{\Phi}}^F$					

附表 1-5　钢筋的弹性模量

$\times 10^5\,\text{N/mm}^2$

牌号或种类	弹性模量
HPB300 钢筋	2.10
HRB335、HRB400、HRB500 钢筋	
HRBF400、HRBF500 钢筋	2.00
RRB400 钢筋	
预应力螺纹钢筋、中强度预应力钢丝	2.05
钢绞线	1.95
注：必要时可采用实测的弹性模量。	

附表 1-6　预应力钢筋强度标准值

种类		符号	公称直径 d/mm	屈服强度标准值 f_{pyk}/(N·mm^{-2})	极限强度标准值 f_{ptk}/(N·mm^{-2})
中强度预应力钢丝	光圆螺旋肋	ϕ^{PM} ϕ^{HM}	5、7、9	620	800
				780	970
				980	1 270
预应力螺纹钢筋	螺纹	ϕ^T	18、25、32 40、50	785	980
				930	1 080
				1 080	1 230
消除应力钢丝	光圆螺旋肋	ϕ^P ϕ^H	5	—	1 570
				—	1 860
			7	—	1 570
			9	—	1 470
				—	1 570

种类		符号	公称直径 d/mm	屈服强度标准值 f_{pyk}/(N·mm^{-2})	极限强度标准值 f_{ptk}/(N·mm^{-2})
钢绞线	1×3 (3股)	ϕ^S	8.6、10.8、 12.9	—	1 570
				—	1 860
				—	1 960
	1×7 (7股)		9.5、12.7 15.2、17.8	—	1 720
				—	1 860
				—	1 960
			21.6	—	1 860

注：强度为 1 960 N/mm² 级的钢绞线作后张预应力配筋时，应有可靠的工程经验。

附表 1-7　预应力筋强度设计值　　　　　　　　　　　　　　　N/mm²

种类	抗拉强度标准值 f_{ptk}	抗拉强度设计值 f_{py}	抗压强度设计值 f'_{py}
中强度预 应力钢丝	800	510	410
	970	650	
	1 270	810	
消除应力钢丝	1 470	1 040	410
	1 570	1 110	
	1 860	1 320	
钢绞线	1 570	1 110	390
	1 720	1 220	
	1 860	1 320	
	1 960	1 390	
预应力螺纹钢筋	980	650	435
	1 080	770	
	1 230	900	

注：当预应力筋的强度标准值不符合表中的规定时，其强度设计值应进行相应的比例换算。

附录 2　常用材料和构件自重

Appendix 2　Self-weight of Usual Materials and Members

附表 2-1　常用材料和构件自重

名称	自重/(kN·m^{-3})	备注
杉木	4	随含水率而不同
普通木板条、橡檩木料	5	随含水率而不同
刨花木	6	

名称	自重/$(kN \cdot m^{-3})$	备注
钢	78.5	
石棉	10	压实
石棉	4	松散,含水量不大于15%
石膏	13~14.5	粗块堆放,$\varphi=30°$;细块堆放,$\varphi=40°$;
黏土	16	干,$\varphi=40°$,压实
黏土	18	湿,$\varphi=35°$,压实
黏土	20	很湿,$\varphi=25°$,压实
砂夹卵石	18.9~19.2	湿
卵石	16~18	干
花岗岩、大理石	28	
普通砖	19	机器制
灰砂砖	18	砂:白灰=92:8
煤渣砖	17~18.5	
矿渣砖	18.5	硬矿渣:烟灰:石灰=75:15:10
水泥空心砖	10.3	300 mm×250 mm×110 mm(121块/m^3)
蒸压粉煤灰砖	14~16	干重度
混凝土空心小砌块	11.8	390 mm×190 mm×190 mm
水泥砂浆	20	
石灰砂浆	17	
钢筋混凝土	24~25	

附录 3   楼面和屋面活荷载

Appendix 3   Live Loads on Floors and Roofs

3.1   民用建筑楼面均布活荷载
Uniform Live Loads on Floors in Civil Engineering

3.1.1   民用建筑楼面均布活荷载的标准值及其组合值系数、频遇值系数和准永久值系数的取值,不应小于附表 3-1 的规定。

项次	类别	标准值 /(kN·m⁻²)	组合值系数 ψ_c	频遇值系数 ψ_f	准永久值系数 ψ_q
1	(1)住宅、宿舍、旅馆、办公楼、医院病房、托儿所、幼儿园	2.0	0.7	0.5	0.4
	(2)试验室、阅览室、会议室、医院门诊室	2.0	0.7	0.6	0.5
2	教室、食堂、餐厅、一般资料档案室	2.5	0.7	0.6	0.5
3	(1)礼堂、剧场、影院、有固定座位的看台	3.0	0.7	0.5	0.3
	(2)公共洗衣房	3.0	0.7	0.6	0.5
4	(1)商店、展览厅、车站、港口、机场大厅及其旅客候车室	3.5	0.7	0.6	0.5
	(2)无固定座位的看台	3.5	0.7	0.5	0.3
5	(1)健身房、演出舞台	4.0	0.7	0.6	0.5
	(2)运动场、舞厅	4.0	0.7	0.6	0.3
6	(1)书库、档案库、贮藏室	5.0	0.9	0.9	0.8
	(2)密集柜书库	12.0	0.9	0.9	0.8
7	通风机房、电梯机房	7.0	0.9	0.9	0.8
8	汽车通道及客车停车库： (1)单向板楼盖(板跨不小于 2 m)和双向板楼盖(板跨不小于 3 m×3 m)				
	客车	4.0	0.7	0.7	0.60
	消防车	35.0	0.7	0.5	
	(2)双向板楼盖(板跨不小于 6 m×6 m)和无梁楼盖(柱网尺寸不小于 6 m×6 m)				
	客车	2.5	0.7	0.7	0.60
	消防车	20.0	0.7	0.5	
9	厨房： (1)其他	2.0	0.7	0.6	0.5
	(2)餐厅	4.0	0.7	0.7	0.7
10	浴室、卫生间、盥洗室	2.5	0.7	0.6	0.5
11	走廊、门厅： (1)宿舍、旅馆、医院病房、托儿所、幼儿园、住宅	2.0	0.7	0.5	0.4
	(2)办公室、餐厅、医院门诊部	2.5	0.7	0.6	0.5
	(3)教学楼及其他可能出现人员密集的情况	3.5	0.7	0.5	0.3
12	楼梯： (1)多层住宅	2.0	0.7	0.5	0.4
	(2)其他	3.5	0.7	0.5	0.3

项次	类别	标准值/(kN·m⁻²)	组合值系数 ψ_c	频遇值系数 ψ_f	准永久值系数 ψ_q
13	阳台： (1)可能出现人员密集的情况 (2)其他	3.5 2.5	0.7 0.7	0.6 0.6	0.5 0.5

注：1. 本表所给各项活荷载适用于一般使用条件，当使用荷载较大、情况特殊或有专门要求时，应按实际情况采用。

2. 第6项书库活荷载当书架高度大于2 m时，书库活荷载尚应按每米书架高度不小于2.5 kN/m²确定。

3. 第8项中的客车活荷载只适用于停放载人少于9人的客车；消防车活荷载适用于满载总重为300 kN的大型车辆；当不符合本表的要求时，应将车轮的局部荷载按结构效应的等效原则，换算为等效均布荷载。

4. 第8项消防车活荷载，当双向板楼盖板跨介于3 m×3 m～6 m×6 m之间时，可按线性插值确定。当考虑地下室顶板覆土影响时，由于轮压在土中的扩散作用，随着覆土厚度的增加，消防车活荷载逐渐减小，扩散角一般可按35°考虑。常用板跨消防车活荷载覆土厚度折减系数可按《建筑结构荷载规范》(GB 50009—2012)附录B中表B.0.2采用。

5. 第12项楼梯活荷载，对预制楼梯踏步平板，尚应按1.5 kN集中荷载验算。

6. 本表各项荷载不包括隔墙自重和二次装修荷载。对固定隔墙的自重应按恒荷载考虑，当隔墙位置可灵活自由布置时，非固定隔墙的自重应取不小于1/3的每延米长墙重(kN/m)作为楼面活荷载的附加值(kN/m²)计入，且附加值不小于1.0 kN/m²。

3.1.2 设计楼面梁、墙、柱及基础时，附表3-1中的楼面活荷载标准值折减系数取值不应小于下列规定：

(1)设计楼面梁时：

①第1(1)项当楼面梁从属面积超过25 m²时，应取0.9。

②第1(2)～7项当楼面梁从属面积超过50 m²时，应取0.9。

③第8项对单向板楼盖的次梁和槽形板的纵肋应取0.8；对单向板楼盖的主梁应取0.6；对双向板楼盖的梁应取0.8。

④第9～13项应采用与所属房屋类别相同的折减系数。

(2)设计墙、柱和基础时：

①第1(1)项应按附表3-2规定采用。

②第1(2)～7项应采用与其楼面梁相同的折减系数。

③第8项的客车，对单向板楼盖应取0.5，对双向板楼盖和无梁楼盖应取0.8。

④第9～13项应采用与所属房屋类别相同的折减系数。

注：楼面梁的从属面积应按梁两侧各延伸1/2梁间距的范围内的实际面积确定。

附表 3-2　活荷载按楼层的折减系数

墙、柱、基础计算截面以上的层数	1	2～3	4～5	6～8	9～20	>20
计算截面以上各楼层活荷载总和的折减系数	1.00 (0.90)	0.85	0.70	0.65	0.60	0.55
注：当楼面梁的从属面积超过25 m²时，应采用括号内的系数。						

3.1.3 设计墙、柱时，附表3-1中第8项的消防车活荷载可按实际情况考虑；设计基础时可不考虑消防车荷载。常用板跨的消防车活荷载按覆土厚度的折减系数可按《荷载规范》附录B

规定采用。

3.1.4 楼面结构上的局部荷载可按《荷载规范》附录 C 的规定，换算为等效均布活荷载。

3.2 工业建筑楼面活荷载
Uniform Live Loads on Floors in Industrial Engineering

3.2.1 工业建筑楼面在生产使用或安装检修时，由设备、管道、运输工具及可能拆移的隔墙产生的局部荷载，均应按实际情况考虑，可采用等效均布活荷载代替。对设备位置固定的情况，可直接按固定位置对结构进行计算，但应考虑因设备安装和维修过程中的位置变化可能出现的最不利效应。

工业建筑楼面堆放原料或成品较多、较重的区域，应按实际情况考虑；一般的堆放情况可按均布活荷载或等效均布活荷载考虑。

注：1. 楼面等效均布活荷载，包括计算次梁、主梁和基础时的楼面活荷载，可分别按《荷载规范》附录 C 的规定确定。

2. 对于一般金工车间、仪器仪表生产车间、半导体器件车间、棉纺织车间、轮胎准备车间和粮食加工车间，当缺乏资料时，可按《荷载规范》附录 D 采用。

3.2.2 工业建筑楼面（包括工作平台）上无设备区域的操作荷载，包括操作人员、一般工具、零星原料和成品的自重，可按均布活荷载考虑，采用 2.0 kN/m²。在设备所占区域内可不考虑操作荷载和堆料荷载。

生产车间的楼梯活荷载，可按实际情况采用，但不宜小于 3.5 kN/m²。

生产车间的参观走廊活荷载，可采用 3.5 kN/m²。

3.2.3 工业建筑楼面活荷载的组合值系数、频遇值系数和准永久值系数除《荷载规范》附录 D 中给出的以外，应按实际情况采用；但在任何情况下，组合值和频遇值系数不应小于 0.7，准永久值系数不应小于 0.6。

3.3 屋面活荷载
Live Loads on Roofs

3.3.1 房屋建筑的屋面，其水平投影面上的屋面均布活荷载的标准值及其组合值、频遇值和准永久值系数的最小值，应按附表 3-3 规定采用。屋面均布活荷载，不应与雪荷载同时组合。

附表 3-3 屋面均布活荷载标准值及其组合值、频遇值和准永久值系数

项次	类别	标准值/(kN·m⁻²)	组合值系数 Ψ_c	频遇值系数 Ψ_f	准永久值系数 Ψ_q
1	不上人的屋面	0.5	0.7	0.5	0
2	上人的屋面	2.0	0.7	0.5	0.4
3	屋顶花园	3.0	0.7	0.6	0.5
4	屋顶运动场	3.0	0.7	0.6	0.4

注：1. 不上人的屋面，当施工或维修荷载较大时，应按实际情况采用；对不同结构应按有关设计规范的规定采用，但不得低于 0.3 kN/m² 的增减。

2. 上人的屋面，当兼作其他用途时，应按相应楼面活荷载采用。

3. 对于因屋面排水不畅、堵塞等引起的积水荷载，应采取构造措施加以防止；必要时，应按积水的可能深度确定屋面活荷载。

4. 屋顶花园活荷载不包括花圃土石等材料自重。

3.3.2 屋面直升机停机坪荷载应根据直升机总重按局部荷载考虑，同时其等效均布荷载不应低于 5.0 kN/m²。

局部荷载应按直升机实际最大起飞重量确定，当没有机型技术资料时，一般可依据轻、中、重三种类型的不同要求，按下述规定选用局部荷载标准值及作用面积：

轻型，最大起飞重量 2 t，局部荷载标准值取 20 kN，作用面积 0.20 m×0.20 m；

中型，最大起飞重量 4 t，局部荷载标准值取 40 kN，作用面积 0.25 m×0.25 m；

重型，最大起飞重量 6 t，局部荷载标准值取 60 kN，作用面积 0.30 m×0.30 m。

荷载的组合值系数应取 0.7，频遇值系数应取 0.6，准永久值系数应取 0。

3.4 屋面积灰荷载
Dust Loads on Roofs

3.4.1 设计生产中有大量排灰的厂房及其邻近建筑时，对于具有一定除尘设施和保证清灰制度的机械、冶金、水泥等的厂房屋面，其水平投影面上的屋面积灰荷载，应分别按附表 3-4 和附表 3-5 采用。

附表 3-4 屋面积灰荷载

项次	类别	标准值/(kN·m⁻²)			组合值系数 Ψ_c	频遇值系数 Ψ_f	准永久值系数 Ψ_q
		屋面无挡风板	屋面有挡风板				
			挡风板内	挡风板外			
1	机械厂铸造车间(冲天炉)	0.50	0.75	0.30			
2	炼钢车间(氧气转炉)	—	0.75	0.30			
3	锰、铬铁合金车间	0.75	1.00	0.30			
4	硅、钨铁合金车间	0.30	0.50	0.30			
5	烧结室、一次混合室	0.50	1.00	0.20	0.9	0.9	0.8
6	烧结厂通廊及其他车间	0.30	—	—			
7	水泥厂有灰源车间(窑房、磨坊、联合贮库、烘干房、破碎房)	1.00	—	—			
8	水泥厂无灰源车间(空气压缩机站、机修间、材料库、配电站)	0.50	—	—			

注：1. 表中的积灰均布荷载，仅应用于屋面坡度 α≤25°时；当 α≥45°时，可不考虑积灰荷载；当 25°<α<45°时，可按插值法取值。

2. 清灰设施的荷载另行考虑。

3. 对第 1～4 项的积灰荷载，仅应用于距烟囱中心 20 m 半径范围内的屋面；当邻近建筑在该范围内时，其积灰荷载对第 1、3、4 项应按车间屋面无挡风板的采用，对 2 项应按车间屋面挡风板外的采用。

附表 3-5　高炉邻近建筑的屋面积灰荷载

高炉容积 /m³	标准值/(kN·m⁻²)			组合值系数 Ψ_c	频遇值系数 Ψ_f	准永久值系数 Ψ_q
	屋面离高炉距离/m					
	≤50	100	200			
<255	0.50	—	—	1.0	1.0	1.0
255～620	0.75	0.30				
>620	1.00	0.50	0.30			

注：1. 附表 3-4 中的注 1 和注 2 也适用本表。
　　2. 当邻近建筑屋面离高炉距离为表内中间值时，可按插入法取值。

3.4.2　对于屋面上易形成灰堆处，当设计屋面板、檩条时，积灰荷载标准值可乘以下列规定的增大系数：

在高低跨处两倍于屋面高差但不大于 6.0 m 的分布宽度内取 2.0；

在天沟处不大于 3.0 m 的分布宽度内取 1.4。

3.4.3　积灰荷载应与雪荷载或不上人的屋面均布活荷载两者中的较大值同时考虑。

3.5　施工和检修荷载及栏杆荷载
Construction Load, Repair Load and Rail Loading

3.5.1　施工和检修荷载应按下列规定采用：

(1)设计屋面板、檩条、钢筋混凝土挑檐、悬挑雨篷和预制小梁时，施工或检修集中荷载标准值不应小于 1.0 kN，并应在最不利位置处进行验算。

(2)对于轻型构件或较宽的构件，应按实际情况验算，或应加垫板、支撑等临时设施。

(3)计算挑檐、悬挑雨篷的承载力时，应沿板宽每隔 1.0 m 取一个集中荷载；在验算挑檐、悬挑雨篷的倾覆时，应沿板宽每隔 2.5～3.0 m 取一个集中荷载。

3.5.2　楼梯、看台、阳台和上人屋面等的栏杆活荷载标准值，不应小于下列规定：

(1)住宅、宿舍、办公楼、旅馆、医院、托儿所、幼儿园，栏杆顶部的水平荷载应取 1.0 kN/m。

(2)学校、食堂、剧场、电影院、车站、礼堂、展览馆或体育场，栏杆顶部的水平荷载应取 1.0 kN/m，竖向荷载应取 1.2 kN/m，水平荷载与竖向荷载应分别考虑。

3.5.3　施工荷载、检修荷载及栏杆荷载的组合值系数应取 0.7，频遇值系数应取 0.5，准永久值系数应取 0。

3.6　动力系数
Dynamic Coefficient

3.6.1　建筑结构设计的动力计算，在有充分依据时，可将重物或设备的自重乘以动力系数后，按静力计算设计。

3.6.2　搬运和装卸重物以及车辆起动和刹车的动力系数，可采用 1.1～1.3；其动力荷载只传至楼板和梁。

3.6.3　直升机在屋面上的荷载，也应乘以动力系数，对具有液压轮胎起落架的直升机可取 1.4；其动力荷载只传至楼板和梁。

附录 4 风荷载特征值

Appendix 4 Characteristic Values of Wind Loads

风荷载标准值及基本风压

Characteristic Values of Wind Loads and Basic Wind Pressure

4.1.1 垂直于建筑物表面上的风荷载标准值，应按下述公式计算：
(1)当计算主要受力结构时

$$\omega_k = \beta_z \mu_s \mu_z w_0 \qquad (\text{附} 4\text{-}1)$$

式中 w_k——风荷载标准值(kN/m^2)；

β_z——高度 z 处的风振系数；

μ_s——风荷载体型系数；

μ_z——风压高度变化系数；

w_0——基本风压(kN/m^2)。

(2)当计算围护结构时

$$\omega_k = \beta_{gz} \mu_{s1} \mu_z w_0 \qquad (\text{附} 4\text{-}2)$$

式中 β_{gz}——高度 z 处的阵风系数；

μ_{s1}——风荷载局部体型系数。

4.1.2 基本风压应按 50 年一遇的风压采用(参见《荷载规范》)，但不得小于 $0.3 \ kN/m^2$。对于高层建筑、高耸结构以及对风荷载比较敏感的其他结构，基本风压应适当提高，并应由有关的结构设计规范具体规定。

4.2 风压高度变化系数

Height Variation Factors of Wind Pressure

4.2.1 对于平坦或稍有起伏的地形，风压高度变化系数应根据地面粗糙度类别按附表 4-1确定。

地面粗糙度可分为 A、B、C、D 四类：

A 类指近海海面和海岛、海岸、湖岸及沙漠地区；

B 类指田野、乡村、丛林、丘陵以及房屋比较稀疏的乡镇和城市郊区；

C 类指有密集建筑群的城市市区；

D 类指有密集建筑群且房屋较高的城市市区。

附表 4-1 风压高度变化系数 μ_z

离地面或海平面高度/m	地面粗糙度类别			
	A	B	C	D
5	1.09	1.00	0.65	0.51
10	1.28	1.00	0.65	0.51

离地面或海平面高度/m	地面粗糙度类别			
	A	B	C	D
15	1.42	1.13	0.65	0.51
20	1.52	1.23	0.74	0.51
30	1.67	1.39	0.88	0.51
40	1.79	1.52	1.00	0.60
50	1.89	1.62	1.10	0.69
60	1.97	1.71	1.20	0.77
70	2.05	1.79	1.28	0.84
80	2.12	1.87	1.36	0.91
90	2.18	1.93	1.43	0.98
100	2.23	2.00	1.50	1.04
150	2.46	2.25	1.79	1.33
200	2.64	2.46	2.03	1.58
250	2.78	2.63	2.24	1.81
300	2.91	2.77	2.43	2.02
350	2.91	2.91	2.60	2.22
400	2.91	2.91	2.76	2.40
450	2.91	2.91	2.91	2.58
500	2.91	2.91	2.91	2.74
≥550	2.91	2.91	2.91	2.91

4.2.2 对于山区的建筑物,风压高度变化系数除可按平坦地面的粗糙度类别,由附表4-1确定外,还应考虑地形条件的修正,修正系数 η 分别按下述规定采用:

(1)对于山峰和山坡,其顶部 B 处的修正系数可按下述公式采用:

$$\eta_B = \left[1 + k\tan\alpha\left(1 - \frac{z}{2.5H}\right)\right]^2 \tag{附 4-3}$$

式中 $\tan\alpha$——山峰或山坡在迎风面一侧的坡度;当 $\tan\alpha > 0.3$ 时,取 $\tan\alpha = 0.3$;

k——系数,对山峰取 2.2,对山坡取 1.4;

H——山顶或山坡全高(m);

z——建筑物计算位置离建筑物地面的高度(m);当 $z > 2.5H$ 时,取 $z = 2.5H$。

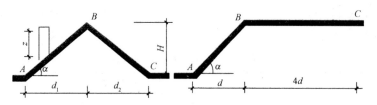

附图 4-1 山峰和山坡的示意

对于山峰和山坡的其他部位，可按附图 4-1 所示，取 A、C 处的修正系数 η_A、η_C 为 1，AB 间和 BC 间的修正系数按 η 的线性插值确定。

(2)山间盆地、谷地等闭塞地形 η=0.75～0.85；对于与风向一致的谷口、山口 η=1.20～1.50。

4.2.3　对于远海海面和海岛的建筑物或构筑物，风压高度变化系数可按 A 类粗糙度类别，由附表 4-1 确定外，还应考虑附表 4-2 中给出的修正系数。

附表 4-2　远海海面和海岛的修正系数 η

距海岸距离/km	η
＜40	1.0
40～60	1.0～1.1
60～100	1.1～1.2

4.3 风荷载体型系数

Shape Factors of Wind Load

4.3.1　房屋和构筑物的风载体型系数，可按下列规定采用：

(1)房屋和构筑物与附表 4-3 中的体型类同时，可按该表的规定采用。

(2)房屋和构筑物与附表 4-3 中的体型不同时，可参考有关资料采用。

(3)房屋和构筑物与附表 4-3 中的体型不同且无参考资料可以借鉴时，宜由风洞试验确定。

(4)对于重要且体型复杂的房屋和构筑物，应由风洞试验确定。

附表 4-3　风荷载体型系数(常用)

<table>
<tr><th>项次</th><th>类别</th><th>体型及体型系数 μ_s</th></tr>
<tr><td>1</td><td>封闭式落地
双坡屋面</td><td>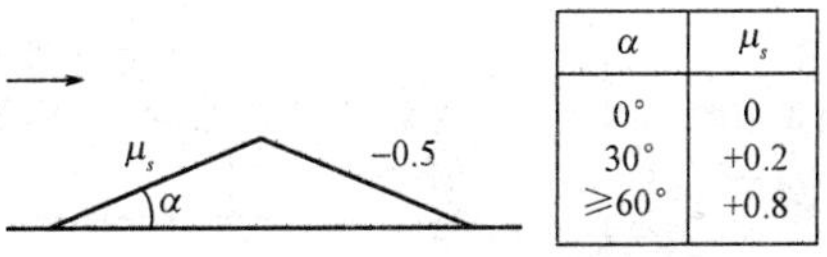

中间值按内插法计算</td></tr>
<tr><td>2</td><td>封闭式
双坡屋面</td><td>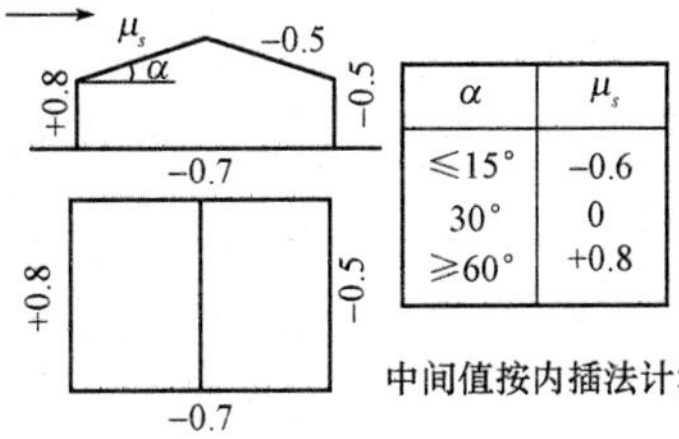

中间值按内插法计算</td></tr>
<tr><td>3</td><td>封闭式
带天窗
双坡屋面</td><td>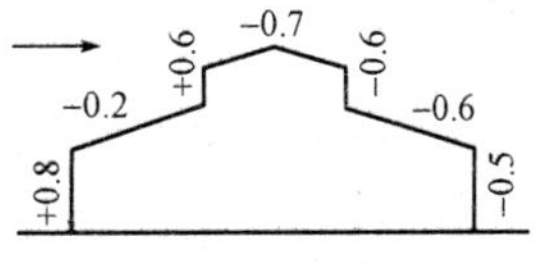

带天窗的拱形屋面可按本图采用</td></tr>
</table>

项次	类别	体型及体型系数 μ_s
4	封闭式 双跨双坡屋面	 迎风坡面的 μ_s 按第2项采用
5	封闭式 不等高不等跨的双跨 双坡屋面	 迎风坡面的 μ_s 按第2项采用
6	封闭式 不等高不等跨的 三跨双坡屋面	 迎风坡面的 μ_s 按第2项采用 中跨上部迎风墙的 μ_{sl} 按下式采用： $$\mu_{sl}=0.6(1-2h_l/h)$$ 但当 $h_l=h$ 时，取 $\mu_{sl}=-0.6$
7	封闭式 带天窗带坡的 双坡屋面	
8	封闭式 带天窗带双坡的 双坡屋面	
9	封闭式 不等高不等跨 且中跨带天窗的 三跨双坡屋面	 迎风坡面的 μ_s 按第2项采用 中跨上部迎风墙面的 μ_{sl} 按下式采用： $$\mu_{sl}=0.6(1-2h_l/h)$$ 但当 $h_l=h$ 时，取 $\mu_{sl}=-0.6$

项次	类别	体型及体型系数 μ_s
10	封闭式 带天窗的双跨 双坡屋面	$+0.8$ -0.2 -0.6 -0.7 -0.6 -0.5 -0.5 μ_s -0.6 -0.5 -0.4 -0.4 a h 迎风坡面的 μ_s 按第2项采用 当 $a \leqslant 4h$ 时，取 $\mu_s=0.2$；当 $a>4h$ 时，取 $\mu_s=0.6$
11	封闭式 带女儿墙的 双坡屋面	$+0.8$ $+1.3$ 0 -0.5 当女儿墙高度有限时，屋面上的体型系数 可按无女儿墙的屋面采用
12	封闭式 带天窗挡风板的屋面	$+0.8$ $+0.3$ $+1.4$ -0.8 -0.7 -0.6 0 -0.6 -0.5 -0.8 -0.6
13	封闭式 带天窗挡风板的 双跨屋面	$+0.8$ $+0.3$ $+1.4$ -0.8 -0.7 -0.6 -0.1 -0.5 -0.6 -0.4 0 -0.6 -0.6 -0.5 -0.4 -0.4 -0.4
14	封闭式房屋 和构筑物	(a)正多边形（包括矩形）平面 (b)Y形平面 (c)L形平面　(d)Π形平面 (e)十字形平面　(f)截角三边形平面

注：本表所列仅为各类体型中的部分情况，未列情况可参考《荷载规范》。

4.3.2　当多个建筑物，特别是群集的高层建筑，相互间距较近时，宜考虑风力相互干扰的群体效应；一般可将单独建筑物的体型系数 μ_s 乘以相互干扰系数。相互干扰系数可按下列规定确定：

(1)单个施扰建筑，建筑平面为矩形且高度相近时，根据施扰建筑的位置，对顺风向风荷载可取 1.00～1.10，对横风向风荷载可取 1.00～1.20。

(2)其他情况可参考类似条件的风洞试验资料确定，必要时宜通过风洞试验确定。

4.3.3　验算直接承受风荷载的围护构件及其连接的强度时，可按下列规定采用局部风压体型系数 μ_{sl}：

(1)矩形平面房屋的墙面及屋面可按《荷载规范》表 8-3.3 的规定采用。

(2)其他房屋和构筑物可取附表 4-3 规定的体型系数的 1.25 倍。

(3)对檐口、雨篷、遮阳板等突出构件，取 −2.0。

4.3.4　验算非直接承受风荷载的围护构件时，局部体型系数 μ_{sl} 可按构件从属面积折减，折减系数按下列规定采用：

(1)当从属面积不大于 1 m^2 时，折减系数取 1.0。

(2)当从属面积大于或等于 25 m^2 时，对墙面折减系数取 0.8，对局部体型系数绝对值大于 1.0 的屋面折减系数取 0.6，其他屋面折减系数取 1.0。

(3)当从属面积大于 1 m^2 小于 25 m^2 时，墙面和绝对值大于 1.0 的屋面局部体型系数可采用对数插值，即按下式计算局部体型系数：

$$\mu_{sl}(A)=\mu_{sl}(1)+[\mu_{sl}(25)-\mu_{sl}(1)]\log A \qquad (附4\text{-}4)$$

4.3.5　验算围护构件时，建筑物内部压力的局部体型系数可按下列规定采用：

(1)封闭式建筑物，按其外表面风压的正负情况取 −0.2 或 0.2。

(2)仅一面墙有主导洞口的建筑物：

当开洞率大于 0.02 且小于或等于 0.10 时，取 $0.4\mu_{sl}$；

当开洞率大于 0.10 且小于或等于 0.30 时，取 $0.6\mu_{sl}$；

当开洞率大于 0.30 时，取 $0.8\mu_{sl}$。

(3)其他情况，应按开放式建筑物的 μ_{sl} 取值。

4.4　顺风向风振和风振系数
Along-wind Vibration and Wind Vibration Coefficient

4.4.1　对于高度大于 30 m 且高宽比大于 1.5 的房屋以及基本自振周期 T_1 大于 0.25 s 的各种高耸结构，应考虑风压脉动对结构产生顺风向风振的影响。结构顺风向风振响应应按结构随机振动理论进行。对于符合第 4.3.3 条规定的结构，也可采用风振系数进行计算。

结构的自振周期应按结构动力学计算；近似的基本自振周期 T_1 可参见《荷载规范》。

4.4.2　对于风敏感的或大跨度的屋盖结构，应考虑风压脉动对结构产生风振的影响。屋盖结构的风振响应，宜依据刚性模型风洞试验所得脉动风压结果，按随机振动理论计算确定；风振系数宜理解为风振响应的动力放大系数。对于体育场看台等悬挑型大跨度屋盖结构的风振系数，也可按第 4.3.3 条的规定计算。

4.4.3　对于一般竖向悬臂型结构，例如高层建筑和构架、塔架、烟囱等高耸结构，均可仅考虑结构第一振型的影响，结构的风荷载可考虑风振系数来计算。z 高度处的风振系数 β_z 可按下式计算：

$$\beta_z = 1 + 2gI_{10}B_z \sqrt{1+R^2} \qquad\qquad (\text{附 } 4\text{-}5)$$

式中　g——峰值因子，可取 2.5；

　　　I_{10}——为 10 m 高度处的湍流强度，对应 A、B、C 和 D 类地面粗糙度，可分别取 0.12、0.14、0.23 和 0.39；

　　　R——脉动风荷载的共振分量因子；

　　　B_z——脉动风荷载的背景分量因子。

4.4.4　脉动风荷载的共振分量因子可按下列公式计算：

$$R^2 = \frac{\pi f_1}{6\zeta_1} \frac{x_1^2}{f_1\,(1+x_1^2)^{+}} \qquad\qquad (\text{附 } 4\text{-}6)$$

$$x_1 = \frac{30f_1}{\sqrt{\omega_0}} \qquad\qquad (\text{附 } 4\text{-}7)$$

式中　f_1——结构第一阶自振频率；

　　　ζ_1——结构阻尼比，对钢结构可取 0.01，对有填充墙的钢结构房屋可取 0.02，对钢筋混凝土及砌体结构可取 0.05，对其他结构可根据工程经验确定。

4.4.5　脉动风荷载的背景分量因子可按下式计算：

$$B_z = kH^{a_1} \rho_x \rho_z \frac{\Phi_1(z)}{\mu_z(z)} \qquad\qquad (\text{附 } 4\text{-}8)$$

式中　$\Phi_1(z)$——结构第一阶振型；

　　　H——结构总高度；

　　　ρ_z——竖直方向相关系数；

　　　ρ_x——水平方向相关系数；

　　　k、a_1——系数，按附表 4-4 取值。

附表 4-4　系数 k 和 a_1

粗糙度类别		A	B	C	D
高层建筑	k	0.944	0.67	0.295	0.112
	a_1	0.155	0.187	0.261	0.346
高耸结构	k	1.276	0.91	0.404	0.155
	a_1	0.186	0.218	0.292	0.376

4.4.6　脉动风荷载的空间相关性系数可按下列规定确定。

(1)竖直方向的相关系数可按下式计算：

$$\rho_z = \frac{10\sqrt{H + 60e^{-\frac{H}{60}} - 60}}{H} \qquad\qquad (\text{附 } 4\text{-}9)$$

(2)水平方向相关系数可按下式计算：

$$\rho_x = \frac{10\sqrt{B + 50e^{-\frac{B}{50}} - 50}}{B} \qquad\qquad (\text{附 } 4\text{-}10)$$

对迎风面宽度较小的高耸结构，水平方向相关系数可取 $\rho_x = 1$。

4.4.7　振型系数应根据结构动力计算确定。迎风面宽度较大的高层建筑，当剪力墙和框架均起主要作用时，其振型系数可按附表 4-5 根据相对高度 z/H 采用确定。

相对高度	振 型 序 号			
z/H	1	2	3	4
0.1	0.02	−0.09	0.22	−0.38
0.2	0.08	−0.30	0.58	−0.73
0.3	0.17	−0.50	0.70	−0.40
0.4	0.27	−0.68	0.46	0.33
0.5	0.38	−0.63	−0.03	0.68
0.6	0.45	−0.48	−0.49	0.29
0.7	0.67	−0.18	−0.63	−0.47
0.8	0.74	0.17	−0.34	−0.62
0.9	0.86	0.58	0.27	−0.02
1.0	1.00	1.00	1.00	1.00

其余情况参见《荷载规范》。

4.5 横风向和扭转风振
Across-wind and Torsion Vibrations

4.5.1　对于横风向风振作用效应明显的高层建筑以及细长圆形截面构筑物，宜考虑横风向风振的影响。

4.5.2　对于平面或立面体型较复杂的高层建筑和高耸结构，横风向风振的等效风荷载 w_{Lk} 宜通过风洞试验确定；也可参考有关资料确定。

4.5.3　对圆形截面的结构，应按下列规定对不同雷诺数 Re 的情况进行横风向风振(旋涡脱落)的校核：

(1)当 $Re<3×10^5$ 且结构顶部风速 v_H 大于 v_{cr} 时，可发生亚临界的微风共振。此时，可在构造上采取防振措施，或控制结构的临界风速 v_{cr} 不小于 15 m/s。

(2)当 $Re≥3.5×10^6$ 且结构顶部风速 v_H 的 1.2 倍大于 v_{cr} 时，可发生跨临界的强风共振，此时应考虑横风向风振的等效风荷载。

(3)当雷诺数为 $3×10^5≤Re<3.5×10^6$ 时，则发生超临界范围的风振，可不作处理。

(4)雷诺数 Re 可按下式确定：

$$Re= 69\,000vD \qquad (附 4-11)$$

式中　v——计算所用风速，可取值 v_{cr}；

　　　D——结构截面的直径(m)，当结构的截面沿高度缩小时(倾斜度不大于 0.02)，可近似取 2/3 结构高度处的直径。

(5)临界风速 v_{cr} 和结构顶部风速 v_H 可按下列公式确定：

$$v_{cr}=\frac{D}{T_iS_t} \qquad (附 4-12)$$

$$v_H=\sqrt{\frac{2\,000\mu_H\omega_0}{\rho}} \qquad (附 4-13)$$

式中　T_i——结构第 i 振型的自振周期，验算亚临界微风共振时取基本自振周期 T_1；

　　　S_t——斯脱罗哈数，对圆截面结构取 0.2；

　　　μ_H——结构顶部风压高度变化系数；

w_0——基本风压（kN/m^2）；

ρ——空气密度（kg/m^3）。

4.5.4 对于扭转风振作用效应明显的高层建筑及高耸结构，宜考虑扭转风振的影响。

4.5.5 对于体型较复杂以及质量或刚度有显著偏心的高层建筑，扭转风振等效风荷载 w_{Tk} 宜通过风洞试验确定，也可参考有关资料确定。

4.5.6 顺风向风荷载、横风向风振等效风荷载和扭转风振等效风荷载按附表 4-6 的规定考虑风荷载组合工况。具体见《荷载规范》。

附表 4-6 风荷载的组合

工况	顺风向风荷载	横风向风振等效风荷载	扭转风振等效风荷载
1	F_{Dk}	—	—
2	$0.6F_{Dk}$	F_{Lk}	—
3	—	—	T_{Tk}

4.6 阵风系数
Gust Factor

4.6.1 计算围护构件（包括门窗）风荷载时的阵风系数应按附表 4-7 确定。

附表 4-7 阵风系数 β_{gz}

离地面高度/m	地面粗糙度类别			
	A	B	C	D
5	1.65	1.70	2.05	2.40
10	1.60	1.70	2.05	2.40
15	1.57	1.66	2.05	2.40
20	1.55	1.63	1.99	2.40
30	1.53	1.59	1.90	2.40
40	1.51	1.57	1.85	2.29
50	1.49	1.55	1.81	2.20
60	1.48	1.54	1.78	2.14
70	1.48	1.52	1.75	2.09
80	1.47	1.51	1.73	2.04
90	1.46	1.50	1.71	2.01
100	1.46	1.50	1.69	1.98
150	1.43	1.47	1.63	1.87
200	1.42	1.45	1.59	1.79
250	1.41	1.43	1.57	1.74
300	1.40	1.42	1.54	1.70
350	1.40	1.41	1.53	1.67
400	1.40	1.41	1.51	1.64
450	1.40	1.41	1.50	1.62
500	1.40	1.41	1.50	1.60
550	1.40	1.40	1.50	1.59

附录 5 吊车的工作级别和一般用途电动桥式起重机基本参数

Appendix 5 Working Class of Cranes and Basic parameters of Electric Bridge Cranes

附表 5-1 常用吊车的工作级别

工作级别	工作制	吊车种类举例
A1~A3	轻级	(1)安装、维修用的电动梁式吊车 (2)手动梁式吊车 (3)电动用软钩式吊车
A4~A5	中级	(1)生产用的电动梁式吊车 (2)机械加工、锻造、冲击、钣焊、装配、铸工(砂箱库、制芯、清理、粗加工)车间用的软钩桥式吊车
A6~A7	重级	(1)繁重工作车间、仓库用的软钩桥式吊车 (2)机械铸造(造型、浇筑、合箱、落砂)车间用的软钩桥式吊车 (3)冶金用普通软钩桥式吊车 (4)间断工作的电磁、抓斗桥式吊车
A8	超重级	(1)冶金专用(如脱锭、夹钳、料耙、锻造、淬火等)桥式吊车 (2)连续工作的电磁、抓斗桥式吊车

附表 5-2 5~50/5 t 一般用途电动桥式起重机基本参数和尺寸系列(ZQ1-62)

起重量 Q	跨度 L_k	尺寸				A_4~A_5			
		宽度 B	轮距 K	轨顶以上高度 H	轨道中心至端部距离 B_1	最大轮压 P_{max}	最小轮压 P_{min}	起重机总重 G	小车总重 Q_1
t	m	mm	mm	mm	mm	t	t	t	t
5	16.5	4 650	5 300	1 870	230	7.6	3.1	16.4	2.0(单闸) 2.1(双闸)
	19.5	5 150	4 000			8.5	3.5	19.0	
	22.5					9.0	4.2	21.4	
	25.5	6 400	5 250			10.0	4.7	24.4	
	28.5					10.5	6.3	28.5	
10	16.5	5 550	4 400	2 140	230	11.5	2.5	18.0	3.8(单闸) 3.9(双闸)
	19.5	5 550	4 400			12.0	3.2	20.3	
	22.5					12.5	4.7	22.4	
	25.5	6 400	5 250	2 190		13.5	5.0	27.0	
	28.5					14.0	6.6	31.5	

起重量 Q	跨度 L_k	尺寸				$A_4 \sim A_5$			小车总重 Q_1
		宽度 B	轮距 K	轨顶以上高度 H	轨道中心至端部距离 B_1	最大轮压 P_{max}	最小轮压 P_{min}	起重机总重 G	
t	m	mm	mm	mm	mm	t	t	t	t
15	16.5	5 650	4 400	2 050	230	16.5	3.4	24.1	5.3(单闸) 5.5(双闸)
	19.5	5 550		2 140	260	17.0	4.8	25.5	
	22.5					18.5	5.8	31.6	
	25.5	6 400	5 250			19.5	6.0	38.0	
	28.5					21.0	6.8	40.0	
15/3	16.5	5 650	4 400	2 050	230	16.5	3.5	25.0	6.9(单闸) 7.4(双闸)
	19.5	5 550		2 150	260	17.5	4.3	28.5	
	22.5					18.5	5.0	32.1	
	25.5	6 400	5 250			19.5	6.0	36.0	
	28.5					21.0	6.9	40.5	
20/5	16.5	5 650	4 400	2 200	230	19.5	3.0	25.0	7.5(单闸) 7.8(双闸)
	19.5	5 550		2 300	260	20.5	3.5	28.0	
	22.5					21.5	4.5	32.0	
	25.5	6 400	5 250			23.0	5.3	30.5	
	28.5					24.0	6.5	41.0	
30/5	16.5	6 050	4 600	2 600	260	27.0	5.0	34.0	11.7(单闸) 11.8(双闸)
	19.5	6 150	4 800		300	28.0	6.5	36.5	
	22.5					29.0	7.0	42.0	
	25.5	6 650	5 250			31.0	7.8	47.5	
	28.5					32.0	8.8	51.5	
50/5	16.5	6 350	4 800	2 700	300	39.5	7.5	44.0	14.0(单闸) 14.5(双闸)
	19.5			2 750		41.5	7.5	48.0	
	22.5					42.5	8.5	52.0	
	25.5	6 800	5 250			44.5	8.5	56.0	
	28.5					46.0	9.5	61.0	

附录6 等截面等跨连续梁在常用荷载作用下的内力系数表

Appendix 6 Coefficient of Internal Forces of Uniform Section and Equal Span Beams under Usual Loads

(1)在均布及三角形荷载作用下：

$$M = 表中系数 \times ql_0^2, \quad V = 表中系数 \times ql_0$$

(2)在集中荷载作用下：

$$M = 表中系数 \times Fl_0, \quad V = 表中系数 \times F$$

(3)内力正、负号规定：

M——使截面上部受压、下部受拉为正；

V——对临近截面所产生的力矩沿顺时针方向者为正。

附表 6-1 两跨梁

荷载图	跨内最大弯矩		支座弯矩	剪力		
	M_1	M_2	M_B	V_A	$V_{B左}$ $V_{B右}$	V_C
	0.070	0.070	−0.125	0.375	−0.625 0.625	−0.375
	0.096	—	−0.063	0.437	−0.563 0.063	0.063
	0.156	0.156	−0.188	0.312	−0.688 0.688	−0.312
	0.203	—	−0.094	0.406	−0.594 0.094	0.094
	0.222	0.222	−0.333	0.667	−1.333 1.333	−0.667
	0.278	—	−0.167	0.833	−1.167 0.167	0.167

荷载图	跨内最大弯矩		支座弯矩		剪力			
	M_1	M_2	M_B	M_C	V_A	$V_{B左}$ / $V_{B右}$	$V_{C左}$ / $V_{C右}$	V_D
q 满跨（l_0 l_0 l_0）	0.080	0.025	−0.100	−0.100	0.400	−0.600 / 0.500	−0.500 / 0.600	−0.400
q 第一、三跨	0.101	—	−0.050	−0.050	0.450	−0.550 / 0	0 / 0.550	−0.450
q 第二跨	—	0.075	−0.050	−0.050	0.050	−0.050 / 0.500	−0.500 / 0.050	0.050
q 第一、二跨	0.073	0.054	−0.117	−0.033	0.383	−0.617 / 0.583	−0.417 / 0.033	0.033
q 第一跨	0.094	—	−0.067	0.017	0.433	−0.567 / 0.083	−0.083 / −0.017	−0.017
F 各跨跨中	0.175	0.100	−0.150	−0.150	0.350	−0.650 / 0.500	−0.500 / 0.650	−0.350
F 第一、三跨跨中	0.213	—	−0.075	−0.075	0.425	−0.575 / 0	0 / 0.575	−0.425
F 第二跨跨中	—	0.175	−0.075	−0.075	−0.075	−0.075 / 0.500	−0.500 / 0.075	0.075
F 第一、二跨跨中	0.162	0.137	−0.175	−0.050	0.325	−0.675 / 0.625	−0.375 / 0.050	0.050
F 第一跨跨中	0.200	—	−0.100	0.025	0.400	−0.600 / 0.125	0.125 / −0.125	−0.025
F 各跨三分点	0.244	0.067	−0.267	−0.267	−0.733	−1.267 / 1.000	−1.000 / 1.267	−0.733
F 第一、三跨三分点	0.289	—	−0.133	−0.133	0.866	−1.134 / 0	0 / 1.134	−0.866
F 第二跨三分点	—	0.200	−0.133	−0.133	−0.133	−0.133 / 1.000	−1.000 / 0.133	0.133
F 第一、二跨三分点	0.229	0.170	−0.311	−0.089	0.689	−1.311 / 1.222	−0.778 / 0.089	0.089
F 第一跨三分点	0.274	—	−0.178	0.044	0.822	−1.178 / 0.222	0.222 / −0.044	−0.044

附表 6-3　四跨梁

荷载图	跨内最大弯矩				支座弯矩			剪力				
	M_1	M_2	M_3	M_4	M_B	M_C	M_D	V_A	$V_{B左}$ $V_{B右}$	$V_{C左}$ $V_{C右}$	$V_{D左}$ $V_{D右}$	V_E
(荷载图)	0.077	0.036	0.036	0.077	−0.107	−0.071	−0.107	−0.393	−0.607 0.536	−0.464 0.464	−0.536 0.607	−0.393
(荷载图)	0.100	—	0.081	—	−0.054	−0.036	−0.054	0.446	−0.554 0.018	0.018 0.482	−0.518 0.054	0.054
(荷载图)	0.072	0.061	—	0.098	−0.121	−0.018	−0.058	0.380	−0.620 0.603	−0.397 0.040	−0.040 0.558	−0.442
(荷载图)	—	0.056	0.056	—	−0.036	0.107	−0.036	−0.036	−0.036 0.429	−0.571 0.571	−0.429 0.036	0.036
(荷载图)	0.094	—	—	—	−0.067	0.018	−0.004	0.433	−0.567 0.085	0.085 −0.022	−0.022 0.004	0.004
(荷载图)	—	0.074	—	—	−0.049	−0.054	0.013	−0.049	−0.049 0.496	−0.504 0.067	0.067 −0.013	−0.013
(荷载图 F)	0.169	0.116	0.116	0.169	−0.161	−0.107	−0.161	0.339	−0.661 0.554	−0.446 0.446	−0.554 0.661	−0.339
(荷载图 F)	0.210	—	0.180	—	−0.089	−0.054	−0.080	0.420	−0.580 0.027	0.027 0.473	−0.527 0.080	0.080
(荷载图 F)	0.159	0.146	—	0.206	−0.181	−0.027	−0.087	0.319	−0.681 0.654	−0.346 −0.060	−0.060 0.587	−0.413

荷载图	M₁	M₂	M₃	M₄	M_B	M_C	M_D	V_A	V_B左 / V_B右	V_C左 / V_C右	V_D左 / V_D右	V_E
	—	0.142	0.142	—	−0.054	−0.161	−0.054	0.054	−0.054 / 0.393	−0.607 / −0.607	−0.393 / 0.054	0.054
	0.200	—	—	—	−0.100	0.027	−0.007	0.400	−0.600 / 0.127	0.127 / −0.033	−0.033 / 0.007	0.007
	—	0.173	—	—	−0.074	−0.080	0.020	−0.074	−0.074 / 0.493	−0.507 / 0.100	0.100 / −0.020	−0.020
	0.238	0.111	0.111	0.238	−0.286	−0.191	−0.286	0.714	−1.286 / 1.095	−0.905 / 0.905	−1.095 / 1.286	−0.714
	0.286	—	0.222	—	−0.143	−0.095	−0.143	0.857	−1.143 / 0.048	0.048 / 0.952	−1.048 / 0.143	0.143
	0.226	0.194	—	0.282	−0.321	−0.048	−0.155	0.679	−1.321 / 1.274	−0.726 / −0.107	−0.107 / 1.155	−0.845
	—	0.175	0.175	—	−0.095	−0.286	−0.095	−0.095	−0.095 / 0.810	−1.190 / 1.190	−0.810 / 0.095	0.095
	0.274	—	—	—	−0.178	0.048	−0.012	0.822	−1.178 / 0.226	0.226 / −0.060	−0.060 / 0.012	0.012
	—	0.198	—	—	−0.131	−0.143	0.036	−0.131	−0.131 / 0.988	−1.012 / 0.178	0.178 / −0.036	−0.036

跨内最大弯矩: M₁, M₂, M₃, M₄　支座弯矩: M_B, M_C, M_D　剪力: V_A, V_B, V_C, V_D, V_E

附表 6-4　五跨梁

荷载图	跨内最大弯矩			支座弯矩				剪力					
	M_1	M_2	M_3	M_B	M_C	M_D	M_E	V_A	$V_{B左}$ / $V_{B右}$	$V_{C左}$ / $V_{C右}$	$V_{D左}$ / $V_{D右}$	$V_{E左}$ / $V_{E右}$	V_F
(荷载图)	0.078	0.033	0.046	−0.105	−0.079	−0.079	−0.105	0.394	−0.606 / 0.526	−0.474 / 0.500	−0.500 / 0.474	−0.526 / −0.606	−0.394
(荷载图)	0.100	—	0.085	−0.053	−0.040	−0.040	−0.053	0.447	−0.553 / 0.013	0.013 / 0.500	−0.500 / −0.013	−0.013 / 0.553	−0.447
(荷载图)	—	0.079	—	−0.053	−0.040	−0.040	−0.053	−0.053	−0.053 / 0.513	−0.487 / 0	0 / 0.487	−0.513 / 0.053	0.053
(荷载图)	① $\dfrac{-}{0.098}$	② $\dfrac{0.059}{0.078}$	0.064	−0.119	−0.022	−0.044	−0.051	0.380	−0.620 / 0.598	−0.402 / −0.023	−0.023 / 0.493	−0.507 / 0.052	0.052
(荷载图)	0.094	0.055	—	−0.035	−0.111	−0.020	−0.057	−0.035	−0.035 / 0.424	−0.576 / 0.591	−0.409 / −0.037	−0.037 / 0.557	−0.443
(荷载图)	—	0.074	—	−0.067	0.018	−0.005	0.001	0.443	−0.567 / 0.085	0.085 / −0.023	−0.023 / 0.006	0.006 / −0.001	−0.001
(荷载图)	—	—	—	−0.049	−0.054	0.014	−0.004	−0.049	−0.049 / 0.495	−0.505 / 0.068	0.068 / −0.018	−0.018 / 0.004	0.004
(荷载图)	—	—	0.072	0.013	−0.053	−0.053	0.013	0.013	0.013 / −0.066	−0.066 / 0.500	−0.500 / 0.066	0.066 / −0.013	−0.013

荷载图	跨内最大弯矩			支座弯矩				剪力					
	M_1	M_2	M_3	M_B	M_C	M_D	M_E	V_A	$V_{B左}$ / $V_{B右}$	$V_{C左}$ / $V_{C右}$	$V_{D左}$ / $V_{D右}$	$V_{E左}$ / $V_{E右}$	V_F
	0.171	0.112	0.132	−0.158	−0.118	−0.118	−0.158	0.342	−0.658 / 0.540	−0.460 / 0.500	−0.500 / 0.460	−0.540 / 0.658	−0.342
	0.211	—	0.191	−0.079	−0.059	−0.059	−0.079	0.421	−0.579 / 0.020	0.020 / 0.500	−0.500 / −0.020	−0.020 / 0.579	−0.421
	—	0.181	—	−0.079	−0.059	−0.059	−0.079	−0.079	−0.079 / 0.520	−0.480 / 0	0 / 0.480	−0.520 / 0.079	0.079
	0.160	② 0.144 / 0.178	—	−0.179	−0.032	−0.066	−0.077	0.321	−0.679 / 0.647	−0.353 / −0.034	−0.034 / 0.489	−0.511 / 0.077	0.077
	① 0.207	0.140	0.151	−0.052	−0.167	−0.031	−0.086	−0.052	−0.052 / 0.385	−0.615 / 0.637	−0.363 / −0.056	−0.056 / 0.586	−0.414
	0.200	—	—	−0.100	0.027	−0.007	0.002	0.400	−0.600 / 0.127	0.127 / −0.031	−0.031 / 0.009	0.009 / −0.002	−0.002
	—	0.173	—	−0.073	−0.081	0.022	−0.005	−0.073	−0.073 / 0.493	−0.507 / −0.102	0.102 / 0.027	−0.027 / 0.005	0.005
	—	—	0.171	0.020	−0.079	−0.079	0.020	0.020	0.020 / −0.099	−0.099 / 0.500	−0.500 / 0.099	0.099 / −0.020	−0.020

荷载图	跨内最大弯矩			支座弯矩				剪力					
	M_1	M_2	M_3	M_B	M_C	M_D	M_E	V_A	$V_{B左}$ $V_{B右}$	$V_{C左}$ $V_{C右}$	$V_{D左}$ $V_{D右}$	$V_{E左}$ $V_{E右}$	V_F
	0.240	0.100	0.122	−0.281	−0.211	−0.211	−0.281	0.719	−1.281 1.070	−0.930 1.000	−1.000 0.930	−1.070 1.281	−0.719
	0.287	—	0.228	−0.140	−0.105	−0.105	−0.140	0.860	−1.140 0.035	0.035 1.000	−1.000 −0.035	−0.035 1.140	−0.860
	—	0.216	—	−0.140	−0.105	−0.105	−0.140	−0.140	−0.140 1.035	−0.965 0	0.000 0.965	−1.035 0.140	0.140
	0.227	②$\dfrac{0.189}{0.209}$	—	−0.319	−0.057	−0.118	−0.137	0.681	−1.319 1.262	−0.738 −0.061	−0.061 0.981	−1.019 0.137	0.137
	①$\dfrac{—}{0.282}$	0.172	0.198	−0.093	−0.297	−0.054	−0.153	−0.093	−0.093 0.796	−1.204 1.243	−0.757 −0.099	−0.099 1.153	−0.847
	0.274	—	—	−0.179	0.048	−0.013	0.003	0.821	−1.790 0.227	0.227 −0.061	−0.061 0.016	0.016 −0.003	−0.003
	—	0.198	—	−0.131	−0.144	0.038	−0.010	−0.131	−0.131 0.987	−1.013 0.182	0.182 −0.048	−0.048 0.010	0.10
	—	—	0.193	0.035	−0.140	−0.140	0.035	0.035	0.035 −0.175	−0.175 1.000	−1.000 0.175	0.175 −0.035	−0.035

注：①分子及分母分别为 M_1 及 M_5 的弯矩系数；②分子及分母分别为 M_2 及 M_4 的弯矩系数。

附录 7　等效均布荷载 q

Appendix 7　Equivalent Uniform Live Loads

附表 7-1　等效均布荷载 q

序号	荷载草图	q_1	序号	荷载草图	q_1
1	F，$l_0/2$，$l_0/2$	$\dfrac{3}{2}\dfrac{F}{l_0}$	7	q，$a/l_0=\alpha$，b，a，b	$\dfrac{\alpha(3-\alpha^2)}{2}q$
2	F，F，$l_0/3$，$l_0/3$，$l_0/3$	$\dfrac{8}{3}\dfrac{F}{l_0}$	8	q，$l_0/4$，$l_0/2$，$l_0/4$	$\dfrac{11}{16}q$
3	F，F，F，$l_0/4$，$l_0/4$，$l_0/4$，$l_0/4$	$\dfrac{15}{4}\dfrac{F}{l_0}$	9	q，$a/l_0=\alpha$，$b/l_0=\beta$，a，b，a	$\dfrac{2(2+\beta)a^2}{l^2}q$
4	F，F，F，$l_0/6$，$l_0/3$，$l_0/3$，$l_0/6$	$\dfrac{\alpha(3-\alpha^2)}{2}q$	10	q，q，$l_0/3$，$l_0/3$，$l_0/3$	$\dfrac{14}{27}q$
5	F，F，F，F，$l_0/8$，$l_0/4$，$l_0/4$，$l_0/4$，$l_0/8$	$\dfrac{33}{8}\dfrac{F}{l_0}$	11	F，F，F，F，$l_0/5$，$l_0/5$，$l_0/5$，$l_0/5$，$l_0/5$	$\dfrac{24}{5}\dfrac{F}{l_0}$
6	$a/2$，F，a，F，a，F，a，F，$a/2$，$l_0=na$	$\dfrac{(2n^2+1)}{2n}\dfrac{F}{l_0}$	12	F，F，F，F，F，a，a，a，a，a，a，$l_0=na$	$\dfrac{(n^2-1)}{n}\dfrac{F}{l_0}$

附录 8　双向板计算系数表

Appendix 8　Coefficient of Internal Forces of Two-way Slabs

符号说明：

B_c——板的抗弯刚度，$B_c=\dfrac{Eh^3}{12(1-\mu^2)}$；

E——混凝土弹性模量；

h——板厚；

μ——混凝土泊松比；

f、f_{max}——分别为板中心点的挠度和最大挠度；

m_x、$m_{x,max}$——分别为平行于l_{0x}方向板中心点单位板宽内的弯矩和板跨内最大弯矩；

m_y、$m_{y,max}$——分别为平行于l_{0y}方向板中心点单位板宽内的弯矩和板跨内最大弯矩；

m_x——固定边中点沿l_{0x}方向单位板宽内的弯矩；

m_y——固定边中点沿l_{0y}方向单位板宽内的弯矩；

- - - -代表简支边；⊥⊥⊥⊥代表固定边。

正负、号的规定：

弯矩——使板的受荷面受压者为正；

挠度——变形与荷载方向相同者为正。

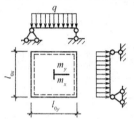

挠度＝表中系数×$\dfrac{ql_0^4}{B_c}$

$\mu=0$，弯矩＝表中系数×ql_0^2

式中l_0取用l_{0x}和l_{0y}中之较小者。

附表 8-1　四边简支双向板计算系数表

l_{0x}/l_{0y}	f	m_x	m_y	l_{0x}/l_{0y}	f	m_x	m_y
0.50	0.010 13	0.096 5	0.017 4	0.80	0.006 03	0.056 1	0.003 34
0.55	0.009 40	0.089 2	0.021 0	0.85	0.005 47	0.050 6	0.034 8
0.60	0.008 67	0.082 0	0.024 2	0.90	0.004 96	0.045 6	0.035 3
0.65	0.007 96	0.075 0	0.027 1	0.95	0.004 49	0.041 0	0.036 3
0.70	0.007 27	0.068 3	0.029 6	1.00	0.004 06	0.036 8	0.036 8
0.75	0.006 63	0.062 0	0.031 7				

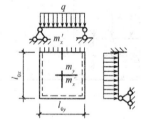

挠度＝表中系数×$\dfrac{ql_0^4}{B_c}$

$\mu=0$，弯矩＝表中系数×ql_0^2

式中l_0取用l_{0x}和l_{0y}中之较小者。

附表 8-2　三边简支一边固定双向板计算系数表

l_{0x}/l_{0y}	l_{0y}/l_{0x}	f	f_{max}	m_x	$m_{x,max}$	m_y	$m_{y,max}$	m'_x
0.50		0.004 88	0.005 04	0.058 8	0.064 6	0.006 0	0.006 3	−0.121 2
0.55		0.004 71	0.004 92	0.056 3	0.061 8	0.008 1	0.008 7	−0.118 7
0.60		0.004 53	0.004 72	0.053 9	0.058 9	0.010 4	0.011 1	−0.115 8
0.65		0.004 32	0.004 48	0.051 3	0.055 9	0.012 6	0.013 3	−0.112 4
0.70		0.004 10	0.004 22	0.048 5	0.052 9	0.014 8	0.015 4	−0.108 7

l_{0x}/l_{0y}	l_{0y}/l_{0x}	f	$f_{\max}$	m_x	$m_{x,\max}$	m_y	$m_{y,\max}$	m'_x
0.75		0.003 88	0.003 99	0.045 7	0.049 6	0.016 8	0.017 4	−0.104 8
0.80		0.003 65	0.003 76	0.004 28	0.046 3	0.018 7	0.019 3	−0.100 7
0.85		0.003 43	0.003 52	0.040 0	0.043 1	0.020 4	0.021 1	−0.096 5
0.90		0.003 21	0.003 29	0.037 2	0.040 0	0.021 9	0.022 6	−0.092 2
0.95		0.002 99	0.003 06	0.034 5	0.036 9	0.023 2	0.023 9	−0.088 0
1.00	1.00	0.002 79	0.002 85	0.031 9	0.034 0	0.024 3	0.024 9	−0.083 9
	0.95	0.003 16	0.003 24	0.032 4	0.034 5	0.028 0	0.028 7	−0.088 2
	0.90	0.003 60	0.003 68	0.032 8	0.034 7	0.032 2	0.033 0	−0.092 6
	0.85	0.004 09	0.004 17	0.032 9	0.034 7	0.037 0	0.037 8	−0.097 0
	0.80	0.004 64	0.004 73	0.032 6	0.034 3	0.042 4	0.043 3	−0.101 4
	0.75	0.005 26	0.005 36	0.031 9	0.033 5	0.048 5	0.049 4	−0.105 6
	0.70	0.005 95	0.006 05	0.030 8	0.032 3	0.055 3	0.056 2	−0.109 6
	0.65	0.006 70	0.006 80	0.029 1	0.030 6	0.062 7	0.063 7	−0.113 3
	0.60	0.007 52	0.007 62	0.026 8	0.028 9	0.070 7	0.071 7	−0.116 6
	0.55	0.008 38	0.008 48	0.023 9	0.027 1	0.079 2	0.080 1	−0.119 3
	0.50	0.009 27	0.009 35	0.020 5	0.024 9	0.088 0	0.088 8	−0.121 5

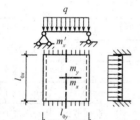

挠度 = 表中系数 $\times \dfrac{q l_0^4}{B_c}$

$\mu = 0$，弯矩 = 表中系数 $\times q l_0^2$

式中 l_0 取用 l_{0x} 和 l_{0y} 中之较小者。

附表 8-3　两对边简支两对边固定双向板计算系数表

l_{0x}/l_{0y}	l_{0y}/l_{0x}	f	m_x	m_y	m'_x
0.50		0.002 61	0.041 6	0.001 7	−0.084 3
0.55		0.002 59	0.041 0	0.002 8	−0.084 0
0.60		0.002 55	0.040 2	0.004 2	−0.084 3
0.65		0.002 50	0.039 2	0.005 7	−0.082 6
0.70		0.002 43	0.037 9	0.007 2	−0.081 4
0.75		0.002 36	0.036 6	0.008 8	−0.079 9
0.80		0.002 28	0.035 1	0.010 3	−0.078 2
0.85		0.002 20	0.033 5	0.011 8	−0.076 3
0.90		0.002 11	0.031 9	0.013 3	−0.074 3
0.95		0.002 01	0.030 2	0.014 6	−0.072 1
1.00	1.00	0.001 92	0.028 5	0.015 8	−0.069 8

l_{0x}/l_{0y}	l_{0y}/l_{0x}	f	m_x	m_y	m_x'
	0.95	0.002 23	0.029 6	0.018 9	−0.074 6
	0.90	0.002 60	0.030 6	0.022 4	−0.079 7
	0.85	0.003 03	0.031 4	0.026 6	−0.085 0
	0.80	0.003 54	0.031 9	0.031 6	−0.090 4
	0.75	0.004 13	0.032 1	0.037 4	−0.095 9
	0.70	0.004 82	0.031 8	0.044 1	−0.101 3
	0.65	0.005 60	0.030 8	0.051 8	−0.106 6
	0.60	0.006 47	0.029 2	0.060 4	−0.111 4
	0.55	0.007 43	0.026 7	0.069 8	−0.115 6
	0:50	0.008 44	0.023 4	0.079 8	−0.119 1

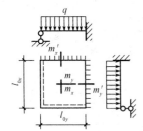

挠度＝表中系数×$\dfrac{ql_0^4}{B_c}$

$\mu=0$，弯矩＝表中系数×ql_0^2

式中 l_0 取用 l_{0x} 和 l_{0y} 中之较小者。

附表 8-4　两邻边简支两邻边固定双向板计算系数表

l_{0x}/l_{0y}	f	f_{max}	m_x	$m_{x,\,max}$	m_y	$m_{y,\,max}$	m_x'	m_y'
0.50	0.004 68	0.004 71	0.055 9	0.056 2	0.007 9	0.013 5	−0.117 9	−0.078 6
0.55	0.004 45	0.004 54	0.052 9	0.053 0	0.010 4	0.015 3	−0.114 0	−0.078 5
0.60	0.004 19	0.004 29	0.049 6	0.049 8	0.012 9	0.016 9	−0.109 5	−0.078 2
0.65	0.003 91	0.003 99	0.046 1	0.046 5	0.015 1	0.018 3	−0.104 5	−0.077 7
0.70	0.003 63	0.003 68	0.042 6	0.043 2	0.017 2	0.019 5	−0.099 2	−0.077 0
0.75	0.003 35	0.003 40	0.039 0	0.039 6	0.018 9	0.020 6	−0.093 8	−0.076 0
0.80	0.003 08	0.003 13	0.035 6	0.036 1	0.020 4	0.021 8	−0.088 3	−0.074 8
0.85	0.002 81	0.002 86	0.032 2	0.032 8	0.021 5	0.022 9	−0.082 9	−0.073 3
0.90	0.002 56	0.002 61	0.029 1	0.029 7	0.022 4	0.023 8	−0.077 6	−0.071 6
0.95	0.002 32	0.002 37	0.026 1	0.026 7	0.023 0	0.024 4	−0.072 6	−0.069 8
1.00	0.002 10	0.002 15	0.023 4	0.024 0	0.023 4	0.024 9	−0.066 7	−0.067 7

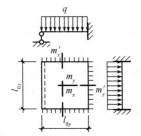

挠度＝表中系数×$\dfrac{ql_0^4}{B_c}$

$\mu=0$，弯矩＝表中系数×ql_0^2

式中 l_0 取用 l_{0x} 和 l_{0y} 中之较小者。

附表 8-5　一边简支三边固定双向板计算系数表

l_{0x}/l_{0y}	l_{0y}/l_{0x}	f	f_{max}	m_x	$m_{x,max}$	m_y	$m_{y,max}$	m'_x	m'_y
0.50		0.002 57	0.002 58	0.040 8	0.040 9	0.002 8	0.008 9	−0.083 6	−0.056 9
0.55		0.002 52	0.002 55	0.039 8	0.039 9	0.004 2	0.009 3	−0.082 7	−0.057 0
0.60		0.002 45	0.002 49	0.038 4	0.038 6	0.005 9	0.010 5	−0.081 4	−0.057 1
0.65		0.002 37	0.002 40	0.036 8	0.037 1	0.007 6	0.011 6	−0.079 6	−0.057 2
0.70		0.002 27	0.002 29	0.035 0	0.035 4	0.009 3	0.012 7	−0.077 4	−0.057 2
0.75		0.002 16	0.002 19	0.033 1	0.033 5	0.010 9	0.013 7	−0.075 0	−0.057 2
0.80		0.002 05	0.002 08	0.031 0	0.031 4	0.012 4	0.014 7	−0.072 2	−0.057 0
0.85		0.001 93	0.001 96	0.028 9	0.029 3	0.013 8	0.015 5	−0.069 3	−0.056 7
0.90		0.001 81	0.001 84	0.026 8	0.027 3	0.015 9	0.016 3	−0.066 3	−0.056 3
0.95		0.001 69	0.001 72	0.024 7	0.025 2	0.016 0	0.017 2	−0.063 1	−0.055 8
1.00	1.00	0.001 57	0.001 60	0.022 7	0.023 1	0.016 8	0.018 0	−0.060 0	−0.055 0
	0.95	0.001 78	0.001 82	0.022 9	0.023 4	0.019 4	0.020 7	−0.062 9	−0.059 9
	0.90	0.002 01	0.002 06	0.022 8	0.023 4	0.022 3	0.023 8	−0.065 6	−0.065 3
	0.85	0.002 27	0.002 33	0.022 5	0.023 1	0.025 5	0.027 3	−0.068 3	−0.071 1
	0.80	0.002 56	0.002 62	0.021 9	0.022 4	0.029 0	0.031 1	−0.070 7	−0.077 2
	0.75	0.002 86	0.002 94	0.020 8	0.021 4	0.032 9	0.035 4	−0.072 9	−0.083 7
	0.70	0.003 19	0.003 27	0.019 4	0.020 0	0.037 0	0.040 0	−0.074 8	−0.090 3
	0.65	0.003 52	0.003 65	0.017 5	0.018 2	0.041 2	0.044 6	−0.076 2	−0.097 0
	0.60	0.003 86	0.004 03	0.015 3	0.016 0	0.045 4	0.049 3	−0.077 3	−0.103 3
	0.55	0.004 19	0.004 37	0.012 7	0.013 3	0.049 6	0.054 1	−0.078 0	−0.109 3
	0.50	0.004 49	0.004 63	0.009 9	0.010 3	0.053 4	0.058 8	−0.078 4	−0.114 6

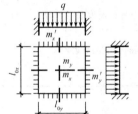

挠度＝表中系数 $\times \dfrac{q l_0^4}{B_c}$

$\mu=0$，弯矩＝表中系数 $\times q l_0^2$

式中 l_0 取用 l_{0x} 和 l_{0y} 中之较小者。

附表 8-6　四边固定双向板计算系数表

l_{0x}/l_{0y}	f	m_x	m_y	m'_x	m'_y
0.50	0.002 53	0.040 0	0.003 8	−0.082 9	−0.057 0
0.55	0.002 46	0.038 5	0.005 6	−0.081 4	−0.057 1
0.60	0.002 36	0.036 7	0.007 6	−0.079 3	−0.057 1
0.65	0.002 24	0.034 5	0.009 5	−0.076 6	−0.057 1
0.70	0.002 11	0.032 1	0.011 3	−0.073 5	−0.056 9
0.75	0.001 97	0.029 6	0.013 0	−0.070 1	−0.056 5
0.80	0.001 82	0.027 1	0.014 4	−0.066 4	−0.055 9

l_{0x}/l_{0y}	f	m_x	m_y	m'_x	m'_y
0.85	0.001 68	0.024 6	0.015 6	−0.062 6	−0.055 1
0.90	0.001 53	0.022 1	0.016 5	−0.058 8	−0.054 1
0.95	0.001 40	0.019 8	0.017 2	−0.055 0	−0.052 8
1.00	0.001 27	0.017 6	0.017 6	−0.051 3	−0.051 3

附录 9　钢筋混凝土结构伸缩缝最大间距

Appendix 9　Maximum Spacing of Expansion and Contraction Joints of Reinforced Concrete Structures

附表 9-1　钢筋混凝土结构伸缩缝最大间距　　　　　　　　　　m

结构类别		室内或土中	露天
排架结构	装配式	100	70
框架结构	装配式	75	50
	现浇式	55	35
剪力墙结构	装配式	65	40
	现浇式	45	30
挡土墙、地下室墙壁等类结构	装配式	40	30
	现浇式	30	20

注：1. 装配整体式结构房屋的伸缩缝间距宜按表中"现浇式"的数值取用。

　　2. 框架—剪力墙结构或框架—核心筒结构房屋的伸缩缝间距可根据结构的具体布置情况取表中框架结构与剪力墙结构之间的数值。

　　3. 当屋面无保温或隔热措施时，框架结构、剪力墙结构的伸缩缝间距宜按表中"露天栏"的数值取用。

　　4. 现浇挑檐、雨罩等外露结构的伸缩缝间距不宜大于 12 m。

附录 10　轴心受压和偏心受压柱的计算长度 l_0

Appendix 10 Effective Length of Axially and Eccentrically Loaded Columns

附表 10-1　刚性屋盖单层房屋排架柱、露天吊车柱和栈桥柱的计算长度

柱的类别		l_0		
		排架方向	垂直排架方向	
			有柱间支撑	无柱间支撑
无吊车房屋柱	单跨	$1.5H$	$1.0H$	$1.2H$
	两跨及多跨	$1.25H$	$1.0H$	$1.2H$

柱的类别		l_0		
		排架方向	垂直排架方向	
			有柱间支撑	无柱间支撑
有吊车房屋柱	上柱	$2.0H_u$	$1.25H_u$	$1.5H_u$
	下柱	$1.0H_l$	$0.8H_l$	$1.0H_l$
露天吊车柱和栈桥		$2.0H_l$	$1.0H_l$	—

附表 10-2　框架结构各层柱的计算长度

楼盖类型	柱的类别	l_0
现浇楼盖	底层柱	$1.0H$
	其余各层柱	$1.25H$
装配式楼盖	底层柱	$1.25H$
	其余各层柱	$1.5H$

附录 11　I 形 截 面 柱 的 力 学 特 征

Appendix 11　Mechanical Characteristics of I-shaped Section Column

附表 11-1　I 形截面柱的力学特征

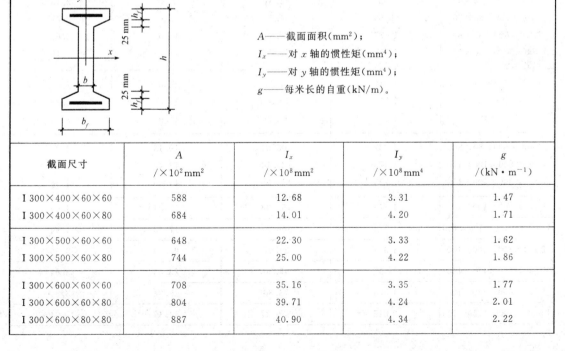

截面尺寸	A /$\times 10^2\,mm^2$	I_x /$\times 10^8\,mm^2$	I_y /$\times 10^8\,mm^4$	g /$(kN \cdot m^{-1})$
I $300\times400\times60\times60$	588	12.68	3.31	1.47
I $300\times400\times60\times80$	684	14.01	4.20	1.71
I $300\times500\times60\times60$	648	22.30	3.33	1.62
I $300\times500\times60\times80$	744	25.00	4.22	1.86
I $300\times600\times60\times60$	708	35.16	3.35	1.77
I $300\times600\times60\times80$	804	39.71	4.24	2.01
I $300\times600\times80\times80$	887	40.90	4.34	2.22

截面尺寸	A $/\times 10^2\,mm^2$	I_x $/\times 10^8\,mm^2$	I_y $/\times 10^8\,mm^4$	g $/(kN \cdot m^{-1})$
I 350×400×60×60	660	14.66	5.23	1.65
I 350×400×60×80	776	16.27	6.65	1.94
I 350×400×80×80	819	16.43	6.70	2.05
I 350×500×60×60	720	25.64	5.25	1.80
I 350×500×60×80	836	28.91	6.67	2.09
I 350×500×80×80	899	29.43	6.74	2.25
I 350×600×60×60	780	40.24	5.26	1.95
I 350×600×60×80	896	45.73	6.69	2.24
I 350×600×80×80	979	46.92	6.79	2.45
I 350×700×80×80	1 059	69.31	6.83	2.65
I 350×800×80×80	1 139	97.00	6.87	2.85
I 400×400×60×60	733	16.64	7.79	1.83
I 400×400×60×80	869	18.52	9.91	2.17
I 400×400×80×80	912	18.68	9.96	2.28
I 400×400×100×100	1 075	19.99	12.15	2.69
I 400×500×60×60	793	28.99	7.80	1.98
I 400×500×60×80	929	32.81	9.92	2.32
I 400×500×80×80	992	33.33	10.00	2.48
I 400×500×100×100	1 175	36.47	12.23	2.94
I 400×600×60×60	853	45.31	7.82	2.13
I 400×600×60×80	989	51.75	9.94	2.47
I 400×600×80×80	1 072	52.94	10.04	2.68
I 400×600×100×100	1 275	58.76	11.84	3.19
I 400×700×60×80	1 049	77.11	9.38	2.62
I 400×700×80×80	1 152	77.91	10.09	2.88
I 400×700×100×100	1 375	87.47	11.93	3.44
I 400×800×80×80	1 232	108.64	10.13	3.08
I 400×800×100×100	1 475	123.14	12.48	3.69
I 400×800×100×150	1 775	143.80	17.26	4.44
I 400×900×100×150	1 875	195.38	17.34	4.69
I 400×1 100×100×150	1 975	256.34	17.43	4.94
I 500×400×120×100	1 335	24.97	23.69	3.34
I 500×500×120×100	1 455	45.50	23.83	3.64
I 500×600×120×100	1 575	73.30	23.98	3.94
I 500×1 000×120×200	2 815	356.37	44.17	7.04

截面尺寸	A /$\times 10^2$ mm²	I_x /$\times 10^8$ mm²	I_y /$\times 10^8$ mm⁴	g /(kN·m⁻¹)
I 500×1 200×120×200	3 055	572.45	44.45	7.64
I 500×1 300×120×200	3 175	703.10	44.60	7.94
I 500×1 400×120×200	3 295	849.64	44.74	8.24
I 500×1 500×120×200	3 415	1 012.65	44.89	8.54
I 500×1 600×120×200	3 535	1 192.73	45.03	8.84
I 600×1 800×150×250	5 063	2 127.91	96.50	12.66
I 600×2 000×150×250	5 363	2 785.72	97.07	13.41
I 400×1 100×120×150	2 230	334.94	18.03	5.58

注：I 为工字形截面 $b_f \times h \times b \times h_f$（翼缘宽度×高度×腹板宽度×翼缘高度）。

附录 12 反弯点高度比
Appendix 12 The Height Ratio of the Frame Columns' Point

附表 12-1 均布水平荷载下各层标准柱反弯点高度比 y_0

m	$\dfrac{\bar{K}}{n}$	0.1	0.2	0.3	0.4	0.5	0.6	0.7	0.8	0.9	1.0	2.0	3.0	4.0	5.0
1	1	0.80	0.75	0.70	0.65	0.65	0.60	0.60	0.60	0.60	0.55	0.55	0.55	0.55	0.55
2	2	0.45	0.40	0.35	0.35	0.35	0.35	0.40	0.40	0.40	0.40	0.45	0.45	0.45	0.45
	1	0.95	0.80	0.75	0.70	0.65	0.65	0.65	0.60	0.60	0.60	0.55	0.55	0.55	0.50
3	3	0.15	0.20	0.20	0.25	0.30	0.30	0.30	0.35	0.35	0.35	0.40	0.45	0.45	0.45
	2	0.55	0.50	0.45	0.45	0.45	0.45	0.45	0.45	0.45	0.45	0.45	0.50	0.50	0.50
	1	1.00	0.85	0.80	0.75	0.70	0.70	0.65	0.65	0.65	0.60	0.55	0.55	0.55	0.55
4	4	−0.05	0.05	0.15	0.20	0.25	0.30	0.30	0.35	0.35	0.35	0.40	0.45	0.45	0.45
	3	0.25	0.30	0.30	0.35	0.35	0.40	0.40	0.40	0.40	0.45	0.45	0.50	0.50	0.50
	2	0.65	0.55	0.50	0.50	0.45	0.45	0.45	0.45	0.45	0.45	0.50	0.50	0.50	0.50
	1	1.10	0.90	0.80	0.75	0.70	0.70	0.55	0.65	0.55	0.60	0.55	0.55	0.55	0.55
5	5	−0.20	0.00	0.15	0.20	0.25	0.30	0.30	0.30	0.35	0.35	0.40	0.45	0.45	0.45
	4	0.10	0.20	0.25	0.30	0.35	0.35	0.40	0.40	0.40	0.40	0.45	0.50	0.50	0.50
	3	0.40	0.40	0.40	0.40	0.40	0.45	0.45	0.45	0.45	0.45	0.50	0.50	0.50	0.50
	2	0.65	0.55	0.50	0.50	0.50	0.50	0.50	0.50	0.50	0.50	0.50	0.50	0.50	0.50
	1	1.20	0.95	0.80	0.75	0.70	0.70	0.70	0.65	0.65	0.65	0.55	0.55	0.55	0.55

m	$\overline{K}$ / n	0.1	0.2	0.3	0.4	0.5	0.6	0.7	0.8	0.9	1.0	2.0	3.0	4.0	5.0
6	6	−0.03	0.00	0.10	0.20	0.25	0.25	0.30	0.30	0.35	0.35	0.40	0.45	0.45	0.45
	5	0.00	0.20	0.25	0.30	0.35	0.35	0.40	0.40	0.40	0.40	0.45	0.45	0.50	0.50
	4	0.20	0.30	0.35	0.35	0.40	0.40	0.40	0.45	0.45	0.45	0.45	0.50	0.50	0.50
	3	0.40	0.40	0.40	0.45	0.45	0.45	0.45	0.45	0.45	0.45	0.50	0.50	0.50	0.50
	2	0.70	0.60	0.55	0.50	0.50	0.50	0.50	0.50	0.50	0.50	0.50	0.50	0.50	0.50
	1	1.20	0.95	0.85	0.80	0.75	0.70	0.70	0.65	0.65	0.65	0.55	0.55	0.55	0.55
7	7	−0.35	−0.05	0.10	0.20	0.20	0.25	0.30	0.30	0.35	0.35	0.40	0.45	0.45	0.45
	6	−0.10	0.15	0.25	0.30	0.35	0.35	0.35	0.40	0.40	0.40	0.45	0.45	0.50	0.50
	5	0.10	0.25	0.30	0.35	0.40	0.40	0.40	0.45	0.45	0.45	0.50	0.50	0.50	0.50
	4	0.30	0.35	0.40	0.40	0.40	0.45	0.45	0.45	0.45	0.45	0.50	0.50	0.50	0.50
	3	0.50	0.45	0.45	0.45	0.45	0.45	0.45	0.45	0.45	0.45	0.50	0.50	0.50	0.50
	2	0.75	0.60	0.55	0.50	0.50	0.50	0.50	0.50	0.50	0.50	0.50	0.50	0.50	0.50
	1	1.20	0.95	0.85	0.80	0.75	0.75	0.75	0.65	0.65	0.65	0.55	0.55	0.55	0.55
8	8	−0.35	−0.15	0.10	0.10	0.25	0.25	0.30	0.30	0.35	0.35	0.40	0.45	0.45	0.45
	7	0.10	0.15	0.25	0.30	0.35	0.35	0.40	0.40	0.40	0.40	0.45	0.50	0.50	0.50
	6	0.05	0.25	0.30	0.35	0.40	0.40	0.45	0.45	0.45	0.45	0.45	0.50	0.50	0.50
	5	0.20	0.30	0.35	0.40	0.40	0.45	0.45	0.45	0.45	0.45	0.50	0.50	0.50	0.50
	4	0.35	0.40	0.40	0.45	0.45	0.45	0.45	0.45	0.45	0.45	0.50	0.50	0.50	0.50
	3	0.50	0.45	0.45	0.45	0.45	0.45	0.45	0.45	0.50	0.50	0.50	0.50	0.50	0.50
	2	0.75	0.60	0.55	0.55	0.50	0.50	0.50	0.50	0.50	0.50	0.50	0.50	0.50	0.50
	1	1.20	1.00	0.85	0.80	0.75	0.70	0.70	0.65	0.65	0.65	0.55	0.55	0.55	0.55
9	9	−0.40	−0.05	0.10	0.20	0.25	0.25	0.30	0.30	0.35	0.35	0.45	0.45	0.45	0.45
	8	−0.15	0.15	0.25	0.30	0.35	0.35	0.35	0.40	0.40	0.40	0.45	0.45	0.50	0.50
	7	0.05	0.25	0.30	0.35	0.40	0.40	0.40	0.45	0.45	0.45	0.45	0.50	0.50	0.50
	6	0.15	0.30	0.35	0.40	0.40	0.45	0.45	0.45	0.45	0.45	0.50	0.50	0.50	0.50
	5	0.25	0.35	0.40	0.40	0.45	0.45	0.45	0.45	0.45	0.45	0.50	0.50	0.50	0.50
	4	0.40	0.40	0.40	0.45	0.45	0.45	0.45	0.45	0.45	0.45	0.50	0.50	0.50	0.50
	3	0.55	0.45	0.45	0.45	0.45	0.45	0.45	0.45	0.50	0.50	0.50	0.50	0.50	0.50
	2	0.80	0.65	0.55	0.55	0.50	0.50	0.50	0.50	0.50	0.50	0.50	0.50	0.50	0.50
	1	1.20	1.00	0.85	0.80	0.75	0.70	0.70	0.65	0.65	0.65	0.55	0.55	0.55	0.55
10	10	−0.40	−0.05	0.10	0.20	0.25	0.30	0.30	0.30	0.30	0.35	0.40	0.45	0.45	0.45
	9	−0.15	0.15	0.25	0.30	0.35	0.35	0.40	0.40	0.40	0.40	0.45	0.45	0.50	0.50
	8	0.00	0.25	0.30	0.35	0.40	0.40	0.40	0.45	0.45	0.45	0.45	0.50	0.50	0.50
	7	0.10	0.30	0.35	0.40	0.40	0.40	0.40	0.45	0.45	0.45	0.50	0.50	0.50	0.50
	6	0.20	0.35	0.40	0.40	0.45	0.45	0.45	0.45	0.45	0.45	0.50	0.50	0.50	0.50
	5	0.30	0.40	0.40	0.45	0.45	0.45	0.45	0.45	0.45	0.50	0.50	0.50	0.50	0.50
	4	0.40	0.40	0.45	0.45	0.45	0.45	0.45	0.45	0.45	0.50	0.50	0.50	0.50	0.50
	3	0.55	0.50	0.55	0.45	0.45	0.50	0.50	0.50	0.50	0.50	0.50	0.50	0.50	0.50
	2	0.80	0.65	0.55	0.55	0.55	0.50	0.50	0.50	0.50	0.50	0.50	0.50	0.50	0.50
	1	1.30	1.00	0.85	0.80	0.75	0.70	0.70	0.65	0.65	0.65	0.60	0.55	0.55	0.55

m	$\overline{K}$ / n	0.1	0.2	0.3	0.4	0.5	0.6	0.7	0.8	0.9	1.0	2.0	3.0	4.0	5.0
11	11	−0.40	−0.05	0.10	0.20	0.25	0.30	0.30	0.30	0.35	0.35	0.40	0.45	0.45	0.45
	10	−0.15	0.15	0.25	0.30	0.35	0.35	0.40	0.40	0.40	0.45	0.45	0.50	0.50	0.50
	9	0.00	0.25	0.30	0.35	0.40	0.40	0.40	0.45	0.45	0.45	0.45	0.50	0.50	0.50
	8	0.10	0.30	0.35	0.40	0.40	0.45	0.45	0.45	0.45	0.45	0.50	0.50	0.50	0.50
	7	0.20	0.35	0.40	0.45	0.45	0.45	0.45	0.45	0.45	0.50	0.50	0.50	0.50	0.50
	6	0.25	0.35	0.40	0.45	0.45	0.45	0.45	0.45	0.45	0.50	0.50	0.50	0.50	0.50
	5	0.35	0.40	0.40	0.45	0.45	0.45	0.45	0.45	0.45	0.50	0.50	0.50	0.50	0.50
	4	0.40	0.45	0.45	0.45	0.50	0.45	0.50	0.50	0.50	0.50	0.50	0.50	0.50	0.50
	3	0.55	0.50	0.50	0.50	0.50	0.50	0.50	0.50	0.50	0.50	0.50	0.50	0.50	0.50
	2	0.80	0.65	0.60	0.55	0.55	0.50	0.50	0.50	0.50	0.50	0.50	0.50	0.50	0.50
	1	1.30	1.00	0.85	0.80	0.75	0.70	0.70	0.65	0.65	0.65	0.60	0.55	0.55	0.55
12 以上	自上 1	−0.40	−0.05	0.10	0.20	0.25	0.30	0.30	0.30	0.35	0.35	0.40	0.45	0.45	0.45
	2	−0.15	0.15	0.25	0.30	0.35	0.35	0.40	0.40	0.40	0.40	0.45	0.45	0.50	0.50
	3	0.00	0.25	0.30	0.35	0.40	0.40	0.40	0.45	0.45	0.45	0.50	0.50	0.50	0.50
	4	0.10	0.30	0.35	0.40	0.40	0.45	0.45	0.45	0.45	0.45	0.50	0.50	0.50	0.50
	5	0.20	0.35	0.40	0.40	0.45	0.45	0.45	0.45	0.45	0.45	0.50	0.50	0.50	0.50
	6	0.25	0.35	0.30	0.45	0.45	0.45	0.45	0.45	0.45	0.50	0.50	0.50	0.50	0.50
	7	0.30	0.40	0.40	0.45	0.45	0.45	0.45	0.45	0.45	0.50	0.50	0.50	0.50	0.50
	8	0.35	0.40	0.45	0.45	0.45	0.45	0.45	0.50	0.50	0.50	0.50	0.50	0.50	0.50
	中间	0.40	0.45	0.45	0.45	0.45	0.45	0.50	0.50	0.50	0.50	0.50	0.50	0.50	0.50
	4	0.45	0.45	0.45	0.45	0.50	0.50	0.50	0.50	0.50	0.50	0.50	0.50	0.50	0.50
	3	0.60	0.50	0.50	0.50	0.50	0.50	0.50	0.50	0.50	0.50	0.50	0.50	0.50	0.50
	2	0.80	0.65	0.60	0.55	0.55	0.50	0.50	0.50	0.50	0.50	0.50	0.50	0.50	0.50
	自下 1	1.30	1.00	0.85	0.80	0.75	0.70	0.70	0.65	0.65	0.55	0.55	0.55	0.55	0.55

附表 12-2　上、下梁相对刚度变化时修正值 y_1

$\overline{K}$ / α_1	0.1	0.2	0.3	0.4	0.5	0.6	0.7	0.8	0.9	1.0	2.0	3.0	4.0	5.0
0.4	0.55	0.40	0.30	0.25	0.20	0.20	0.20	0.15	0.15	0.15	0.05	0.05	0.05	0.05
0.5	0.45	0.30	0.20	0.20	0.15	0.15	0.15	0.10	0.10	0.10	0.05	0.05	0.05	0.05
0.6	0.30	0.20	0.15	0.15	0.10	0.10	0.10	0.10	0.05	0.05	0.05	0.05	0.00	0.00
0.7	0.20	0.15	0.10	0.10	0.10	0.05	0.05	0.05	0.05	0.05	0.00	0.00	0.00	0.00
0.8	0.15	0.10	0.05	0.05	0.05	0.05	0.05	0.05	0.05	0.00	0.00	0.00	0.00	0.00
0.9	0.05	0.05	0.05	0.05	0.00	0.00	0.00	0.00	0.00	0.00	0.00	0.00	0.00	0.00

注：1. 当 $i_1+i_2<i_3+i_4$ 时，取 $\alpha_1=(i_1+i_2)/(i_3+i_4)$（这时反弯点应向上移动，$y_1$ 取正值）；当 $i_3+i_4<i_1+i_2$ 时，取 $\alpha_1=(i_3+i_4)/(i_1+i_2)$（这时反弯点应向下移动，$y_1$ 取负值）。

　　2. 对底层框架柱，不考虑修正值 y_1。

附表 12-3　上、下层柱高度变化时的修正值 y_2 和 y_3

α_2	$\overline{K}$ α_3	0.1	0.2	0.3	0.4	0.5	0.6	0.7	0.8	0.9	1.0	2.0	3.0	4.0	5.0
2.0		0.25	0.15	0.15	0.10	0.10	0.10	0.10	0.10	0.05	0.05	0.05	0.0	0.0	0.0
1.8		0.20	0.15	0.10	0.10	0.10	0.05	0.05	0.05	0.05	0.05	0.05	0.0	0.0	0.0
1.6	0.4	0.15	0.10	0.10	0.05	0.05	0.05	0.05	0.05	0.05	0.05	0.05	0.0	0.0	0.0
1.4	0.6	0.10	0.05	0.05	0.05	0.05	0.05	0.05	0.05	0.05	0.05	0.0	0.0	0.0	0.0
1.2	0.8	0.05	0.05	0.05	0.0	0.0	0.0	0.0	0.0	0.0	0.0	0.0	0.0	0.0	0.0
1.0	1.0	0.0	0.0	0.0	0.0	0.0	0.0	0.0	0.0	0.0	0.0	0.0	0.0	0.0	0.0
0.8	1.2	−0.05	−0.05	−0.05	0.0	0.0	0.0	0.0	0.0	0.0	0.0	0.0	0.0	0.0	0.0
0.6	1.4	−0.10	−0.05	−0.05	−0.05	−0.05	−0.05	−0.05	−0.05	−0.05	−0.05	0.0	0.0	0.0	0.0
0.4	1.6	−0.15	−0.10	−0.10	−0.05	−0.05	−0.05	−0.05	−0.05	−0.05	−0.05	0.0	0.0	0.0	0.0
	1.8	−0.20	−0.15	−0.10	−0.10	−0.10	−0.05	−0.05	−0.05	−0.05	−0.05	−0.05	0.0	0.0	0.0
	2.0	−0.25	−0.15	−0.15	−0.10	−0.10	−0.10	−0.10	−0.10	−0.05	−0.05	−0.05	−0.05	0.0	0.0

注：1. $\alpha_2 = h_上/h$，y_2 按 α_2 查表求得，上层较高时为正值，但对于顶层，不考虑 y_2 修正值。

　　2. $\alpha_3 = h_下/h$，y_3 按 α_3 查表求得，下层较高时为负值，但对于底层，不考虑 y_3 修正值。

附录 13　钢筋的公称直径、公称截面面积及理论重量

Appendix 13　Nominal Area and Calculation Area of Bar Sections and Mass Per Meter Length

附表 13-1　普通钢筋的公称直径、公称截面面积及理论重量

公称直径 d/mm	不同根数钢筋的公称截面面积/mm²									单根钢筋 理论质量/(kg·m⁻¹)
	1	2	3	4	5	6	7	8	9	
6	28.3	57	85	113	142	170	198	226	255	0.222
8	50.3	101	151	201	252	302	352	402	453	0.395
10	78.5	157	236	314	393	471	550	628	707	0.617
12	113.1	226	339	452	565	678	791	904	1 017	0.888
14	153.9	308	461	615	769	923	1 077	1 231	1 385	1.21
16	201.1	402	603	804	1 005	1 206	1 407	1 608	1 809	1.58
18	254.5	509	763	1 017	1 272	1 527	1 781	2 036	2 290	2.00(2.11)
20	314.2	628	942	1 256	1 570	1 884	2 199	2 513	2 827	2.47
22	380.1	760	1 140	1 520	1 900	2 281	2 661	3 041	3 421	2.98
25	490.9	982	1 473	1 964	2 454	2 945	3 436	3 927	4 418	3.85(4.10)
28	615.8	1 232	1 847	2 463	3 079	3 695	4 310	4 926	5 542	4.83
32	804.2	1 609	2 413	3 217	4 021	4 826	5 630	6 434	7 238	6.31(6.65)
36	1 017.9	2 036	3 054	4 072	5 089	6 107	7 125	8 143	9 161	7.99
40	1 256.6	2 513	3 770	5 027	6 283	7 540	8 796	10 053	11 310	9.87(10.34)
50	1 963.5	3 928	5 892	7 856	9 820	11 784	13 748	15 712	17 676	15.42(16.28)

注：括号内为预应力螺纹钢筋的数值。

附表 13-2　钢绞线的公称直径、公称截面面积及理论质量

种类	公称直径/mm	公称截面面积/mm²	理论质量/(kg·m⁻¹)
1×3	8.6	37.7	0.296
	10.8	58.9	0.462
	12.9	84.8	0.666
1×7 标准型	9.5	54.8	0.430
	12.7	98.7	0.775
	15.2	140	1.101
	17.8	191	1.500
	21.6	285	2.237

附表 13-3　钢丝的公称直径、公称截面面积及理论质量

公称直径/mm	公称截面面积/mm²	理论重量/(kg·m⁻¹)
5.0	19.63	0.154
7.0	38.48	0.302
9.0	63.62	0.499

附表 13-4　各种钢筋间距时每米板宽中的钢筋截面面积　　　　　　　mm²

钢筋间距/mm	钢筋直径/mm											
	3	4	5	6	6/8	8	8/10	10	10/12	12	12/14	14
70	101.0	180.0	280.0	404.0	561.0	719.0	920.0	1 121.0	1 369.0	1 616.0	1 907.0	2 199.0
75	94.3	168.0	262.0	377.0	524.0	671.0	859.0	1 047.0	1 277.0	1 508.0	1 780.0	2 052.0
80	88.4	157.0	245.0	354.0	491.0	629.0	805.0	981.0	1 198.0	1 414.0	1 669.0	1 924.0
85	83.2	148.0	231.0	333.0	462.0	592.0	758.0	924.0	1 127.0	1 331.0	1 571.0	1 811.0
90	78.5	140.0	218.0	314.0	437.0	559.0	716.0	872.0	1 064.0	1 257.0	1 483.0	1 710.0
95	74.5	132.0	207.0	298.0	414.0	529.0	678.0	826.0	1 008.0	1 190.0	1 405.0	1 620.0
100	70.6	126.0	196.0	283.0	393.0	503.0	644.0	785.0	958.0	1 131.0	1 335.0	1 539.0
110	64.2	114.0	178.0	257.0	357.0	457.0	585.0	714.0	871.0	1 028.0	1 214.0	1 399.0
120	58.9	105.0	163.0	236.0	327.0	419.0	537.0	654.0	798.0	942.0	1 113.0	1 283.0
125	56.5	101.0	157.0	226.0	314.0	402.0	515.0	628.0	766.0	905.0	1 068.0	1 231.0
130	54.4	96.6	151.0	218.0	302.0	387.0	495.0	604.0	737.0	870.0	1 027.0	1 184.0
140	50.5	89.8	140.0	202.0	281.0	359.0	460.0	561.0	684.0	808.0	954.0	1 099.0
150	47.1	83.8	131.0	189.0	262.0	335.0	429.0	523.0	639.0	754.0	890.0	1 026.0
160	44.1	78.5	123.0	177.0	246.0	314.0	403.0	491.0	599.0	707.0	834.0	962.0
170	41.5	73.9	115.0	166.0	231.0	296.0	379.0	462.0	564.0	665.0	785.0	905.0
180	39.2	69.8	109.0	157.0	218.0	279.0	358.0	436.0	532.0	628.0	742.0	855.0
190	37.2	66.1	103.0	149.0	207.0	265.0	339.0	413.0	504.0	595.0	703.0	810.0

钢筋间距	钢筋直径/mm											
/mm	3	4	5	6	6/8	8	8/10	10	10/12	12	12/14	14
200	35.3	62.8	98.2	141.0	196.0	251.0	322.0	393.0	479.0	565.0	668.0	770.0
220	32.1	57.1	89.2	129.0	179.0	229.0	293.0	357.0	436.0	514.0	607.0	700.0
240	29.4	52.4	81.8	118.0	164.0	210.0	268.0	327.0	399.0	471.0	556.0	641.0
250	28.3	50.3	78.5	113.0	157.0	201.0	258.0	314.0	383.0	452.0	534.0	616.0
260	27.2	48.3	75.5	109.0	151.0	193.0	248.0	302.0	369.0	435.0	513.0	592.0
280	25.2	44.9	70.1	101.0	140.0	180.0	230.0	280.0	342.0	404.0	477.0	550.0
300	23.6	41.9	65.5	94.2	131.0	168.0	215.0	262.0	319.0	377.0	445.0	513.0
320	22.1	39.3	61.4	88.4	123.0	157.0	201.0	245.0	299.0	353.0	417.0	481.0

注：表中钢筋直径中的 6/8，8/10，…是指两种直径的钢筋间隔放置。

参考文献
References

[1] 沈蒲生. 混凝土结构设计[M]. 北京：高等教育出版社，2009.

[2] 梁兴文，史庆轩. 混凝土结构设计[M]. 北京：中国建筑工业出版社，2011.

[3] 顾祥林. 建筑混凝土结构设计[M]. 上海：同济大学出版社，2011.

[4] 郭靳时，金菊顺，庄新玲. 钢筋混凝土结构设计[M]. 湖北：武汉理工大学出版社，2011.

[5] 中华人民共和国住房和城乡建设部. GB/T 50476—2008 混凝土结构耐久性设计规范[S]. 北京：中国建筑工业出版社，2009.

[6] 施岚青. 一、二级注册结构工程师专业考试应试指南[M]. 北京：中国建筑工业出版社，2012.

[7] 中国有色工程设计研究总院. 混凝土结构构造手册[M]. 3版. 北京：中国建筑工业出版社，2003.

[8] 《混凝土结构设计规范算例》编委会. 混凝土结构设计规范算例[M]. 北京：中国建筑工业出版社，2003.

[9] 朱平华，姚荣. 建筑结构（上册）[M]. 北京：北京理工大学出版社，2010.

[10] 徐有邻，周氏. 混凝土结构设计规范理解与应用[M]. 北京：中国建筑工业出版社，2002.

[11] 张季超. 新编混凝土结构设计原理[M]. 北京：科学出版社，2011.

[12] 李国胜. 混凝土结构设计禁忌及实例[M]. 2版. 北京：中国建筑工业出版社，2012.

[13] 李国胜. 混凝土结构设计常用规范条文解读与应用[M]. 北京：中国建筑工业出版社，2012.

[14] 张维斌. 多层及高层钢筋混凝土结构设计释疑及工程实例[M]. 北京：中国建筑工业出版社，2011.

[15] 沈蒲生. 混凝土结构设计新规范（GB 50010—2010）解读[M]. 北京：机械工业出版社，2011.

参考文献
References